TABLE

ALPHABÉTIQUE ET ANALYTIQUE

DES MATIÈRES

CONTENUES DANS LES DIX TOMES

DU SYSTÈME

DES CONNAISSANCES CHIMIQUES.

TABLE

ALPHABÉTIQUE ET ANALYTIQUE

DES MATIÈRES

CONTENUES DANS LES DIX TOMES

DU SYSTÈME

DES CONNAISSANCES CHIMIQUES,

Rédigée par Mme. DUPIERY,

Et revue par le C^{en}. FOURCROY.

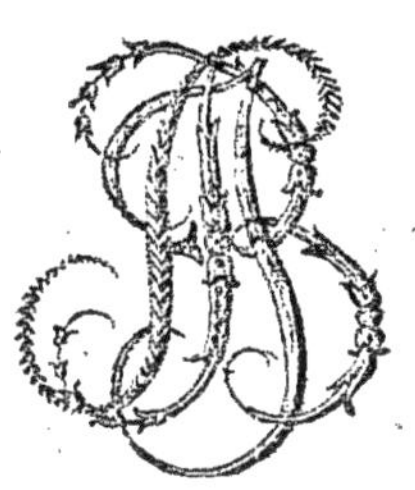

PARIS,

BAUDOUIN, Imprimeur de l'Institut national, rue de Grenelle-Saint-Germain, n°. 1131.

PLUVIOSE AN X.

TABLE
DES MATIÈRES
DU SYSTÈME
DES
CONNAISSANCES CHIMIQUES.

Acescentes (matières), ou formant des acides, VII, 271.

Acétates, sels formés par l'acide acétique, VIII, 211. Voy. *Acide acétique.*

Acète d'argile. Voy. *Acétite d'alumine.*

— calcaire. Voy. *Acétite calcaire.*

Acétites, sels formés par l'acide acéteux, VIII, 196 et suiv. Voy. *Acide acéteux* et les *différens acétites.*

— alcalins, etc. VIII, 196 et suiv. Voy. *Acétites et chaque acétite alcalin ou terreux.* — Sont caractérisés par leur grande dissolubilité, l'altérabilité spontanée de leurs dissolutions, et par leur décomposition par le feu , etc. etc. 196.

— d'alumine, VIII, 199, 200. Voy. *Acétites alcalins*, etc.

— ammoniacal ou d'ammoniaque, ou esprit de Mendererus, VIII, 198, 199, 489. Voy. *Acétites alcalins et Urine*, etc. — Sa grande volatilité ; sa destruction spontanée, *etc.* 9, 198, 199. — Son usage, 214.

— d'antimoine, VIII, 201. Voy. *Acétites métalliques.*

— d'argent, VIII, 205. Voy. *Acétites métalliques.*

— de barite, VIII, 196. Voy. *Acétites alcalins*, etc.

— Calcaire. Voy. *Acétite de chaux.*

— de chaux, VIII, 198. Voy. *Acétites alcalins.*

— de cobalt, VIII, 200. Voy. *Acétites métalliques.*

— de cuivre, verdet ou cristaux de Vénus, VIII, 204, 205. Voy. *Acétites métalliques.* — Ses préparations, 204, 205. — Sa cristallisation, appelée *Cristaux de Vénus*, etc. 205. — Sa distillation , 205, 207 et suiv. Voy. *Acide acétique.* — Ses décompositions, *etc.* 205, 207 et suiv. — Son résidu pyrophorique, 207. — Danger, *etc.* de son usage, 214.

— d'étain, VIII, 202. Voy. *Acétiques métalliques.*

— de fer, VIII, 203. Voy. *Acétites métalliques.* — Ses décompositions, précipitations, *etc.* 203.

— de glucine, VIII, 199. Voy. *Acétites alcalins*, etc.

— de magnésie, VIII, 199. Voy. *Acétites alcalins*, etc.

— de manganèse, VIII, 201. Voy. *Acétites métalliques.*

— mercuriel, ou de mercure, ou terre foliée mercurielle, VIII, 201, 202. Voy. *Acétites métalliques.* — Son altérabilité, *etc.* ; est âcre et d'un usage peu sûr, 202. — Son résidu pyrophorique, 202. — Son usage, 214.

— métallique, VIII, 200 et suiv. Voy. *Acétites et chaque acétite métallique.*

— de nickel, VIII, 201. Voy. *Acétites métalliques.*

— d'or, VIII, 205, 206. Voy. *Acétites métalliques.* — Donne de l'or fulminant, *etc.* 205, 206.

— de platine, VIII, 205. Voy. *Acétites métalliques.*

Acétites de plomb, ou sel ou sucre de Saturne, VIII, 202, 203, 214. Voy. *Acétites métalliques.* — Ses décompositions, etc., son résidu pyrophorique, etc.; IX, 192, 269, 286; X, 34.—Son usage, et réserve qu'on doit mettre dans son emploi, VIII, 214.
— de potasse, ou terre foliée de tartre, VIII, 196, 197. Voy. *Acétites alcalins.* — Existe dans beaucoup de substances végétales; a été trouvé dans du fumier, etc. 196. — Sa préparation, 196, 197. — Sa déliquescence; sa grande dissolubilité, etc.; sa cristallisation; décomposition spontanée de sa dissolution, etc., 197. — Ses décompositions, etc., par le feu, par les acides, etc. 197, 200, 202. — Son résidu souvent pyrophorique, 197, 200. Voy. *Pyrophore.* — Son usage, 214.
— de soude, nommé très-improprement terre foliée cristallisable, VIII, 198. Voy. *Acétites alcalins.* — Son usage, 214.
— de strontiane, VIII, 198. Voy. *Acétites alcalins.*
— de zinc, VIII, 201. Voy. *Acétites métalliques.* — N'a rien de dangereux, *etc.* 201. — Son résidu pyrophorique, 201.
— de zircone, VIII, 200. Voy. *Acétites alcalins,* etc.
Acides (en général), II, 3, 4 et suiv. 26 et suiv. Voy. *Acidification* et les *différens acides.* — Paraissent tous composés de substances combustibles et d'oxigène, 26. —Doivent leur acidité à l'oxigène, 27. —Leurs propriétés spécifiques varient selon le corps qui est uni à l'oxigène, et que l'on nomme l'acidifiable, la base ou le *radical* de l'acide, 27. — Ceux des corps fossiles sont de simples composés binaires, tandis que ceux que fournissent les plantes ont des radicaux binaires, et ceux des animaux ont des radicaux souvent ternaires, 27. Voy. *Acides végéteux.* — Fossiles, ou Minéraux, ou Acides à radicaux simples ou indécomposés, 27 et suiv. On en compte seize nommés, en général, d'après leur radical, et classés suivant le degré d'attraction de leurs radicaux pour l'oxigène, en commençant par celui qui en a le plus; savoir, les acides *carbonique, phosphorique, phosphoreux, sulfurique, sulfureux, nitrique, nitreux, cinq acides métalliques,* et les acides *muriatique, muriatique oxigéné, fluorique* et *boracique,* 28, 30 et 31. Voy. *ces acides, à leur article.* — Leurs terminaisons indiquent leur plus ou moins grande proportion d'oxigène, celle en *eux* pour ceux qui en contiennent le moins, et celle en *ique* pour ceux qui en contiennent davantage, 28, 30. — Leur saveur, plus ou moins caustique, en raison inverse de leur adhérence à leur principe acidifiant, 28, 29. — Indication de leurs propriétés générales, 29, 30. — Leurs combinaisons. Voy. *Sels et chaque acide.* — Action réciproque entre les acides et les corps combustibles. Voy. *Corps combustibles, Métaux et chaque acide.* — Leur action sur les sels. Voy. *Sels et chaque acide.*— Action entre ces corps et les substances métalliques. Voy. *Métaux, chaque métal, oxide,* etc. *et chaque acide, à cette action.* — Action ou union entre ces corps et les substances végétales, VII, 44, 48, 49, 91 et suiv. 130, 146, 192 et suiv. 199, 206 et suiv. 217, 224 et suiv. 241, 242, 256 et suiv. 261, 282, 283, 304, 312 et suiv. 320, 330, 331, 332, 335, 345, 365, 366; VIII. 11, 12, 29, 30, 40, 41, 56 et suiv. 67, 68, 71 et suiv. 83, 85, 91, 96, 97, 99, 100, 103, 104, 119, 135, 148, 157 et suiv. 190, 191, 196 et suiv. 203, 212, 238, 253, 272 et suiv. 285, 293, 294, 308, 312.; I, Disc. pr., clj. Voy. *Végétaux et leurs composés,* et *Végétation,* etc. — Action ou union entre ces corps et les substances animales, IX, 45, 49, 51, 62 et suiv. 70, 71, 82 et suiv. 90 et suiv. 93 et suiv. 110 et suiv. 133, 142, 143, 144, 149, 151 et suiv. 158, 159, 184, 185, 192, 214, 218, 221, 222, 233, 245, 249, 254, 257, 258, 259, 268, 269, 278, 281 et suiv. 295, 296, 297, 305, 308, 311, 315, 320, 366, 369, 398, 399, 408, 418, 419, 425, 427, 430, 432, 433; X, 10, 21, 24 et suiv. 30, 35 et suiv. 46, 54, 56, 68, 70, 71, 80, 81, 85, 91, 114, 121, 123, 124 et suiv. 142, 143, 144, 154, 155, 160, 161, 162, 183 et suiv. 202, 221 et suiv. 225 et suiv. 237 et suiv. 241, 251, 254 et suiv. 261, 269, 270, 275, 277 et suiv. 282, 285 et suiv. 293, 300, 308, 311, 325, 327, 333, 336, 337, 341, 343, 348, 352, 354, 355, 357, 359, 360, 361, 362, 403, 412, 413, 414.
— acéteux ou Acide du vinaigre, VII, 146, 151, 177, 271; VIII. 186,

et suiv. ; I, Disc. pr. cxxxix, cxlviij, cxlix. Voy. *Acides végétaux* et *Fermentation acide ou acéteuse.* — Sa formation des liqueurs vineuses dont on l'obtient le plus généralement, VIII, 187 et suiv. Voy. *Vinaigre.* — Diverses matières végétales, et divers procédés par où on l'obtient sans fermentation, principalement par les acides, *etc.* 190 et suiv.; I, D. pr. cxxxix, cxlviij, cxlix. Voy. *Végétaux*, etc. *Animaux*, etc. *Urine*, etc. — Ses propriétés, VIII. 195 et suiv. — Est moins pesant que le vinaigre, *etc.* ; sa volatilité, *etc.* ; sa dissolubilité, ses altérations, *etc.* par les acides, 195, 196. — Ses combinaisons et l'ordre de ses attractions avec les bases terreuses et alcalines, 196 et suiv. Voy. *Acétites alcalins*, etc. — Ses combinaisons avec les substances métalliques, 200 et suiv. Voy. *Acétites métalliques.* — Résidus pyrophoriques de plusieurs de ses combinaisons, soit alcalines, soit métalliques, 197, 200, 201, 202, 207. — Ses combinaisons avec les autres matières végétales, 206. — Devient acide acétique quoique sans addition d'oxigène, mais en se décarbonant et en augmentant ainsi sa proportion du principe acidifiant, *etc.* 210, 211. Voy. *Acide acétique.* — Ses usages et ceux de ses combinaisons, *etc.* pour les arts médicamenteux et autres, et dangers, *etc.* de leur emploi, 214, 215. Voy. *ceux du vinaigre.* — Action entre cet acide et les substances animales, IX, 158, 224, 281, 284, 310; X, 25, 251, 261, 360. — Forme les acides appelés empyreumatiques, *etc.*; découverte nouvelle de l'auteur et du citoyen Vauquelin, I, Disc. prél. cxxxix. Voy. *Acides empyreumatiques.*

ACIDE acétique ou vinaigre radical, *etc.* VII, 177, 271, 272 ; VIII. 205, 207 et suiv. Voy. *Acides végétaux* et *Acide acéteux.* — Sa formation, sa préparation et rectification, 205, 207, 208. Voy. *Acétite de cuivre.* — Doutes et expériences de divers chimistes sur sa nature, comparée à celle de l'acide acéteux, 208 et suiv. — Est plus oxigéné que l'acide acéteux, par la perte du carbone de ce dernier, *etc.* 210, 211. Voy. *Acide acéteux.* — Ses propriétés, son odeur pénétrante, *etc.* ; sa grande causticité, volatilité, inflammabilité, *etc.* 211 et suiv. — Ses combinaisons, sa congélation, cristallisation, *etc.* 211. — Décompose l'alcool et forme l'éther acétique, 212, 213. — Ses usages médicamenteux et ceux de son éther, 215. — Son action avec les substances animales, IX, 133, 221, 284.

— adipeux. Voy. *Acide sébacique.*

— aérien. Voy. *Acide carbonique.*

— aériformes. Voy. *Gaz*, etc. et *acides.*

— amnique, X, 84, 85. Voy. *Liqueur de l'amnios* et *acides animaux.* — Obtenu de l'eau de l'amnios des vaches, *etc.* 84. — Ses propriétés et en quoi il diffère des acides muqueux et urique, 85. Voy. *ces acides.*

— animaux, IX, 45, 81 et suiv. 95, 288. Voy. *Animaux*, ect. *acides amnique, bombique, formique, lactique, prussique, sébacique, urique et zoonique.* — Leur caractère capital est de pouvoir être convertis en acide prussique, *etc.* 95. — Leur action avec les autres matières animales, 288.

— arsenieux, ou oxide blanc d'arsenic, V, 66, 68, 69, 71 et suiv., 76 et suiv. Voy. *Acides métalliques* et *acide arsenique.* — Existe dans la nature, 66, 68, 76. — Sa préparation, 76. — Son action sur les sulfures ; sa solubilité ; sa cristallisation; sa grande volatilité, et extrême causticité, *etc.*, *etc.*, 77, 78. — Ses décompositions par les corps combustibles, 77, 78. — Action réciproque entre cet acide et les autres acides, 78. — Sa conversion en acide arsenique par les acides nitrique et muriatique oxigéné, 78. Voy. *Acide arsenique.* — Sa combinaison avec les bases salifiables, forme les arsenites peu connus, et qu'on nommait foies d'arsenic, 78, 79. Voy. *Arsenites.* — Son union vitrifiée avec les terres forme une sorte de sels triples, 79. Voy. *Trisules métalliques.* — Action réciproque entre cet acide et les sels, 79, 80. — Ses usages dans les arts : les eaux hidrogénées et les sulfures alcalins sont ses meilleurs contre-poisons, 80. Voy. *Mines de platine à leur traitement métallurgique.* — Action entre cet acide et les substances métalliques, 188, 189, 375; VI, 75, 76, 173, 254, 255, 263, 285, 409 et suiv., 417, 418. Voy. *Métaux et oxides métalliques.* — Action entre cet acide et les substances végétales, VII, 193, 228 ; VIII, 197, 200. Voy. *Végétaux* et *leurs composés.* — Action entre cet acide et les substances animales, IX, 192.

Acide arsénique, V, 71 et suiv., 78, 79, 80 et suiv. Voy. *Acides métalliques*
et acides arsénieux. — Son histoire depuis la découverte de ses combinaisons
par Macquer, et celle de sa formation artificielle, en 1775, par Schéele,
80, 81. — Sa préparation ; sa saveur aigre, caustique et épouvantable ; est
plutôt vitrifiable que volatil ; sa pesanteur, *etc.*, 81. — Sa fusion, *etc.* et
sa désacidification en repassant à l'état d'acide arsénieux, par le calorique, *etc.*, 81, 82. — Sa déliquescence, *etc.*, *etc.* — Ses décompositions et
degrés de désacidification, *etc.* par les corps combustibles, *etc.* — Sa dissolubilité, *etc.* — Son action et union avec les oxides métalliques, 82, 83.
Voy. *Arseniates.* — Son union et vitrification avec les acides boracique et
phosphorique, 83. — Son action avec l'acide phosphoreux, 83. — Ses combinaisons avec les bases salifiables, 83 et suiv. Voy. *Arseniates.* — Son action
sur les sels, 86. — Action entre cet acide et les substances métalliques, 82,
83, 100, 103, 124, 133, 147, 148, 163, 165, 353, 354, 385; VI, 36, 42, 94,
215, 216, 284, 285, 341, 342.
— bézoardique. Voy. *Acide urique.*
— benzoïque, ou acide ou sel du benjoin, VII, 177, 178, 186 et suiv. Voy. *Acides*
végétaux, baumes et benjoin. — Son histoire, son siége, son extraction, sa purification, 186 et suiv., 191. Voy. *Animaux*, etc. *Urine*, etc. — Peut se retirer
utilement des eaux de fumier, d'étables, *etc.*, 189. — Ses propriétés physiques, sa cristallisation, sa ductilité, *etc.* ; son odeur aromatique, sa liquéfaction et volatilisation en vapeur âcre, *etc.*, 189, 190. — Ses propriétés
chimiques, 190 et suiv. — Son inflammation et décomposition par le calorique ; donne plus d'huile et sur-tout de gaz hidrogène carboné, que tout
autre acide végétal, 190. — Sa dissolubilité, bien plus grande dans l'eau
chaude, *etc.* 191. — Sa dissolution et action avec les acides sulfurique et
nitrique ; cette action diffère de celle des autres acides végétaux, 191. —
Ses combinaisons avec les bases, soit alcalines, *etc.*, soit métalliques, 191
et suiv. Voy. *Benzoates.* — Opinions sur sa nature ; sa grande proportion d'hidrogène : sa grande volatilité s'oppose à l'action des corps oxigénés, *etc.*,
195, 196. — Ses usages pharmaceutiques et chimiques, 196.
— benzouique. Voyez *Acide benzoïque.*
— boracin. Voy. *Acide boracique.*
— boracique, ou sel sédatif, II, 28, 31, 123 et suiv. Voy. *Acides (en*
général). — Appelé ainsi du borax, d'où on le retire, 123. — Ses divers
noms, son histoire depuis sa découverte, en 1702, par Homberg ; les lieux
où on le trouve ; opinions sur sa formation et sur sa nature, 123, 124,
127, 128. Voy. *Eaux minérales.* — Procédé pour l'obtenir par le moyen
d'acides plus forts, 124, 125; III, 316, 333. — Sa forme lamelleuse, mi-
cacée, *etc.* ; sa saveur salée, fraiche, *etc.* ; son onctuosité, *etc.* ; sa fusion vitreuse par le calorique sans décomposition, *etc.*, II, 125. — Son
inaction avec les corps combustibles, 125, 126. — Son peu de dissolubilité
dans l'eau, sa cristallisation par le réfroidissement et son peu d'attraction
pour les oxides métalliques, 126. Voy. ci-dessous, *à son action sur les*
substances métalliques. — Action qu'exercent sur ses combinaisons les autres
acides, et celle qu'il exerce sur les leurs, 126, 127, III, 316. — Désacidifié
en partie, à l'aide du calorique, les acides sulfurique, nitrique et muriatique oxigéné, II, 127. — Est le moins énergique et le plus faible des
acides, 127, III, 316. Son utilité pour la chimie et pour les arts, II, 127,
128. — Son union et attraction avec les différentes bases terreuses ou alcalines, 139, 147, 148, 153, 154, 159, 160, 166, 173, 174, 177, 184,
192, 193, 194, 204, 205, 206, 209, 210, 218, 219, 220, 229, 230, 248,
250, 251, 252. Voy. *Borates alcalins et terreux.* — Son action sur les sels,
III, 19, 25, 55, 71, 101, 124, 125, 130, 133, 136, 141, 165, 173, 184,
194, 277, 280, 284, 286, 291, 296, 319, 333, 334; IV, 41, 55, 56. —
Son action sur les substances métalliques, V, 53, 54, 57, 78, 147, 163,
165, 187, 352; VI, 41, 93, 213, 283, 284. Voy. *Métaux et leurs com-*
binaisons. — Son action avec les substances végétales, VII, 243; VIII,
148, 177, 196.
— bombique, ou acide du ver à soie, X, 351, 352, 353. Voy. *Soie et Acides*

animaux. — Son extraction, *etc.*, existe dans d'autres chenilles et beaucoup
d'insectes, *etc.*, X, 352, 353.

ACIDE camphorique; VII, 177, 266, 268; VIII, 12, 13. Voy. *Acides végétaux*
et *Camphres.* — Sa préparation, *etc.*; sa cristallisation, *etc.*; son efflorescence, *etc.*; sa distillation, *etc.*, *etc.*; ses combinaisons, 12, 13. Voyez
Camphorates.

— carbonique, ou air fixe, ou acide crayeux, *etc.*, I, 179; II, 28, 30, 31
et suiv. Voy. *Acides* (en général) et *Carbone.* — Union saturée du carbone
et de l'oxigène dans la proportion de 0,28 de carbone, et 0,72 d'oxigène,
31, 42. — Le premier, par sa force d'attraction pour l'oxigène, 30, 31. —
Son histoire et ses différens noms, 31 et suiv. — Sa grande abondance
dans la nature et les trois états de gaz, de liquide et de solide, sous lesquels elle l'offre, 33. Voy. *Eaux minérales.* — Procédés pour l'obtenir pur,
33, 34; IV, 8, 25, 26. — Il lui faut peu de calorique pour le tenir dans l'état
de fluide élastique, II, 34. — Sa pesanteur plus grande que celle de l'air; sa
saveur, et autres propriétés dans l'état de gaz, 34 et suiv. — Ne peut
servir dans ce dernier état, à la combustion, ni à la respiration, 34, 35.
— Sa grande tendance pour se fondre dans le calorique, 35, IV, 41.
— Sa dissolution dans l'air, et effet médical de ce mélange à une certaine
dose, II, 35, 36. — Son mélange, dans l'état de gaz, avec différens gaz
hidrogènes, diminue ou arrête leur inflammabilité, 37, 38. — Absorption et
condensation de ce gaz par l'eau, 38 et suiv. — Cette absorption est favorisée par la pression, et augmente en proportion des degrés de refroidissement de l'eau jusqu'à o, où ce phénomène n'a plus lieu, 39, 40. — Procédés pour obtenir cette eau acidule, ou acide carbonique liquide; sa
pesanteur, saveur, *etc.* et identité avec les eaux minérales, appelées acidules, 40, 41. Voy. *Eaux acidules* et *Eaux minérales.* — Cause du piquant
des liqueurs en fermentation, 41. — Son union avec les oxides métalliques,
41. Voy. *chaque métal* et *oxide métallique.* — Utilités de sa découverte, et
résumé de ses propriétés générales, 41, 42. — Ses usages et propriétés
médicales, 42, 43. — Action qu'exercent sur ses combinaisons les autres
acides, et celle qu'il exerce sur les leurs, 51, 57, 68, 77, 85, 97, 105,
106, 112, 121, 123. — Action réciproque entre cet acide et quelques autres
acides, 112. — Son union et attraction avec les différentes bases terreuses
ou alcalines, 147, 148, 153, 154, 159, 160, 166, 173, 174, 177, 184, 192,
193, 194, 205, 206, 209, 210, 218, 219, 220, 229, 230, 240, 241, 248,
250, 251, 252. Voy. *Carbonates alcalins et terreux.* — Son action sur les
sels, III, 71, 277, 280, 284, 286, 291; IV, 8, 14, 27, 28, 47, 48. —
Action entre cet acide et les substances métalliques, V, 53, 55, 56, 73,
130, 134, 187, 207, 352, 353, 385; VI, 41, 42, 93, 94, 158, 213 et suiv.,
284, 341. Voy. *chaque métal, oxide et sel métallique.* — Action ou union
entre cet acide et les substances végétales, VII, 145, 283; VIII, 103, 104,
148, 196, 272 et suiv., 294, 312. Voy. *Acides et Végétation*, *etc.* — Action
ou union entre cet acide et les substances animales, IX, 84 et suiv., 93,
112, 149, 153; X, 221, 412.

— charbonneux. Voy. *Acide carbonique.*

— chromique, V, 107 et suiv.; 111 et suiv. Voy. *Chrome et Acides métalliques.*
— Son extraction de la mine de plomb rouge, *etc.*; sa couleur rouge ou orangée; sa saveur âpre, *etc.* plus sensible que celle d'aucun autre acide métallique, 111. — Sa coloration en vert, sa désacidification et son dégagement
facile du gaz oxigène, *etc.* par le calorique, 111, 112. — Sa réduction par
le charbon, *etc.*; sa solubilité; sa cristallisation, par le refroidissement, en
prismes rouges, *etc.* 112. — Est le seul des acides métalliques qui oxigène
l'acide muriatique, 112, 394. — Ses combinaisons avec les bases alcalines,
et la coloration orangée de ces combinaisons; propriété spécifique de cet
acide, et la cause de son nom, 112, 113. Voy. *Chromates.* — Promet d'être
fort utile, ainsi que son oxide vert, pour la coloration dans plusieurs arts,
111, 113, 354. — Son action avec les substances métalliques, 354, 385, VI,
42, 95, 216, 217, 285, 342, 394.

— citrique, VII, 177, 178, 201 et suiv. Voy. *Acides végétaux, Végéta-*

tion, etc. — Son histoire, son siége ; son extraction et purification par le moyen de la chaux, *etc.*; VII, 201 et suiv. — Procédé indiqué par l'auteur pour utiliser la grande quantité de citrons que produit l'Amérique, 204, 211. — Ses propriétés physiques ; sa belle cristallisation en prismes rhomboïdaux, *etc.* sa saveur piquante, mais fraîche, *etc.* 205, 206. — Ses propriétés chimiques, 206 et suiv. — Sa décomposition par le feu, *etc.* est un des acides végétaux les moins altérables par cet agent, 206. — Sa déliquescence à l'air humide, *ect.* sa dissolubilité et altération de sa dissolution, *etc.* 206. — Sa conversion en acide acéteux par les acides sulfurique et nitrique, et même, par ce dernier, en un peu d'acide oxalique, 206, 207. — Ses combinaisons avec les bases, soit alcalines, *etc.* soit métalliques, 207 et suiv. — Ordre de ses attractions pour les bases, 210, 211. — Ses usages économiques, 211. — Son action avec les autres substances végétales, VIII, 72 Voy. *Végétaux* et *leurs matériaux.* — Son action avec les substances animales, IX, 159, 281 ; X, 360.

Acide citronien. Voy. *Acide citrique.*

— crayeux. Voy. *Acide carbonique.*

— empyreumatiques ou formés par le feu : trois espèces, VII, 177, 262 et suiv. I, Disc. pr. cxxxix. Voy. *Acides pyro-muqueux, pyro-tartareux, pyro-ligneux* et *Acides végétaux.* — Ont tous une saveur de brûlé, une acreté fétide, *etc.*; sont susceptibles de fournir de l'huile brûlée, *etc.*; VII, 262, 263. — Ne sont que de l'acide acéteux, tenant en dissolution une huile empyreumatique, etc.; découverte nouvelle du cit. Vauquelin et de l'auteur, I, Disc. pr. cxxxix.

— fluorique ou spathique, II, 28, 31, 118 et suiv Voy. *Acides (en général).* — Nommé ainsi de la substance d'où on le retire : découvert par Schéele en 1771 : reconnu pour un acide particulier, quoique sa nature intime soit inconnue, 118, 120, 123. Voy. *Fluate de silice.* — Est toujours combiné, 118, 119. — Procédés pour l'obtenir (au moyen d'autres acides plus forts), soit dans l'état de gaz, soit dans celui de liquide, 119. Voy. *Fluate de chaux.*

— fluorique gazeux, est plus pesant que l'air ; a une odeur piquante analogue à celle de l'acide muriatique ; éteint les bougies ; asphixie, *etc.*; son caractère le plus distinctif est de corroder et dissoudre le verre, la terre des vaisseaux, etc. 119, 120, 140. — Ne produit ni n'éprouve aucune altération, lorsqu'il est bien sec, avec les substances combustibles, 120, 121. — Son attraction pour l'eau, dont il refroidit la glace en la liquéfiant, et qu'il échauffe en s'y combinant en liquide et en précipitant, en manière de tuyaux d'orgue, des matières terreuses qu'il tenait en dissolution, lorsqu'il était dans l'état de fluide élastique ; phénomène qui produit une espèce de pétrification sur les animaux aquatiques qu'on y plonge humides ; est absorbé lentement par la plupart des oxides métalliques, 121. — Action qu'exercent sur ses combinaisons les autres acides, et celle qu'il exerce sur les leurs, 121, 122.

— fluorique liquide ou uni à l'eau, est plus lourd que l'eau; sa saveur aigre, etc. mais jamais caustique, etc. ; corrode le verre, etc. ; dissout moins de terre que dans l'état de gaz, 122. — Dégage son gaz par le calorique, 122. — Son attraction pour les oxides métalliques favorise la décomposition de son eau par plusieurs métaux qu'elle oxide et qu'il dissout alors, 122, 123. Voyez, ci-dessous, *à son action sur les métaux.* — S'unit à l'eau et perd de sa force en proportion de la quantité de ce liquide ; ses effets, comparativement aux autres acides, sont beaucoup plus sensibles que ceux de son gaz, 122, 123. — Utilité dont cet acide peut être pour les arts, particulièrement pour la gravure sur les pierres, 123. — Son union et attraction avec les différentes bases terreuses ou alcalines, 119, 120, 139, 140, 147, 148, 153, 154, 159, 160, 166, 173, 174, 177, 184, 192, 193, 194, 205, 206, 209, 210, 218, 219, 220, 229, 230, 240, 241, 244, 248, 250, 251, 252. Voy. *Fluates alcalins ou terreux.* — Son action sur les sels, III, 71, 156, 158, 194, 244, et suiv., 277, 280, 284, 286, 291, 296, 316, 318 ; IV, 14. — Son action sur les substances métalliques, II. 122, 123, V. 53, 54, 57, 133, 147, 163, 165, 187, 352 ; VI, 41, 212, 213, 283. 329, 385, 386. Voy. *Métaux et leurs combinaisons.* — Son action sur les substances végétales, VIII, 12.

Acide formicin. Voy. *Acide formique.*
— formique ou acide des fourmis, IX, 95, 120, 124; X, 333, 347 et suiv.
Voy. *Animaux*, à la comparaison et classification des matières animales ;
Acides animaux et *Fourmis.* — Son extraction, ses propriétés, ses combinaisons, etc., 347 et suiv. Voy. *Formiates.* — Ses attractions électives ; son
analogie avec l'acide acéteux, 349.
— des fourmis. Voy. *Acide formique.*
— galactique. Voy. *Acide lactique.*
— gallique ou principe astringent, VII, 177, 178, 179 et suiv. ; VIII, 81,
82. Voy. *Acides végétaux*, *Matières astringentes*, *le Tannin* et *le Gallin.* —
Son histoire, son siége, son extraction et sa purification, 179 et suiv., VIII,
94, 95. — Obtenu pur et cristallisé par Schéele, qui, le premier, en a
publié, en 1780, le procédé, et depuis par une autre méthode du citoyen
Deyeux, VII, 180, 181. — Ses propriétés physiques, sa différente cristallisation et sa saveur plus ou moins astringente selon le procédé par lequel
on l'obtient, etc. ; sa volatilisation, sa fusion, etc., 181, 182. — Ses propriétés chimiques, 182 et suiv. — Sa décomposition, etc. par le calorique ;
sa dissolubilité, etc., 182, 183. — Ses décompositions, etc. par les acides ;
sa conversion en acides malique et oxalique par l'acide du nitre, 183.
Voy. ces *Acides.* — Ses combinaisons, 183 et suiv. Voy. *Gallates.* — Sa
propriété la plus distinctive est sa grande attraction pour les oxides métalliques, qu'il enlève aux acides les plus puissans, etc. ; phénomènes variés
qu'il produit dans les différentes dissolutions métalliques, d'après la manière dont les métaux retiennent leur oxigène, etc., ou se fractionnent
dans leur oxidation, etc., 183 et suiv. — Avantage pour la préparation de
l'encre, de se servir du sulfate rouge ou suroxigéné de fer, etc., 184, 185.
Voy. les *Sulfates de fer* et *Encre.* —Ses usages, principalement pour l'encre
et la teinture, etc. ; pour avoir de très-bonne encre il faut se servir d'acide
gallique pur, etc., 185. — Son analogie avec le tannin, VIII, 97. Voy. *Gallin.*
— Précipite le fer du sang, IX, 134. Voy. *Sang.* — Son action ou union
avec les matières animales, 134, 257.
— lactique, XI, 95, 398, 410 et suiv. Voy. *Petit-lait ou sérum du lait.* —
Sa préparation, ses propriétés, sonanalyse, etc. ; ses combinaisons alcalines
et métalliques, etc., 411 et suiv. Voy. *Lactates.* — Ses usages : voyez *ceux
du lait.*
— lignique. Voy. *Acide pyroligneux.*
— lithique. Voy. *Acide urique.*
— malique, VII, 148 et suiv., 166, 177, 178, 197 et suiv. 269, 270. Voy.
Acides végéraux, le Muqueux ou corps muqueux et *Sucre.* —Son histoire,
son siége, son extraction : découvert par Schéele, 197, 198. — Ses propriétés physiques, son arrière-goût sucré, etc., ne cristallise point, etc.
198, 199. —Ses propriétés chimiques, 199, 200. —Ses décompositions, etc.
par le feu ; production d'acide empyreumatique, etc., 199. —Sa décomposition spontanée, 199. — Ses altérations par les acides ; sa conversion par
l'acide nitrique en acide oxalique, 149, 150, 199. — Sa formation artificielle, 148 et suiv., 166, 177, 199, 269, 270. Voy. le *Muqueux ou corps
muqueux* et *Sucre*, et *Acides végétaux au p. genre.* — Ses combinaisons,
149, 199, 200. — Sa grande proportion de carbone, 200. — Son usage
chimique ; sa propriété rafraîchissante. etc, 200.
— malusien. Voy. *Acide malique.*
— marin. Voy. *Acide muriatique.*
— marin déphlogistiqué ou aéré. Voy. *Acide muriatique oxigéné.*
— du mellite, I, Disc. pr. clj, clij. Voy. *Mellite, Acidule du mellite, Acides*
et *Acidules végétaux.*
— méphitique. Voy. *Acide carbonique.*
— métalliques (en général), I, 212; II, 28, 31, 98 et suiv. Voy. *Acidification, Acides* (en général), *chaque Acide métallique, Sels métalliques* et
Métaux. — On ne connaît que quatre métaux qui passent à cet état, qui
sont l'arsenic, le tungstène, le molybdène et le chrôme, 99. Voyez *ces
métaux.* — Tous passent par l'état préliminaire d'oxides, et retiennent plus

la portion d'oxigène qui les constitue dans ce premier état, que celle qu'il
leur faut de plus pour les acidifier, 99, 100. — Sont décomposés par tous
les corps combustibles, mais sur-tout à l'aide d'une grande quantité de
calorique, 100. — Ont peu d'attraction pour l'eau, et la rendent âpre et
métallique, 100. — Leur union avec les oxides métalliques chargés d'oxigène, 100. — décomposent l'acide nitrique lorsqu'ils ne sont pas complète-
ment acidifiés, 100. — Celui de l'arsenic est susceptible des deux modifications qu'indiquent les terminaisons en *eux* et en *ique*, 101. Voy. *Acides*
(en général), *Acide arsenieux* et *Acide arsenique*. — Leurs combinaisons
avec les bases salifiables. Voy. *chaque acide métallique à ses combinaisons
avec ces bases*. — Action entre ces acides et les substances métalliques.
Voy. *chaque acide métallique à cette action*.

ACIDE molybdique, V, 96, 97, 99, 100, 101 et suiv. Voy. *Molybdène* et *Acides
métalliques*. — N'existe pas tout formé dans la mine ou sulfure de molybdène, mais s'y forme dans la combustion de cette mine, 96, 97, 101,
102. — Voy. *Molybdène*. — Quatre procédés pour sa préparation, parmi
lesquels le traitement du sulfure de molybdène par l'acide nitrique est à
préférer, 102 et suiv. — Sa forme pulvérulente, sa saveur, pesanteur, etc.
104. — Sa fusion, cristallisation, sa fumée blanche, et sublimation à
l'air en écailles brillantes, par le calorique, 104. — Ses décompositions ou
altérations par les corps combustibles et par les acides; 104, 105. — Sa
solubilité dans l'eau chaude, etc. augmentée par l'alcali, 105. Voy. *Molybdate acidule de potasse*. — Ses combinaisons avec les bases, 105, 106.
Voy. *Mobybdates*. — Action entre cet acide et les sels, 106, 107. — Action
entre cet acide et les substances métalliques, 133, 354, 383; VI, 36, 42,
216, 342.
— muqueux, nommé acide sach-lactique, etc. VII, 146 et suiv. 177, 266,
267. Voy. *le Muqueux ou corps muqueux*, etc. — Sa forme pulvérulente;
sa sublimation en lames, etc.; ses décompositions, ses combinaisons, etc.
147, 267. Voy. *Mucites*. — Contient une grande quantité de carbone, etc.
147, 148, 267. — Le nom d'acide *sach-lactique* ne lui convient pas, puisqu'on le prépare avec tous les mucilages fades, etc. 146, 148, 262.
— muriatique, ou acide marin, ou esprit de sel, etc. II, 28, 31, 101 et
suiv. Voy. *Acides* (en général). — Nommé, d'après la substance dont on
l'extrait, l'eau salée, *Muria* des latins; les chimistes l'avaient déja nommé
en latin *Acidum muriaticum*, 101. — Sa grande abondance dans la nature,
et l'ignorance où l'on est de ses principes, 101, 102, 104, 108, I, Disc. pr.
lxxj, lxxij. — Moyens pour l'extraire, et perfectionnement des méthodes employées à cet effet, depuis sa découverte, par Glauber vers le milieu du
XVIIo. siècle, II, 102; III, 184, 185. — On l'obtient sous deux états, ou
dans celui de gaz, ou dans celui de liquide, combiné avec l'eau, II, 102,
103.
— muriatique gazeux, est plus pesant que l'air; est visible par l'eau qu'il retient;
son odeur piquante, etc. analogue à celle des pommes de rainette ou du safran;
sa saveur aigre, etc.; éteint les bougies, et asphyxie et tue les animaux
qui le respirent, etc. 103. — Sa raréfaction, son inaltérabilité par le calorique, et en général l'inaction réciproque de cet acide et des corps combustibles, 103, 104. — N'agit sur les métaux qu'à proportion de l'eau qu'il
contient et en favorisant la décomposition de ce fluide, d'après l'attraction
prédisposante que cet acide exerce par sa tendance pour s'unir aux oxides
métalliques, 104, 105. — Sa grande attraction pour l'eau; il échauffe et
fond rapidement la glace qui le condense; cette fusion produit du froid
lorsqu'il y a quatre parties de glace contre une d'acide; l'eau liquide l'absorbe promptement jusqu'à ce qu'il y ait plus de quatre-vingts degrés de
chaleur, 104, 105. — Est absorbé par l'acide nitrique qu'il décompose en
s'emparant d'une portion de son oxigène, 105. Voyez *Acide muriatique
oxigéné* et *Acide nitro-muriatique*.
— muriatique liquide, qu'on appelle simplement acide muriatique, est plus pesant
que l'eau; exhale une vapeur et une odeur semblables à celles du gaz; n'est
pas plus altérable par le calorique qui en dégage le gaz; n'agit pas plus

sur les matières combustibles , et n'agit de même que sur les métaux qui peuvent décomposer l'eau, en favorisant cette décomposition , pour s'y unir dans l'état d'oxides ; aussi se dégage-t-il alors constamment du gaz hidrogène, 105, 106. Voy. *ci-dessus à son action sur les métaux.* — S'unit à l'eau et s'y affaiblit; dissout mieux les oxides métalliques que tous les autres acides, et une partie de cet acide , s'emparant d'une portion de l'oxigène de la plupart de ces oxides , forme l'*acide muriatique oxigéné,* 106. Voy. *Cet acide, oxide de manganèse, et ci-dessus à son action sur les substances métalliques.* — Son action, soit dans l'état de gaz, soit liquide, sur les combinaisons des autres acides, et celle qu'ils exercent sur les siennes, 105, 106, 107, 113, 121, 123, 124, 125. — Phénomènes et composé qui résultent de son union avec l'acide nitrique et avec l'acide nitreux, 107. Voy. *Acide nitro-muriatique.* — Ses usages très-multipliés tant dans la médecine que dans les arts , 108; VI , 209. — Sa propriété de s'oxigéner. II , 108 , 109. Voyez *Acide muriatique oxigéné.* — Action réciproque , dans l'un ou l'autre de ces deux états, entre cet acide et quelques autres acides, 107, 113, 117. — Son union et attraction avec les différentes bases terreuses ou alcalines, 140 , 147 , 148 , 153 , 154, 159 , 160 , 166 , 173 , 174, 177 , 184; 192, 193, 194, 205, 206, 209, 210, 218, 219, 220, 229, 230, 240, 241, 243, 248, 250, 251 , 252. Voy. *Muriates alcalins et terreux.* — Son action sur les sels ; III , 19, 33, 39, 42, 71, 74, 101, 124, 125, 130, 133, 136, 141, 151, 152, 156, 158, 234, 237, 239, 244 et suiv. 253, 257, 262, 267, 270, 272, 273, 277, 278, 280, 284, 285, 291, 292, 295, 302, 306, 311, 316, 318, 323, 324, 332, 333; IV, 8, 13, 18, 27, 32, 33, 41, 47, 55, 56, 59, 60, 63. — Son action sur les substances métalliques, II, 106; V, 53, 54, 56, 73, 78, 85, 94, 95, 105, 107, 112, 113, 120 et suiv. 133, 146, 147, 163, 164, 186, 187, 203, 205, 206, 223, 233 et suiv. 245, 264, 315, 317, 325, 330 et suiv. 341, 380, 381, 383, 384 ; VI, 30, 33 et suiv. 59, 60, 87, 89 et suiv. 92, 93, 94, 97, 127, 138, 139, 140, 167, 199, 200, 207 et suiv. 220, 280 et suiv. 323, 324, 329, 340, 341, 342, 367, 369, 380, 385, 386, 421, 426. Voy. *Chaque métal, oxide et sel, métallique.* — Son action ou union avec les substances végétales, VII, 95, 96, 146, 151, 194, 217, 225 et suiv. 242, 261, 282, 304, 331, 365, 366 ; VIII, 38, 78, 99, 104, 173, 191. Voy. *Acides à cette action.* — Son action ou union avec les substances animales, IX, 62, 63, 68, 82, 88, 110, 111, 133, 144, 152, 158, 192, 221, 284, 286, 297, 310, 315 ; X, 24, 25, 26, 124 et suiv. 142, 143, 184, 188, 202, 221, 222, 226, 228, 237, 251, 254 et suiv. 269, 270, 275, 414.

ACIDE muriatique oxigéné , II, 28, 31, 108 et suiv. Voy. *Acides (en général)* et *acide muriatique.* — Sa première découverte par Schéele et ses différens noms, et les découvertes qui ont été ajoutées depuis sur cet acide par le citoyen Berthollet et par l'auteur de cet ouvrage, 109. — Ne se trouve pas dans la nature ; procédés pour l'obtenir , 109, 110; III , 184. Voy. *Acide chromique et oxide de manganèse.* — S'obtient, soit dans l'état de gaz , soit dans celui de liquide, II , 110.

— muriatique oxigéné gazeux; sa couleur, son odeur, suffocante, sa saveur âcre, *etc.* ; produit sur les organes de la respiration des effets semblables à ceux du rhume. Voy. *Mucus nasal*; détruit les couleurs végétales, *etc* ; proposé comme désinfectant dans les prisons, les hôpitaux, *etc.* 110. — Action et combustions diverses entre ce gaz acide et le gaz hidrogène, le phosphore, le soufre et les composés de ces substances, 110, 111. — Son action sur le diamant rougi au feu, 111. Voy. *Diamant.* — Brûle ou enflamme toutes les substances métalliques selon leur nature et leur état divisé. Voy. *Ci-dessous à son action sur ces substances*, 111, 112. — Son absorption par l'eau, qui ne peut s'en saturer que par la pression et le refroidissement, 112, 114. — Son union avec les oxides métalliqués, 112. Voy. *Ci-dessous à son action sur les substances métalliques.* — Son action sur les combinaisons des autres acides et celle qu'il exerce sur les siennes, 112, 113. — Action réciproque entre ce gaz acide et quelques autres acides, 112, 113. — N'est employé dans cet état de gaz que pour les expériences chimi-

ques, II, 113. — Sa cristallisation , 114, 117. — Décomposition instantanée
et réciproque entre ce gaz et le gaz ammoniac, 243, 244. — Enflamme le
pyrophore. Voy. *Pyrophore.*

ACIDE muriatique oxigéné liquide ; sa pesanteur peu supérieure à celle de l'eau
distillée ; sa couleur, son odeur, saveur et action délétère , sont analogues à
celles du gaz ; s'affaiblit, très-étendu d'eau ; concentré, détruit non seulement
les couleurs , mais altère les tissus végétaux et les organes des animaux, 114,
115, 116. — La lumière solaire le fait repasser à l'état d'acide muriatique
en en dégageant du gaz oxigène ; le calorique en dégage du gaz acide
muriatique oxigéné non décomposé , perd peu à peu son acide à l'air ,
en répandant long-temps son odeur fétide, 115. — Action diverses entre
cet acide et le phosphore, le soufre et les composés de ces corps, 115.
— Oxide tous les métaux et les dissout en repassant à l'état d'acide muriatique simple, 116. Voy. *Ci-dessous à son action sur les métaux et les
muriates.* — Phénomènes divers de son union avec les oxides métalliques ,
avec combinaison ou non , selon la nature de leur oxidation , 116. Voy.
*les Muriates métalliques oxigénés et ci-dessous son action sur les subs-
tances métalliques.* Son action sur les combinaisons des autres acides et
celle qu'ils exercent sur les siennes , 116. — Action réciproque entre cet
acide et quelques autres acides , 116 , 117 , 127. — Le peu d'adhérence
de son oxigène dans l'un ou l'autre état ; son utilité pour le blanchiment, *etc.*
et celle dont il est et peut être pour la chimie et la médecine , 117 , 118.
Voy. *Réactifs.* — Décomposition réciproque entre cet acide et l'ammoniac ,
et son utilité, 250, 251. — Son action sur les sels , III , 71 , 80, 83 , 156 ,
278 , 280 , 284 , 286 , 291. — Son union et attraction avec les différentes
bases terreuses et alcalines, 10, 214 et suiv. Voy. *Muriates oxigénés ou suroxigénés , terreux et alcalins.* — Action entre cet acide et les substances métalliques, II , 112, 116 ; V , 53 ,54 , 56 , 57 , 73 , 74 , 78 , 147 , 187 , 206,
235 , 246, 333 et suiv. 384 ; VI , 35 ,36 , 39 , 40 , 91 ,92 , 282 , 283 , 329 ,
335 et suiv. 373, 380, 381, 426, 427. Voy. *Chaque métal , oxide et sel
métallique.* — Action entre cet acide et les substances végétales , VII , 96,
137 , 146 , 149, 183, 269, 270, 313, 331, 345, 365 ; VIII , 11 , 12 , 57 , 67 ,
78 , 97 , 119 , 173 et suiv. 191 , 285 , 293 , 294 ; 308. Voy. *Acides à cette
action.* — Action entre cet acide et les substances animales, IX . 51 ,
62, 63, 68, 88, 89, 93 , 110, 111, 133, 185, 214, 259, 258, 305, 310,
311, 313, 314, 317, X, 26, 36 et suiv. 46, 126, 160 , 222, 223, 277,
278, 300, 325, 354, 413.
— nitreux , II , 28, 31 , 89, 90, 92 , 93 et suiv. Voy. *Acides (en général).*
— Ne doit pas être confondu, comme on le faisait autrefois, avec l'acide
nitrique , étant moins oxigéné et par conséquent moins acide et moins fort,
93. — Sa formation, 89, 90, 92, 93 , 94. — Est une dissolution de gaz nitreux
dans l'acide nitrique, et présente de grandes variétés d'oxigénation suivant
les différentes proportions de cette dissolution, dont le *maximum* s'indique
par une vapeur rouge très-difficile à condenser et à dissoudre dans l'eau :
alors l'acide nitreux est composé de 0.25 d'azote et de 0.75 d'oxigène ,
94. — Ses propriétés distinctives dans cet état sont d'être sous la forme
d'une espèce de gaz rouge, tenant de l'eau en dissolution et se condensant
avec peine dans ce fluide ; sa grande volatilité, *etc.* 95 et suiv. — Ne peut
réformer de l'acide nitrique qu'avec l'oxigène liquide ou solide, 95. —
Inflammation rapide, décompositions et actions réciproques entre cet acide
et les divers corps combustibles, 95, 96. Voy. *Pyrophore.* — Son union
plus ou moins difficile avec l'eau selon l'état de cet acide, et sa conversion en acide nitrique lorsqu'elle est aérée, 96, 97. — Divers phénomènes
dans son union avec les oxides métalliques, suivant leur nature et celle de
leur oxigénation, les uns en en chassant du gaz nitreux, et les autres
le convertissant en entier en acide nitrique, 97. — Son action sur les combinaisons des autres acides et celle qu'ils exercent sur les siennes, 97,
122, 123. — Ses décompositions par les autres acides et leurs actions
réciproques, 97, 98, 107. — Son absorption par l'acide nitrique et les
différens états dans lesquels cette absorption le fait passer , 97 , 98. —

Son utilité pour la chimie, 98. Voy. *Réactifs*. — Son union avec l'acide muriatique, 107. Voy. *Acide nitro-muriatique ou eau régale*. — Ses combinaisons et attractions avec les différentes bases terreuses ou alcalines, 147, 148, 153, 154, 159, 160, 166, 177, 184, 192, 193, 194, 205, 206, 209, 210, 218, 219, 220, 229, 230, 240, 241, 242, 248, 250, 251, 252. Voy. *Nitrites alcalins ou terreux*. — Son action sur les sels, III, 277, 280, 284, 286, 291. — Action réciproque entre cet acide et les substances métalliques, V, 53, 55, 185, 186, 232, 233; VI, 92, 200, 379, 380, 425. Voy. *Métaux et oxides métalliques*. — Action ou union entre cet acide et les substances végétales, VIII, 167 et suiv. Voy. *Acides à cette action*.

ACIDE nitreux déphlogistiqué. Voy. *Acide nitrique*.

— nitreux phlogistiqué. Voy. *Acide nitreux*.

— nitrique, I, 165, 166; II, 28, 31, 79 et suiv. Voy. *Acides (en général)*. — Combinaison saturée d'azote et d'oxigène, dans la proportion de 0.20 du premier et 0.80 du second, 79. — Confondu pendant long-temps avec l'acide nitreux; son histoire exacte ne date que depuis les années 1774 et 1776 au plus, 79. — Existe abondamment dans la nature, mais n'y est jamais pur, 80. — Belle expérience électrique de Cavendish, pour la formation de cet acide, 80. — S'obtient par l'extraction de ses composés naturels, au moyen d'un acide plus fort qui l'en chasse; on emploie principalement à cet effet le nitrate de potasse (sel connu sous le nom de *nitre*) et l'acide sulfurique, 80, 81; III, 25, 126, 127. — Sa forme, pesanteur, causticité, *etc.* et son caractère distinctif d'exhaler une fumée blanche, âcre et nauséeuse, provenant de son absorption de l'humidité de l'air, II, 81, 82. — Sa décomposition par un long contact avec la lumière, à une haute température, 81. — Celle bien plus forte par le calorique très-abondant, qui le sépare dans ses deux principes gazeux, 81, 82. — Sa décomposition, avec inflammation et détonation, par l'hidrogène, à une haute température, 82, 83. — Ses décompositions diverses, selon la température, avec le carbone, avec le phosphore et avec le soufre, 83. — Ses décompositions, plus ou moins rapides et complètes, par les métaux, selon leurs différens états et selon leur nature, 83, 84. — Son union avec l'eau en toutes proportions, et phénomènes que présentent cette union, particulièrement le grand froid qu'elle produit, qui peut aller jusqu'à plus de 30 degrés, et faire geler le mercure si l'on fait trois fois de suite le mélange de trois parties de glace avec une d'acide; la proportion inverse donne de la chaleur, 84, 85. — Très-étendu dans l'eau et affaibli, constitue *l'eau-forte*, 85. — Son union avec les oxides métalliques et leurs diverses actions réciproques, selon la nature de ces substances et celle de leur oxidation, 85. Voy. *ci-dessous à son action avec les substances métalliques*.

— Son action sur les combinaisons des autres acides, et celle qu'ils exercent sur les siennes, 85, 86, 121, 123, 124, 126. — Ses décompositions par les autres acides, et leurs actions réciproques, 85, 86, 97, 98, 100, 105, 107, 127. — Est le plus décomposable après l'acide nitreux, quoique le plus oxigéné, des acides; paraît devoir ce peu d'adhérence de ses deux principes gazeux à la quantité de calorique qu'ils conservent dans leur combinaison réciproque, et à la grande quantité d'oxigène qu'il faut au gaz azote pour en être saturé, 81 et suiv. 87, 88. — États divers par où il passe selon les différentes doses d'oxigène qu'il perd en se décomposant, 81 et suiv. 87 et suiv. Voy. *Oxide d'azote ou gaz nitreux et acide nitreux*; voyez aussi *Sulfate de fer à sa distillation avec le nitrate de potasse*.

— Sa rutilation ou vapeur rouge à l'air avec les corps combustibles, 89, 90. Voy. *Oxide d'azote ou gaz nitreux et acide nitreux*. — Son union avec l'oxide d'azote ou gaz nitreux le convertit en acide nitreux, 92, 93, 94, 98. Voy. *Oxide d'azote et acide nitreux*. — Sa grande utilité tant pour la chimie que pour la médecine, et importance de son étude, 92, 93. — Phénomènes et composé qui résultent de son union avec l'acide muriatique, 107. Voy. *Acide nitro-muriatique ou eau régale*. — Ses combinaisons et attractions avec les différentes bases terreuses ou alcalines, 147, 148, 153, 154, 159,

160, 166, 173, 174, 177, 184, 192, 193, 194, 205, 206, 209, 210, 218; 219, 220, 229, 230, 240, 241, 242, 248, 250, 251, 252; III, 148. Voy. *les Nitrates terreux et alcalins et sels en général.* — Son action sur le sels, 19, 27, 33, 39, 42, 71, 101, 156, 158, 164, 165, 169, 170, 173, 184, 190, 193, 194, 201, 205, 208, 209, 210, 218, 226, 234, 237, 239, 244 et suiv. 253, 257, 262, 267, 270, 272, 273, 277, 278, 280, 284, 286, 291, 292, 295, 302, 305, 306, 311, 316, 318, 323, 324, 332, 333; IV, 8, 13, 18, 27, 32, 33, 41, 47, 55, 56, 59, 60, 63. — Action entre cet acide et les substances métalliques, V, 53, 54, 55, 72, 73, 78, 80, 94, 95, 100, 102, 103, 106, 110, 113, 120 et suiv. 133, 145, 146, 163, 164, 185, 203, 204, 205, 232, 233, 246, 264, 315, 317, 321 et suiv. 339, 341, 380, 381, 382, 383; VI, 31 et suiv. 35, 59, 60, 87 et suiv. 92, 93, 94, 99, 100, 140, 165, 166, 167, 180, 193, 200, 201 et suiv. 205, 242, 243, 273 et suiv. 324 et suiv. 340, 367, 372 et suiv. 378 et suiv. 385, 386, 423. Voy. *chaque Métal oxide et sel métallique.* — Action ou union entre cet acide et les substances végétales, VII, 91, 96 et suiv. 130, 146, 148 et suiv. 166, 183, 191, 199, 207, 209, 210, 217, 224 et suiv. 242, 256, 261, 269, 282, 304, 330, 335, 365; VIII, 11, 12, 30, 40, 41, 57, 67, 83, 91, 99, 104, 167 et suiv. 191, 196, 238. Voy. *Acides à cette action.* — Action ou union entre cet acide et les substances animales, IX, 62, 63, 65 et suiv. 91, 94, 133, 144, 152, 158, 184, 185, 221, 233, 245, 254, 268, 281 et suiv. 284, 286, 297, 305, 315, 419, 427; X, 25, 26, 44, 54, 56, 68, 70, 71, 85, 91, 114, 126, 154, 160, 161, 185, 186, 188, 221 et suiv. 226, 228, 229, 251, 252, 256, 275, 287, 288, 341, 348, 352, 362.

ACIDE nitro-muriatique ou eau régale, II, 107. Voy. *Acides (en général) et les acides muriatique, nitrique et nitreux.* — Est un composé d'acide muriatique et d'acide nitreux ; se forme, soit par l'union directe de ces deux acides, soit en mettant en contact l'acide nitrique avec l'acide muriatique, dont une partie s'emparant et se dégageant avec une portion de l'oxigène du premier, le convertit en acide nitreux : alors le restant d'acide muriatique s'y unit; 107. — Action réciproque entre cet acide et les métaux, V, 90, 110, 121, 147, 236, 237, 264; VI, 40, 41, 243, 282, 373, 381 et suiv. 427 et suiv. Voy. *Métaux.* — Son action avec les substances animales, IX, 305.

— oxalin. Voy. *Acide oxalique.*

— oxalique, VII, 149, 150, 166, 177, 212, 219 et suiv. 269, 270, VIII, 91. Voy. *Acides végétaux, acidule oxalique, le muqueux, sucre et acide pyro-ligneux.* — Son histoire, son siége, son extraction, VII, 219 et suiv. ; VIII, 91. — Sa découverte dans l'acidule oxalique par Schéele, après celle de sa formation dans le sucre, etc. par Bergman, etc. 220 et suiv. 269, 270. Voy. *Sucre*, etc. et *acidule oxalique.* — Découvert natif dans les poils des pois chiches, par le citoyen Déyeux, 221, 222. — Ses propriétés physiques; sa cristallisation; sa saveur piquante, etc. mais agréable, étendu d'eau ; agace et amollit les dents, etc. 222, 223, 224, 270. — Ses propriétés chimiques, 223 et suiv. 270. — Sa fusion, sa sublimation, etc. sa décomposition rapide, sans donner d'huile, etc. par le calorique, 223, 224, 270. — S'humecte ou se dessèche selon que l'air est humide ou chaud et sec ; sa dissolubilité plus grande à chaud qu'à froid, etc. 224. — Sa décomposition, à l'aide de la chaleur, par les acides sulfurique et nitrique, etc. 224, 225. — Son analyse ; est un des acides végétaux les plus oxigénés, etc. 224, 225, 231. — Ses combinaisons avec les bases, soit alcalines, soit métalliques, 225 et suiv. Voy. *les divers Oxalates.* — Son ordre d'attraction pour les bases, suivant Bergman, 228. — Décompose tous les sels à base de potasse, tous les carbonates, etc. 228, 270; VIII, 197. — Ses usages, VII, 232. — Son action avec les substances animales, IX, 159, 223, 246, 286, 366, 409; X, 80, 126, 129, 184.

— phosphoreux, I, 190, II, 28, 39, 51 et suiv. Voy. *Acides (en général).* — Phosphore non saturé d'oxigène ou chargé de moins d'oxigène que l'acide phosphorique, 52. — Est produit par la combustion lente du phos-

phore, I, 190; II, 51 et suiv. — Détails sur l'appareil et sur les moyens pour l'obtenir, 52 et suiv. — Sa forme et autres propriétés comparées à celles de l'acide phosphorique, principalement l'action qu'y exerce le calorique qui l'amène à l'état d'acide phosphorique, II, 54, 55, III, 275, 276. — Sa grande adhérence avec sa portion d'oxigène, et la difficulté avec laquelle il s'en sature par le contact, soit du gaz oxigène, soit de l'air, II, 55, 56. — Est décomposé par le carbone rouge, 56. — Son action sur les métaux lorsqu'il est étendu d'eau, 56, 57. Voy. *Acide phosphorique.* — Sa dissolubilité en toutes proportions, 57. — Ne peut se concentrer, 57. — Son union avec les oxides métalliques, 57. — Son action sur les combinaisons des autres acides et celle qu'ils exercent sur les siennes, 57, 78, 105. — Ses usages, 57. — Action réciproque entre cet acide et quelques autres acides, 69, 85, 86, 97, 112, 116. — Son union et attraction avec les différentes bases terreuses ou alcalines, 147, 153, 154, 159, 160, 166, 173, 174, 177, 184, 192, 193, 194, 205, 206, 209, 210, 218, 219, 220, 229, 230, 240, 241, 248, 250, 251, 252. Voy. *Phosphites alcalins et terreux.* — Son action sur les sels, III, 278, 280, 284, 286. — Action réciproque entre cet acide et les métaux, V, 53, 55, 73, 83. Voy. *Métaux*, etc.

Acide phosphorique, I, 190; II, 28, 30, 43 et suiv. Voy. *Acides (en général).* — Combinaison saturée de phosphore et d'oxigène, 0.39 parties de l'un et 0.61 d'oxigène, 43, 45, 48. — Son histoire, sa découverte dans les os, en 1772, par Schéele et Gahn, et celle de sa nature par Lavoisier, 44. Voy. *Tissu osseux*, etc. — Très fréquent dans les matières animales, mais non exclusivement, 44. Voy. *Animaux*, etc. *Urine*, etc. — Ne se trouve jamais pur dans la nature, 44. —Procédés pour l'extraire, pour le purifier et pour le préparer de toutes pièces par la combustion rapide ou déflagration du phosphore, 44, 45. Voy. *Phosphore.* — Moyen de l'obtenir bien pur, indiqué par l'auteur, par la décomposition de l'acide nitrique, soit par le phosphore, soit par l'acide phosphoreux, 83, 86. — Son extraction du phosphate de chaux. Voy. *Phosphate de chaux.* — Grande concentration de son oxigène, 45, 46. — Ses différentes formes, sa saveur et autres propriétés, spécialement celle d'attirer et d'être attirée, attribuée par Newton aux acides, 45 et suiv. — Sa propriété de se vitrifier par le calorique, et sa déliquescence, 46, 47. — Sa décomposition par le carbone rouge et le meilleur moyen de faire cette opération, 48. — Son effet d'attraction disposante dans l'état liquide sur plusieurs métaux, et celui d'attraction double dans l'état concret avec les métaux les plus combustibles, 49, 50. — Sa dissolution dans l'eau en toutes proportions, et phénomènes de cette combinaison selon l'état de cet acide, 50. — Sa combinaison avec les oxides métalliques, 50, 51. Voy. *Ci-dessous à l'action avec les substances métalliques.* — Fait effervescence dans les eaux acidules en en chassant l'acide carbonique, 51. — Sa rareté, son utilité et ses propriétés médicales, 51. — Son action sur les combinaisons des autres acides et celle qu'ils exercent sur les siennes, 51, 57, 78, 97, 105, 106, 116, 121, 123. — Son union et attraction avec les différentes bases terreuses ou alcalines, 139, 147, 148, 153, 154, 159, 160, 166, 173, 174, 177, 184, 192, 193, 194, 204, 205, 206, 209, 210, 218, 219, 220, 229, 230, 240, 241, 248, 250, 251, 252. Voy. *Phosphates alcalins et terreux.* — Son action sur les sels, III, 19, 25, 27, 35, 39, 71, 74, 100, 105, 124, 125, 130, 132, 136, 141, 156, 158, 165, 173, 184, 190, 193, 205, 208, 209, 210, 212, 234, 239, 246, 257, 262, 267, 272, 273, 277, 278, 280, 284, 286, 296, 316, 318; IV, 14. — Action réciproque entre cet acide et les substances métalliques, V, 53, 55, 73, 78, 83, 124, 133, 134, 144, 147, 163, 165, 187, 351, 352, 384; VI, 41, 92, 93, 169, 210 et suiv. 252, 283, 313, 329, 340, 385, 386. Voy. *Métaux et Oxides métalliques.* — Son action ou union avec les substances végétales, VIII, 104, 148. Voy. *Acides à cette action.* — Son action ou union avec les substances animales, IX, 49, 62, 63, 68, 284, 285. Voy. *Acides à cette action.*

— prussique ou matière colorante du bleu de Prusse, IX, 45, 67, 81 et

suiv. Voy. *Acides animaux*, *Prussiate de fer ou bleu de Prusse et Prussiates alcalins et métalliques.* — Sa découverte et son extraction, etc. 83, 84 et suiv. — Son action avec l'acide muriatique oxigéné, 88, 89, 93, 94. Voy. *Acide prussique oxigéné.* — Sa formation et sa nature, etc. 89 et suiv. — — Sa production par l'acide nitrique, etc. observée par l'auteur, 91, 92, 94. — Sa proportion d'azote, moindre que celle de l'ammoniaque, etc. 92. — Résumé de ses propriétés; son odeur d'amandes amères; sa saveur, etc., sa grande tendance à l'état de gaz, etc.; ses combinaisons; sa faiblesse, etc.; sa propension à former des sels triples, etc.; ses décompositions, etc.; sa fixité avec les oxides métalliques, etc. 93 et suiv. — Sa production des matières animales, favorisée par quatre circonstances principales; 1°. l'action du feu; 2°. celle de l'acide nitrique; 3°. celle des alcalis fixes; 4°. la putréfaction, d'où viennent les bleus de Prusse natifs, 94, 95.

ACIDE prussique oxigéné, IX, 88, 89, 93, 94. Voy. *Acide prussique* et *Prussiates métalliques.* — Ses combinaisons, 89, 94. Voy. *Prussiates métalliques suroxigénés.* — Son état voisin de la décomposition, etc. 94.

— pyro-ligneux, VII, 177, 263, 265, VIII, 88 et suiv. I, Disc. pr. cxxix. Voy. *Acides empyreumatiques*, *le ligneux* (le corps) et *acide acéteux.* — S'obtient par la distillation de tous les bois; sa rectification, etc. VII, 89, 90. — Son analyse, sa volatilisation, etc. 90, 91; I, Disc. pr. cxxxix. — Ses combinaisons alcalines, etc. et l'ordre de ses attractions, etc. VII, 91. — Son action colorante sur les matières végétales et animales, 90, 91.

— pyro-muqueux, VII, 144 et suiv. 150, 151, 164, 177, 263, 264, I, Disc. pr. cxxxix. Voy. *Le muqueux ou corps moqueux*, etc. sucre, *acides empyreumatiques* et *acide acéteux.* — Sa saveur piquante et empyreumatique, etc. est toujours liquide; sa concentration à la gelée, etc.; trace charbonneuse qu'il laisse lorsqu'on le chauffe, etc.; ses combinaisons et décompositions, etc.; son action sur les métaux; sa cristallisation avec les oxides de plomb et de fer, etc. 145, 264. — Ses attractions électives, 145, 146. — Sa dissolubilité et inaltérabilité dans l'eau, 146.

— pyro-tartareux, VII, 177, 239, 246, 255, 256, 264, 265; I, Disc. pr. cxxxix. Voy. *Acides empyreumatiques*, *acidule*, *acide tartareux* et *acide acéteux.* — Sa saveur aigre, etc.; ses combinaisons, etc. VII, 255. — Sa grande proportion d'hidrogène, 256. — N'est fourni que par l'acide tartareux ou par ses composés, 265. Voy. *Acide tartareux*, etc. et *acide acéteux.*

— saccharin ou acide du sucre. Voy. *Acide oxalique.*

— saccho-lactique. Voy. *Acide muqueux.*

— sébacé ou adipeux. Voy. *Acide sébacique.*

— sébacique, VII, 344; IX, 95, 173 et suiv. 185, 188 et suiv. Voy. *Graisse et acides animaux.* — Sa découverte, en 1740, par Cartheuser; son histoire, et procédés pour l'obtenir, 176, 177, 188 et suiv. — L'auteur a découvert que cet acide n'est pas tout formé dans la graisse, et qu'il est le produit de sa grande altération par le feu, etc. 177, 182, 185, 189, 190. — Paraît se former généralement par la décomposition de tous les corps huileux, etc. 190, 191. — Ses rapports et ses différences avec l'acide muriatique; ses propriétés; son âcreté; sa volatilisation, etc.; sa décomposition, etc. par le feu, 190, 191. — Ses combinaisons alcalines et métalliques, et l'ordre de ses attractions, etc. 191, 192. — Attaque le verre, etc. 192. — Sa force, etc.; son action sur les huiles et sur l'alcool, 192, 193.

— sédatif ou du borax. Voy. *Acide boracique.*

— subérique, VII, 177, 266, 267, 268; VIII, 98 et suiv. Voy. *Acides végétaux* et *le suber.* — Sa manière de se séparer d'une substance graisseuse au moment où il se forme, etc. VII, 268; VIII, 99. — Sa cristallisation, sa purification; sa déliquescence; sa dissolubilité, etc.; sa combustion par les acides concentrés, etc. 99. — Ses combinaisons alcalines et métalliques, etc.; ses attractions électives, etc. 100.

— du succin. Voy. *Acide succinique.*

— succinique ou acide du succin, VII, 177, 178, 196, 197; VIII, 250 et suiv. Voyez *Acides végétaux* et *succin.* — Sa sublimation; sa cristallisation, etc. 250, 251. — Sa découverte comme acide, et son histoire, 251

et suiv. — Ses combinaisons et attractions électives, 253. — Ses usages médicinaux, 254. — Son union avec l'opium constitue le sirop *de Karabé*, employé comme calmant, *etc.* 254.

Acide sulfureux, I, 199, 200; II, 28, 30, 71 et suiv. Voy. *Acides (en général)*. — Combinaison non saturée de soufre et d'oxigène, à peu près 0.85 de l'un et 0.15 de l'autre, 71, 72, 74. — Ses différens noms et son histoire, 71, 72. — Existe abondamment dans la nature, sur-tout près des volcans, 72. — Mort de Pline le naturaliste, l'an 79, par sa vapeur, 72. — Procédés pour l'obtenir : les meilleurs, la décomposition de l'acide sulfurique par le moyen des corps combustibles et pour l'avoir plus pur, les métaux, 72, 73. Voyez *Sulfites* et *sulfite de barite à son emploi.* — Est sous la forme de gaz; pèse plus du double de l'air, 73. — Son odeur, saveur, *etc.* détruit la plupart des couleurs végétales et ôte les taches de fruit, 73, 78. — Excite la toux, asphixie et tue les animaux, se dilate par le calorique, 74. — Sa liquéfaction à 28-0 degrés de refroidissement, découverte par les citoyens Monge et Clouet, 74. — Son union avec l'oxigène, 74, 77. — Sa décomposition par le gaz hidrogène et celle par le carbone, 74, 75. — Action réciproque et effet de double attraction entre cet acide et les gaz hidrogène phosphoré et hidrogène sulfuré, 75, 77. — Son union avec les oxides métalliques, formant avec les uns des sulfates métalliques purs et avec les autres des sulfates sulfurés, lorsque, dans le premier cas, ces oxides cèdent leur oxigène, et dans le dernier, lorsqu'ils s'emparent d'une portion du soufre de cet acide, qui, dans ces deux cas, passe à l'état d'acide sulfurique, 76. — Son attraction et condensation avec l'eau, et ses propriétés dans cet état d'acide liquide, 76 et suiv. — Son action sur les combinaisons des autres acides et celle qu'ils exercent sur les siennes, 77, 78, 86, 87, 105, 107, 122, 123. — Son union avec l'acide sulfurique qu'il rend concret et fumant, 78. — Action réciproque entre cet acide et quelques autres acides, 78, 86, 87, 97, 112, 116. — Son utilité et ses usages tant dans les arts qu'en médecine, 78, 79. Voy. *Réactifs*. — Ses combinaisons et attractions avec les différentes terres, bases terreuses ou alcalines, 147, 148, 153, 154, 159, 160, 166, 173, 174, 177, 184, 192, 193, 194, 205, 206, 209, 210, 218, 219, 220, 229, 230, 240, 241, 248, 250, 251, 252. Voy. les *Sulfites alcalins, etc.* — Son action sur les sels, III, 71, 75, 88, 277, 280, 284, 286, 291. — Action réciproque entre cet acide et les substances métalliques, V, 53, 54, 184, 185, 203, 204, 231, 232, 237, 380 et suiv.; VI, 30, 31, 35, 86 et suiv. 88, 199 et suiv. 272, 273, 323, 324, 329, 384, 386. Voy. chaque métal, *Oxide et Sel métallique.* — Action entre cet acide et les substances végétales, VII, 95. Voy. *Acides.* — Action entre cet acide et les substances animales, IX, 88, 221; X, 300. Voy *Acides.*

— sulfureux volatil. Voy. *Acide sulfureux.*

— sulfurique ou acide vitriolique, I, 199, 200; II, 28, 30, 58 et suiv.; I, Disc. pr. lxvj. Voy. *Acides* (en général). — Combinaison saturée de soufre et d'oxigène, 0.71 de l'un et 0.29 ou, d'après le citoyen Thénard, 55.56, et 44.44 de l'autre, 58, 60; I, Disc. pr. lxvij. — Son histoire et ses différens noms, II, 58, 59. — Se trouve rarement pur dans la nature; lieux où on le trouve dans cet état, et procédés pour l'obtenir, 59, 60, 61. — Sa purification par l'acide nitrique, 86, 87. — Sa forme, pesanteur, *etc.* et sa grande causticité, 60. — Sa congélation, sa volatilisation et sa déliquescence, 61. — Sa décomposition à chaud par le gaz hidrogène, 62. — Sa décomposition par le carbone rouge, plus ou moins complète, selon les degrés de température, 62, 63. — Celle avec le phosphore et celle avec le soufre, 63, 64. — Différentes manières dont les métaux se comportent avec cet acide; les uns n'y exerçant nulle action, les autres le décomposant en s'oxidant, et les autres s'y unissant sans le décomposer à mesure qu'ils s'oxident par l'oxigène de l'eau dans laquelle il est étendu et qu'ils décomposent : dans ce dernier cas, il se dégage du gaz hidrogène et dans le précédent du gaz acide sulfureux, 64, 65. Voy. les *différens Métaux*, et ci-dessous, *à son action avec les substances métalliques.* — Sa

grande attraction pour l'eau, et explication détaillée sur les phénomènes que présente leur union, et sur les différens degrés de température qu'offre leur combinaison, selon leurs différens états, et selon leur proportion respective, dont celle de quatre parties d'acide contre une d'eau, soit dans l'état de glace, soit dans celui d'eau liquide, produit la plus haute température, II, 65 et suiv. — Son attraction pour les oxides métalliques, et les diverses actions qu'il exerce sur ces substances, selon leur nature et leur genre d'oxidation, 68. Voyez, ci-dessous, *à son action avec les substances métalliques.* — Son action sur les combinaisons des autres acides et celle qu'ils exercent sur les siennes, 68, 78, 86, 107, 112, 116, 121, 123, 124, 126. — Action réciproque entre cet acide et quelques autres acides, 68, 69, 78, 86, 97, 116, 127. — Son utilité pour les travaux chimiques, et multiplicité de ses usages dans les arts et même dans les médicamens, 69 et suiv. Voy. *Réactifs, Métaux.* — Ses meilleurs contrepoisons sont l'eau de savon et encore mieux la magnésie délayée dans l'eau sucrée, 70.

Acide sulfurique concret ou glacial et fumant, dans son union avec l'acide sulfureux, 78. — Même phénomène avec l'oxide d'azote ou gaz nitreux, 92. Voy. *Sulfate de fer à sa décomposition par la distillation.* — Ses combinaisons et attractions avec les différentes bases terreuses ou alcalines, 147, 148, 153, 154, 159, 160, 166, 173, 174, 177, 184, 192, 193, 194, 205, 206, 209, 210, 218, 219, 220, 229, 230, 240, 241, 248, 250, 251, 252. Voyez *Sulfates alcalins et terreux.* — Son action sur les sels; III, 27, 29, 33, 35, 39, 42, 49, 66, 67, 71, 100, 105, 124, 125, 126, 130, 132, 136, 148, 151, 152, 156, 158, 164, 165, 169, 170, 173, 184, 185, 186, 190, 193, 201, 205, 208, 209, 210, 212, 218, 225, 226, 234, 237, 239, 244 et suiv. 253, 257, 262, 267, 270, 272, 273, 277, 278, 280, 284, 286, 291, 292, 295, 302, 303, 305, 306, 311, 316, 318, 324, 332, 333; IV, 8, 13, 18, 27, 32, 33; 41, 47, 55, 56, 59, 60; I, Disc. pr. lxxxj. — Action réciproque entre cet acide et les substances métalliques, V, 53, 54, 72, 78, 84, 85, 94, 100, 103, 105, 113, 120 et suiv. 133, 145, 163, 164, 181 et suiv. 203, 204, 230, 231, 264, 310 et suiv. 330, 339, 341, 377 et suiv. 380, 381, 383, 384; VI, 28 et suiv. 59, 60, 85 et suiv. 90, 92, 93, 94, 97, 137, 140, 167, 187 et suiv. 196 et suiv. 199, 212, 213, 242, 268 et suiv. 273, 277, 322, 323, 329, 340, 367, 385, 386, 429. Voy. chaque métal, *Oxide* et *Sel métallique.* — Action ou union entre cet acide et les substances végétales, VII, 94, 95, 130, 146, 149, 151, 165, 166, 183, 191, 194, 199, 206, 207, 217, 220, 224 et suiv. 242, 261, 282, 304, 312, 330, 365; VIII, 11, 29, 30, 40, 57, 67, 68, 85, 91, 104, 157 et suiv. 167, 190, 191, 196 et suiv. 212, 238, 253; I, Disc. pr. cxxxix, clj. Voyez *Acides, à cette action.* — Action ou union entre cet acide et les substances animales, IX, 62, 63 et suiv. 84 et suiv. 88, 112, 133, 144, 158, 184, 221, 281 et suiv. 297, 310, 315, 320, 408, 427; X, 25, 26, 68, 124, 143, 160, 161, 188, 221, 227, 228, 269, 300, 348, 362. Voy. *Acides, à cette action.*

— Syrupeux. Voy. *Acide pyro-muqueux.*

— tartareux, VII, 177, 252 et suiv. 269, 270. Voy. *Acides végétaux* et *Acidule tartareux.* — Son histoire; son extraction, 252 et suiv. — Sa formation artificielle, 177, 253, 269, 270. Voy. *Acides végétaux. Cinquième genre.* — Ses propriétés physiques; sa cristallisation, *etc.* peut former une bonne limonade, *etc.* 254. — Ses propriétés chimiques, 254 et suiv. — Sa fusion, *etc.* produits de ses décompositions par le feu, spécialement l'eau acide, *etc.* 254 et suiv. Voy. *Acide pyro-tartareux.* — Sa dissolubilité, bien plus grande que celle de son acidule, 256. — Sa conversion en acide oxalique par l'acide nitrique, 256. — Ses combinaisons avec les bases alcalines, *etc.* 256 et suiv. Voy. *les différens tartrites.* — Son action sur les sels, 259, VIII, 197. — Ses combinaisons avec les substances métalliques, VII, 259 et suiv. Voy. *les différens tartrites* — Est un des plus forts acides végétaux, après l'acide oxalique; son analyse, 261. — Son utilité médicale et économique, et procédé pour en retirer une plus grande abondance du tartre, 261, 262.

Voy. *Acidule tartareux.* — Son action avec les substances animales, IX, 159.

Acide *tunstique*, ou acide du tungstène, V, 92 et suiv. Voy. *Tungstène et acides métalliques.* — Son extraction des tunstates de chaux et de fer natifs, et ses préparations, 92, 93. — Ses propriétés physiques ; saveur âpre métallique, etc. pesanteur, etc. 93, 94. — Ses changemens de couleur, calcination, etc. par le calorique, etc, 94. — Sa dissolubilité dans l'eau bouillante, et précipitation par le refroidissement, 94. — Ses altérations par les corps combustibles, 94, 95. — Ses altérations par les acides, *spécialement* la couleur jaune qu'il prend avec les acides nitrique et muriatique, 94, 95. — Ses combinaisons avec les bases, 95. Voy. *les tunstates.* — Son action sur les matières colorantes végétales, 89, 95. — Son action sur les substances métalliques, 354, 385 ; VI, 36, 42, 216, 285, 342.

— urique, IX ; 95 ; X, 85, 117, 124, 129, 132, 139, 140, 142, 209, 219, 220 et suiv. Voy. *Urine, Calculs urinaires et acides animaux.* — Découvert par Schéele ; nommé successivement *acide bézoardique, acide lithique,* etc. 209, 219, 221. — Ses propriétés et combinaisons, etc. 221 et suiv. Voy. *Urates.* — Sa dissolution et décomposition, etc. par les acides nitrique et muriatique oxigéné, 222, 223 — Sa distillation et son analyse, 223, 224.

— végétaux, ou acides à radicaux binaires (4e. genre des matériaux immédiats des plantes), VII, 125, 174 et suiv. ; I, Disc. pr. cxxxix, cli, clij. Voy. *Végétaux et Végétation,* etc. et acides (*en général*). — Leur analogie entre eux et leurs différences, VII, 174 et suiv. — Progrès des connoissances chimiques dans cette partie, d'après les découvertes de Schéele et de Bergman, etc. depuis 1776, où l'on comptoit à peine deux de ces acides, jusqu'au moment actuel, où l'on en compte au moins quinze espèces, 175. — Ne diffèrent des matériaux immédiats non acides des végétaux que par la surabondance d'oxigène, ou du principe acidifiant, etc. 175, 176. — Leur multiplicité dans une même partie des plantes, etc. 175. — Leur division en *six genres,* comprenant chacun plusieurs espèces, 177 et suiv. — 1er genre, *Acides natifs et purs,* comprend cinq espèces, etc. 177, 178 et suiv. Voy. *Acides gallique, benzoïque, succinique, malique et citrique.* — 2e. genre : *acides en partie saturés de potasse,* ou acidules, 177, 211 et suiv. Voy. *Acidules végétaux.* — 3e. genre : *Acides empyreumatiques,* ou formés par le feu, 177, 262 et suiv. Voy. *Acides empyreumatiques.* — 4e. genre : *Acides factices ou artificiels,* par l'action des corps oxigénés, etc. non trouvés dans la nature, comprend trois espèces, 177, 266 et suiv. Voy. *Acides muqueux, camphorique et subérique.* — 5e. genre : *Acides factices ou artificiels ;* formés comme ceux du précédent genre, mais à l'imitation de ceux de la nature, contiennent trois ou quatre espèces, 177, 263 et suiv. Voy. *Acides malique, tartareux, oxalique et acéteux.* — 6e. genre : *Acides produits par la fermentation,* deux espèces, 177, 178, 271, 272. Voy. *Acides acéteux et acétique.* — Leur action avec les substances animales, IX, 62, 63, 68, 78, 111, 112, 134, 158, 159, 221, 223, 224, 246, 257, 281, 310, 366, 398, 399, 409, 344 ; X, 24, 25, 85, 126, 129, 184, 251, 261, 355, 360.

— vitriolique. Voy. *Acide sulfurique.*

— zoonique, IX, 33, 49, 95, 105, 107, 159, 242, 243, 395 ; X, 311. Voy. *Acides animaux.* — Découvert par le citoyen Berthollet ; formé par la distillation des matières animales, 33, 49. — Sa combinaison avec l'ammoniaque, 107, 242, 248 ; X, 311.

Acidifères (substances), III, 6. Voy. *Sels.*

Acidification, II, 3, 4 et suiv. 26. Voy. *Oxigénation et Acides.*

Acidules ou acides végétaux en partie saturés de potasse, III, 9 ; VII, 177, 211 et suiv ; I, Disc. pr. cli, clij. Voy. *Acides végétaux et acides (en général).* — Leurs espèces, VII, 177, 211 et suiv. ; I, Disc. pr. clij, cli. Voy. *Acidule oxalique, acidule tartareux et acidule du mellite.*

— du mellite, I, Disc. pr. cli, clij. Voy. *Acidules végétaux et Mellite* — Analogies et différences de ses propriétés comparées à celles de l'acidule oxalique, cli, clij.

Acidule oxalique, ou sel d'oseille, VII, 177, 212, 213 et suiv. Voy. *Acidules végétaux.* — Son histoire, son siége, son extraction, sa purification, *etc.* 213 et suiv. — Sa formation artificielle avec l'acide oxalique, *etc.* 215, 225, 226. — Ses propriétés physiques, sa cristallisation, sa saveur piquante, *etc.* mais non désagréable, *etc.*; sa décrépitation *etc.* 215, 216, 217. — Ses propriétés chimiques, 216 et suiv. —Ses altérations, *etc.*; sa sublimation, son acidification par le feu, *etc.* 216.—Sa grande dissolubilité, plus grande dans l'eau bouillante, *etc.*; permanence ou non altération spontanée de sa dissolution, un de ses caractères distinctifs, *etc* 216, 217. — Ses décompositions par les acides n'ont lieu qu'à l'aide de la chaleur, *etc.* 217. — Est un oxalate acidule de potasse, 177. Voy. *Oxalates.* — Ses combinaisons, en sels triples, avec les bases, soit alcalines, *etc.* soit métalliques, 217, 218. Voy. *Trisules.* — Son action sur les sels, 218. —Son analyse; ses usages économiques, médicinaux et chimiques, 219.

— tartareux, ou tartrite acidule de potasse (autrefois nommé *Tartre*), VII, 177, 232 et suiv. Voy. *Acidules végétaux.* — Son histoire; son siége; son extraction et purification, 232 et suiv. — Ses propriétés physiques, sa cristallisation, sa saveur, sa fragilité, *etc.* 235, 236. Ses propriétés chimiques, 236 et suiv. — Sa fusion, *etc.* et décomposition par le feu; phénomènes et produits de sa distillation; grande quantité de gaz acide carbonique, d'huile, *etc.*; formation d'*acide pyro-tartareux*, etc. 236 et suiv. — Voy. *Acide pyro-tartareux.* — Sa grande abondance de carbone et d'hidrogène, comparativement à sa proportion d'oxigène, *etc.* 239. — Son peu de solubilité, principalement dans l'eau froide, *etc.*; altérations spontanées de sa dissolution; formation d'acide carbonique, d'huile, de carbonate de potasse, *etc.* 239 et suiv. — N'éprouve d'altération, *etc.* par les acides, que de ceux qui peuvent dénaturer son acide; qui passe dans ce cas, ou à l'état d'acide acéteux, comme avec les acides sulfurique et muriatique; ou à celui d'acide oxalique, par l'acide nitrique, 241, 242. — S'unit sans altération avec l'acide boracique, qui le rend dissoluble; et qu'on doit employer pour cet effet, au lieu du borax, dans la préparation de ce qu'on nomme *Crême de tartre soluble*, etc. 242. — Ses décompositions et combinaisons, en sels triples, avec les bases alcalines, *etc.* 242 et suiv. — Voy. *Tartrite de potasse et de soude*, ou *Sel de seignette*, les *différens Tartrites et Trisules.* — Son action sur les sels, 246, 247. — Sa décomposition et son union en sel triple avec les métaux ou oxides métalliques, 247 et suiv. Voy. *Tartrite d'antimoine et de potasse*, ou *Tartre émétique*, et *les différens Tartrites métalliques.* — Ses usages nombreux dans les arts et dans la médecine, ainsi que ceux de ses composés, 251. Voy. *Acide tartareux; à son utilité*, etc. —Son action avec les autres substances végétales, VIII, 73 et suiv. —Son action avec les substances animales, X, 354, 355.

Acidum pingue, prétendu principe de causticité selon Meyer, reconnu pour une chimère, II, 179. Voy. *Chaux.*

Acier, VI, 157, 164 et suiv. Voy. *Fonte, Carbure de fer, Fer, Mines de fer et Carbone.* — Diffère du carbure de fer par sa petite proportion de carbone, 164. — Théorie et procédé de sa fabrication; celui qu'on retire de la fonte se nomme *Acier naturel*, et celui qu'on forme en unissant du fer et du charbon, *etc.* se nomme *Acier de cémentation, Acier factice*, 164, 165. Voy. *Cément*, et ci-dessous, *à ses différentes espèces.* — Sa trempe, *etc.* et ses principales propriétés comparées avec celles du fer et de la fonte, 166, 167. — Petite proportion de phosphore qu'on y trouve, ainsi que de la silice et du manganèse, 166, 167. — La tache noire qu'y produit l'acide nitrique, fournit un moyen de le reconnoître d'avec le fer, et est occasionnée par du carbure qui s'en sépare dans toutes ses dissolutions, 165, 166, 167. — Fournit du gaz acide carbonique par le moyen duquel on peut l'analyser, 167. Voy. ci-dessous *à sa détonation avec les nitrates*, etc. —Son analyse; grande variété de ses états et des proportions de ses principes constituans; dont le *minimum* est quelques millièmes de carbone, 167 et suiv. — On en distingue trois espèces principales; *l'acier naturel*, qui est le moins bon, *etc.*; *l'acier de cémentation*, etc, et *l'acier fondu*, tiré de l'un ou l'autre des deux précédens, et qui est le plus par-

fait, *etc.* 168, 169. Voy. ci-dessus *à sa fabrication.* — Ses alliages. Voy.
ceux du fer. — Décompose rapidement l'eau, lorsqu'il est rouge, *etc.* 185,
186. Voy. *Fer, à son oxidation,* etc. *par l'eau.* — Donne du gaz hidrogène carboné, et du carbure de fer, avec les acides qui favorisent la décomposition de l'eau, 187, 208. Voy. *Fer, à son action avec les acides.*
— Sa détonation et inflammation brillante avec le nitre ou nitrate de potasse,
et avec le muriate suroxigéné de potasse ; phénomènes qui servent à l'analyser, 220, 221, 22². — Ses usages variés, 225. Voy. *ceux du fer.*
ACTINOTE, II, 287, 304, 305 Voy. *Pierres (combinées).* — Siguifie *rayonnante,* nom déja donné à cette pierre par Saussure, 304. — Confondue avec
les schorls, sous le nom de *Schorl vert,* 305. Voy. *Schorls.* — Sa différence
et son analogie avec l'amphibole, 305. Voy. *Amphibole.*
ADHÉSION ou COHÉSION, synonyme d'attraction, d'agrégation, I, 64. Voy.
Attraction d'agrégation.
ADIPOCIRE, IX, 33, 61, 80, 94, 133, 158, 194, 250, 255, 296, 300 ; X,
43, 56 et suiv. 83, 293, 302. Voy. *Graisse, Bile, Calculs biliaires, Foie,
Blanc de baleine, Cerveau, Muscles,* etc. — Matière grasse, analogue au
blanc de baleine, *etc.;* découverte par l'auteur dans les corps enfouis long-
temps dans la terre, *etc.;* sa généralité et son abondance dans plusieurs
substances animales, *etc.,* IX, 33, 61, 250, 255, 296 ; X, 43, 56 et suiv.
83, 302. — Sa dissolution dans l'alcool, IX, 80.
AÉROMÈTRES. Voy. *Pèse-liqueurs.*
AFFINAGE, V, 37, 39. Voy. *Docimasie, Métallurgie* et *Départ.*
AFFINITÉS, Voy. *Attractions.*
AGATES. Voy. *Silex.*
AGRÉGATION. Voy. *Attractions.*
AIMANT, ne doit pas faire une espèce à part, tous les morceaux de fer en-
foncés dans la terre, et non surchargés d'oxigène, étant des aimans naturels, *etc.,* VI, 118. Voy. *Magnétisme, Fer* et *Mines de fer, à leur
propriété magnétique,* et *Oxidules de fer.*
AGRÉGÉS ou AGRÉGATS, I, 65. Voy. *Attraction d'agrégation.*
4 genres ;
1°. — solide,
2°. — mou, } 65 *et* 66.
3°. — liquide,
4°. — gazeux.
AIGUEMARINE ou BÉRIL. Voy. *Émeraude* et *Topase.*
AIR (atmosphérique), I, 113, 148 et suiv. ne'st point un corps simple ou
élément, 148. — Ses propriétés physiques, 149 et suiv. — Regardé à tort comme
insipide, 150, 151. — Influence de sa pesanteur sur les solides et les liquides,
et nécessité de l'apprécier dans les travaux chimiques, 151. — L'examen
de sa compressibilité, élasticité, expansibilité, est également important
pour la chimie, 152 ; est, d'après les découvertes de Lavoisier, composé
de vingt-sept parties de gaz oxigène et soixante-treize de gaz azote, 153
et suiv. Voy. *ces deux gaz.* — Ne sert à la combustion et à la respiration
que par la proportion du gaz ozigène qu'il contient, 153 et suiv. — Les
corps combustibles le décomposent dans la combustion, en lui enlevant
l'oxigène, et on le reforme en le lui rendant, 155. — Tous les corps
combustibles ne lui enlèvent point, ni du premier coup, la même quantité
d'oxigène : de la l'*Eudiométrie* ou l'art de reconnaître sa pureté, 156 et
suiv. Voy. *Eudiomètre.* — Incertitude sur les résultats eudiométriques, et
les différentes causes et les différens mélanges qui altèrent la pureté de
l'air, 157, 158. — Son adhérence au gaz azote : cause de la différente
manière dont les corps y brûlent, d'avec celle dont ils brûlent dans le gaz
oxigène, 159, 160. — Sa grande influence dans tous les phénomènes de la
nature et des arts, 160. — Effets nuisibles ou médicamenteux de ses différentes proportions de gaz azote, 105. — Sa combustion et détonation
avec le gaz hidrogène, 173. Voy. *Gaz hidrogène* et *Eau.* — Est dénaturé
et vicié par la combustion du charbon, qui, en s'emparant de son oxigène,
forme un acide gazeux, lequel, en se mêlant avec le gaz azote, le rend

doublement délétère, I, 180. Voy. *Gaz acide carbonique.* — Devient encore plus dangereux lorsque le charbon qu'on y allume est humide, 181. Voy. *Gaz hidrogène carboné.* — Sa décomposition et son analyse par la combustion du phosphore, 190, 191, 192. Voy. *Acide phosphoreux* et *Acide phosphorique.* — Sa décomposition par la combustion du soufre, 199, 200. Voy. *Oxide de soufre, Acide sulfurique* et *Gaz acide sulfureux.* — Sa décomposition par les métaux. Voy. *Métaux* et *Sulfures métalliques,* et ci-dessous, *à l'action avec les substances métalliques.* — Phénomènes de son union avec l'eau qui le purifie, II, 13 et suiv. — Dissout l'eau et la *gazéfie* à mesure qu'il s'en sature; est absorbé par l'eau et se liquéfie à mesure qu'elle s'en sature, 14. — Sa dissolubilité dans l'eau a pour limites la température de la glace et celle de l'eau bouillante, 15. — Rend l'eau salubre, 15. — Dissout le gaz acide carbonique, 11, 35, 36. — Effets réciproques entre l'air et les acides, 35, 36, 46, 47, 55, 56, 61, 77, 82, 95, 104, 115, 120. Voy. *Acides.* — Sa décomposition par l'oxide d'azote ou gaz nitreux, 89, 90. Voy. *cet Oxide.* — Effets réciproques entre l'air et les substances terreuses et alcalines, 145, 164, 171, 172, 176, 190, 191, 201, 217, 218, 227, 228, 236, 237, 247. — Son action sur les sels, III, 16, 29, 30, 32, 41, 45, 52, 58, 70, 74, 77, 80, 82, 83, 85, 88, 90, 92, 97, 104, 129, 135, 136, 140, 143, 145, 147, 150, 152, 155, 156, 163, 172, 183, 192, 193, 200, 205, 207, 208, 210, 212, 223, 249, 252, 256, 260, 261, 264, 266, 267, 284, 285, 287, 290, 305, 315, 331, 332; IV, 7, 31, 32, 39, 40, 46, 47, 54, 55, 84 et suiv. Voy. *Déliquescence* et *Efflorescence.* — Rend les eaux légères et vives, 298. — Action réciproque entre l'air et les substances métalliques, I, 211, 212; V, 39 et suiv. 69, 82, 89, 99, 117, 133, 142, 143, 144, 162, 164, 175 et suiv. 199, 220 et suiv. 245, 262, 291 et suiv. 328, 346, 371, 372, 380, 382, 383, 384, 385, 386; VI, 16 et suiv. 34, 36, 37, 68 et suiv. 127, 157 et suiv. 170, 192, 193, 197, 200, 201, 202, 213, 214, 246 et suiv. 252, 267, 270, 272, 275, 281, 283, 286, 287, 289, 310 et suiv. 331, 338, 360 et suiv. 384, 413. Voy. *Métaux et leurs combinaisons.* — Action entre l'air et les substances végétales, VII, 34, 71 et suiv. 130, 143, 146, 147, 164, 165, 192 et suiv. 199, 200, 206, 224, 246, 249, 280, 303, 310 et suiv. 326 et suiv. 331, 332, 333, 344, 364, 365; VIII, 9, 10, 12, 15 et suiv. 38, 46, 56 et suiv. 67, 71, 72, 73, 84, 85, 98, 126, 145, 146, 147, 166, 196 et suiv. 203, 205, 211, 220, 222 et suiv. 253, 260, 263 et suiv. 284, 285, 300, 302, 303, 304, 309, 313, 315 et suiv. Voy. *Végétaux et leurs composés,* etc. 302, 303. Voyez *Feuilles, Transpiration des végétaux* et *Végétation,* etc. — Action entre l'air et les substances animales, IX, 44, 54 et suiv. 100, 103, 108, 130, 132, 141, 142, 148, 149, 153, 154, 179, 181, 182, 205 et suiv. 214, 215, 220, 231, 246, 247, 248, 249, 279, 294, 309, 311, 312, 314, 365, 375, 378, 379, 395, 396, 397, 398, 411, 417, 418, 422 et suiv. 426; X, 21 et suiv. 45, 46, 52, 66, 85, 116, 117, 118, 123 et suiv. 156, 182, 184, 186, 188, 190, 274 et suiv. 289, 292, 300, 308, 321, 370 et suiv. 385 et suiv. 406 et suiv.

AIR acide vitriolique. Voy. *Acide sulfureux.*

— déphlogistiqué. Voy. *Gaz oxigène.*

— fixe ou fixé. Voy. *Acide carbonique.*

— inflammable. Voy. *Gaz hidrogène.*

— phlogistiqué, Voy. *Moffète.*

— vital ou pur, ou déphlogistiqué. Voy. *Gaz oxigène.*

AIRAIN. Voy. *Bronze* et *Métal des cloches,*

ALAMBIC (Ambic chez les anciens Grecs), I, 14; II, 12, 13.

ALBATRE gypseux. Voy. *Sulfate de chaux.*

ALBUMINE animale, IX, 139 et suiv. 141 et suiv. 143 et suiv. 146, 151 et suiv. 155, 156. Voy. *Sérum, Matière colorante du sang,* etc. *OEufs,* etc. *Physiologie,* etc. et *Albumine végétale.* — Est combinée, dans le sérum du sang, avec la soude dans un état savonneux, etc. 139 et suiv. 151. — Sa concrescibilité et son oxigénation, etc. 141 et suiv. 155. Voy. *Cerveau,* etc. — Ses décompositions, dissolutions, etc. 143 et suiv. 146. — Tient du phos-

phate de fer en dissolution dans le sérum rouge, IX, 152, 156. Voy. *Matière colorante du sang.* — Ses altérations, 164 et suiv. Voy. *celles du sang.* — Son union avec les autres matières animales, 187. Voy. *Animaux et les différentes matières animales.*

ALBUMINE végétale (17e. genre *des matériaux immédiats des végétaux*), VII, 125; VIII, 83 et suiv. Voy. *Végétaux, Végétation,* etc. et *Albumine animale.* — Propriétés caractéristiques de l'albumine, soit animale, soit végétale; sa viscosité; sa solubilité dans l'eau froide, et sa concrescibilité par la chaleur, etc.; sa putréfaction sans passer par l'état acide, *etc.*; son dégagement d'azote avant de passer à l'état d'acide oxalique, etc. etc. 83 et suiv. — Expériences par lesquelles l'auteur a reconnu cette matière et ses propriétés dans les végétaux, 84 et suiv. — Se trouve dans la farine de froment; existe principalement dans les sucs végétaux chargés de fécule verte, et en général dans toutes les plantes bien vertes, les bois jeunes, *etc.* 86. — Ses rapports avec le glutineux, 87. Voy. *le Glutineux.*

ALCALIS (en général), I, 99; II, 131, 182 et suiv. Voy. *Bases ou corps salifiables.* — Tirent ce nom de la plante appelée *Kaly*, d'où l'on extrait l'espèce, la plus anciennement connue et employée, de ces bases, 182. — Leurs propriétés caractéristiques sont leur saveur âcre et urineuse; de verdir le sirop de violettes et plusieurs autres végétaux bleus ou roses, *etc.*; leur facilité d'union et leur force d'attraction pour les acides, et de former avec eux des sels proprement dits; leur énergie sur les matières animales qu'ils dissolvent, *etc. etc.* 183, 184. — L'auteur a rapporté à ce genre la barite et la strontiane comme possédant, d'une manière très-marquée, les propriétés alcalines; ainsi il en distingue cinq espèces, dont quatre appelées fixes à cause de leur difficulté à se vaporiser, comparativement à la cinquième, appelée alcali volatil, qui jouit éminemment de cette propriété: les noms de ces cinq alcalis sont ceux de *Barite, Potasse, Soude, Strontiane* et *Ammoniaque*, 183, 184. — Leur inaltérabilité au feu, quoique fondus, *etc.*; leur absorption de l'eau et de l'acide carbonique de l'atmosphère; leur union avec plusieurs substances combustibles; celle avec l'eau, *etc. etc.* 184. — Leurs attractions relatives entre eux et les autres bases salifiables pour la généralité des acides, 184, 185. Voy. *Sels.*—Leur union avec la silice et avec l'alumine, 185. — On ne les rencontre jamais purs et isolés dans la nature, mais en combinaison, soit avec les acides, soit avec les terres, 185. — L'ammoniaque est le seul des alcalis dont on connaisse exactement la nature et la composition: d'après cette découverte, l'auteur a présenté le premier en 1787, une opinion qu'il recommande de ne regarder jusqu'à présent que comme une hypothèse sur un principe *alcalifiant*, qu'il a soupçonné pouvoir être l'azote, 185 et suiv. 209, 211, 212, 232. — Leurs combinaisons avec les acides. Voy. *Sels, Sels métalliques.* — Leurs combinaisons avec le soufre. Voy. *Soufre et sulfures.* — Leur action et combinaison avec les substances métalliques, V, 57 et suiv. 74, 78, 79, 100, 101, 133, 134, 145, 146, 148, 149, 164, 165, 182, 184, 188 et suiv. 205, 207, 221, 229, 231, 232, 238 et suiv. 264, 266, 304, 313, 317, 329, 330, 339, 340, 351, 354, 355, 378, 379, 381, 382, 383, 384, 386; VI, 30, 32, 34, 35, 42, 59, 86, 87, 88, 89, 91, 95 et suiv. 193, 200, 203, 209, 210, 213, 214, 215, 217, 218, 270, 271, 273, 275, 276, 279 et suiv. 281, 286 et suiv. 323, 329 et suiv. 379, 385 et suiv. 393, 429 et suiv. — Leur action ou union avec les substances végétales, VII, 48, 49, 87 et suiv. 130, 131, 145, 146, 147, 151, 166, 167, 177, 183, 192, 193, 194, 195, 200, 207, 208, 211 et suiv. 225 et suiv. 242 et suiv. 249, 255, 261, 283, 304. 331 et suiv. 345, 366; VIII, 12, 22, 23, 30, 32, 47, 56, 57, 67, 70 et suiv. 83, 85, 91, 92, 99, 100, 104, 105, 135, 136, 148 et suiv. 157, 167, 171, 196 et suiv. 203, 205, 211, 222, 238, 253, 255; I, Disc. pr. clj. Voy. *Végétaux* et *leurs composés,* etc. — Leur action ou union avec les substances animales, IX, 45, 69 et suiv. 81 et suiv. 93 et suiv. 133, 139, 140, 143 et suiv. 149, 151 et suiv. 158, 159, 186, 188 et suiv. 220, 222, 223, 233, 246, 249, 254, 257, 260, 268, 269, 281, 297, 298, 299, 300, 309, 310, 315, 366,

375, 399, 400, 408, 409, 411, 412, 418, 419, 427; X, 9, 10, 27, 28,
35, 43, 54, 56, 59, 71, 80, 81, 83, 85, 120, 127, 142, 161, 162, 184,
188, 207, 221, 222, 224, 226, 228, 231, 232, 236, 237, 241, 246, 251,
254 et suiv. 269, 275, 277 et suiv. 286 et suiv. 290, 300, 308, 311, 324,
327, 330, 343, 348, 349, 352, 355, 362, 376, 377, 402, 403, 414.

Alcalis aérés, doux, etc. Voy. *Carbonates alcalins* (en général).
— caustiques. Voy. *Potasse, Soude* et *Ammoniaque*.
— fixe minéral ou soude. Voy. *Soude*.
— fixe du tartre. Voy. *Potasse*.
— fixe végétal ou potasse. Voy. *Potasse*.
— marin. Voy. *Soude*.
— minéral aéré. Voy. *Carbonate de soude*.
— phlogistiqué ou lessive colorante du bleu de Prusse. Voy. *Prussiates alcalins*.
— prussien. Voy. *Prussiates alcalins*, etc.
— végétal aéré. Voy. *Carbonate de potasse*.
— végétal vitriolé. Voy. *Sulfate de potasse*.
— volatil. Voy. *Ammoniaque*.
— volatil concret. Voy. *Carbonate ammoniacal*.

Alcaligène ou principe présumé alcalifiant. Voy. *Azote* et *Alcalis*.

Alchimie, I, 3, 16. — Les travaux des alchimistes ont été utiles à la chimie,
16; V, 5, 6, 268, 269. — Epoque principale de son règne, I, 18. Voy. *Chimie*.

Alcool ou Esprit-de-vin, VIII, 120, 121, 141, 142 et suiv. Voy. *Fermentation vineuse* et *Eau-de-vie*. — Produit éloigné de la fermentation vineuse, etc.; son extraction de l'eau-de-vie et sa rectification, 142, 143, 145, 146. — Moyens de connaître sa pureté, 143, 144. Voy. *Pèse-liqueurs* ou *Aéromètres*. — Ses propriétés physiques; sa légéreté par rapport à l'eau; tableau comparatif de sa pesanteur spécifique, à diverses doses, entre ces deux liquides; sa grande volatilité; sa dilatabilité, etc.; est bon conducteur de l'électricité, etc. etc. 144 et suiv. — Ses propriétés chimiques comme dissolvant et non décomposé, 146 et suiv. — Son évaporation et dissolution dans l'air; froid qui se produit, etc. 146, 147. — Son union avec le soufre en vapeur, etc.; celle avec le phosphore et ses phénomènes lumineux, etc. 147. — Sa grande affinité avec l'eau; peut servir à précipiter les sels des eaux minérales, etc. 147, 148. — Dissout les acides faibles, etc. 148. — Ses combinaisons avec les alcalis, 148 et suiv. Voy. *Teinture âcre de tartre* et *Lilium de Paracelse*. — Son action sur les différens sels, soit alcalins, soit métalliques, 150. — Son action et union avec les autres substances végétales, 151 et suiv. Voyez *Eaux distillées, spiritueuses*; *Esprits odorans*, etc. et *Teintures*, etc. (préparations alcooliques). — Des propriétés ou phénomènes qu'il présente en se décomposant, 154 et suiv. — Son analyse par le feu, à une haute température, prouve que les anciennes idées sur sa nature sont fausses, et qu'il est une espèce d'oxide où, suivant Lavoisier, l'hidrogène est plus abondant que dans le sucre d'où il provient, etc. 155 et suiv. 183 et suiv. Voy. *Fermentation vineuse*. — Son altération par les alcalis, lorsqu'on chauffe fortement leur dissolution alcoolique, 157. — Son altération par les acides puissans, 157 et suiv. 212, 213. Voy. *Ether, Ethérification* (en général), et *Ether sulfurique, nitrique, muriatique et acétique*. — Diffère de l'éther par plus de carbone, moins d'hidrogène et d'oxigène, 166. Voy. *Ether* et *Huile douce du vin*. — Ses altérations et sa conversion en éther par les oxides, ou dissolutions métalliques qui cèdent facilement leur oxigène, etc. 176. Voyez *Ether* et *Ethérification*. — Différentes couleurs que produit sa flamme selon les divers corps qui lui sont mêlés, etc. 177. — N'est qu'un seul et même corps, etc. de quelques substances qu'on le retire lorsqu'il est pur, etc. 177, 178; IX, 397. — Ses usages nombreux et ceux de ses composés, tant pour la médecine et la chimie que pour les arts économiques, etc. VIII, 178 et suiv. Voyez *Ether sulfurique, Teinture âcre, Eaux distillées*, etc. — Mécanisme de sa formation, 182 et suiv. Voyez *Fermentation vineuse*. — Son union et action avec les matières animales, IX, 79, 80, 111, 112, 135, 137, 146, 149, 151, 182, 185, 187, 193,

194, 214, 218, 222, 224, 235, 243, 248, 249, 266, 282, 287, 295, 296, 298, 299, 300, 308, 310, 372, 374, 375, 401, 409, 410, 411, 420, 425, 426, 433; X, 26, 27, 29 et suiv. 35 et suiv, 38, 39, 43, 45, 54 et suiv. 59, 80, 81, 84, 88, 90, 91, 116, 120, 129, 134, 137, 154, 155, 164, 165, 184 et suiv. 189, 272, 275, 290, 292, 293, 294, 297, 300, 301, 321, 341, 345, 346, 349, 350, 351, 354, 355.

ALKALIS. Voy. *Alcalis.*

ALLIAGE (des métaux entre eux), V, 47. Voy. *Métaux*, *Amalgames* et *chaque métal à ses alliages.* — Les métaux acquièrent souvent de la combustibilité dans leurs combinaisons réciproques, VI, 421.
— fusible ou alliage de plomb, de bismuth et d'étain, VI, 83. — Sa liquéfaction et cristallisation. 83.

ALQUIFOUX. Voy. *Galène.*

ALUDELS. Voy. *Soufre, à sa volatilisation.*

ALUMINE, II, 134, 142 et suiv. Voy. *Terres (en général).* — Tire son nom de l'alun, parce qu'on ne l'obtient pure que de ce sel ; ses autres noms d'argile, *etc.* devant être réservés à ses mélanges terreux ; son histoire, et erreurs détruites sur sa nature, 142, 143. — Procédé pour l'obtenir, 143, 323 et suiv. Voyez *Pierres (combinées)* et *Pierres mélangées.* — Sa sorte d'onctuosité ; sa saveur légèrement styptique, qu'on nomme *Saveur terreuse*; son odeur ; son opacité, *etc.* 143, 144. — Est disposée en lames ; n'acquiert jamais, dans ses composés naturels, la dureté des pierres silicées, ni n'étincelle par le briquet, 144. — Phénomènes de sa fusion à la flamme ardente du chalumeau, et ceux de son ramollissement par l'eau, de sa demi-vitrification, de son resserrement et de la dureté qu'elle acquiert à de grands feux de fourneaux, sur lesquels est fondé l'art des poteries, 144, 145, 146, 148, 149, 150. — Ses combinaisons, tant artificielles que naturelles et plus ou moins mélangées, avec le soufre, le carbone, *etc.* lorsqu'elle est, ainsi que ces substances, dans un grand état de division, 145, 146. — Manière dont elle absorbe et retient l'eau, 146, 147, 149. Voy. *Eaux minérales.* — Son attraction et union, soit par le feu, soit par l'eau avec les oxides métalliques, 147. — Ses combinaisons et attractions avec les acides, 147, 148 ; III, 21, 51 et suiv. 54 et suiv. 64 et suiv. 72, 91 et suiv. 102, 149 et suiv. 157, 161, 165, 209 et suiv. 219, 229, 235, 272, 273, 279, 292, 293, 297, 309, 310, 317, 336, 337 ; IV, 9, 61, 62, 119, 120, 122, 123, 275, 279, 282. Voy. *Sels.* — Ses attractions avec les acides comparativement aux autres bases, soit terreuses, soit alcalines, II, 146, 154, 159, 166, 177, 184, 185, 194, 209, 220, 240, 251 ; III, 67, 152, 212, 250, 262. — Sa grande utilité, et exposé de ses usages multipliés tant dans la nature que dans les arts, II, 148 et suiv. Voy. *Thermomètre* ou *Pyromètre de Wegdwood.* — Son union et fusion avec les autres bases terreuses ou alcalines, 148, 149, 150, 154, 166, 167, 178, 179, 185, 194, 195, 211, 221, 230, 231. — Son action sur les nitrates, III, 101, 126, 127, 133, 156, 157. — Son action sur les muriates, 165, 173, 194. — Son union et vitrification avec les phosphates, 234, 235, 257, 258, 262. — Sels triples qu'elle forme avec la silice ou les alcalis et l'acide fluorique, 310. Voy. *Trisules.* — Sa fusion et union en frite vitreuse avec les borates de soude, 334, 335. — Son action sur les carbonates par le moyen de la fusion, IV, 28, 33, 34, 41, 42. — Saveur acerbe de ses composés, 69. Voy. *Sels,* etc. *à leur saveur.* — Son union en sel triple avec les substances métalliques, V, 59. Voy. *Trisules métalliques.* — Sa combinaison avec les acides métalliques, 85. — Son union et vitrification avec les substances métalliques, VI, 95, 96. — Son action ou union avec les matières végétales, VII, 88, 89, 146, 192, 200, 210, 211, 225, 244, 256, 315 ; VIII, 11, 56, 59, 60, 104, 199, 200 ; I, Disc. pr. clj, clij, Voy. *Végétaux et leurs composés,* etc. — Son action ou union avec les matières animales, IX, 73, 191, 192; X, 349.
— sulfatée alcaline. Voy. *Sulfate d'Alumine et de Potasse,* etc. ou *Alun.*

ALUMINEUX. Voy. *Sels neutres alumineux.*

ALUN. Voy. *Sulfate acide d'Alumine et de Potasse ou d'Ammoniaque.*
— brûlé ou calciné, III, 57.
— de glace. Voy. *Alun de roche.*
— marin. Voy. *Muriate alumineux.*
— nitreux. Voy. *Nitrate d'alumine.*
— de plume. Voy. *Vitriol du Zinc.*
— de roche ou alun de glace, III, 59.
— saturé de sa terre. Voy. *Sulfate d'alumine*, etc.
AMALGAME (alliage du mercure avec les différens métaux), V, 47, 305
et suiv. Voy. *chaque Amalgame.* — La plupart sont susceptibles de cristallisation, 305.
— d'antimoine, V, 305, 307, 345. Voy. *Amalgame.*
— d'argent, VI, 316 et suiv. 333, 334, 339. Voy. *Amalgame.* — Sa fusion
et sa ramification appelée *Arbre de Diane*, 317, 333, 334. Voyez *Nitrate
d'argent.* — Est fort employée pour l'argenture, 318.
— d'arsenic, V, 305, 306. Voy. *Amalgame.*
— de bismuth, V, 305 et suiv. 345. Voy. *Amalgame.* — Cristallise, 306,
345.
— de cuivre ; est difficile à obtenir, 256, 257.
— d'étain, VI, 25, 26, 47, 48. Voyez *Amalgame.* — Cristallise, 25, 26.
— Est employée pour donner le tain aux glaces, etc. 47, 48.
— de plomb ; cristallise ; sa liquidité avec le bismuth, 79, 80.
— natifs, V, 282 et suiv. Voy. *Amalgame et Mines de mercure.*
— d'or, VI, 365 et suiv. Voy. *Amalgame.* — Sa cristallisation, etc. ; sa
décomposition par le calorique très-accumulé, etc. 366. — S'emploie pour
dorer en or moulu, 367, 397, 398.
— de platine, VI, 419, 420. Voy. *Amalgame.* — Difficulté de l'obtenir,
419, 420. — Sa différence d'avec les autres amalgames, 420.
— de zinc. V, 375. Voy. *Amalgames.* — Cristallise, 375.
AMBIC. Voy. *Alambic.*
AMBRE GRIS, IX, 120, 123 ; X, 294 et suiv. Voy. *Animaux*, à la comparaison et classification des matières animales. — Son histoire naturelle ;
ses variétés, et opinion sur son origine, 294 et suiv. — Est, d'après les
recherches du docteur Swediaur, le produit des excrémens du cachalot, etc.
296. — Ses usages, sa propriété antispasmodique, etc. 297.
— jaune. Voy. *Succin.*
AMÉTHISTE. Voy. *Quarts.*
AMIDON. Voy. *Fécule amilacée et Farine.*
AMMONIAQUE ou ALCALI VOLATIL, I, 175 ; II, 184, 232 et suiv. ; I, Disc.
pr. lxxxviij. Voy. *Alcalis (en général).* — Tire ce nom du sel ammoniaque
d'où on l'extrait communément, 232. — Ses différens noms et son histoire,
depuis Basile Valentin jusqu'en 1785, où le citoyen Berthollet a expliqué
sa formation et sa décomposition, 232, 233, 245. Voy. ci-dessous, à
sa composition. — Se dégage sans cesse de quelques matières végétales,
et sur-tout des substances animales pendant leur putréfaction, 234. — Procédés pour l'obtenir, soit dans l'état de gaz, soit dans celui de liquide,
234, 235, 239, 244, 245, 246 ; III, 201 et suiv.
— aériforme ou gaz ammoniac, est près de moitié plus léger que l'air ; son
odeur vive, irritante, etc. ; asphixie les animaux ; a une saveur âcre et
caustique, mais moindre que celle des alcalis fixes ; verdit la couleur de
la violette, etc. ; quoiqu'il éteigne les bougies, il augmente leur flamme
et s'allume lorsqu'il est bien chaud, II, 235, 236. — Est absorbé et con-
densé par les corps poreux ; quoiqu'aucune quantité de calorique ne puisse
le décomposer, les étincelles électriques le séparent en ses deux principes,
le gaz azote et le gaz hidrogène, d'après les expériences de Priestley et
de Van-Marum, 236. — Sa décomposition et détonation, à une haute température, par le gaz oxigène et selon la quantité de ce dernier gaz ; formation d'eau ou d'acide nitrique, 236, 237. — Forme avec le carbone rouge
un acide à radical ternaire, connu sous le nom d'*Acide prussique*, 237.
Voyez cet *Acide.* — Sa décomposition, à une haute température, par le

phosphore, et son action sur le soufre en vapeur, II, 237, 238. Voy. *Sulfure ammoniacal*, *Sulfure d'ammoniaque hidrogène (fumant)* et *Hidrosulfure d'ammoniaque*. — Sa combinaison et condensation prompte avec l'eau dans tous les états, en produisant du froid par la fusion de la glace, et de la chaleur en se liquéfiant avec l'eau liquide, qui peut en prendre jusqu'à peu près la moitié de son poids en augmentant de plus de la moitié de son volume, et en perdant un peu plus du dixième de sa pesanteur spécifique, 238, 239. — Son union avec quelques oxides métalliques, et action réciproque entre ce gaz, à la température rouge, et la plupart de ces oxides qui le décomposent et le convertissent en eau et en acide nitreux en se désoxidant, 239, 240. Voy. ci-dessous, *à son action avec les substances métalliques*. — Ses attractions avec les acides comparativement aux autres bases, soit terreuses, soit alcalines, 209, 210. — Phénomènes de sa fixation, sa liquéfaction et même quelquefois solidification, dans sa combinaison avec les acides, et rapidité de cette combinaison principalement avec les acides nitrique et muriatique, 240 et suiv. — Inflammation, décomposition réciproque, formation d'eau et dégagement de l'azote radical, entre le gaz ammoniac et le gaz acide nitrique, à une haute température, 242. — Décomposition instantanée et réciproque entre ce gaz alcali et le gaz acide muriatique oxigéné : l'auteur de cet ouvrage a découvert, qu'en faisant passer le premier de ces gaz dans le second, il y avait inflammation et lumière blanche dégagée pendant l'union de l'oxigène de l'un avec l'hidrogène de l'autre, 243, 244.

AMMONIAQUE liquide, 245 et suiv. — Se trouve le plus souvent sous cette forme qui est la plus commode à employer, 245. — Est plus légère que l'eau ; son odeur vive, sa saveur âcre, et autres propriétés alcalines et apparentes, 245, 246. — Le calorique et la diminution de pression de l'atmosphère en dégagent le gaz ammoniac avec effervescence : aussi bout-elle plus vite que l'eau ; elle est au contraire fortement condensée par une forte pression ou par un froid extraordinaire, 246, 247. — Exposée à l'air, une partie de son ammoniaque s'y volatilise, et le reste s'empare de l'acide carbonique de l'atmosphère, en lui donnant des propriétés qui ont long-temps induit en erreur jusqu'à ce qu'on la connût pure, 247. — Phénomènes de son union avec le soufre par le moyen de la chaux et du muriate d'ammoniaque, et ceux de sa combinaison rapide avec le gaz hidrogène sulfuré, 247, 248. Voy. *Sulfure d'ammoniaque hidrogéné (fumant)* et *Hidrosulfure d'ammoniaque*. — Son action sur les métaux, par son eau dont il favorise la décomposition, pour s'unir aux oxides qui se forment par cette décomposition, 248. Voy. ci-dessous, *à l'action avec les substances métalliques*. — Son union avec l'eau, qui ne fait que l'affaiblir, 248. — Son action sur les oxides métalliques s'exerce, en général, de quatre manières ; 1°. elle dissout les uns, qui jouent le rôle d'acides, sans altération mutuelle ; 2°. elle décompose partiellement d'autres, forme de l'eau en se décomposant, et laisse dégager le gaz azote ; 3°. elle décompose d'autres totalement, en se décomposant avec détonation, par l'expansion subite des gaz oxigène, hidrogène et azote ; 4°. enfin, toujours en se décomposant, il y en a quelques-uns qu'elle décompose partiellement de manière à former de l'eau et de l'acide nitrique, 248, 249, 250. Voy. ci-dessous, *à son action avec les substances métalliques*. — Sa combinaison avec les acides, 250 ; III, 24, 40 et suiv. 72, 84 et suiv. 102, 138 et suiv. 157, 159, 160, 166, 195 et suiv. 206 et suiv. 235, 259 et suiv. 279, 283 et suiv. 297, 307, 308, 317, 336 ; IV, 9, 50 et suiv. 119, 120, 121, 122, 275, 278, 279, 281. Voy. *Sels*. — Décomposition réciproque entre cet alcali liquide et l'acide muriatique oxigéné, mais sans inflammation ; utilité de cette propriété, II, 250, 251. — Dissout un peu d'alumine très-divisée, 251. — Ses attractions avec les acides comparativement aux autres bases, soit terreuses, soit alcalines, 184, 209, 251, 252 ; III, 51, 53, 61, 65, 67, 89, 93, 143, 144, 148, 151, 152, 205, 206, 209, 210, 212, 250, 272, 293, 310 ; IV, 48, 60 ; I, Disc. pr. lxxxj. — Est le seul alcali dont la composition soit exactement connue, qui est environ quatre parties d'azote et une d'hi-

drogène, II, 252. — Se forme toujours lorsque ses principes, au moment de leur isolement, se trouvent dans la proportion convenable, 252. — Tend sans cesse à se décomposer, sur-tout avec les substances très-oxigénées, 252. — Jour qu'a répandu sur la science chimique la connaissance exacte de ses propriétés et de sa nature, et utilité qu'on en retire dans ses nombreux usages tant en médecine que dans les arts, 253, 254, 255. Voy. *Réactifs*. — Ne doit point s'employer inconsidérément, 254. — Sels triples ou trisules qu'elle forme avec d'autres bases et les acides, III, 42, 46 et suiv. 86, 89, 90, 141, 143, 144 et suiv. 160, 166, 201, 205, 206 et suiv. 235, 262, 263 et suiv. 267, 268 et suiv. 291, 292, 297, 307, 308, 309, 310, 311, 317, 336; IV, 9, 58, 59, 60, 61, 62, 63 et suiv.; V, 59, 85, 317 et suiv. 330, 341 et suiv. 355; VI, 324, 329, 331; VII, 217, 226, 227, 246. — Action réciproque entre cet alcali et les oxides et substances métalliques, V, 57 et suiv. 123, 124, 134, 146, 165, 189, 190, 207, 240, 317 et suiv. 330, 340 et suiv. 351, 354, 355, 378, 379, 386; VI, 42, 91, 92, 193, 203, 206, 217, 218, 271, 273, 276, 279, 281, 286 et suiv. 324, 329 et suiv. 338, 341, 343, 385, 386 et suiv. 395, 429 et suiv. Voy. *Alcalis, à cette action.* — Ses combinaisons avec les acides métalliques, V, 85, 95, 105, 106. — Son action et ses combinaisons avec les substances végétales, VII, 48, 49, 87, 90, 91, 146, 147, 183, 192, 193, 200, 208, 210, 211, 217, 226, 227, 228, 246, 257, 258, 259, 333, 345; VIII, 23, 72, 83, 85, 91, 150, 167, 198 et suiv. 203, 205, 206, 211, 253. Voy. *Alcalis, à cette action.* — Son action et union avec les substances animales, IX, 144, 145, 152, 223, 246, 399, 408, 419, 427; X, 222, 226, 228, 255, 277, 330, 349. — Sa congélation et cristallisation, *etc.* nouvellement reconnues par l'auteur et le citoyen Vauquelin, I, Disc. pr. lxxxviij.

Ammoniaque muriatée. Voy. *Muriate d'ammoniaque.*

AMPHIBOLE, II, 287, 304. Voy. *Pierres (combinées).* — Tire ce nom de ses analogies trompeuses avec la Tourmaline, 304. — A été appelée *Horn-blende, Schorl opaque,* etc. et est ce qu'on nomme le plus généralement *Schorl,* 304. Voy. *Schorls* et *Actinote.* — Son analyse par différens chimistes, 304, 339, 340.

ANALCIME, II, 287, 313. Voy. *Pierres (combinées).* — Signifie *sans vigueur,* 313. — A été regardée comme une variété de zéolite, 313. Voy. *Zéolite.* Se trouve, déposée par l'eau, dans des laves, 313.

ANALYSE ou DÉCOMPOSITION, I, 55 et suiv. 61, 62, 63. Voy. *Distillation.* — Se distingue, soit par la manière d'opérer, soit par les résultats, soit par la nature des corps auxquels on l'applique, 55. *Quatre espèces sous le premier point de vue,* 55.
1°. — Mécanique, 56 et 56.
2°. — Spontanée ou naturelle, 56.
3°. — Par le feu, 56.
4°. — Par les réactifs, 57.
Quatre espèces d'après les résultats, 57.
1°. — Immédate ou prochaine, 57 et 58.
2°. — Médiate ou éloignée, 58.
3°. — Simple ou vraie, 58, 60.
4°. — Fausse ou compliquée, 59, 61, 62, 63.
Trois espèces selon la nature des corps, 60.
1°. — Minérale, 60.
2°. — Végétale, 60.
3°. — Animale, 60. Voy. *Végétaux,* et *Animaux,* etc. à leur analyse. — Utilité de leurs distinctions, 60 et 61.

ANCILLAIRES (opérations) ou PRÉPARATOIRES, I, 90.

ANDRÉOLITE, II, 287, 314. Voy. *Pierres (combinées).* — Avait été confondue avec l'hyacinthe et nommée *hyacinthe blanche cruciforme,* 314. Voy. *Hyacinthe.* — Son analyse, 314, 345.

ANIMALISATION, IX, 5. Voy. *Animaux* et *Physiologie,* etc.

ANIMAUX ou MATIÈRES ANIMALES, I, 100; IX, 3 et suiv. Voy. *Corps chi-*

miques.—Quatre ordres de faits à considérer sur ces composés, IX, 3, 4 et suiv.
— Ier. ORDRE. *Généralités sur leur structure et sur leur composition,*
3 et suiv. — Leur structure, et celle de leurs divers organes, 3, 5 et
suiv. — Système de leur classification, 10 et suiv.—Sont distingués en huit
classes : *les Mammifères, les Oiseaux, les Reptiles, les Poissons, les
Mollusques, les Insectes, les Vers et les Zoophites,* 12 et 13. Voy. ci-
dessous à la comparaison, etc. *des différentes matières animales,* et *Physiologie,* etc. — Des fonctions exercées par leurs organes, 14 et suiv. Voy.
Physiologie ou *Physique animale.* — Histoire des découvertes sur la chimie
animale ; huit époques remarquables par quelques grandes découvertes,
telles que la présence du fer dans le sang ; le phosphore d'urine ; l'acide
phosphorique et les phosphates des os ; le rapport de la respiration avec la
combustion ; la nature de l'ammoniaque, et sa formation par la grande quantité d'azote contenue dans les matières animales ; l'acide *zoonique ;* l'*Adipocire ;* l'*Urée,* etc. etc. 25, 26 et suiv. Voy. *ces différentes substances à
leur article.* — Résultats généraux des expériences modernes sur ces composés ; leur analogie, et leurs différences avec les composés végétaux,
37 et suiv. 53, 61. — La complication de leur composition est la principale
cause de leur différence d'avec les végétaux ; contiennent du carbone, de
l'hidrogène, de l'oxigène, de l'azote, du soufre, du phosphore, etc. 39
et suiv. 53, 61, 98, 106, 107. — L'abondance des phosphates dans ces composés, est une de leurs plus saillantes différences d'avec les végétaux,
40, 41. — Proportions entre leurs principes, comparés à ceux des végétaux,
contiennent plus d'hidrogène et moins de carbone, etc. 41, 42, 53, 61,
98. — IIe. ORDRE. *Propriétés* ou *Caractères chimiques des substances animales,* en général, 4, 43 et suiv. — Action du calorique sur ces substances,
et examen de leurs produits qui sont : de l'eau colorée, chargée de
différens sels, etc. ; du sel volatil concret, ou carbonate ammoniacal ; de
l'huile animale ; des gaz et du charbon, 44 et suiv., 47 et suiv. Voy.
Acide zoonique, Huile animale, etc. — Action entre l'air et les matières
animales, principalement les substances liquides ; produit six effets :
1°. *l'absorption de l'oxigène ;* 2°. *la concrétion produite par l'oxigène ;*
3°. *la coloration ;* 4°. *la combustion lente,* ou *oxidation ;* 5°. *l'altération
de l'air,* etc. ; 6°. *la décomposition spontanée des matières animales,* ou
putréfaction, 44, 54 et suiv. — Action de l'eau sur les matières animales ; excepté les solides, toutes les parties animales s'y dissolvent, etc. ;
concrétion des matières albumineuses dans l'eau chaude ; cuisson des
solides, etc. 45, 58, et suiv. ; leur décomposition par une longue macération dans l'eau ; et leur conversion en une substance voisine du blanc
de baleine, etc. 60, 61. Voy. *Adipocire.* — Action entre les acides et les
substances animales ; est d'autant plus forte que les radicaux des acides
tiennent moins à l'oxigène, etc. varie suivant l'état de concentration des
des acides, etc. 45, 62, 63, et suiv. — Phénomènes détaillés que présente
l'union des matières animales avec les acides sulfurique et nitrique, dont
la différence d'action consiste principalement dans la formation d'ammoniaque, etc. par le premier de ces acides, et le dégagement de l'azote,
sans ammoniaque, etc. par l'action du second, etc. 63 et suiv. — Leur
altérabilité par les alcalis qui, en dissolvant les matières animales, y oc-
casionnent la formation de l'ammoniaque, et, parcette action, augmente
la proportion de leur hidrogène, met leur carbone à nu ; ce qui les rend
comme huileuses, les colore, etc. etc. 69 et suiv. — Action entre les matières salines, et entre les substances métalliques, et les matières animales,
45, 72 et suiv. — Action entre les matières végétales et les matières animales, 45, 77 et suiv. Voy. *les diverses matières végétales,* et *principalement le Tannin, le Gallin* et l'*Alcool,* à cette action. — Leur désoxigénation par le gallin, 79, 80. Voy. *Gallin.* — Leur propriété acidifiable, et
leurs principaux acides, particulièrement l'acide prussique, 45, 81 et suiv.
Voy. *Acides animaux.* — Leur putréfaction, 45, 96 et suiv. Voy. *Putréfaction,* etc. — IIIe. ORDRE. *Propriétés chimiques des substances animales
particulières,* 4, 116 et suiv. — Comparaison et classification des substances

animales diverses, IX, 116 et suiv. — Leur division en trois classes : 1°. les matières animales généralement répandues dans tout le corps des animaux ; 2°. celles qui appartiennent à quelque région, à quelqu'organe particulier ; 3°. celles qu'on ne trouve que dans quelques ordres d'animaux, 118 et suiv. — Tableau contenant la division et la classification des différentes matières animales, 121 et suiv. — IVe. ORDRE. *Des phénomènes chimiques que présentent les animaux vivans*, ou *Applications de la chimie à la physique animale*, 4 ; X, 353 et suiv. Voy. *Physiologie*, etc. — Existence et genre des phénomènes chimiques qui ont lieu dans le corps des animaux vivans, 363 et suiv. Voy. *Physiologie*, etc. — Les tissus de leurs différens organes peuvent être classés en trois ou quatre matières, 393, 394. Voy. *Gélatine*, *Albumine*, *Fibrine* et *Phosphate de chaux*. — Des variations qui ont lieu dans les phénomènes chimiques de la vie, suivant la structure et la nature différentes des animaux, 405 et suiv. Voy. *Physiologie*, etc. — Offrent deux classes générales, sous la considération relative à la nature chimique de leurs organes : 10. ceux qui plongent toujours dans l'atmosphère, *etc.* ; 2°. ceux qui sont cachés dans la terre ou dans les eaux, *etc.* 408 et suiv. — Des phénomènes chimiques qui ont lieu dans les maladies ; influence de l'excès ou du défaut d'oxigène, *etc.* ; remèdes spécifiques proposés, *etc.* ; réserve et prudence qu'exige l'application de toute théorie médicale, *etc.* 410 et suiv.

ANOMALIES (prétendues), I, 84, 85.

ANTHRACITES, II, 146.

ANTIMOINE (métal) ou RÉGULE D'ANTIMOINE, V, 12, 15, 16, 17, 18, 21, 24, 210 et suiv. Voy. *Métaux.* — Son histoire, et celle de son sulfure, qu'on a connu long-temps sous le nom d'*antimoine* avant de savoir en extraire le métal, 210 et suiv. Voy. *Sulfure d'antimoine* ou *Antimoine du commerce.* — Ses propriétés physiques ; sa couleur blanche, brillante, *etc.* ; sa cristallisation par lames qui se croisent en tout sens, imitant des herborisations, des barbes de plumes ou rayons étoilés, *etc.* ; sa fusion et sublimation, *etc.* ; son odeur et saveur très-sensibles, *etc.* 212 et suiv. — Son histoire naturelle, 214 et suiv. Voy. *Mines d'antimoine.* — Son oxidabilité à l'air à l'aide du calorique, et les différens phénomènes et genres de son oxidation, d'après sa combustion lente ou rapide, *etc.* 220 et suiv. Voy. *Oxides d'antimoine.* — Son union avec les corps combustibles, 224 et suiv. Voy. *Phosphure* et *Sulfure d'antimoine.* — Ses alliages, 226, 305, 307, 375, 376 ; VI, 25, 78, 79, 175, 176, 256, 316, 365, 419. Voy. *Alliages.* — Son action et fulguration, lorsqu'il est rouge, avec l'eau, V, 228, 229. — Son action et absorption d'oxigène avec les oxides métalliques, 229, 230. — Action entre ce métal et les acides, 230 et suiv. — Son inflammation par le gaz acide muriatique oxigéné, 235. — Son oxidation et dissolution par l'acide nitro-muriatique, 235. Voy. *Muriate d'antimoine.* — Son union avec le soufre et les alcalis, 238 et suiv. Voy. *Oxides d'antimoine hidro-sulfuré* ou *Kermès minéral*, etc. — Action entre ce métal et les sels, 248 et suiv. — Ses usages et ceux de ses composés ; n'a aucune vertu, comme médicament, dans l'état métallique, mais en a de très-énergiques dans ses différentes combinaisons oxigénées ou sulfurées, *etc.*, comme émétique, purgatif, *etc.* ; sert en alliage pour l'imprimerie et pour un grand nombre d'arts ; son oxide est employé pour la coloration des émaux, porcelaines, *etc.* 257, 258. — Action entre ce métal et les substances métalliques, autres que les métaux, 304, 307, 345 ; VI, 321, 339. — Action entre ce métal et les substances végétales, VII, 218.

ANTIMOINE du commerce (Mine d'antimoine). Voy. *Sulfure d'antimoine.*

— diaphorétique, lavé, V, 250.

— diaphorétique, non lavé, ou *fondant de Rotrou*, V, 250.

— diaphorétique, par le régule ; union d'oxide d'antimoine et de potasse, obtenue du nitre, V, 249.

— spéculaire, variété de sulfure d'antimoine natif, V, 215. Voy. *Mines d'antimoine.*

ANTIMONITE de potasse (nom proposé pour l'union de l'oxide d'antimoine avec la potasse). Voy. *Potasse antimoniée.*

ANTI-SEPTIQUES ou ANTI-PUTRIDES, IX, 99, 110 et suiv.
APATITE (de Werner). Voy. *Phosphate de chaux*.
APPAREILS de Woulfe, I, 31; II, 113.
AQUILA ALBA. Voy. *Muriate mercuriel doux*.
ARBRE DE DIANE. Voy. *Amalgame d'argent*.
ARBUE, VI, 148.
ARCANUM DUPLICATUM. Voy. *Sulfate de potasse*.
ARDOISES. Voy. *Schites*.
ARÉOMÈTRE. Voy. *Pèse-liqueurs*.
ARGENT, V, 13, 14, 15, 16, 17, 18, 19, 22, 24; VI, 293 et suiv. Voy.
Métaux. — Son histoire; sa découverte se perd dans les temps les plus
reculés; l'objet des travaux et des vaines espérances des alchimistes, *etc.*;
grande quantité de métallurgistes, *etc.* et de chimistes qui s'en sont occupés;
brillantes découvertes des chimistes modernes, dont la théorie pneumatique
a été la source, *etc.* 293 et suiv. — Ses propriétés physiques; sa cristallisation; sa fusion; sa vaporisation, *etc. etc.* 296 et suiv. — Est très-bon conducteur de l'électricité et du galvanisme, *etc.* 298. — Son histoire naturelle
et métallurgique, 298 et suiv. Voy. *Mines d'argent*. — Difficulté de son
oxidation, et facilité de sa réduction, 310 et suiv. Voy. *Oxides d'argent*.—Sa
combustion, inflammation, *etc.* par l'étincelle électrique, 312. — Son union
avec les corps combustibles, 313 et suiv. Voy. *Phosphore* et *Sulfure d'argent*. — Ses alliages, 315 et suiv. 332 et suiv. 371 et suiv. 398, 399, 423.
Voy. *Alliages*. — Action entre ce métal et les acides, 322 et suiv. Voy.
Sulfate, *Nitrate*, *Muriate*, *Chromate*, *etc. d'argent*. — Celui qu'on extrait
du muriate d'argent est le plus pur, 337. Voy. *Muriate d'argent*. — Union
de son oxide avec les terres et avec l'ammoniaque, 342, 343. Voy. *Oxides
d'argent* et *Argent fulminant*, ou *Oxide d'argent et d'ammoniaque*. — Ses
usages, et utilité dont seroit son *plaqué* pour les ustensiles de cuisine,
343 et suiv. Voy. *ceux de l'or*. — Son action sur la dissolution muriatique
d'or, 392. — Action entre ce métal et les substances animales, IX, 74, 75,
192; X, 189, 349.
— antimonié, ou *Mine d'argent blanche antimoniale*, VI, 299, 300, 304,
308. Voy. *Mines d'argent*.
— corné. Voy. *Muriate d'argent*.
— fulminant ou oxide d'argent ammoniacal, VI, 329 et suiv. Voy. *Oxides
d'argent*. — Sa découverte par le citoyen Berthollet; sa préparation, *etc.*
330 et suiv. Voy. *Nitrate d'argent*. — Causes qui s'opposent à sa formation, et celles de sa détonation par le frottement, 331, 332. Voy. *Carbonate d'argent*.
— natif. Voy. *Mines d'argent*.
ARGILE, II, 287, 321. Voy. *Pierres (combinées)*, *Pierres mélangées* et
Alumine. — N'est regardée comme telle par le citoyen Haüy, que lorsque l'alumine surabonde. Voy. *Alumine; comprend le Kaolin;* est d'un
grand usage pour la porcelaine, 421.
— craieuse. Voy. *Carbonate alumineux*.
— nitrée. Voy. *Nitrate d'alumine*.
— spathique. Voy. *Fluate alumineux*.
ARGYROPÉE, I, 3. Voy. *Chimie* et *Alchimie*.
AROMATES. Voy. *Huile volatile, Eaux distillées*, etc.
ARÔME ou ESPRIT RECTEUR (principe odorant), *etc.*; n'est point un principe particulier, indépendant, *etc.*, mais une propriété des huiles volatiles entières, *etc.*, VII, 357, 359, 360, 369; VIII, 151, 152. Voy. *Huile
volatile, Eaux distillées, spiritueuses*, etc. et *Alcool*.
ARSÉNIATES, sels formés par l'acide arsénique, V, 74, 83. Voy. *cet acide*
et *chaque Arseniate*. — Leur action sur les substances métalliques, VI, 216,
285, 341, 433.
— d'alumine, V, 85. Voy. *Arseniates*.
— ammoniacal. Voy. *Arseniate d'ammoniaque*.
— d'ammoniaque, V, 85. Voy. *Arseniates*. — Sa cristallisation, *etc.* 85. —
Ses deux différentes décompositions par le calorique plus ou moins accu-

mulé, V, 85. —Ses décompositions, 85. —Son sel triple avec la magnésie, 85. Voy. *Trisules.*

ARSENIATE d'argent, VI, 341, 342. Voy. *Arseniates* et *Argent.* —Ses décompositions, *etc.* 341, 342.

— de barite, V, 83. Voy. *Arseniates.*

— acidule de chaux, V, 83. Voy. *Arseniates.*

— de cobalt, V, 137 et suiv. 147, 148. Voy. *Arseniates* et *Cobalt.*

— de cobalt natif, 137 et suiv. Voy. *Mines de cobalt.*

— de cobalt artificiel, 147, 148. — Est le plus coloré, et le plus brillant des sels cobaltiques, 148.

— de cuivre, VI, 284, 285. Voy. *Arseniates* et *Cuivre.*

— de fer, VI, 215. Voy. *Arseniates* et *Fer.*

— de magnésie, V, 83, 84. Voy. *Arseniates.*

— de mercure, V, 353. Voy. *Arseniates* et *Mercure.*

— de nickel, V, 165. Voy. *Arseniates* et *Nickel.*

— de plomb, VI, 94. Voy. *Arseniates* et *Plomb.*

— de potasse, V, 84. Voy. *Arseniates.* — Ne cristallise pas, *etc.* 84. — Son acidulation, *etc.* 84. Voy. *Arseniate, Acidule de potasse.* — Son action sur les substances métalliques, VI, 216, 285, 341, 433.

— acidule de potasse, est le sel neutre arsenical, V, 84. Voy. *Arseniates.* — Sa cristallisation, *etc.* 84. Voy. *Arseniate de potasse.*

— de soude, V, 85. Voy. *Arseniates.* — Sa propriété inverse de celle de l'arseniate de potasse, 85. Voy. *Arseniate de potasse.*

— d'urane, V, 133, 134. Voy. *Arseniates* et *Oxide d'urane.*

— de zinc, V, 385. Voy. *Arseniates* et *Zinc.*

ARSENIC ou RÉGULE D'ARSENIC, V, 13, 15, 16, 17, 19, 24, 63 et suiv. Voy. *Métaux.* — A été long-temps confondu avec son oxide, et n'a été reconnu comme métal que depuis le tiers du dix-huitième siècle, 63. — Son histoire, et les chimistes qui l'ont traité, 63, 64. — Ses propriétés physiques; sa couleur, fragilité, pesauteur, cristallisation, *etc.*; sa grande volatilité; son odeur d'ail, *etc.* 64, 65, 66, 69. — Son histoire naturelle, 65 et suiv. Voy. *Mines d'arsenic.* — Son oxidabilité à l'air, *etc.*; sa grande combustibilité, 69. Voy. *Acides arsenieux et arsenique.* — Son union avec les combustibles, 69, 70. — Rend cassans les métaux ductiles; rend fusibles les métaux difficiles à fondre, et rend réfractaires ceux qui sont fusibles sans son addition; est un des plus fréquens minéralisateurs, *etc.* 70. — Ses alliages, 70, 71, 144, 163, 202, 226, 305, 306; VI, 22 et suiv., 75, 76, 173, 254, 255, 315, 364, 417, 418. Voy. *Alliages.* — Action réciproque entre ce métal et les acides, V, 72 et suiv. — Son action réciproque avec les bases et les sels, 74, 75. — Fulguration terrible de son mélange avec le muriate suroxigéné de potasse, 74, 75. — Ses usages et précautions à prendre dans son emploi, 75, 76. — Ce qu'on appelle très-improprement *Cobalt testacé* ou *Poudre aux mouches*, est de l'arsenic et très-dangereux, 68, 69, 75. —Ses contre-poisons. Voy. *ceux de l'Acide arsenieux.* — Son action et oxidation avec l'acide arsenique, 82. — Action entre ce métal et les substances métalliques, 71, 307, 344.

— blanc. Voy. *Oxide d'arsenic* ou *Acide arsenieux*, etc.

— fixe. Voy. *Arseniate acidule de potasse.*

— rouge. Voy. *Réalgar.*

ARSENITES, sels formés par l'acide arsenieux, V, 78, 79. Voy. *cet Acide et chaque Arsenite.* — Autrefois nommés *Foies d'arsenic*, 79. — Leur action sur les dissolutions métalliques, VI, 216, 285.

— de cuivre ou *Vert de Schéele*, VI, 285. — Est très-utile pour la peinture; sa préparation, *id.*

— de fer, VI, 215. Voy. *Arsenites* et *Fer.*

— de plomb, VI, 56, 58. Voy. *Arsenites* et *Mines de plomb.*

ARTS (chimiques), I, 10, 89.

ASBESTE, II, 237, 317, 318. Voy. *Pierres (combinées).* — Signifie *inextinguible*, quoiqu'on ait pris ce mot pour celui d'*incombustible*, 317, 318.

Asbeste .Comprend l'*amiante* dans ses variétés, II , 3i8. — Son analyse par différens chimistes , 3i8, 347. Voy. *Alumine.*

Asphalte ou Bitume de Judée. Voy. *Bitume solide,*. etc.

Asphixie (par la vapeur du charbon), I, 18o, 181. Voy. *Air*, etc.

Assa-Foetida, VIII, 32 , 33. Voy. *Gommes-résines.-*

Atmosphère. Voy. *Air atmosphérique,*

Attractions ou Affinités chimiques. Voyez ci-dessous *les différentes Attractions.*

— ou affinité d'agrégation, I, 63 et suiv. — A lieu entre les molécules semblables , 64. — Varie de forces suivant la nature des corps , 64. — Ses différens degrés de forces forment les différens agrégés, 65, 66. Voyez *Agrégés.* — Moyens qu'on emploie pour sa destruction ou son rétablissement lorsqu'on veut rendre les corps des sujets chimiques ou physiques , 66 , 67.

— ou affinité de composition, I, 67 et suiv. Disc. pr. lij, liij. — Est la base de la science chimique, 67. — Ses phénomènes constans, formant dix *lois*, et proposés comme telles par l'auteur dès 1781, 68. — Première loi : *N'a lieu qu'entre des corps de nature différente ou entre des molécules dissimilaires*, 67, 69. — Deuxième loi : *N'a lieu qu'entre les dernières molécules des corps*, 69. — Troisième loi : *Peut avoir lieu entre plusieurs corps*, 70. — Quatrième loi : *Pour qu'elle ait lieu entre deux corps, il faut que l'un des deux au moins soit fluide*, 70, 71. Voyez *Dissolution.* — Cinquième loi : *Quand plusieurs corps se combinent, leur température change au moment même où l'attraction de composition agit entre eux*, 72, 73. — Sixième loi : *Les composés formés ont des propriétés nouvelles et différentes de celles de leurs composans*, 72, 73. — Fausseté des prétendues qualités moyennes des composés, 72, 73. — Septième loi : *Se mesure par la force qu'il faut employer pour séparer les composans*, 73, 74. — Huitième loi : *Les corps ont entre eux différens degrés d'attraction, et on les reconaît par l'observation*, 74 et suiv. Voy. *Attractions électives* et *Attractions quiescentes et divellentes.* Neuvième loi : *Est en raison inverse de la saturation des corps les uns par les autres*, 80, 81. — Les premières portions d'un corps qui s'unissent à un autre corps y adhèrent davantage que les suivantes,.et l'attraction est d'autant plus faible qu'on approche davantage de la saturation, 81. — Dixième loi : *Entre deux composés qui ne se décomposent pas réciproquement par attraction élective double, la décomposition peut avoir lieu, si l'attraction de deux principes pour un troisième l'emporte sur celle qui unit celui-ci à un des deux premiers, quoiqu'au moment même de l'action l'uniou entre ces deux premiers n'existe pas encore*, 81, 82. — Les effets qui résultent de cette dernière loi diffèrent de ceux des attractions électives doubles, en ce qu'au lieu de deux composés binaires on obtient, d'une part, un composé ternaire, et de l'autre le dégagement d'un des premiers composans, 82. — Le peu de soin des expériences et la trop prompte conclusion qu'on en tire, *etc.* sont les sources des prétendues *anomalies* chimiques, 83. — Sa diversité entre les corps dans la nature constitue spécialement leur différence, II, 224, 23o. Voy. *Corps chimiques.*

— électives, I, 76 et suiv. 137, IV, 126 et suiv. Voyez *Attraction de composition.* — Simples, I, 76, 77, 80. — Doubles, 78, 79, 80. — Superflues, 79. — Nécessaires, 79. — Complexes ou compliquées, 83, 84. — Utilité de tableaux et de formules pour déterminer le rang que tiennent les corps dans leurs attractions relatives, 80 ; IV, 126 et suiv. — Quiescentes, 79. — Divellentes, 79. — Prédisposante, 82.

Axinite, II, 287, 3o2, 3o3. Voy. *Pierres (combinées).* — Ce mot signifie aminci en fer de hache, 3o2. — Avait été confondue avec les Schorls, et nommée *Schorl violet ou Schorl vert du Dauphiné*, 3o2. Voy. *Thallite* et *Schorls.* — Son analyse, 3o3, 33o.

Azote, I, 113, 114, 160 et suiv. — Ne peut s'obtenir pur, 16o et suiv, 164, 165. — Sa combinaison avec le calorique forme le gaz azote, 16o. Voyez *Gaz azote.* — Entre dans la combinaison de beaucoup de corps solides et

liquides, I, 161, 162, 166. — Est répandu très-abondamment dans la nature, 162, 166. — Ses propriétés, 164 et suiv. Voyez *Gaz azote*. — Ses différentes combinaisons, 166, Voy. *Gaz azote*, *Alcalis (en général)*, *Ammoniaque*. — Soupçonné par l'auteur être un principe alcalifiant, II, 180. Voy. *Alcalis (en général)*. — Est un des principes constituans des animaux, IX, 39 et suiv. Voy. *Animaux*.

AZOTURE de phosphore oxidé, II, 24.

AZUR de cuivre ou Lapis lazuli. Voy. *Lazulite* et *Carbonate de cuivre*.

— de cobalt, V, 149. Voy. *Safre* et *Smalt* ou *Verre de cobalt*.

B

BARITE ou TERRE PESANTE, II, 183, 184, 187 et suiv. Voy. *Alcalis (en général)*. — Tire ce nom d'un mot grec, qui signifie *pesant*, parce qu'elle est la plus pesante de toutes les bases salifiables terreuses et alcalines ; son histoire, 187, 183. — Ne se trouve jamais pure dans la nature : procédés pour l'obtenir dans cet état, 188, 189, 323 et suiv. Voyez *Pierres (combinées)*. III, 104 ; IV, 12. — Sa forme, couleur, pesanteur, *etc.* ; sa saveur âcre, urineuse, vénéneuse, *etc.* et autres propriétés alcalines, II, 189, 194. — Phénomènes de sa fusion par le calorique, 189. — Phénomènes de son extinction par l'absorption de l'eau de l'atmosphère, dont elle absorbe ensuite l'acide carbonique, 190. — Son union avec le phosphore, 191. Voy. *Phosphure de barite*. — Phénomènes de sa combinaison avec le soufre, et les trois principaux états de cette combinaison, 191 et suiv. Voyez *Sulfure de barite*, *Hidrosulfure de barite* et *Sulfure de barite hidrogène*. — Sa grande attraction pour l'eau, et phénomènes que présente leur union, tels que son bouillonnement, gonflement, *etc.* ; sa dissolution et absorption de l'acide carbonique de l'asmosphère, sa cristallisation par le refroidissement, et l'efflorescence de ses cristaux à l'air, *etc.* 193, 194. — Dissout l'oxide de plomb, 194. — Est la base qui a le plus d'attraction pour les acides et qui les enlève presque tous à toutes les autres bases, 184, 194, 195, 209, 220, 230, 240, 252 ; III, 21, 22 et suiv. 27, 30, 33, 35, 39, 42, 46, 49, 51, 53, 60, 66, 72, 73 et suiv. 77, 81, 83, 86, 88, 89, 90, 93, 102, 103 et suiv., 127, 130, 133, 137, 141, 143, 146, 148, 151, 152, 157, 158, 166, 167 et suiv. 173, 186, 190, 191, 201, 205, 208, 209, 210, 212, 219, 220, 235 et suiv. 239, 247, 250, 253, 258, 262, 267, 270, 272, 273, 278, 281, 282, 284, 286, 287, 291, 292, 293, 296, 297, 303, 305, 306, 310, 317, 318, 319, 324, 334 ; IV, 9 et suiv. 18, 28, 33, 41, 48, 56, 59, 60, 64, 119, 120, 275, 276, 277, 280. Voy. *Sels*. — Son union et fusion avec les autres bases terreuses ou alcalines, III, 194, 195. — Hypothèse sur sa prétendue nature métallique, et motifs sur lesquels cette opinion était fondée ; que les propriétés alcalines de cette substance rendent encore moins vraisemblable, 195, 196. — Son utilité pour la chimie et celle dont elle peut être dans les manufactures, 196. — Est un violent poison lorsqu'elle est pure et même mitigée par l'acide carbonique ; son administration médicinale exige donc une grande prudence, 196. — Décompose le sulfure de potasse, et s'empare du soufre, 205. — Ses analogies et ses différences avec la strontiane, et spécialement la diversité de leurs attractions, 224, 228, 230, 231. — Son action sur les substances métalliques, V, 57, 58, 59, 84, 85, 134, 240 ; VI, 217, 218. Voy. *Alcalis, métaux et leurs combinaisons*. — Ses combinaisons avec les acides métalliques, 83, 95, 105. — Son action et ses combinaisons avec les substances végétales, VII, 89, 145, 147, 149, 183, 192, 193, 199, 200, 207, 208, 210, 217, 225 et suiv. 243, 246, 256, 258, 259, 332 ; VIII, 91, 195, 198 et suiv. 253 ; I, Disc. pr. ch. Voy. *Alcalis, à cette action*. — Son action ou union avec les substances animales, IX, 70, 144, 158, 186, 191, 214, 223, 233, 310, 314, 366, 408, 411, 412, 427 ; X, 28, 127, 162, 349.

— CARBONATÉE. Voy. *Carbonate de barite*.

Barite sulfatél. Voy. *Sulfate de barite.*

Barote. Voy. *Barite.*

Basalte blanc. Voy. *Sommite.*

Bases ou corps salifiables, I, 99 ; II, 131 et suiv.

— Combinées avec les acides, forment les sels proprement dits, 132. Voy. *Sels.* — Sont de deux genres, les terres et les alcalis, 131. Voy. *Terres et Alcalis.*

— (des sels). Voy. *Bases ou corps salifiables.*

Batitures, de cuivre, VI, 248. Voy. *Oxide de cuivre.*

— de fer, VI, 159, 160. Voy. *Oxides de fer.*

Baumes (15e. genre des matériaux immédiats des végétaux), VII, 126 ; VIII, 43 et suiv. Voy. *Végétaux, Huile volatile, Résine, Acide benzoïque* et *Végétation*, etc. — Leur siége, *etc.* ; sont des résines unies constamment à l'acide benzoïque ; doivent leur origine aux huiles volatiles, dont l'oxigénation a converti une partie en résine et l'autre en acide, *etc.* 43, 44. — Leur extraction, 44, 45. — Leurs propriétés physiques ; sont des sucs épais visqueux, *etc.* ; leur odeur agréable, aromatique, *etc.* ; rougissent les couleurs bleus végétales, *etc. etc.* 45. — Leurs propr'étés chimiques, 46, 47. — Leur fusion, *etc.* à feu ouvert ; leur fumée blanche, très-odorante, aigre, *etc.* est le véritable encens ; leur distillation ; cristallisation de leur vapeur ; acide benzoïque qu'on en obtient, *etc.* 46. Voy. *Acide benzoïque.* — Leur efflorescence à l'air chaud, 46. — Leur ramollissement dans l'eau et dissolution d'une partie de leur acide, qu'on peut en séparer ensuite cristallisé, *etc.* 46, 47. — Leur décomposition par les alcalis, qui leur enlève l'acide, *etc.* 47. Voy. *Benzoates.* — Leur dissolution dans les huiles, sur-tout celles volatiles, *etc.* 47. — Leurs espèces connues, auxquelles l'auteur ajoute les baumes de vanille et de canelle, et leurs principales propriétés médicamenteuses, *etc.* 47 et suiv. — Leurs usages pour la médecine, et principalement pour les parfums, *etc.* 50. — Leur union avec les substances végétales, 47, 151, 153, 154. — Leur action et union avec les substances animales, IX, 78, 134, 146, 187, 427.

— de Copahu, VIII, 22. Voy. *Résine.*

— du Pérou, VIII, 48. Voy. *Baumes.*

— de la Mèque, etc. VIII, 22. Voy. *Résine.*

— de soufre, VII, 365. Voy. *Huile volatile.*

— de soufre succiné, VIII, 254. Voy. *Huile de succin.* — Son utilité médicinale, 254.

— de Tolu ou de Carthagéne, VIII, 48, Voy. *Baumes.*

— elixirs, etc. Voy. *Teintures (préparations alcooliques).*

Benjoin, VIII, 47, 48. Voy. *Baumes* et *Acide benzoïque.* — Son acide, *etc.* 48. Voyez *Baumes* et *Acide benzoïque.* — Sa dissolution dans l'alcool ; précipitée par l'eau, constitue le *lait virginal*, 48. — Son usage médicinal, *etc.* ; sert comme encens, *etc.* 48.

Benzoates, sels formés par l'acide benzoïque, VII, 192 et suiv. Voy. *Acide benzoïque.*

— alcalins et terreux, VII, 192, 193. Voy. *Benzoates.*

— d'ammoniaque, VII, 192, 193 ; X, 132, 142. Voy. *Benzoates* et *Urine.*

— métalliques, VII, 193 et suiv. Voy. *Benzoates.*

Béril ou Aigue-marine. Voy. *Emeraude.*

Beurre, ou Matière butyreuse du lait, IX, 383, 395, 396, 422 et suiv. Voy. *Lait.* — N'existe point tout formé dans le lait ; théorie et procédés de sa formation ; influence de l'air et de l'oxigène, *etc.* ; variétés dans les propriétés des laits par rapport à la quantité et aux qualités du beurre, *etc.* 422 et suiv. 428. Voy. *Crème, Lait de beurre* et *Lait, à ses différentes espèces*, etc. — Ses propriétés, 425 et suiv. — Ses altérations par le feu et par l'air, proportionnées à l'élévation de la température ; mauvaises qualités qu'il acquiert ; devient gras, *etc.* ; sa distillation et ses produits ; formation d'acide sébacique, *etc.* ; âcreté du beurre roux, *etc.* 425, 426. Voy. *Acide sébacique.* — Son union avec le phosphore et le soufre ; action des acides ; son union avec les alcalis, les oxides, *etc.* ; forme des

savons, *etc.* IX, 427.—Son union avec les substances végétales ; ses différentes colorisations et aromatisations, *etc.* 427, 428. — Sa nature oxigénée rapprochée de la graisse, et non pas d'une huile végétale unie à un *acide*, comme on l'avait pensé, *etc.* ; doit ses qualités de beurre frais à un mélange d'une petite proportion de sérum et de matière caséeuse la plus légère, *etc.* 426, 428. — Ses usages. Voy. *ceux du Lait.*

BEURRE d'antimoine. Voy. *Muriate d'antimoine sublimé.*

— d'arsenic. Voy. *Muriate d'arsenic.*

— de bismuth. Voy. *Muriate de bismuth.*

— de cacao. Voy. *Cire,* etc. *des végétaux.*

— d'étain ou étain corné. Voy. *Muriate d'étain concret et sublimé.*

— métalliques (dénomination impropre de muriates métalliques sublimés), V, 343, 344. Voy. *Muriates métalliques.*

— végétaux. Voy. *Cire végétale.*

— de zinc. Voy. *Muriate de zinc sublimé.*

BÉZOARD, minéral, V, 346. Voy. *Oxides d'antimoine.*

Bézoards, IX, 120, 123 ; X, 260, 261, 280, 303, 304. Voy. *Animaux*, à *la comparaison et classification des matières animales.* — Concrétions intestinales de plusieurs quadrupèdes, *etc.* ; leur nature, *etc.* ; ne doivent pas être confondus avec les bézoards artificiels ou salsifiés ; caractères pour les reconnaître, *etc.* 303, 304.

BIÈRE, VIII, 133, 134, 135. Voy. *Fermentation vineuse* et *Vin.*

BILE ou FIEL (2e. classe des matières animales), IX, 119, 123 ; X, 14 et suiv. Voy. *Animaux*, à *la comparaison et classification des matières animales*, *Foie*, *Physiologie*, etc. — Sa formation et sa sécrétion, 14 et suiv. — On en distingue deux espèces dans les animaux qui ont une vésicule, *etc.* 16, 17. Voy. *Vésicule du fiel.* — Ses propriétés physiques ; notice des expériences des savans sur cette substance, auxquelles l'auteur a ajouté plusieurs faits nouveaux, 17 et suiv. — Ses propriétés chimiques ; son analyse, celle de son extrait et ses produits, *etc.* 21 et suiv. — Son union avec l'eau ; propriété alcaline de sa dissolution, *etc.* 23, 24. — Sa décomposition par les acides ; différces sels et cristallisations qu'ils y forment par la soude et la chaux qui y sont contenues, *etc.* 25 et suiv. — Examen de son précipité par les acides, et de la matière huileuse toute particulière que l'alcool en sépare, 26, 27. — Ses décompositions, *etc.* par les substances alcalines et terreuses, les sels terreux et métalliques, *etc.* 27, 28. — Son union avec les matières végétales ; sa propriété savonneuse, *etc.* 28 et suiv. — Expériences sur l'action de l'alcool et de l'éther sur la bile et son extrait ; analyse de ses produits alcooliques, *etc.* 29 et suiv. — Son union et analogie avec la graisse, *etc.* 32, 33. — Sa nature très-composée, et ses divers matériaux considérés en particulier, 33 et suiv. — 1°. *L'eau* en est la matière la plus abondante ; ne peut s'en extraire pure, *etc.* 33, 34. — 2°. *La soude* y est à l'état caustique et savonneux, *etc.* 33, 35. — 3°. *Une matière huileuse unie à la soude dans l'état savonneux*; essais de l'auteur sur cette matière particulière dont le caractère paraît comme moyen entre la graisse, la résine et l'adipocire, *etc.* 33, 35 et suiv. 43. (Voyez *Adipocire*, et *Foie* à sa décomposition, et *Calculs biliaires*). — 4°. *Une matière colorante combinée avec l'espèce de savon précédent*, 33, 37, 38. — 5o. *Une substance huileuse, amère et odorante*, 33, 38, 39. — 6°. *Une substance animale coagulable*; substance albumineuse, *etc.* 33, 39, 40. — 7°. *Une espèce de corps sucré analogue au sucre de lait*, 33, 40, 41, 43, 44. — 8°. *Des sels de plusieurs espèces* ; phosphate de soude et de chaux, *etc.* 33, 41. — 9°. *De l'oxide de fer ;* n'est pas la source de sa couleur jaune, *etc.* 33, 41, 42. — Ses variétés dans les divers animaux ; celle des amphibies et des poissons plus huileuse que celle des mammifères et des oiseaux, *etc.* 44 et suiv. Voy. *Foie.* — Ses usages dans l'économie animale vivante, *etc.* 47 et suiv. — Ses usages médicinaux et économiques, 51 et suiv.

BISMUTH, V, 12, 15, 16, 17, 18, 21, 24, 193 et suiv. Voy. *Métaux.* — Sa synonymie et son histoire, 193, 194.— Est d'un blanc jaunâtre, à grandes

lames brillantes, *etc.* sa fragilité, sa pesanteur et autres propriétés physiques ; sa grande fusibilité, sa sublimation, *etc.* ; sa facile cristallisation en volute, *etc.* : est le premier métal que les chimistes aient fait cristalliser, V, 194, 195. — Son histoire naturelle, 195 et suiv. Voy. *Mines de bismuth.* — Son oxidabilité par l'air et le calorique, 199, 200. Voy. *Oxide de bismuth.* — Son union avec les corps combustibles, 200 et suiv. — Ses alliages, 201, 202, 226, 305, 306, 307 ; VI, 24, 25, 77, 78, 79, 80, 83, 175, 256, 316, 364, 365, 418, 419. Voy. *Alliages.* — Son peu d'adhérence à l'oxigène, *etc.* V, 202, 203. Voy. *Oxide de bismuth.* — Action entre ce métal et les acides, 203 et suiv. Voy. *Oxide de bismuth.* — Est enflammé, très-divisé, par le gaz acide muriatique oxigéné, 206. — Action entre ce métal et les sels ; sa détonation faible, *etc.* avec le nitrate de potasse, et sa fulmination, *etc.* avec le muriate suroxigéné de potasse, 208. — Son utilité pour les alliages, *etc.* 208, 209. Voy. *celle de son Oxide et ci-dessus, à ses Alliages ;* voy. aussi *Coupellation.* — Action entre ce métal et les substances métalliques autres que les métaux, 304, 307, 345 ; VI, 339, 392. — Fusibilité qu'il donne à divers alliages, 79, 80, 83. Voy. *Amalgame de plomb et Alliage fusible.*

BITUMES, VIII, 230, 234 et suiv. ; I, Disc. pr. cl et suiv. Voy. *Végétaux, à leurs décompositions lentes, etc. Mellite, etc. (nouveau bitume).* — Leur nature huileuse, leur carbone, *etc.* prouvent leur origine végétale, *etc.* VIII, 234, 235. — Leurs espèces, et caractères qui les distinguent, 235 et suiv. ; I, Disc. pr. cl et suiv. Voy. *Bitume (proprement dit), Houille, Jayet, Succin et Mellite,* etc. *(nouveau bitume).* — Leur propriété antiseptique, IX, 111.
— (proprement dit), VIII, 235 et suiv. Voy. *Bitumes.* — Ses caractères spécifiques ; est liquide ou mou ; ne donne point d'ammoniaque à la distillation, *etc.* ; laisse très-peu de résidu charbonneux, 235, 236. — A deux principales variétés, 236 et suiv. Voy. *Bitume liquide ou Pétrole, Naphte,* etc. et *Bitume solide ou Asphalte.*
— liquide ou pétrole, naphte, *etc.* 236 et suiv. Voy. *Bitume (proprement dit).* — Ses divers noms et sous-variétés, d'après ses différences de légéreté, consistance, inflammabilité, *etc.* depuis le naphte, qui est le pétrole le plus léger, *etc.* jusqu'à la poix minérale, *etc.* 236 et suiv. — Grande volatilité et inflammabilité, *etc.* du naphte, 236, 238. — Sa distillation, décomposition, *etc.* ses autres altérations et propriétés chimiques, 238. — Ses usages, soit économiques, soit médicamenteux, *etc.* 238, 239.
— solide, ou asphalte, ou bitume de Judée, *etc.* VIII, 236, 239 et suiv. Voy. *Bitume (proprement dit).* — Ses propriétés physiques ; sa cassure vitreuse, *etc.* 239. — Son histoire naturelle, et opinions sur sa nature, 239, 240. — Sa combustion, *etc.* ; sa distillation et décomposition ; son huile, *etc.* ; ses combinaisons, *etc.* 240. — Ses usages dans les arts ; son mélange avec la poix se reconnaît par l'alcool, qui dissout cette dernière, *etc.* 240, 241.
— de Judée ou asphalte, *etc.* Voy. *Bitume solide,* etc.
BLACK-WAD, V, 171. Voy. *Mines de manganèse.*
BLANC de baleine (3e. classe des matières animales), IX, 123 ; X, 280, 298 et suiv. Voy. *Animaux, à la comparaison et classification des matières animales.* — Son siége et histoire naturelle ; huile avec laquelle il est mêlé, *etc.* ; paraît être un des produits les plus généraux des animaux marins, *etc.* 298, 299, 302. — Sa cristallisation et autres propriétés physiques, 299, 301. — Sa distillation et ses propriétés chimiques, 299 et suiv. — Préjugés erronés sur ses prétendues vertus médicales, *etc.* 301, 302. — Peut être regardé comme étant aux huiles fixes ce qu'est le camphre aux volatiles, *etc.* ; son analogie avec la matière adipocireuse des calculs biliaires, du parenchyme du foie desséché, *etc.* 301, 302. Voyez *Adipocire.*
— d'Espagne. Voy. *Craie.*
— de fard ou oxide blanc de bismuth, V, 205. Voy. *Nitrate et Oxide de bismuth.* — Ses altérations et inconvéniens de son usage, 205, 209.

Blanc de plomb ; mélange de céruse et de craie , VIII, 202. Voy. *Acétite de plomb.*

Blende ou fausse Galène. Voy. *Sulfure de zinc.*

Bleu de montagne, ou Chrysocolle bleue. Voy. *Carbonate de cuivre natif* et *Mines de cuivre.*

— de Prusse. Voy. *Prussiate de fer* et *Acide prussique*, etc.

Bocard, Bocardage, des mines, V, 37. Voy. *Métallurgie.*

Bois. Voy. *Végétaux et ligneux (le corps).*

— (pour la teinture) de Brésil, etc. ; bois d'Inde ou de Campêche, etc. VIII, 63, 70, 72, 73. Voy. *Matières colorantes*, etc. — Procédés et agens pour obtenir leurs diverses nuances et pour les fixer, etc. 72, 73.

— fossiles, VIII, 230, 231. Voyez *Végétaux*, à leurs *décompositions lentes*, etc.

— jaune (pour la teinture), VIII, 63, 74, 75. Voy. *Matières colorantes*, etc. — Ses différentes nuances, précipitations et mordans, et son utilité, etc. 74, 75.

— pétrifié. Voy. *Végétaux* ou *Matières végétales pétrifiées.*

— pourri, VIII, 110, 222, 223 et suiv. Voy. *Fermentation putride des végétaux.* — Sa phosphorescence, etc. ; son odeur analogue à celle des agarics et des bolets, etc. etc. ; son charbon fortement salin, etc. etc. 224, 225.

Bols. Voy. *Pierres mélangées.*

Bombiates, sels formés par l'acide bombique, X, 353. Voy. *Acide bombique.*

Borates, sels formés par l'acide boracique. Voy. cet *Acide* et les *différens borates.*

— alcalins et terreux (en général), genre 10°. III, 10, 313 et suiv. Voyez *Sels à bases salifiables alcalines*, etc. et *chaque borate alcalin ou terreux.* — Composés d'acide boracique et de bases salifiables ; presque inconnus dans leur généralité, à la réserve de quelques notions qu'en a données Bergman, jusqu'en 1781, où l'auteur, à cette époque et depuis, est le seul qui les ait examinés et traités systématiquement dans ses élémens de chimie, quoique leur principale espèce eût été découverte dès le commencement du siècle, 313, 314. Voy. *Borate sursaturé de soude ou borax.* — Leur histoire naturelle, 314. — Leur saveur âcre et styptique, leur nature cassante, etc. et autres propriétés physiques, 314, 315. — Leur fusibilité et vitrification par le calorique, 315. — S'effleurissent pour la plupart ; aucuns ne sont déliquescens, 315. — Leur inaltérabilité avec les corps combustibles, 315. — Leur combinaison et vitrification diversement colorée avec beaucoup d'oxides métalliques, 315. Voy. *ci-dessus, à leur action avec les substances métalliques.* — Leurs décompositions par les acides, 316. — Leurs décompositions par les bases, 316. — Action réciproque entre ces sels et les autres sels, 317 ; IV, 246 et suiv. Voy. *Sels, à leurs actions réciproques.* — Comprennent quatorze espèces, rangées selon l'ordre du plus fort degré d'attraction des bases pour l'acide boracique, III, 317. — Forment des sels triples en se vitrifiant avec la silice, 317, 338. — Leur fusion ignée, IV, 81. Voy. *Sels, à leur fusibilité.* — Résumé de leurs caractères, 113 et suiv. — Leurs principaux caractères considérés minéralogiquement, et leur division en deux espèces *fossiles*, 286. Voy. *Sels fossiles.* — Action entre ces sels et les substances métalliques, V, 86, 95, 125, 147, 165, 166, 190, 191, 268, 255, 256, 352, 385, 388 ; VI, 41, 93, 101, 195, 196, 213, 223, 271, 277, 284, 290, 332, 340, 395, 432. Voy. *Métaux et leurs combinaisons.*

— d'alumine, III, 217, 236, 237. Voy. *Borates alcalins*, etc. (en général). — Très-difficile à préparer et peu connu, 236, 237. — Résumé de ses caractères spécifiques, IV, 116. — Action réciproque entre ce sel et les autres sels, 239, 240, 245, 246, 249.

— ou Borax alumineux. Voy. *Borate d'alumine.*

— ammoniacal. Voy. *Borate d'ammoniaque.*

Borate ammoniaco-magnésien, III, 317, 336. Voy. *Borates alcalins*, etc. (*en général*). — Résumé de ses caractères spécifiques, IV, 115.

— d'ammoniaque, III, 317, 336. Voy. *Borates alcalins*, etc. (*en général*). — Peu connu et très-peu permanent, 336. — Résumé de ses caractères spécifiques, IV, 115. — Action réciproque entre ce sel et les autres sels, 136, 139, 140, 145, 153, 158, 159, 164, 165, 173, 180, 181, 182, 194, 195, 197, 198, 201, 202, 204, 205, 207, 210, 212, 213, 214, 215, 216, 217, 219, 220, 221, 222, 223, 224, 225, 226, 227, 228, 229, 230, 237, 238, 239, 240, 244, 245, 246, 248.

— d'argent, VI, 340, 341. Voy. *Borates métalliques* et *Nitrate d'argent*.

— de barite, III, 317, 318, 319. Voy. *Borates alcalins*, etc. (*en général*). — Peu connu, insoluble, etc. et, suivant Bergman, décomposable, même par les acides végétaux les plus faibles, 318, 319.—Résumé de ses caractères spécifiques, IV, 114. — Action réciproque entre ce sel et les autres sels, 130, 132, 133, 136, 139, 140, 144, 146, 151, 153, 157, 159, 163, 165, 171, 173, 179, 181, 182, 192, 193, 199, 200, 205, 207, 220, 221, 222, 223, 224, 225, 226, 227, 228, 229, 231, 232, 233, 234, 235, 236, 237, 238, 239, 240, 242, 243, 244, 245, 246.

— baritique. Voy. *Borate de barite*.

— calcaire. Voy. *Borate de chaux*.

— de chaux, III, 317, 318. Voy. *Borates alcalins*, etc. (*en général*). — Peu connu, 318. — Insoluble, etc. ; n'est décomposable par aucune des bases, et ne peut l'être que par les acides, 318. — Résumé de ses caractères spécifiques, IV, 114. — Action réciproque entre ce sel et les autres sels, 233, 234, 235, 236, 237, 238, 239, 240, 241, 242, 243, 244, 245, 246.

— de cobalt, V, 147. Voy. *Borates métalliques* et *Cobalt*.

— de cuivre, VI, 283, 284. Voy. *Borates métalliques*, *Cuivre* et *Oxides de cuivre*.

— d'étain, VI, 41. Voy. *Borates métalliques* et *Oxides d'étain*.

— de fer, VI, 213. Voy. *Fluates métalliques* et *Fer*.

— de glucine, III, 317, 336. Voy. *Borates alcalins*, etc. (*en général*). — Action réciproque entre ce sel et les autres sels, IV, 239, 240, 245, 246, 248, 249.

— de magnésie, III, 317, 319, 320. Voy. *Borates alcalins*, etc. (*en général*). — Est très-peu connu, et paraît n'avoir été examiné par Bergman que dans l'état acidulé, 319, 320. — Résumé de ses caractères spécifiques, IV, 114. — Action réciproque entre ce sel et les autres sels, 140, 141, 185, 186, 192, 193, 195, 197, 198, 199, 200, 225, 226, 227, 228, 229, 234, 235, 237, 238, 239, 240, 244, 245, 246, 247.

— magnésien. Voy. *Borate de magnésie*.

— magnésio-calcaire, III, 317, 320 et suiv. Voy. *Borates alcalins*, etc. (*en général*). — *Quartz cubique*, chaux boratée, etc. sa synonymie et son histoire ; analysée, en 1788, par M. Westrumb, 320 ; IV, 276, 277, 280. — Sa cristallisation polyèdre à vingt-deux faces, etc. ; ses deux électricités découvertes par le citoyen Haüy ; sa grande dureté, etc. et autres propriétés physiques et naturelles, III, 320, 321 ; IV, 276, 277. — Sa préparation et sa purification, III, 321, 322. — Sa décrépitation, etc. et vitrification par le calorique, 322. — Son inaltérabilité à l'air, et son insolubilité même à l'eau bouillante, 322. — N'est décomposable que par les acides, sur-tout le nitrique et le muriatique, 323. — Son analyse, 323 ; IV, 266. — Résumé de ses caractères spécifiques, 114. — Action réciproque entre ce sel et les autres sels, 224, 225. — Considéré minéralogiquement ou comme fossile, 276, 277, 280, 286. Voy. *Sels fossiles*.

— de manganèse, V, 187, 188. Voy. *Borates métalliques* et *Oxide de manganèse*.

— de mercure, V, 352. Voy. *Borates métalliques*.

— métalliques, V, 53, 54, 57. Voy. *Métaux*.

— de nickel, V, 165. Voy. *Borates métalliques* et *Nickel*.

— de potasse, III, 317, 323 et suiv. Voy. *Borates alcalins*, ett. (*en gé-*

néral). — Peu connu, quoiqu'on sache le préparer depuis long-temps ; sa préparation, III, 323, 324. — Peut être avec excès de sa base, ainsi que le borate de soude ; comparaison entre quelques-unes de ses propriétés, examinées par l'auteur, et celle du borate de soude, telles que sa cristallisabilité moindre, *etc.* ; ses décompositions par les acides et par quelques bases, *etc.* 324. — Nécessité dont seraient pour les arts des expériences de recherche sur ce sel, 324, 325. — Résumé de ses caractères spécifiques, IV, 115. — Action réciproque entre ce sel et les autres sels, 133, 136, 139, 140, 144, 146, 151, 153, 157, 159, 163, 165, 171, 173, 180, 181, 182, 188, 189, 192, 193, 194, 195, 197, 203, 204, 205, 207, 208, 210, 212, 213, 214, 215, 216, 217, 218, 219, 220, 221, 222, 223, 225, 226, 227, 228, 229, 230, 231, 232, 233, 234, 235, 236, 237, 238, 239, 240, 241, 242, 243, 244, 245, 246.

BORATE de silice, III, 317, 337, 338. Voy. *Borates alcalins,* etc. (*en général*). — Composé vitreux, ni sapide, ni dissoluble, *etc.* ni décomposable, même par la fusion, par les autres bases, avec lesquels il forme des sels triples, 337, 338. — Son usage lithologique, 338. — Résumé de ses caractères spécifiques, IV, 116. — Action réciproque entre ce sel et les autres sels, 249, 250.

— de soude, III, 317, 325 et suiv. Voy. *Borates alcalins,* etc. (*en général*), et *Borate sursaturé de soude* ou *Borax, à sa neutralisation.* — Résumé de ses caractères spécifiques, IV, 115. — Action réciproque entre ce sel et les autres sels, 136, 139, 140, 144, 146, 151, 153, 158, 159, 164, 165, 171, 173, 180, 181, 182, 192, 193, 194, 195, 197, 201, 202, 204, 205, 227, 208, 210, 212, 213, 214, 215, 216, 217, 219, 220, 221, 222, 223, 225, 226, 227, 228, 229, 230, 231, 232, 234, 235, 236, 237, 238, 239, 240, 241, 242, 243, 244, 245, 246, 248. — Son analyse, 266.

— sursaturé de soude ou borax, III, 317, 325 et suiv. Voy. *Borates alcalins,* etc. (*en général*). — Sa synonymie et son histoire, principalement depuis 1702, époque de sa décomposition par Hombert, jusqu'en 1777, où les découvertes de Hæfer et celles de Bergman achevèrent de faire connaître la nature et les propriétés de ce sel, 325 et suiv. ; IV, 278, 281. — Son histoire naturelle et ses propriétés physiques ; sa cristallisation hexaèdre, *etc.* : incertitudes sur la source et la formation de ce sel qu'on tire du Levant, III, 327 et suiv., 381, 382. — Sa purification ; matière grasse qui le recouvre, reconnue par le citoyen Vauquelin pour un véritable savon à base de soude, 329 et suiv. — Sa liquéfaction, son boursoufflement, *etc.* et sa vitrification, sans décomposition, par le calorique, 331. — S'effleurit à l'air, mais seulement à sa surface ; est assez dissoluble, et l'est plus à l'eau bouillante, 331, 332. — Sa fusion et vitrification avec les oxides métalliques, 332. Voy. *ci-dessous, à son action avec les substances métalliques* — N'a aucune action sur les substances combustibles ; mais son excès de soude convertit le soufre en sulfure, agit sur le charbon dont il dissout une partie, *etc.* ; favorise l'oxidation des métaux, *etc.* et en rehausse la couleur, *etc.* 332. — Ses décompositions par les acides, qui ne font que le neutraliser en s'emparant de son excès de soude, quand on ne les emploie qu'en petite quantité ; mais qui, en plus grande quantité, en séparent l'acide boracique qui se cristallise, *etc.* 332, 333. — Sa neutralisation par l'addition d'acide boracique, 333, 334. — Ses décompositions par les bases alcalines, et ses unions et vitrifications, *etc.* avec les bases terreuses, 334, 335. — Action réciproque entre ce sel et les autres sels, 335 ; IV, 207, 208, 216, 217, 219, 220, 222, 223, 235, 241, 246, 248. — Son analyse et ses usages, principalement dans les arts métallurgiques, sur-tout pour la soudure, III, 335 ; IV, 266. — Résumé de ses caractères spécifiques, 115. — Considéré minéralogiquement ou comme fossile, 278, 281, 286. Voy. *Sels fossiles.* — Action entre ce sel et les substances métalliques, V, 125, 147, 190, 191, 385 ; VI, 195, 196, 213, 395, 432.

— de strontiane, III, 317, 319. Voy. *Borates alcalins,* etc. (*en général*). — Action réciproque entre ce sel et les autres sels, IV, 140, 144, 153,

157, 159, 163, 181, 182, 185, 186, 192, 193, 194, 195, 197, 198, 199, 202, 205, 207, 208, 210, 211, 212, 220, 221, 222, 223, 224, 225, 226, 227, 228, 234, 235, 236, 237, 238, 239, 240, 242, 243, 244, 245, 246, 247.

BORATE de zircone, III, 317, 337. Voy. *Borates alcalins*, etc. (*en général*). Peu connu, 337. — Résumé de ses caractères spécifiques, IV, 116. — Action réciproque entre ce sel et les autres sels, 239, 240, 246, 249.

BORAX commun, etc. Voy. *Borate sursaturé de soude*.
— ammoniacal. Voy. *Borate d'ammoniaque*.
— argileux. Voy. *Borate d'alumine*.
— calcaire. Voy. *Borate de chaux*.
— de cobalt. Voy. *Borate de cobalt*.
— magnésien. Voy. *Borate de magnésie*.
— de soude ou commun. Voy. *Borate sursaturé de soude*.
— végétal. Voy. *Borate de potasse*.

BOUILLON de viande. Voy. *Tissu musculaire*, etc. à sa décoction, etc.

BOULES DE MARS, VII, 251. Voy. *Tartrite de fer*.

BRÈCHES. Voy. *Pierres mélangées*.

BRONZE ou AIRAIN, alliage de cuivre et d'étain, dont les diverses proportions forment le métal des statues, celui des canons, celui des cloches et les miroirs métalliques, VI, 260 et suiv. Voyez *Métal des cloches* et *Cuivre*, à ses alliages avec l'étain.

BROU DE NOIX, VII, 179; VIII, 77, 78. Voy. *Matières astringentes*, *Matières colorantes*, *Encre*, etc. — Son union avec les autres matières colorantes astringentes, 80. — Contient du tannin, 93.

C

CACHOLONG. Voy. *Silex*.

CADMIE DES FOURNEAUX. Voy. *Tuthie*.

CAILLÉ ou CAILLEBOT DU LAIT, IX, 397 et suiv. Voy. *Fromage ou Matière caséeuse du lait* et *Lait*.

CAILLOT DU SANG ou CRUOR, etc. IX, 132, 136, 147 et suiv. Voy. *Sang* et la séparation, etc. de ses matériaux immédiats. — Variabilité de ses proportions avec le sérum, et opinions de divers savans à ce sujet, etc. 147, 148. — Sa formation; sa consistance variée, etc. 148. — Ses propriétés avec les divers agens chimiques; ses décompositions, etc.; sa putrescibilité, etc. 148, 149. — Sa séparation avec un filet d'eau en deux substances analogues à la partie glutineuse et à la fécule amilacée, de la farine de froment, 149, 150. Voy. *Matière ou partie colorante du sang*, et *Fibrine ou partie fibreuse du sang*. — Ses altérations. Voyez *celles du sang* et *Couenne*.

CAILLOUX. Voy. *Silex*.

CALAMINE OU PIERRE CALAMINAIRE. Voy. *Oxide de zinc*.

CALCÉDOINE. Voy. *Silex*.

CALCHOLITE GLIMMER ou MICA-VERT, etc. Voyez *Urane* et *Carbonate d'urane*.

CALCINATION, I, 94.
— des métaux. Voy. *Oxidation*.

CALCULS BILIAIRES (2e. classe des matières animales), IX, 119, 123; X, 53 et suiv. Voy. *Animaux*, à la comparaison et classification des matières animales. — Notice des savans qui ont parlé de leurs propriétés physiques et chimiques, 54 et suiv. — Lames cristallines brillantes, etc. qu'ils présentent avec l'alcool; analogie que l'auteur a remarquée entre ces lames et l'huile concrescible du foie décomposé, et ses expériences à ce sujet, etc. 55 et suiv. Voy. *Foie*, à sa décomposition, et *Adipocire*. — Leur classification; l'auteur en distingue six genres, 57 et suiv. — Substances qui les dissolvent, etc.; utilité de l'éther uni au jaune d'œuf pour cet effet, comme calmant en même temps le spasme, etc. que ces calculs produisent, etc. 59, 60.

CALCULS ou concrétions pulmonaires, IX, 119, 122, 381, 382. Voy. *Animaux*, *à la comparaison et classification des matières animales.* — Sont composés de phosphate de chaux et d'un peu de matière gélatineuse, *etc.* 382.

— ou concrétions salivaires, IX, 119, 122, 367, 368. Voy. *Animaux, à la comparaison et classification des matières animales, et Salive.* — Leur siége, *etc.* ; sont composés de phosphate de chaux, *etc.* 367, 368.

— ou concrétions urinaires (2ᵉ. classe des matières animales) IX, 119, 123 ; X, 204 et suiv. Voyez *Animaux, à la comparaison et classification des matières animales, Urine et ses matériaux.*—Succession et histoire des travaux faits sur ces matières, dont l'auteur et le citoyen Vauquelin ont fait l'examen le plus étendu et le plus détaillé, 204 et suiv. — Leur siége et leurs propriétés physiques, 210 et suiv. — Leurs divers matériaux, 218 et suiv. — L'auteur et le citoyen Vauquelin y ont reconnu sept substances, au lieu de deux qu'on connaissait seulement jusqu'à leur travail : savoir, *l'Acide urique, l'Urate d'ammoniaque, le Phosphate de chaux, le Phosphate ammoniaco - magnésien, l'Oxalate de chaux, la Silice,* et *une Matière animale souvent variable dans les différentes espèces de calculs, et qui les accompagne constamment* ; caractères chimiques, *etc.* de chacun de ces matériaux, 220 et suiv. 232 et suiv. Voyez *ces différentes substances, principalement l'Acide urique, l'Urate d'ammoniaque* et *l'Oxalate de chaux.*

— Leur classification, 234 et suiv. — Cause de leur formation, 245 et suiv. — La matière animale muqueuse, ou espèce de gluten animal, *etc.* en est une des premières et principales causes, *etc.* 246 et suiv. — Leurs dissolvans ; longues erreurs, *etc.* à cet égard, et principalement celle d'introduire des corps dans l'estomac, *etc.* 249 et suiv. — Doivent être introduits par l'urètre, *etc.* 250, 251. = Trois ou quatre matières suffisent pour dissoudre toutes leurs différentes espèces, telles que les lessives d'alcalis, des acides, *etc.* selon la nature des calculs, *etc.* 251 et suiv. — Moyens de déterminer leur nature dans la vessie, et ceux d'empêcher leurs dissolvans d'attaquer cet organe, *etc.* 252 et suiv. — Leurs variétés dans les différens animaux, 260 et suiv. — leurs rapports avec la goutte, 265 et suiv. Voy. *Concrétions arthritiques,* etc.

— de la vessie. Voy. *Calculs urinaires.*

CALOMEL ou CALOMELAS, mauvaise dénomination des sublimations du mercure doux. Voy. *Muriate de mercure doux.*

CALORIMÈTRE, CALORIMÉTRIE, I, 41, 127, 128. Voy. *Calorique.*

CALORIQUE, ou chaleur latente, ou combinée, I, 113, 114, 121 et s. Voy. *Corps simples.* Preuves physiques de son existence comme corps, 122, 123. — Son action dilatante, effet de l'attraction ou combinaison chimique, 123. — Ne prend l'état de chaleur qu'après que les corps soumis à son action en sont saturés, 123, 125. — La propriété conductrice de la chaleur paraît suivre la raison de l'altérabilité des corps par la chaleur, 123, 124. Voy. *Métaux.*

— Dilate aussi les corps en raison de leur altérabilité et non, comme on le croyait, en raison inverse de leur densité, 124. — La *capacité* de chaleur ou *capacité* des corps pour le calorique, c'est-à-dire la différente quantité de calorique qu'il faut accumuler dans différens corps pour les élever à une même température, dépend de la différence d'attraction entre les divers corps et le calorique, 124 et suiv. — Regardé comme la matière la plus élastique, 126. — *Spécifique,* rapports de *capacité* des corps pour le calorique, et méthode de les mesurer, 127, 128. Voy. *Calorimètre* et *Calorimétrie.* — Ces rapports varient dans les corps lorsqu'ils changent d'état, 127, 128, 129. Résultat important qu'ont obtenu de ces phénomènes les citoyens Lavoisier et Laplace ; savoir, que, *toutes les variations de chaleur qu'éprouve un système de corps en changeant d'état, se reproduisent dans un ordre inverse., lorsque le système revient à son premier état,* 129. — Résumé de ses propriétés générales, tant physiques que chimiques, et grand rôle qu'il joue dans la nature, 129, 130.—Examen sur sa nature, et fausseté du système de Stahl sur son *phlogistique* ou prétendu feu fixé, 130 et suiv. — Son analogie avec la lumière, 131 et suiv. Voy. *Lumière.* — Suivant l'hypothèse ingénieuse du citoyen Monge, le

calorique et la lumière ne sont, pour ainsi dire, que deux états ou modifications du même corps, le feu lui-même ; dans le premier, plus divisé et doué d'un mouvement plus lent ; dans le second, plus dense et plus rapidement agité, I, 131, 132, 133. — Dans cette hypothèse, le calorique peut devenir lumière, et la lumière calorique réciproquement, 132 et suiv. — Explication de phénomènes qui, sans l'admission de cette hypothèse, seraient encore à expliquer, 133, 134. — Ses effets nombreux et variés, et sa manière d'agir sur les différens corps naturels, 134 et suiv. — Produit les gaz ou fluides élastiques, 135. Voy. *les différens Gaz.*. — Son absence s'oppose à toute attraction chimique, à toute décomposition ou altération des composés, 137. — Sa plus ou moins grande privation modifie les attractions électives, 137, 138. — Nécessité de distinguer les différens degrés de température dans la description des opérations chimiques, 138, 139. Voy. *Thermomètres.*

CAMÉLÉON MINÉRAL, V, 189. Voy. *Oxide de manganèse, à son union,* etc. *avec les alcalis.*

CAMPHORATES, sels formés par l'acide camphorique, VIII, 12, 13. Voyez *Acide camphorique.*

CAMPHRE (11e. genre des matériaux immédiats des végétaux), VII, 126 ; VIII, 3 et suiv. Voy. *Végétaux, Huile volatile et Végétation,* etc. — Son siège ; existe dans un grand nombre de végétaux, 3 et suiv. 13, 14. — Son extraction et sa purification, *etc.* 4 et suiv. — Avantage qu'on pourra retirer de nos plantes labiées méridionales, et principalement de la grande lavande, *Lavandula spica,* pour obtenir le camphre, *etc.* 8, 9. — Ses propriétés physiques ; sa cristallisation ; sa pesanteur ; sa saveur ; son odeur, *etc.* ; le mouvement qu'il produit sur la surface de l'eau paraît être dû à l'attraction du camphre, de l'eau et de l'air, *etc.* ; sa grande volatilité ; sa fusibilité, *etc.* 9, 10, 13, 14. — Ses propriétés chimiques, 10 et suiv. — Son inflammation par l'oxigène, *etc.* ; sa distillation et ses produits avec de l'alumine, *etc.* 11. — Sa dissolution, *etc.* par les acides ; sa conversion en acide par l'acide nitrique, 11, 12. Voy. *Acide camphorique.* — Son inflammation par le muriate suroxigéné de potasse, 13. — Son union avec les autres substances végétales, 13, 151 et suiv. — Paraît être une sorte d'huile volatile surchargée de carbone, 13. — Sa grande utilité pour la médecine, et ses usages économiques, *etc.* comme antispasmodique, antiseptique, *etc.* 14, 15, 179. — Végétation cristalline de sa dissolution dans l'alcool, 152, 153. — Son union et action avec les substances animales, IX, 78, 111, 112, 134, 145, 427.

CANELLE, VIII, 47, 50. Voy. *Baumes.*

CANTHARIDES, IX, 120, 124 ; X, 338, 344 et suiv. Voy. *Animaux, à la comparaison et à la classification des matières animales.* — Leur siège, leur préparation, *etc.* 344. — Leur analyse, leurs principes, *etc.* 344, 345. — Leurs propriétés médicamenteuses ; le camphre tempère leur action irritante, *etc.* ; ne doivent être administrées intérieurement qu'avec la plus grande circonspection, *etc.* 346.

CAOUTCHOUC, *ou* RÉSINE, *ou* improprement GOMME ÉLASTIQUE (14°. genre des matériaux immédiats des végétaux), VII, 126 ; VIII, 35 et suiv. Voy. *Végétaux et Végétation,* etc. — Son siège, 35 et suiv. 41, 42. — Son extraction ; sa concrétion, *etc.* aidée par l'oxigène atmosphorique, etc. ; moyen proposé par l'auteur pour l'obtenir plus pur, *etc.* 38, 39. — Ses propriétés physiques ; en perd une partie par le froid ; manière de réunir ses fragmens, et leur adhérence, *etc.*, *ect.* 39. — Ses propriétés chimiques, 40, 41. — Son ramollissement, sa fusion, *etc.*, son recroquevillement et sa combustibilité, *etc.* à un feu violent ; chauffé, perd son élasticité, *etc.* ; sa distillation donne du sel ammoniac, *etc.* ; ses produits se rapprochent de ceux du glutineux et des matières animales, 40. — Ramolli par l'eau bouillante, se dissout dans l'éther, 40, 167. — Ses décompositions par les acides sulfurique et nitrique ; dont le dernier le change en acide oxalique et en corps graisseux, 40, 41. — Sa dissolution dans les huiles, et la cire fondue, *etc.* ; forme avec les huiles les vernis gras

et collans, *etc.* VIII. 41. — Ses usages importans dans les arts chirurgicaux,
économiques, *etc.* 42, 43.—Son union avec les substances animales, IX, 187.
. CAPACITÉ DE CHALEUR, *ou* CAPACITÉ DES CORPS POUR LE CALORIQUE, I,
124, 125 et suiv. Voy. *Calorique.* — Manière d'en mesurer les rapports. Voy.
Calorimètre. — Varie dans les corps lorsqu'ils changent d'état, 127, 128, 129.
CARACTÈRES CHIMIQUES, NOUVEAUX, inventés par les citoyens Adet et
Hassenfratz, I, 100, 107, 108. — Leurs avantages, 107 et 108.
CARAMEL. Voy. *Sucre.*
CARBONATES, sels formés par l'acide carbonique. Voy. *Acide carbonique* et
les différens Carbonates.
— alcalins et terreux (en général). Genre 11ᵉ. III, 10; IV, 3 et suiv. Voy.
Sels à bases salifiables alcalines, etc. et *chaque borate alcalin ou terreux.*
— Composés d'acide carbonique et de bases salifiables, nommés d'abord
Alcalis doux, effervescens, etc.; leur histoire et leur synonymie depuis
la première découverte de leur nature par M. Black, en 1756 (époque
avant laquelle ils étoient confondus avec les alcalis et les terres alcalines),
jusqu'aux travaux de Chaulnes, de Bergman, et de ceux des chimistes de
nos jours, 3 et suiv. — Leur abondance dans la nature, principalement dans
les montagnes secondaires, *etc.* ; s'y trouvent rarement purs; *etc.* ;
leur préparation artificielle, 5, 6. — La plupart sont insipides, cristallisables, durs, *etc.* 6. — Sont décomposables plus ou moins facilement
par le calorique, selon leurs bases, *etc.* ; ne sont jamais déliquescens. *etc.*
6, 7. — Effets variés de leurs altérations par les corps combustibles,
et principalement *l'action réciproque* entre le phosphore à chaud et la plupart de ces sels dont il décompose l'acide en s'acidifiant, *etc.*, tandis que
le carbone, dans d'autres cas, décompose l'acide phosphorique seul, *etc.* ;
action remarquable (dit l'auteur), *comme un effet et un exemple frappant
des attractions disposantes,* 7. — Forment deux branches par rapport à
leur solubilité ou insolubilité, 8. — Sont décomposés par tous les acides;
propriété dont on se sert pour obtenir l'acide carbonique sous forme gazeuse, 8. — Leur excès d'acide, et solubilité que cet état leur donne, 8.
— Décomposent beaucoup de sels par les doubles attractions, 9, 250. Voy.
Sels, à leurs actions, etc., *réciproques.* — Utilité de leur découverte,
et celle de leurs nombreux usages, tant pour la chimie, médecine, *etc.*
que pour la minéralogie, 9. Voy. *Réactifs.* — Forment treize espèces
rangées selon l'ordre du plus fort degré d'attraction des bases pour l'acide
carbonique, 9 et suiv.. — Résumé de leurs caractères, 116 et suiv. — Considérés minéralogiquement; et leur division en cinq espèces *fossiles,* 287.
Voy. *Sels fossiles.* — Considérés comme minéralisateurs des eaux, 297,
298. Voy. *Eaux minérales.* — Action entre ces sels et les substances métalliques, V, 56, 79, 86, 117, 123, 125, 134, 145, 147, 182, 207, 255,
256, 265, 330, 340, 352, 353, 378, 379, 383; VI, 41, 42, 59, 93, 95,
101, 195, 203, 204, 206, 223, 272, 277, 279, 290, 323, 329, 331, 332, 336,
337, 339, 341. Voy. *Métaux et leurs combinaisons.*—Action ou union entre ces
sels et les substances végétales, VII, 105, 106, 145, 147, 192, 194, 207, 208,
218, 228, 243 et suiv., 249 255; VIII, 95, 104, 136, 149, 150, 196 et suiv.,
279. I, Disc. pr. clj. — Action ou union entre ces sels et les substances
animales, IX, 223, 287; X, 85, 117, 183, 229, 238, 252, 256, 414.
— d'alumine, IV, 9, 61, 62. Voy. *Carbonates alcalins,* etc. (*en général*).
— Peu connu, 61. — Est contenu dans l'argile, 62. — Peut jouer, comme
acidifère, un grand rôle dans la végétation, 62.—Résumé de ses caractères spécifiques, 118. — Action réciproque entre ce sel et les autres sels,
181, 183, 215, 216, 239, 240, 245, 246, 249, 250. — Considéré minéralogiquement ou comme fossile, 287. Voy. *Sels fossiles.*
— alumineux. Voy. *Carbonate d'alumine.*
— ammoniacal. Voy. *Carbonate d'ammoniaque.*
— ammoniaco-glucinien, IV, 10, 65. Voy. *Carbonates alcalins,* etc. (*en général*).
— Ses propriétés non encore connues, 65.
— ammoniaco - magnésien, IV, 9, 58, 59. Voy. *Carbonates alcalins,* etc.
(*en général*). — Nouvelle espèce dont aucun chimiste n'a encore parlé,

IV, 58. — Sa préparation, 58, 59. — Quelques-unes de ses propriétés obser-
vées par l'auteur; est décomposé par le feu, par les acides, *etc. etc.* 59.
— Résumé de ses caractères spécifiques, 118. — Action réciproque entre
ce sel et les autres sels, 239.

CARBONATE ammoniaco-zirconien, IV, 10, 63 et suiv. Voy. *Carbonates alcalins*, etc. (*en général*). — Sa préparation, 64. — Sa décomposition par le feu,
64. — Ses décompositions par les bases, 64. — N'est pas précipité par l'ammoniaque; ce qui prouve qu'il est bien véritablement un sel triple, 64,
65. — Résumé de ces caractères spécifiques, 118.

— d'ammoniaque, IV, 9, 50 et suiv. Voy. *Carbonates alcalins*, etc. (*en
général*). — *Sel volatil d'Angleterre*, *Alcali volatil concret*, etc. etc.; sa
synonymie et son histoire, avant et depuis la découverte de Black, sur la
présence de l'acide carbonique dans ce sel, jusqu'aux recherches et découvertes des chimistes modernes sur sa nature et ses propriétés, dont la
connoissance a répandu une nouvelle lumière sur la chimie, 50, 51. Voy.
Animaux, Urine, etc. — Sa cristallisation et sa saveur alcaline, *etc.* et autres
propriétés physiques, et son histoire naturelle, 51, 52, 55, 298. Voy.
Eaux minérales et Urine. — N'existe pas parmi les fossiles; paroît être
contenu dans les matières animales, et sur-tout dans les urines pourries,
52. Voy. *Urine*, *Animaux*, etc. — Son extraction et sa préparation, 52
et suiv. — Sa sublimation, sans décomposition par le calorique, 54. — Se
dissout peu à peu dans l'air, sans altération sensible, lorsqu'il est bien
saturé, 54, 55. — Est très-dissoluble, *etc.*; produit du froid dans sa dissolution, *etc.* 55. — Sa dissolution dissout la glucine, 56. — Ses décompositions, 55 et suiv. — est décomposé par tous les acides qui en dégagent l'acide carbonique avec une vive effervescence, 55, 56. — Ses décompositions par les bases, 56. — Action réciproque entre ce sel et les
autres sels, par les attractions électives doubles, 56, 57, 140, 145, 153,
159, 165, 172, 173, 180, 181, 183, 185, 186, 190, 192, 194, 195, 197,
198, 199, 200, 201, 202, 216, 217, 219, 220, 221, 222, 224, 225, 227,
228, 229, 230, 231, 232, 237, 238, 239, 240, 241, 242, 243, 244,
245, 246, 248, 249, 250. — Son analyse, 57, 269. — Ses usages
dans les arts et dans la médecine, 57, 58. — Résumé de ses caractères
spécifiques, 117. — Action entre ce sel et les substances métalliques, VI,
95, 204, 331, 339. Voy. *Carbonates, à cette action*. — Action entre ce
sel et les substances végétales, VII, 208. Voy. *Carbonates, à cette
action*. — Action entre ce sel et les substances animales, X, 117. Voy.
Carbonates, à cette action.

— d'argent, VI, 341. Voy. *Carbonates métalliques, Nitrate* et *Oxide
d'argent*. — Son analyse, sa réduction, etc. 341.

— de barite, IV, 9 et suiv. Voy. *Carbonates alcalins*, etc. (*en général*.)
— *Spath pesant aéré, Witherite, Barite carbonatée*, etc. sa synonymie,
et son histoire, depuis sa première découverte par Schéele et Bergman
en 1776, et celle de son existence naturelle, qu'en a faite quatre ans après
M. Withering, jusqu'aux travaux des chimistes modernes et ceux de l'auteur,
10, 276, 277, 280. — Ses propriétés physiques, sa forme, pesanteur, *etc.*
et son histoire naturelle, 10, 11, 276, 277. — Son extraction, sa préparation et purification, 11, 34, 35. — Son inaltérabilité et fusion, *etc.* par le
calorique, 12. — Son inaltérabilité à l'air; son peu de solubilité, principalement dans l'eau froide, 12. — Ses décompositions, 12 et suiv. — Sa
décomposition et isolément de sa base par le charbon chaud, *etc.* 12. —
Phénomènes variés de ses décompositions par les divers acides, selon
l'état de concentration, *etc* et la nature de ses substances, 13, 14. —
Dissolubilité qu'il acquiert par un excès de son acide, 14. — Action réciproque entre ce sel et les autres sels, par le moyen du calorique et du
charbon, 14, 135, 139, 140, 145, 146, 151, 153, 158, 159, 164, 165, 171,
173, 180, 181, 183, 185, 186, 190, 192, 193, 194, 195, 197, 198, 199,
200, 201, 204, 205, 207, 219, 220, 221, 227, 228, 229, 230, 231,
232, 233, 234, 235, 237, 238, 239, 240, 244, 245, 246, 247, 248, 249,
250. — Son analyse selon l'auteur et divers chimistes, 14, 15, 267. — Son

utilité pour la chimie, et celle dont il peut devenir pour les arts; ses propriétés vénéneuses, et précautions à prendre dans son administration médicale, IV, 15. — Résumé de ses caractères spécifiques, 116. — Considéré minéralogiquement, ou comme fossile, 276, 277, 280, 287. Voy. *Sels fossiles.*

CARBONATE baritique, *ou* terre pesante aérée. Voy. *Carbonates de barite.*

— de bismuth, V, 203, 207. Voy. *Carbonates métalliques* et *Oxide de bismuth.*

— de chaux, IV, 9, 19 et suiv. Voy. *Carbonates alcalins*, etc. (*en général*), et *Pierres et Terres combinées.* — *Terre calcaire, Craie, Spath calcaire, Chaux effervescente, Chaux aérée, Carbonatée*, etc. etc. sa synonymie et son histoire depuis que les découvertes de Black l'ont fait ranger dans la classe des sels, jusqu'aux travaux des chimistes et minéralogistes modernes, 19, 20, 276, 280, 287. — Son insipidité, sa cristallisation en rhombes, *etc. etc.* sa double réfraction, sa pesanteur, sa grande abondance dans la nature, son histoire naturelle et ses principales variétés, 19, 20 et suiv. 276, 280, 287, 298. Voy. *Sels fossiles* et *Eaux minérales.* — Formant, dans son histoire naturelle, six genres principaux, 1°. celui qu'on trouve en couches dans les montagnes primitives; 2°. les dépôts coquilliers, madréporeux, *etc.*; 3°. les terres et pierres calcaires, *etc.* proprement dites; 4°. les marbres; 5°. les concrétions calcaires, incrustations, *etc.*; 6°. le *Spath calcaire*, ou le carbonate de chaux natif pur et cristallisé, affectant une multitude de variétés de forme, couleur, *etc.* et qui est celui que l'on doit principalement considérer chimiquement, 21 et suiv. — On vient de trouver que les cristaux à double réfraction ont un sens où l'image paroît simple; cause de cet effet, 23. — Sa préparation artificielle, 25. — Sa décrépitation, *etc.*; dégagement de son acide, et isolement de sa base, par le calorique; effets dans quoi consiste l'art du chaufournier pour obtenir la chaux vive, et qui servent aux chimistes pour recueillir le gaze acide carbonique, 25, 26. — Son inaltérabilité à l'air et dans l'eau, 26. — Ses décompositions, 26 et suiv. — Ses décompositions par le phosphore, et celles par le soufre, 27. — (Voy. *Carbonates alcalins*, etc. (*en général*), à *leurs altérations par les corps combustibles*). Est décomposé par tous les acides, qui en dégagent l'acide carbonique avec effervescence, *etc.* et production de froid, 27. — La solubilité qu'il acquiert par l'addition de son acide est la cause de sa dissolution dans les eaux naturelles et celle des incrustations, *etc.* 27, 28. — Ses décompositions par les bases, 28. — Action réciproque entre ce sel et les autres sels, 28, 146, 152, 153, 158, 159, 164, 165, 172, 173, 180, 181, 183, 190, 192, 194, 195, 197, 198, 199, 200, 201, 225, 226, 227, 228, 229, 230, 231, 232, 233, 234, 235, 236, 237, 238, 239, 240, 241, 242, 243, 244, 245, 246, 247, 248, 249, 250. — Son analyse, et ses nombreux usages, 28, 29, 268. — Résumé de ses caractères spécifiques, 117. — Considéré minéralogiquement ou comme fossile, 276, 280, 287. Voy. *Sels fossiles.* — Action entre ce sel et les substances métalliques. Voy. *Carbonates*, à cette action. — Sa décomposition par le fer, V, 56. — Action ou union entre ce sel et les substances végétales, VII, 105, 106, 218, 243, 244; VIII, 104, 136, 198, 279. Voy. *Carbonates*, à cette action. — Son influence sur la végétation, 279.

— de cobalt, V, 147. Voy. *Carbonates métalliques* et *Cobalt.*

— de cuivre, VI, 238 et suiv. 240, 241, 246, 247, 284. Voy. *Carbonates métalliques, Cuivre* et *Oxide de cuivre.*

— de cuivre natif, forme deux espèces qui renferment plusieurs variétés: 1°. le *Carbonate de cuivre bleu* ou *Azur de cuivre, Chrysocolle bleue*, etc.; comprend, comme variétés, *le bleu de montagne, les Turquoises, la Pierre d'Arménie* ou *Lapis lazuli*, etc.; leur analyse, *etc.*; 2°. le *Carbonate de cuivre vert* ou *suroxigéné;* présente trois principales variétés; *le vert de montagne, le Cuivre soyeux* et *la Malachite;* leur réduction et leur analyse, *etc.* 238 et suiv. 240, 241, 246, 247, 284. Voy. *Lazulite, Mines de cuivre, Vert de gris* et *Oxide de cuivre.*

— de cuivre artificiel, 284. Voy. *ci-dessus au Natif*, et *Oxides de cuivre.*

CARBONATE d'étain, VI, 41 , 42. Voy. *Carbonates métalliques* et *Oxides d'étain.*

— de fer, VI, 139, 140, 141, 146, 213 et suiv. Voy: *Carbonates métalliques* et *Fer.*

— de fer natif, *Fer spathique, Mine de fer blanche,* etc. etc. 139, 140, 141, 146, 213 et suiv. Voy. *Mines de fer, Eaux ferrugineuses, Rouille de fer,* et *Safran de Mars apéritif,* et ci-dessous à l'artificiel.

— de fer artificiel, 213 et suiv. Voy. ci-dessus au *Natif.* — Son dégagement d'acide carbonique, par la distillation ; convertit les alcalis fixes en carbonates, etc. 215. — Ses usages , 227. Voy. *Fer, à ses usages médicamenteux.* — Sa dissolution d'un beau rouge, par l'acide acéteux, etc. VIII, 203. Voy. *Acétite de fer.*

— de glucine, IV, 9, 59 et suiv. Voy. *Carbonates alcalins,* etc. (*en général*). — N'est encore connu que par les travaux du citoyen Vauquelin , 59. — Sa pulvérulence grasse, *etc.* et autres propriétés physiques ; n'est pas sucré comme les autres sels de glucine, 59. — Sa préparation artificielle, 60. — Sa décomposition, et isolément de sa base, par le calorique, 60. — Son inaltérabilité à l'air, et son indissolubilité, même dans l'eau acidulée, 60. — Ses décompositions, 60, 61.—Est décomposé par les acides, qui en chassent l'acide carbonique , avec une vive effervescence, 60.—Ses décompositions par les bases, 60, 61.—Dissolution de sa base par le carbonate ammoniacal qui se forme dans sa décomposition par l'ammoniaque, 60, 61. — Son analyse et utilité dont il pourra devenir en chimie, pour en obtenir la glucine pure, 61 , 269. — Résumé de ses caractères spécifiques, 118. — Action réciproque entre ce sel et les autres sels, 173, 180, 181, 183, 199, 200, 201, 213, 215, 216, 231, 232, 238, 239, 240, 245, 246, 249, 250.

— de magnésie, IV, 9, 44 et suiv. Voy. *Carbonates alcalins,* etc. (*en général*). — *Magnésie douce, Magnésie effervescente,* etc. ; sa synonymie et son histoire, depuis que Black y a reconnu la présence de l'acide carbonique, jusqu'aux notions nouvelles de l'auteur sur les propriétés de ce sel , 44. — Sa cristallisation lorsqu'il est saturé d'acide, et ses autres propriétés physiques et naturelles, 44, 45, 47, 48, 298. Voy. *Eaux minérales.* — Ses préparations pour l'obtenir saturé, ou non , 45, 46. — Sa décrépitation, dégagement de son acide, *etc.* isolement, et phosphorescence de sa base, par le calorique, 46. — Est efflorescent lorsqu'il est cristallisé ou saturé, et inaltérable à l'air lorsqu'il est pulvérulent, 46, 47. — Est dix fois plus dissoluble saturé, que non saturé ; sa dissolution se précipite en chauffant, et il se redissout en refroidissant, 47, 48. — Ses décompositions, 47, 48. — Est décomposé par tous les acides, qui en dégagent l'acide carbonique avec effervescence , 47. — Ses décompositions par les bases, 48. — Action réciproque entre ce sel et les autres sels , par les attractions électives doubles, 48, 146, 152, 159, 165, 172, 173, 180, 181, 183, 197, 198, 199, 200, 201, 212, 213, 215, 216, 221, 222, 225, 226, 227, 228, 229, 230, 231, 232, 238, 239, 240, 244, 245, 246, 248, 249, 250. — Son analyse, d'après divers chimistes, et selon ses degrés de saturation, 48, 49, 268, 269. — Inconvéniens de son usage médical, 49, 50. — Résumé de ses caractères spécifiques, 117. — Action entre ce sel et les substances végétales, VIII, 199.

— de manganèse, V, 187, 188. Voy. *Carbonates métalliques* et *Oxides de manganèse.*

— de mercure, V, 352, 353. Voy. *Carbonates métalliques* et *Mercure.*

— métalliques, V, 53, 55, 55. Voy. *Métaux* et chaque *Carbonate métallique.*

— de plomb , VI, 56, 60, 61, 64, 65, 93, 94. Voy. *Carbonates métalliques.*

— de plomb natif (*Plomb spathique,* etc.), 56, 60, 61, 64, 65, 93, 94. — Couleur noire que lui donne le sulfure d'ammoniaque, *etc.* 61 , 94. — Son traitement docimastique, 64, 65. Voy. *Mines de plomb.*

— de plomb artificiel ; sa dissolubilité par un excès d'acide, *etc.* 93, 94. Voy. ci-dessus, à celui qui est natif. — Ses décompositions , 94.

— de potasse, IV, 9, 29 et suiv. Voy. *Carbonates alcalins,* etc. (*en général*). — *Alcali végétal doux, Alcali fixe effervescent,* etc. ; sa syno-

nymie et son histoire, depuis la première découverte de sa cristallisabilité par Bohnius, en 1666, jusques et depuis les découvertes que Black et les chimistes qui lui ont succédé, ont faites sur sa nature et ses propriétés, IV, 29). — Sa cristallisation, sa saveur urineuse, *etc.* et autres propriétés physiques, et son histoire naturelle ; n'a point encore été trouvée parmi les fossiles, et se trouve spécialement dans les cendres des végétaux, 3o, 31, 32. — Son extraction, purification et préparation, 3o, 31. — Sa fusion et dégagement d'une portion de son acide par le calorique, 31. — Est efflorescent lorsqu'il est bien saturé, 31, 32. — Sa dissolubilité, plus grande dans l'eau chaude, *etc.* ; perte d'une portion de son acide, dans ce dernier cas, 32. — Ses décompositions, 32 et suiv. — Forme du sulfure avec le soufre à chaud, en laissant dégager son acide avec effervescence, 32. — Sa décomposition et dégagement de son acide avec effervescence, par les acides, 32, 33. — Ses décompositions par les bases, 33, 34. — Action réciproque entre ce sel et les autres sels, par le moyen de l'attraction élective double, 34, 35, 13o, 133, 136, 14o, 145, 146, 152, 153, 158, 159, 164, 165, 172, 173, 18o, 181, 183, 185, 186, 188, 189, 19o, 192, 193, 194, 195, 197, 198, 199, 2oo, 201, 2o2, 2o3, 2o4, 2o5, 2o7, 2o8, 21o, 212, 213, 215, 216, 217, 218, 219, 22o, 221, 222, 224, 225, 227, 228, 229, 23o, 231, 232, 233, 234, 235, 236, 237, 238, 239, 24o, 241, 242, 243, 244, 245, 246, 247, 248, 249, 25o. — Son analyse, 35, 268. — Ses nombreux usages en chimie et dans les arts, 35, 36. Voy. *Réactifs.* — Ne doit s'employer en médecine que dans l'état de cristaux bien réguliers ; passe à tort pour lithontriptique, 35. — Son union en sel triple avec le carbonate de zircone, 63. — Résumé de ses caractères spécifiques, 117. — Action entre ce sel et les substances métalliques, V, 117, 123, 125, 33o ; VI, 95, 2o3, 2o4, 2o6, 279, 336, 337. Voy. *Carbonates, à cette action.* — Action entre ce sel et les substances végétales, VII, 1o5, 2o7, 228, 244 ; VIII, 95, 149, 15o, 196. Voy. *Carbonates, à cette action.* — Action ou union entre ce sel et les substances animales, IX, 223 ; X, 256. Voy. *Carbonates, à cette action.* — Carbonate de soude, IV, 9, 36 et suiv. Voy. *Carbonates alcalins,* etc. (*en général*). — *Alcali minéral aéré, Natrum, Sel de soude, Soude carbonatée,* etc. sa synonymie et son histoire, avant et depuis la découverte de Black ; sur l'état de combinaison avec l'acide carbonique des alcalis, dits, *adoucis ou effervescens,* 36, 37, 39, 278, 281. — Son histoire naturelle, son abondance dans la nature, et ses propriétés physiques ; sa cristallisation, ses caractères en partie alcalins, *etc.* 36 et suiv. 4o, 278, 281, 287, 298. Voy. *Sels fossiles* et *Eaux minérales.* — Sa préparation et purification, 38, 39. — Sa fusibilité et dégagement de la plus grande partie de son acide, par le calorique, 39. — Sa grande efflorescence ; sa dissolubilité, plus grande que celle du carbonate de potasse, et plus grande dans l'eau bouillante, *etc.* 39, 4o. — Ses décompositions, 4o et suiv. — Forme du sulfure avec le soufre à chaud, en perdant son acide avec une vive effervescence, 4o. — Sa décomposition par le phosphore, à chaud, 4o, 41. Voy. *Carbonates alcalins,* etc. (*en général*), *à leurs altérations par les corps combustibles.* — Est décomposé par tous les acides, qui en dégagent l'acide carbonique avec effervescence, *etc.* et production de froid, *etc.* 41. — Ses décompositions par les bases, 41, 42. — Action réciproque entre ce sel et les autres sels, par les attractions électives doubles, 42, 13o, 136, 14o, 145, 146, 152, 153, 159, 165, 172, 173, 18o, 181, 183, 185, 186, 188, 19o, 192, 193, 194, 195, 197, 198, 199, 2oo, 201, 2o2, 2o4, 2o5, 2o7, 2o8, 21o, 212, 213, 215, 216, 217, 219, 22o, 221, 222, 224, 225, 227, 228, 229, 23o, 231, 232, 233, 234, 235, 236, 237, 238, 239, 24o, 241, 242, 243, 244, 245, 246, 247, 248, 249, 25o. — Son analyse ; contient plus d'acide carbonique que le carbonate de potasse ; remarque générale à ce sujet sur les quantités réciproques pour la saturation des acides et des bases, 43, 268. — Sa grande utilité pour les chimistes et pour les arts, où il est préféré au carbonate de potasse, comme meilleur fondant, *etc.* 43. Voy. *Réactifs.* — Son union en sel triple avec le carbonate de zircone,

IV, 63. — Résumé de ses caractères spécifiques, 117. — Considéré minéralogiquement ou comme fossile, 278, 281, 287. Voy. *Sels fossiles*. — Action
entre ce sel et les substances métalliques, VI, 95. Voy. *Carbonates, à
cette action*. — Action entre ce sel et les substances végétales, VII, 208, 245;
VIII, 150, 198. Voy. *Carbonates, à cette action*. — Action ou union entre ce
sel et les substances animales, IX, 223. Voy. *Carbonates, à cette action*.
— Carbonate de strontiane, IV, 9, 15 et suiv. Voy. *Carbonates alcalins*, etc.
(*en général*). — Strontianite, strontiane carbonatée, etc. ; sa synonymie et
son histoire, depuis sa découverte, par MM. Crawfort, Hope et Klaproth,
en 1793, jusqu'aux travaux du citoyen Vauquelin et ceux de l'auteur, 15,
16, 277, 281. — Sa cristallisation en aiguilles, etc. sa pesanteur, etc. et
son histoire naturelle, 16, 277. — Sa préparation, 16, 17. — Sa calcination,
vitrification et décomposition d'une petite portion de son acide par le
calorique, 17. — N'est pas attaquable par l'air ; et ne l'est pas plus par
l'eau que le carbonate de barite, 17. — Ses décompositions, 17, 18. —
Sa décomposition, vitrification, etc. et isolement de sa base, par le charbon chaud, ect. 17. — Ses décompositions avec effervescence par les acides,
18. Voy. *celle du Carbonate de barite*. — N'est décomposé par aucune
base, excepté la barite à chaud, 18. — Différence entre ses propriétés et
celles du carbonate de barite ; sa pesanteur moindre, la perte de son acide
par le feu, sa flamme rouge, etc. 18, 19. — Son analyse, 18, 267. —
Résumé de ses caractères spécifiques, 117. — Action réciproque entre ce
sel et les autres sels, 140, 145, 146, 152, 153, 158, 159, 164, 165, 172,
173, 180, 181, 183, 185, 186, 194, 195, 197, 198, 199, 200, 201, 205,
207, 220, 221, 225, 227, 231, 232, 234, 235, 236, 237, 238, 239, 240,
242, 244, 245, 246, 247, 248, 249, 250. — Considéré minéralogiquement
ou comme fossile, 277, 281, 287. Voy. *Sels fossiles*.
— de titane, V, 117, 118, 120 et suiv. Voy. *Carbonates métalliques*. — Ses
décompositions et réduction de son métal par le calorique et le carbone, etc.
117, 118. — Ses décompositions, 120, 121 et suiv. 123, 124.
— d'urane, mica vert, glimmer, etc. V, 130, 134. Voy. *Urane, Oxide d'urane*
et *Carbonates métalliques*.
— de zinc, V, 364 et suiv. 385. Voy. *Carbonates métalliques, Zinc*, et
Mine de Zinc.
— de zircone, IV, 10, 62, 63. Voy. *Carbonates alcalins*, etc. (*en général*).
— Découvert par le citoyen Vauquelin, 62. — Manière de l'obtenir ; ses
décompositions par le feu et par les acides ; son analyse, 63, 269. — Sa
solubilité avec les carbonates alcalins et sels triples qui en résultent, 63.
Voy. *Carbonate ammoniaco-zirconien*. — Résumé de ses caractères spécifiques, 118. — Action réciproque entre ce sel et les autres sels, 249,
250.
CARBONE *et* CHARBON, I, 113, 114, 176 et suiv.; VII, 68 et suiv. ; I, Disc.
pr. lix, lx. Voy. *Corps simples*, etc. et *Diamant*. — Ne se rencontre pas
pur dans la nature, I, 176, 177. Voy. *Charbon et Diamant*. — S'obtient
par la décomposition, soit par le feu, soit par l'eau, des matières végétales et sur-tout ligneuses, 177 ; VII, 68, 69. — Son infusibilité et parti
qu'on en tire pour les creusets et les fourneaux chimiques, 178, 179. —
Sa combustion et combinaison avec le gaz oxigène, 179, 180. Voy. *ce gaz*
et *Gaz acide carbonique*. — Causes de l'effet délétère de sa combustion
dans un air renfermé, 180, 181. Voy. *Air atmosphérique*. — Ses combinaisons avec l'azote ; avec l'hidrogène, 181 et suiv. Voy. *Hidrogène carboné, Carbone hidrogéné*. — Ses usages très-multipliés, 183, 184. — Sa
grande attraction pour l'oxigène, 183, 184. — Son union avec le soufre,
202. Voy. *Pyrophore*. — Son identité avec le diamant, et son état
intermédiaire entre le diamant et le charbon, 209. Disc. pr. lix, lx.
Voy. *Diamant*. — Son union avec les métaux, I, 212, 213; V, 45,
46. Voy. *Métaux, Carbures métalliques* et *Fonte de fer*. — Décompose les oxides, II, 6; V, 45, 46. Voy. *Oxides* et ci-dessous à son
action sur les substances métalliques. — Décompose l'eau lorsqu'il est rouge,

16. Voy. *Eau.* — Action réciproque entre ce corps et les acides, 48, 56, 62, 63, 75, 83, 96. — Son union avec la chaux, 174. — Son action et inflammation, à une haute température, avec l'oxide d'azote ou gaz nitreux, 91. — Sa combinaison, à une haute température, avec le gaz ammoniac, 237. Voy. *Acide prussique.* — Son action sur les sels, III, 16, 17, 24, 27, 30, 33, 35, 39, 42, 46, 49, 50, 52, 53, 59, 65, 67, 70, 74, 80, 86, 98, 99, 118 et suiv. 130, 132, 136, 140, 143, 217, 224, 225, 226, 245, 250, 261, 269, 270, 291 ; IV, 7, 12, 17. — Son action sur les substances métalliques, V, 45, 46, 77, 82, 94, 104, 105, 112, 116, 118, 131, 132, 143, 179, 189, 190, 191, 200, 224, 231, 263, 265, 266, 296, 297, 373; VI, 20, 45, 59, 60, 73, 86, 93, 137, 164 et suiv. 211, 212, 248, 251, 283, 285, 313, 323, 340. — Est un des principes constituans des végétaux, VII, 53 et suiv. ; VIII, 282, 283. Voy. *Végétaux, Végétation*, etc. — Son action sur les substances végétales, VII, 191, 206, 329. Voy. *Végétaux et leurs composés*, etc. *Végétation*, etc. — Est un des principes constituans des animaux, IX, 39 et suiv. — Son action sur les substances animales, 86 et suiv. 111.

Carbone hidrogéné, I, 181, 183. — Existe dans presque tous les charbons, Voy. *Carbone hidrogéné* et *Charbon.* Souvent uni à un peu d'oxigène, 183. Voy. *ce mot.*

Carbure de fer ou *Plombagine, Crayon noir*, etc. VI, 124, 125, 141, 164. Voy. *Carbures métalliques* et *Mines de fer.* — Contient 0,90 de carbone, et 0,10 de fer, 124. — Sa cristallisation, sa couleur, *etc.* 124, 125. — Change les sulfates en sulfures; son inflammation et détonation avec le nitrate et muriate suroxigéné de potasse; ses usages, 125. — Sa formation artificielle, 164. — Diffère de l'acier par sa grande proportion de carbone, 164. Voy. *Acier.* — Ses usages, 226. Voy. *ceux du fer.*

— métalliques, II, 213 ; V, 45, 46. Voy. *Carbone* et *Carbure de fer.*

Carnéole. Voy. *Silex.*

Carthame *ou* safran bâtard, VIII, 63, 70, 71, 72. Voy. *Matières colorantes (des végétaux).* Ses préparations, 71, 72. — Sert à former le rouge des dames, etc. 72. — Son utilité et ses usages économiques; pour la nourriture des volailles, des bestiaux; pour la teinture, etc. 72.

Castine, VI, 148.

Castoréum, IX, 123 ; X, 280, 292 et suiv. Voy. *Animaux, à la comparaison et classification des matières animales.* — Son siége, ses propriétés, son analyse, *etc.* 292 et suiv. — Son emploi médical, sa propriété antispasmodique, *etc.* 293, 294.

Causticité. Voy. *Saveur.*

Causticum. Voy. *Acidum pingue.*

Cément *et* **Cémentation**, I, 91. Voy. *Acier.*

Cendre bleue, *ou* Oxide bleu de cuivre, *ou* Hidrate de cuivre, d'après M. Proust, VI, 271, 275, 276, 279, 280, 282, 376. Voy. *Oxide de cuivre* et *Nitrate de cuivre.* — Est précipitée de tous les sels cuivreux, par une lessive de potasse caustique, et est regardée par M. Proust, comme une combinaison d'oxide de cuivre et d'eau dépouillée de calorique, *etc.* 279, 280.

Cendres gravelées, VIII, 139, 140. Voy. *Potasse, Lie du vin*, et *Salin (le).* — des végétaux, VII, 47; VIII, 104, 105, 139, 140. Voy. *Salin (le)*, etc.

Cérumen, des oreilles (2ᵉ. classe des matières animales.), IX, 99, 122, 370 et suiv. Voy. *Animaux, à la comparaison et classification des matières animales.* — Opinions des anciens sur sa formation et ses rapports avec la bile, *etc. ;* son siége, *etc. ;* son épaississement, cause de surdité, *etc.* 370, 371. — Expériences de l'auteur et du citoyen Vauquelin, sur sa nature et ses propriétés chimiques, 371 et suiv. — Est composée d'huile graisseuse concréfiée, *etc.* analogue à celle de la bile, d'un mucilage albumineux, et d'une substance colorante, qui se rapproche aussi de celle de la bile, par son amertume, *etc.* 373, 375, 376. — Ses fonctions; paraît devoir être rangé dans la classe des excrétions, *etc.* 376.

Céruse, VIII, 202. Voy. *Acétite de plomb* et *Blanc de plomb*.
— d'antimoine, ou *matière perlée de kerkringius*, V, 250, 251.
Cerveau *ou* Pulpe cérébrale, *etc.* (2ᵉ. classe des matières animales.),
IX, 6, 8, 9, 16, 119, 122, 291 et suiv. Voy. *Glandes conglomérées,
Nerfs*, etc. *Animaux*, à la comparaison et *classification des matières
animales*, *Physiologie*, etc. *Sensibilité*, etc. — Sa structure, ses fonctions, etc. 16, 291 et suiv. — Son analyse, etc. : notice de celle qu'en a
publiée l'auteur dans les Annales de chimie, etc. 293, 294 et suiv. — Huile
cristalline qu'on en retire par l'alcool, etc. 298, et suiv. — L'auteur conclut
que la pulpe cérébrale est une matière albumineuse à demi-concrète, plus
oxigénée que celle du sérum du sang, etc. ; qu'elle n'est pas une substance graisseuse, etc. ; qu'elle est sur-tout remarquable par sa propriété
de passer à l'état adipocireux par la putréfaction qui commence par l'acidifier, etc. etc. 296, 300. Voy. *Albumine* et *Adipocire*.
Ceylanite, II, 287, 302. Voy. *Pierres (combinées)*. — A été confondue
avec les tourmalines de Ceylan parmi lesquelles elle se trouve, ou avec
les schorls et les grenats, 302. Voy. *ces mots*. — Son analyse, 302,
338.
Chabasie, II, 287, 312, 313. Voy. *Pierres (combinées)*. — Nom ancien et
homérique, renouvelé pour une pierre qu'on avait regardée comme une variété
de zéolite, nommée *cubique*, 312. Voy. *Zéolite*.
Chair. Voy. *Tissu musculaire*, etc.
Chaleur. Voy. *Calorique, Lumière* et *Calorimètre*.
Chapiteau. Voy. *Alambic*.
Charbon *ou* Oxide de carbone hidrogéné, I, 176 et suiv. 183 ; VII,
47, 68, 69 ; I, Disc pr. lix, lx. Voy. *Carbone, Cendres*, etc. — Ses pro-
priétes chimiques. Voy. *Carbone*.
Charbon, animal, IX, 48, 52, 53. Voy. *Charbon, Animaux*, etc. — Son
incombustibilité, etc. 52.
Charbon de terre, etc. Voy. *Houille*.
Chaux, II, 134, 168 et suiv. Voy. *Terres (en général)* et *Terres alcalines*. — Ce nom, qui doit son origine au mot *chaleur*, doit être exclusivement donné à la terre connue sous cette dénomination, et sous celle
de *terre calcaire*, chaux vive, etc. quoiqu'on ait commis pendant long-
temps l'erreur de l'appliquer aux oxides métalliques, 168. — Son histoire,
et le long temps qui s'est passé avant qu'on eût quelques notions exactes
sur cette substance, jusqu'à l'époque de 1755, où Black les a le premier
fournies, 168, 169. — Paraît être la terre la plus abondante de notre
globe où on la trouve, soit intérieurement, soit extérieurement, le plus
souvent combinée, et quelquefois pure, 169, 170, 180. — Procédés pour
l'extraire, 170, 323 et suiv. Voy. *Pierres (combinées)* et *carbonate de
chaux*. — Sa couleur, sa saveur âcre, etc. ; sa pesanteur, sa propriété de
verdir le sirop de violettes, et son inaltérabilité au feu, 170, 171. — Ce
qu'on appelle *chaux éteinte à l'air*, ou l'état où la met l'eau qu'elle
absorbe de l'atmosphère, 171. — Phénomènes de son union avec le phosphore et avec le soufre, 171 et suiv. Voy. *Phosphures, Sulfures* et
Hidro-sulfure de chaux. — A trois genres de combinaisons avec le soufre,
en *Sulfure, Hidro-sulfure* et *Sulfure hidrogéné*, 174. Voy. *ces mots*. —
Son adhérence au carbone très-divisé, 174. — Son attraction pour les oxides
de quelques métaux va jusqu'à favoriser la décomposition de l'eau pour
les faire passer à cet état, 174. — Sa grande attraction pour l'eau ; phénomènes et propriétés qui résultent de son union avec ce liquide qu'elle
absorbe promptement et solidifie ; expériences calorimétriques sur la
condensation de l'eau, supérieure à celle de la glace, dans ce composé,
qu'on appelle, dans cet état, *chaux éteinte à sec*, et qu'on nomme improprement *lait de chaux*, lorsqu'on ajoute assez d'eau pour le délayer,
et enfin *eau de chaux*, avec une assez grande quantité d'eau pour le
dissoudre complétement, 174 et suiv. Voy. *Eau de chaux*. — Son union et
sa fusion et vitrification avec les oxides métalliques, 177. — Sa combinaison et l'ordre de ses attractions avec les acides, 177 ; III, 21, 36 et

suiv. III, 72, 76 et suiv. 102, 133 et suiv. 166, 191 et suiv. 219, 228, 235, 240 et suiv. 247 et suiv. 278 et suiv. 297 et suiv. 317, 318; IV, 9, 19 et suiv. 119, 120, 121 (Voy. *Sels*); 275, 276, 280. — Ses attractions avec les acides, comparativement aux autres bases, soit terreuses, soit alcalines, II, 177, 184, 194, 209, 220, 221, 240, 251, 252; III, 33, 42, 46, 49, 51, 53, 61, 66, 67, 81, 83, 86, 88, 89, 90, 93, 141, 143, 146, 148, 151, 152, 201, 205, 208, 209, 210, 212, 216; 258, 262, 264, 267, 270, 272, 273, 278, 282, 284, 286, 287, 291, 292, 293, 296, 303, 305, 306, 310, 324, 334; IV, 33, 41, 48, 56, 59, 60, 64. — Son union avec la silice constitue le mortier, II, 177, 178. Voy. *Mortier*. — Sa fusion, par son union, avec les autres terres, 178, 179. — Opinions plus ou moins erronées, entr'autres l'*Acidum pingue* de Meyer, et ignorance sur sa nature intime, ou sur celle de ses principes, 179, 180. — Sa grande utilité et examen rapide de ses usages, tant dans les arts que dans la médecine, l'agriculture et la chimie, 181, 182. Voy. *Réactifs*. — Décompose le sulfure de potasse, et s'empare du soufre, 205. — Soupçonnée, par l'auteur, entrer dans la composition de la potasse, 212. — Sel triple qu'elle forme avec la magnésie et l'acide boracique, III, 317, 320 et suiv. — Sa sorte d'attraction pour le carbonate de chaux, IV, 28. — Son action sur les substances métalliques, V, 57, 58, 59, 84, 85, 232, 240, 304, 313, 340, 351, 352; VI, 96, 97, 193, 214, 217 et suiv. 275, 276, 279, 281, 323, 329, 330, 430. Voy. *Métaux et leurs combinaisons*. — Sa combinaison avec les acides métalliques, 83, 87, 88, 92, 93, 95, 105. — Son action, et ses combinaisons avec les substances végétales, VII, 89, 145, 147, 149, 150, 183, 192, 193, 199, 200, 207, 208, 210, 218, 225 et suiv. 243, 244, 246, 256, 258, 259, 332; VIII, 47, 67, 68, 71, 74, 91, 104, 198 et suiv. 203, 253; I, Disc. pr. clj, clij. Voy. *Végétaux et leurs composés*, etc. — Son action et ses combinaisons avec les substances animales, IX, 49, 51, 70, 84, 87, 89, 144, 152, 186, 189 et suiv. 214, 220, 223, 233, 246, 260, 295, 310, 314, 366, 408, 411, 412, 419, 427; X, 9, 28, 43, 80, 127, 162, 184, 222, 275, 277; 308, 349.

CHAUX boratée. Voy. *Borate magnésio-calcaire*.
— carbonatée. Voy. *Carbonate de chaux*.
— fluatée. Voy. *Fluate de chaux*.
— grise d'antimoine. Voy. *Oxide d'antimoine sulfuré gris*.
— phosphatée. Voy. *Phosphate de chaux*.
— sulfatée. Voy. *Sulfate de chaux*.
— vitriolée. Voy. *Sulfate de chaux*.

CHERMÈS. Voy. *Kermès*.

CHEVEUX ou poils, IX, 260 et suiv. Voy. *Tissu corné des poils*, etc.
— Leur siége, leur variété, selon leur place, selon les climats, l'âge, le sexe et les divers ordres d'animaux, etc. 260 et suiv. — Leur structure anatomique, *etc*. 262 et suiv. — Leurs propriétés physiques, leurs maladies, *etc*. 264, 265. — Leur analyse, leurs produits et leurs propriétés chimiques, 265 et suiv. — Leur huile, *etc*.; leur analogie avec la graisse, *etc*.; leur grande quantité de carbonate ammoniacal, *etc*. 265 et suiv. Voy. *Huile et graisse animale*. Sont les parties du corps qui se conservent le plus long-temps, *etc*. 267, 268. — Leur ramollissement, *etc*. dans l'eau bouillante; leurs altérations par les divers agens chimiques; leur décoloration, coloration, *etc*. 268, 269. — Leur analogie avec la soie, la corne, les écailles de tortue, l'épiderme, les ongles, *etc*. 269. — Leur nature chimique et leurs fonctions, 269, 270. Voy. *Tissu corné des poils*, etc.

CHIMIE, I, 3 et suiv. Voy. *Discours préliminaire*. — Son étymologie et son origine ignorées, 3. — diverses opinions à cet égard, 3 et 4. — Ses diverses définitions, 4. — Doit, suivant l'auteur, être considérée comme enseignant à connoître l'action *intime* et réciproque de tous les corps de la nature les uns sur les autres, 4. — Son objet et ses moyens, 4 et 5. Voy. *Analyse, Synthèse, Attractions, Principes ou Élémens et Corps chimiques*. — Ses divisions, 5 et suiv. — La théorie et la pratique ne doivent point être séparées,

6. 8 divisions ou branches principales, 1, 5 et suiv.— 1°. *Chimie philoso-phique*, 6 et 7. — 2°. *Chimie météorique*, 7. — Les météores sont de véritables effets chimiques, 7. — 3°. *Chimie minérale*, 7 et 8. — Sans elle, il ne peut y avoir de véritable minéralogie, 8. — 4°. *Chimie végé-tale*, 8. — Ses nouveaux moyens, 8. — Doit devenir la boussole de l'agri-culture 8. — 5°. *Chimie animale*, 8 et 9. — Ses grands progrès de nos jours, et utilités que doivent en retirer l'anatomie et la physiologie, 9. — Comme médicinale, se partage en trois branches secondaires; savoir, la chimie physiologique, la chimie pathologique, et la chimie thérapeu-tique, 9. — 6°. *Chimie pharmacologique*, 9 et 10. — 7°. *Chimie Manu-facturière*, 10. — Sa grande culture et utilité, 10. — 8°. *Chimie économique*, 10. — Devroit être une partie de l'éducation, 10. Voy. *Phénomènes chi-miques*, et *Classification chimique des corps*. — Son histoire, 10 et suiv. — divisée en six grandes époques, dont les trois premières se traînent pendant près de dix-huit siècles, tandis que les trois dernières présentent plus de perfection et de découvertes dans l'espace de quarante ans, que les premières n'en avaient offertes pendant tant de siècles, 11. — N'a commencé à être une science que vers le milieu du dix - septième siècle, 12, 15 et 21. — 1°. époque, découvertes et travaux chimiques des anciens Egyptiens et des autres peuples leurs contemporains, 13 et suiv. — 2°. époque ou temps obscur de la chimie, depuis le septième siècle jusqu'au milieu du dix-septième siècle, 15 et suiv. — Donne naissance à l'*Alchimie*. Voy. *ce mot*. — Application de la chimie à la matière mé-dicale par les Arabes, 16 et 17. — Dénombrement des chimistes qui se sont distingués pendant cette époque, et abrégé de leurs travaux, 17 et suiv. — Invention des vitres, 18. — 3°. époque, depuis 1650 jusqu'en 1770, 21 et suiv. — Premiers ouvrages philosophiques de chimie et nais-sance de la véritable chimie, 22, 26. Voy. *Métaux à leur histoire*. — Création des sociétés savantes, 22. — Chimistes fameux qu'offre cette époque, et les travaux qui les ont illustrés, 22 et suiv. — Influence de Stahl et de son système du phlogistique, 23. — Utilité des travaux de Boerhaave, 23. — Découvertes des affinités par Geoffroy l'aîné, 24. — Le diamant reconnu combustible, 24. — 4°. époque, 27 et suiv. — Découverte de J. Rey sur la fixation de ce qu'on croyoit de l'air, en 1630, 27. — Dénombrement des chimistes et de leurs travaux importans sur la découverte des gaz, qui caractérise cette époque, 27 et suiv. — Réduction des chaux métalliques, par Bayen, en 1774, et premières attaques victorieuses contre le système de Stahl, ainsi que la découverte de l'air vital par Priestley, et ses travaux eudiométriques, dans la même année, 33 et 34. — Découverte brillante de Schéele et Bergman, sur les acides végétaux, 34. — 5°. époque, doctrine pneumatique, 36 et suiv. Lavoisier en fut le chef, et en posa les premiers fondemens dans le premier ouvrage qu'il publia à ce sujet, en 1774, 36. — La véritable époque de la gloire de cet illustre chimiste, ainsi que de la création de la doc-trine pneumatique, fut en 1777, 38. — Enoncé des travaux et des décou-vertes brillantes de ce savant sur la combustion, la calcination des mé-taux, l'analyse de l'air, la nature la formation et la décomposition des acides, les dissolutions métalliques, la composition de l'eau, l'analyse des végétaux, la fermentation, la respiration, *etc.* 37 et suiv. — Base de l'air pur, nommée par Lavoisier, en 1778, principe acidifiant ou oxi-gine, parce qu'il prouva qu'elle étoit contenue dans tous les acides, 40. — Invention du Calorimètre, pour mesurer la chaleur, par la Place, en 1780, 41. — Analyse de l'air fixe ou acide crayeux, en 1781, dont Lavoisier découvrit que le charbon étoit la base, 42. — Décomposition et recomposition de l'eau, par le même, en 1783 et 1784, 43. — 6°. époque, succès et affermissement de la doctrine pneumatique, nomen-clature méthodique, 45 et suiv. — Découverte sur la nature de l'acide marin, prétendu déphlogistiqué; de l'alcali volatil, de l'or fulminant, *etc.* par Berthollet, qui en 1785; renonça le premier au phlogistique, 45, 46. — Invention de la nomenclature méthodique par l'auteur, conjointe-

ment avec Lavoisier, Berthollet et Guyton ; sa nécessité, ses avantages
et son adoption générale, I, 47 et suiv. Voy. *Nomenclature méthodique
chimique*. — Consolidation de la doctrine pneumatique, en 1787, 49. —
Ses phénomènes dans la nature et dans les arts, 85 et suiv. Voy. *Phénomènes chimiques*. — Son influence sur les arts, 10, 89. — Ses principales opérations, 90 et suiv. — Huit grandes classes de corps chimiques,
et division de tout l'ouvrage, 96 et suiv. Voy. *Corps chimiques, et le
Discours préliminaire*. — Avantage des nouveaux caractères chimiques, inventés par les citoyens Adet et Hassenfratz, 107 et 108.

CHLORITE, II, 287, 319, 320. Voy. *Pierres (combinées)*. — Ce nom
signifie vert, et est impropre pour cette pierre, qui a une variété d'un
blanc nacré, 319. — A été confondue avec les talcs et les stéatites, 319.
— Son analyse par différens chimistes, 319, 320, 347, 348.

CHROMATES, sels formés par l'acide chromique, V, 112, 113. Voy. *Acide
chromique et chaque chromate*. — Action entre ces sels et les sels métalliques, VI, 217, 342, Voy. *Chromate de fer et Chromate d'argent*.
— d'argent, VI, 342. Voy. *Chromates et Nitrate d'argent*. — Ses belles
colorations, rouge et ensuite pourpre ; sa fusion, *etc.* ; décomposition de
son acide, qui passe à l'état d'oxide vert, et réduction de l'oxide d'argent,
par l'hidrogène de la flamme bleue d'une bougie dirigée au chalumeau,
342.
— de cuivre, VI, 285, Voy. *Chromates et Oxide de cuivre*.
— de fer, VI, 216, 217. Voy. *Chromates et Fer*.
— de mercure, V, 354, Voy. *Chromates*. — Son précipité pourpre, proposé pour la peinture, 354.
— de plomb, VI, 56, 59, 60, 65, 66, 95. Voy. *Chromate et Plomb*. —
Natif (*Plomb rouge*), 56, 59, 60, 65, 66. Voy. *Mines de plomb*. —
artificiel, 95. Voy. *ci-dessus à celui qui est natif*.
— de potasse, V, 113, VI, 342. Voy. *Chromates*. — Action entre ce sel
et la dissolution nitrique d'argent, 342. Voy. *Chromate d'argent*.
— de Zinc, V, 385. Voy. *Chromates et Zinc*.

CHROME, V, 12, 19, 107 et suiv. Voy. *Métaux et Acide chromique*.
— Sa découverte et celle de son acide, an VI (1797), par le citoyen
Vauquelin, dans la mine de plomb rouge de Sibérie ; histoire de cette
découverte, 107, 108. Voy. *Acide chromique*. — nommé *Chrome*, par
rapport à sa propriété colorante, *etc.* ; ses autres propriétés physiques ;
son histoire naturelle ; se trouve en oxide vert, dans le plomb vert,
dans l'émeraude du Pérou, *etc.* ; en acide dans le rubis spinelle, qu'il
colore, *etc.* 108, 109. — Son oxidation en vert, et acidification en rouge,
par les acides, nitrique et nitro-muriatique, 110. Voy. *Acide chromique*.
— Utilité dont il pourra être pour les verres et les émaux, 111, 113.

CHRYSOCOLLE, Voy. *Borate sursaturé de soude ou Borax*.
CHRYSOLITE de Saxe. Voy. *Topase*.
CHRYSOPÉE, I, 3. Voy. *Chimie*.
CHYLE (2°. classe des matières animales) IX, 18, 119, 123, 60, 61,
63 et suiv. Voy. *Animaux, à la comparaison et classification des matières
animales, Physiologie, etc. Digestion*, etc. — Sa formation, son che-
min, *etc.* 63, 64. — Observations et essais de divers savans sur cette
matière, et incertitude sur sa nature chimique, *etc.* 64 et suiv.

CIDRE, VIII, 132, 133, 135. Voy. *Fermentation vineuse et Vin*.
CIMENT. Voy. *Mortier*.
CINNABRE, ou Sulfure de mercure rouge, *etc.* Voy. *Oxide de mercure
sulfuré rouge*.
— d'antimoine sublimé. Voy. *Oxide de mercure sulfuré, violet*.

CIRCULATION du sang, IX, 15, 17, 18 ; X, 374 et suiv. 405 et suiv.
Voy. *Vaisseaux sanguins, Physique animale*, etc. *Respiration*. etc.
— Son explication physique, *etc.* ; varie, ou n'a pas lieu selon les différens genres d'animaux, IX, 17, 18. — Ses phénomènes chimiques ;
recherches des différens savans sur ses effets ; sur la différence du sang
artériel et du sang veineux, produite par la respiration, par l'oxigène

de l'air, par le calorique, *etc.* par la perte de l'hydrogène carl né, *etc.*
X, 374 et suiv. Voy. *Respiration*. — Variation de ses phénomènes, sui-
vant la structure et la nature différente des animaux, 405 et suiv. Voy.
Respiration, etc. *Physiologie*, etc.

Cire (ou suif ou beurre) des végétaux (9ᵉ. genre des matériaux immédiats des végétaux) VII, 126, 339 et suiv. X, 340, 342, et suiv. Voy.
Végétaux, *Huile fixe*, *Végétation*, etc. et *Miel et Cire des abeilles*. —
Son siége ; se forme le plus généralement, à l'extrémité des étamines
des fleurs, *etc.* est la matière première dont les abeilles composent
leur cire, *etc.* VII, 339 et suiv. Voy. *Ci-dessous à son extraction*, et
Miel et *Cire des abeilles*. — Son extraction et ses principales espèces,
341, 342, 346 et suiv. Voy. *Miel* et *Cire des abeilles*. Variété de ses
propriétés physiques, selon ses différentes espèces, 343, 344. — Ses
propriétés chimiques 344 et suiv. X, 343, 344. — Sa distillation et
son acide sébacique, *etc.* ; sa volatilisation, *etc.* VII, 344 ; X, 343. —
Son blanchiment par l'air et l'eau et par l'acide muriatique oxigène, *etc.*
VII, 344, 345, 349. — Son union avec les corps combustibles ; brûle
les métaux facilement oxidables, *etc.* 344, 345. — Son union savonneuse
avec les alcalis, 345 ; X, 343. — Est une espèce d'oxide d'huile fixe, *etc.*
VII, 344, 345, 346, X, 343. Voy. *Huile fixe*. — Ses usages dans les
arts économiques, pharmaceutiques, *etc.* VII, 351, 352 ; X, 343, 344.
— Son union avec les autres substances végétales, VII, 367 ; VIII, 41 ;
X, 343, 344.

— à cacheter. Voy. *Laque*.

Citrates, sels formés par l'acide citrique, VII, 207 et suiv. Voy. *Acide
citrique*.

— alcalins et terreux, VII, 207, 208, 210, 211. Voy. *Citrates*. — Leurs
précipitations et décompositions, 210.

— de chaux, VII, 207, 210. Voy. *Citrates*, *Alcalins*, etc. — Sert à obtenir et purifier l'acide citrique, par son peu de dissolubilité, et sa décomposition par l'acide sulfurique, 207. Voy. *Acide citrique*.

— métalliques, VII, 209, 210, Voy. *Citrates*.

Civette, IX, 120, 123 ; X, 280, 291, 292. Voy. *Animaux*, *à la comparaison et classification des matières animales*. — Son histoire naturelle ;
son analogie avec le musc, *etc.* 291, 292.

Classification chimique des corps, I, 96 et suiv. Voy. *Corps chimiques*.

Cloportes, IX, 120, 124 ; X, 338, 346, 347. Voy. *Animaux*, *à la comparaison et classification des matières animales*. — Leur histoire naturelle ; leur distillation, analyse, *etc.* ; leurs propriétés médicinales, 346,
347.

Clyssus du nitre, III, 119, 120.

Coaks des Anglais, ou charbon de terre épuré, ou houille épurée (faussement appelée désoufrée) VIII, 243 et suiv. Voy. *Houille*. — N'est que
de la houille privée de sa partie huileuse, *etc.* 243 et suiv. Voy. *Houille*,
à sa combustion.

Cobalt, ou Cobolt, V, 12, 15, 16, 17, 18, 22, 135 et suiv. I, Disc.
pr. cxiv, cxv. Voy. *Métaux*. — Son histoire depuis la fin du seizième
siècle, où on a commencé à l'employer, et sa découverte comme métal,
en 1732, par Brandt, jusqu'aux travaux de Bergman, *etc.* trop négligée
jusqu'à présent dans les ouvrages de chimie, V, 135, 136. — Sa couleur grise, rosée, sa fragilité et autres propriétés physiques ; sa difficile fusion et sa cristallisation, 135, 137. — Son histoire naturelle ; ne
se trouve jamais pur ou natif, 137 et suiv. Voy. *Mines de Cobalt*. — Son
oxidabilité à l'air par le calorique ; sa fusion, *etc.* 142, 143, Voy. *Oxide
de Cobalt*. Son union avec les corps combustibles, 143, 144. — Ses alliages,
144, 163, 202 ; VI, 24, 76, 77, 173, 174, 255, 315, 364. — Action
et combinaisons entre ce métal et les acides V, 145 et suiv. Voy. *Oxide
de Cobalt*. — Son encre de *Sympathie*, 146, 147. Voy. *Muriate de Cobalt*.
— Son inflammation et oxidation en rose par l'acide muriatique oxigéné,
par les nitrates, et par le muriate suroxigéné de potasse, 147, 148. —

Union de son oxide avec les substances alcalines et les terres, 148, 149. Voy. *Oxide de Cobalt.* — Action entre ce métal et les sels, 148. — Ses usages, Voy. *Ceux de son oxide.* — Sa propriété constante colorante bleue, 149. — Doit être regardé, dans l'état actuel des connoissances, comme un métal particulier, *etc.* et non comme un alliage, 149, 150. — Son action avec les substances métalliques, 304. — Partage avec le fer et le nickel la propriété magnétique, VI, 109, 116, 174. — Testacé (fausse dénomination) ou poudre aux mouches ; est de l'arsenic, V. 68, 69. — Est très-dangereux, 75.

COCHENILLE (3e. classe des matières animales) IX, 120, 124 ; X, 338, 353 et suiv. Voy. *Animaux*, à la comparaison et classification des matières animales. — Sa nature physique et chimique, 353 et suiv. — Est le corps d'un insecte, *etc.* ; conserve sa forme en se desséchant, *etc.* 353. Voy. *Kermès animal.* — Sa partie colorante ; action des différens réactifs ; belles nuances de rouge qu'on en obtient ; sa décoloration par l'acide muriatique-oxigéné ; conservation de sa décoction, *etc.* ses usages pour la teinture, *etc.* ; sert à la préparation de l'écarlate, du carmin, *etc.* 353 et suiv.

COHÉSION. Voy. *Adhésion.*

COHOBATION, I, 93.

COLCOTHAR, VI, 136, 190, 192. Voy. *Sulfate de fer*, à sa calcination, etc.

COLLE. Voy. *Gélatine.*

— de poisson. Voy. *Icthyocolle.*

COLOPHANE, VIII, 24. Voy. *Poix.*

COLORATION des végétaux. Voy. *Matières colorantes*, etc. des végétaux.

COLOSTRUM (lait non encore formé), IX, 385, 392. Voy. *Lait et ses différentes espèces.*

COMBINAISON. Voy. *Synthèse.*

COMBUSTIBLES (Corps) I, 113, 114 ; II, 3 et 4. Voy. *Combustion ; Corps simples ou indécomposés.* — Grande latitude de leurs quantités réciproques dans leurs combinaisons mutuelles, en opposition avec les quantités constantes des combinaisons de ces corps avec l'oxigène, I, 204. — Leur combinaison avec l'oxigène, selon les différentes proportions de ce dernier corps, forme, ou des oxides, ou des acides, II, 4. Voy. *Oxide et Acides.*

COMBUSTION ou inflammation (comme opération) I, 94. Voy. *Incinération.* — (Comme phénomène chimique), 113, 114, 120, 141 ; II, 3. — Est un des plus grands et fréquens phénomènes de la nature, 113. — Produit le dégagement de la lumière 119, 120. Voy. *Lumière.* — Ne peut avoir lieu sans la présence de l'oxigène, 141. Voy. *Oxigène, Gaz oxigène* et *Air-atmosphérique.* On en distingue deux sortes, la *Combustion rapide,* et la *Combustion lente,* 144. — Est une combinaison des combustibles avec l'oxigène, II, 3. — Produit ou non de la flamme, selon l'état d'aggrégation des corps combustibles, 111.

COMPOSITION. Voy. *Synthèse.*

CONCENTRATION, I, 92.

CONDUCTIBILITÉ du calorique, I, 123, 124, 211 ; V, 14, 20. Voy. *Calorique et métaux*, à leurs propriétés physiques.

CONGÉLATION. Voy. *Eau à l'état de glace.*

CONCRÉTIONS arthritiques ou goutteuses de l'homme, X, 204, 265 et suiv. — Leurs rapports avec les calculs urinaires, *etc.* ; recherches sur leur nature, *etc.* 265 et suiv. Voy. *Calculs urinaires.* — Découverte de M. Tennant, et expériences de l'auteur sur l'urate de soude trouvé dans ces concrétions, sur sa dissolution, *etc. etc.* 267 et suiv. Voy. *Urate de soude.*

— intestinales ou calculs des intestins, IX, 119, 123 ; X, 76 77. Voy. *Animaux*, à la comparaison et classification des matières animales, *Bézoards*, etc.

— pinéales, IX, 119, 122, 303, 304. Voy. *Animaux*, à la comparaison et classification des matières animales.

Coquilles, IX, 120, 124; X, 327, 337, 338. Voy. *Animaux*, à la comparaison et classification des matières animales. — Leur nature calcaire, etc. leur utilité pour se procurer de la chaux, etc. 337, 338.

Corail (3e. classe des matières animales.) IX, 120, 124; X, 358, 359, 360. Voy. *Animaux*, à la comparaison et classification des matières animales. — Son histoire naturelle, sa pêche, *etc.*; ses propriétés, *etc.* 359, 360. — Son analyse; sa matière calcaire, *etc.*; n'est plus placé que parmi les absorbans; entre dans les poudres et opiats dentifrices, *etc.* 360.

Coraline, IX, 120, 124; X, 358, 359. Voy. *Animaux*, à la comparaison et classification des matières animales. — Espèce d'habitation de polypes encore inconnus, *etc.*; couverte d'un enduit calcaire, *etc.* 358, 359. — Celle de Corse n'est qu'une espèce de conferve, *etc.* sans enduit calcaire, *etc.* 359. — Ses produits de-substance animale, *etc.*; entre dans la poudre contre les vers, *etc.* 359.

Corindon, II, 287, 301, 302. Voy. *Pierres* (combinées). — Nommée d'abord improprement *Spath adamantin*, 301. — Coupe beaucoup de corps durs, 302. — Son analyse, 302, 338.

Corne, IX, 120, 123; X, 280, 285, 286. Voy. *Animaux*, à la comparaison et classification des matières animales, et *Tissu corné*. — Son siége; son analogie avec le tissu corné; son analyse, etc. 285, 286.

— ou bois de cerf, IX, 119, 120, 123; X, 280, 282 et suiv. Voy. *Animaux*, à la comparaison et classification des matières animales. Son histoire naturelle; sa nature osseuse, *etc.* 282 et suiv. — Sa distillation; ses produits et leur usage; son huile, *etc.* 283 et suiv. Voy. *Huile animale de Dippel*, etc.

Corps brûlés ou composés binaires, I, 98, 99; II, 3 et suiv. — Combinaisons des corps combustibles avec l'oxigène, formant toujours des oxides ou des acides, 3 et suiv. Voy. *Oxides et Acides*.

— chimiques, I, 96 et suiv. Voy. *Phénomènes chimiques*. Partagés en huit grandes classes, 98 et suiv. — 1°. classe. Voy. *Corps simples ou indécomposés*. — 2e. classe. Voy. *Corps brûlés*. — 3e. classe. Voy. *Corps ou Bases Salifiables*. — 4°. classe. Voy. *Sels*. — 5°. classe. Voy. *Métaux*. — 6e. classe. Voy. *Minéraux*. — 7e. classe. Voy. *Végétaux*. — 8°. classe. Voy. *Animaux*. — La diversité de leurs attractions, ainsi que celle de leur pesanteur spécifique, doit servir spécialement à les distinguer les uns des autres, II, 224, 230. Voy. *Attraction de composition*.

— combustibles. Voy. *Combustibles*.

— composés ou décomposés I, 53, 54, 60, 61, 96, 98, 99, 100. Voy. *Analyse, Synthèse* et *Corps chimiques*. — Mauvaises distinctions anciennes en

— Mixte,
— Composé,
— Surcomposé,   } 53, 54.
— Décomposé,
— Surdécomposé,

— On emploie actuellement celle de composés binaires. Voy. *Corps brûlés, ternaires, quaternaires, etc.* pour l'union de deux, trois, *etc.* corps simples, 54. Voy. *Analyse et corps chimiques*.

— ou Bases salifiables. Voy. *Bases ou Corps salifiables*.

— simples ou indécomposés, I, 53, 54, 60, 96, 98, 111 et suiv. Voy. *Principes des corps et Analyse*. — Sont, la *Lumière*, le *Calorique*, l'*Oxigène*, l'*Azote*, l'*Hidrogène*, le *Carbone*, le *Phosphore*, le *Soufre*, le *Diamant* et les *Métaux*, qui comprennent vingt-une espèces différentes, 113. Voy. ces différens mots. — Appartiennent à la combustion, et rôles qu'ils y jouent, 113, 114. Voy. *Combustion*. — Considération sur l'étendue et sur la place respective de ces différens corps dans la nature, 114.

Couenne du caillot, IX, 148, 164, 165. Voy. *Caillot* et *Sang*, à ses altérations.

Couleurs. Voy. *Lumière et matières colorantes*, etc.

Coupellation et Coupelle, I, 94; VI, 3o5 et suiv. 3io, 3i6, 3i8, 319, 334, 369, 3ṛo, 421, 422. Voy. *Liquation, Mines d'argent, Plomb et Bismuth.*

Couperose blanche. Voy. *Sulfate de zinc.*
— bleue. Voy. *Sulfate de cuivre.*
— verte. Voy. *Sulfate de fer.*
Craie. Voy. *Carbonate de chaux.*
— ammoniacale. Voy. *Carbonate ammoniacal.*
— barotique ou pesante. Voy. *Carbonate baritique.*
— de Briançon. Voy. *Talc.*
— d'Espagne.
— magnésienne. Voy. *Carbonate de magnésie.*
— martiale. Voy. *Carbonate de fer.*
— de plomb. Voy. *Carbonate de plomb.*
— rouge. Voy. *Ochres et Hématites.*
— de zinc. Voy. *Carbonate de zinc.*
Crapaud, IX, 120, 124; X, 3i4, 317. Voy. *Animaux,* à la comparaison et classification des matières animales. — Regardé à tort comme un objet de crainte et un sujet médicamenteux, etc. 317.
Crayons noirs. Voy. *Carbure de fer et Sulfure de molybdène.*
Crème de chaux. Voy. *Eau de chaux à son absorption de l'acide carbonique,* etc.
— ou cristaux de tartre, VII, 233, 234, 242. Voy. *Acidule tartareux.* — Son usage. Voy. *Acidule tartareux, à ses usages.*
— du lait, IX, 395, 396, 422 et suiv. Voy. *Beurre, et Lait et ses différentes espèces.* — Est un des produits du lait qui se ressentent le plus de la quantité et de la qualité de la nourriture, etc. 396. Voy. *Lait,* à ses différentes espèces. — Influence qu'exerce l'air sur sa formation et sa quantité, remarquée par l'auteur, etc. 396, 422 et suiv. *Beurre.* — Son utilité. Voy. *Beurre et lait à ses usages.*
Chrysocolle bleue. Voy. *Bleu de montagne.*
— verte. Voy. *Vert de montagne.*
Chrysolite (des Joailliers) Voy. *Phosphate de chaux.*
— (des volcans). Voy. *Péridot.*
Chrisoprase. Voy. *Silex.*
Cristal (de roche) Voy. *Quartz.*
— ou cristaux d'étain. Voy. *Oxides d'étain, natifs.*
— d'étain blanc. Voy. *Tungstène.*
— minéral (dénomination impropre) III, 117, 120. Voy. *Nitrate de potasse.*
Cristallin, ou humeur cristalline de l'œil, IX, 119, 122, 3o7, 3o8. Voy. *Animaux* à la comparaison et classification des matières animales. — Son siége, etc.; ses propriétés; paroît être formé par une matière albumineuse, concrescible, et par une portion de gélatine, etc., 3o7, 3o8.
Cristallisation, I, 91.
— des métaux, I, 211; V, 14, 22, 23. Voy. *Métaux,* à leurs propriétés physiques.
— des pierres, II, 264 et suiv. Voy. *Pierres,* etc.
— des sels, IV, 66, 70 et suiv. Voy. *Sels,* etc. à leur cristallisation.
Cristaux. Voy. *Cristallisation.*
— d'hiœrne, VIII, 172. Voy. *Acide oxalique.*
— de lune. Voy. *Nitrate d'argent.*
Crocus. Voy. *Safran des métaux.*
— de tartre. Voy. *Acidule tartareux.*
— de Vénus. Voy. *Acétite de cuivre.*
Cron. Voy. *Falun.*
Cucurbite, II, i3. Voy. *Alambic.*
Cuivre, V, 13, 15, 16, 17, 18, 19, 22, 24; VI, 228 et suiv. Voy. *Métaux.* — Son histoire, et grande ancienneté de son emploi; nombreux travaux et erreurs des alchimistes sur ce métal qu'ils avoient nommé *Vénus,*

à cause de la grande quantité et facilité de ses combinaisons, sur-tout avec les autres métaux ; clarté qu'ont répandue sur son histoire la doctrine pneumatique, ainsi que les travaux des chimistes modernes, *etc.* VI 228 et suiv. 254. — Ses propriétés physiques ; son brillant, sa pesanteur, *etc.* ; sa conductibilité pour le calorique ; sa cristallisation ; sa vaporisation ; son odeur, et propriété délétère, *etc.* ; est très-bon conducteur de l'électricité et du galvanisme, 230 et suiv. — Son histoire naturelle et métallurgique, 232 et suiv. Voy. *Mines de cuivre.* — Son oxidabilité par l'air, et à l'aide du calorique, 246 et suiv. Voy. *Oxide de cuivre.* — Sa combustion rapide ou inflammation, sa belle flamme verte, *etc.* dont le résultat est toujours le même oxide, *etc.* 250. Voy. *Oxide de cuivre.* — Son union avec les corps combustibles, 251 et suiv. Voy. *Phosphure et Sulfure de cuivre.* — Ses alliages, 254 et suiv. 319., et suiv. 334, 335, 370, 371, 396 et suiv. 423. Voy. *Alliages.* — Importance de ses alliages avec le zinc, et les divers composés qui en résultent, d'après leurs différentes proportions respectives, 257 et suiv. Voy. *Cuivre jaune ou Laiton, Métal du prince Robert, Pinchebeck, Tombac et Similor.* — Ses alliages avec l'étain, également importans et variés par leurs diverses proportions, 260 et suiv. Voy. *Bronze ou Airain,* etc. et *Étamages du cuivre.* — N'a d'action que sur très-peu d'oxides métalliques, dont ceux de mercure sont du nombre ; cède, au contraire, son oxigène à beaucoup de métaux, *etc.* 258, 339, 392. — Action entre ce métal et les acides, et leurs combinaisons, 268 et suiv. Voy. *Oxide de cuivre et les différens sels de cuivre.* — Sa légère oxidation par les alcalis ; sa dissolution et belle coloration en bleu par l'ammoniaque, *etc.* 285 et suiv. Voy. *Oxide de cuivre.* — Action entre ce métal et les sels, 288 et suiv. — Son utilité dans les arts et dangers de ses usages domestiques, *etc.* 291, 292. Voy. *Ci-dessus, à ses alliages ; et Or, à ses usages.* — Action ou union entre ce métal et les substances végétales, VII, 145, 250, 345, VIII, 204, 205, 207 et suiv. 211. Voy. *Oxide de cuivre, et métaux,* etc. à cette action. — Action entre ce métal et les substances animales, IX, 74, 154, 155, 183, 184, 185, 366, 412 ; X, 349.

CUIVRE de cémentation, ou régénéré par le fer, plongé dans la dissolution du sulfate de cuivre, VI, 238, 272. Voy. *Sulfate de cuivre.*

— gris, *Mine de cuivre gris tenant argent, Fahlertz,* etc. 235 et suiv. Voy. *Sulfure de cuivre natif et Mines de cuivre.* — Contient beaucoup d'argent ; grande variété de ses formes, toutes, dépendantes du tétraedre qui est sa figure primitive, *etc.* 236. — Ses mélanges avec différentes substances métalliques, et son analyse par divers chimistes, 236, 237.

— jaune ou laiton VI, 258 et suiv. Voy. *Laiton et Cuivre, à ses alliages avec le zinc.* — Procédé du citoyen Vauquelin pour son analyse ou essai, 259, 260.

— oxidé rouge, ou *Mine de cuivre vitreux rouge,* VI, 237, 238. Voy. *Oxide de cuivre natif, et Mines de cuivre.*

— pyriteux, *Pyrite cuivreuse,* etc. ; son mélange ; etc. et ses variétés, à raison de leur couleur, telles que la mine de cuivre tigré ; la mine à queue de paon, etc. VI, 235. Voy. *Sulfure de cuivre natif et Mines de cuivre.*

— de rosette, ou cuivre raffiné, VI, 245, 246. Voy. *Mines de cuivre, à leurs travaux métallurgiques et Cuivre.*

— soyeux. Voy. *Carbonate de cuivre natif, et Mines de cuivre.*

— sulfuré, VI, 235, 237. Voy. *Sulfure de cuivre natif, et Mines de cuivre.*

— suroxigéné vert, VI, 238. Voy. *Oxide de cuivre natif, et Mines de cuivre.*

CURCUMA, etc. VIII, 74, 76, 77. Voy. *Matières colorantes (des végétaux).* — Son utilité en chimie pour indiquer les matières alcalines qui le colorent en fauve pourpré, 75. — Rétablissement de sa couleur jaune, par l'acide pyro-ligneux, 90.

Cuves hidragyro-pneumatiques, V, 356. — Leur surface nettoyée ou purifiée par l'ammoniaque, 355.

Cyanite, II, 287, 316. Voy. *Pierres (combinées)*. — A été confondue avec les schorls, sous le nom de *Schorl bleu*, 316. Voy. *Schorls*. A été nommée aussi *Sappare*, 316.

— Son analyse, par différens chimistes, 316, 345, 346.

Cymophane, II, 286, 291, 292. Voy. *Pierres (combinées)*. — Signifie *lumière flottante*, par rapport à ses reflets, 291. — Son analyse, 292, 333.

D

Débruler. Voy. *Décombustion*.

Décoction, I, 93 ; VII, 48. Voy. *Décuit*.

Décombustion, I, 94, 120, 142 ; II, 3, 4. Voy. *Combustion*. — Fixation et combinaison de la lumière, 120. — Favorisée par le contact de la lumière et l'accumulation du calorique, II, 3, 4.

Décomposition. Voy. *Analyse et Sels*.

Décrépitation, III, 24 ; IV, 80, 81, 82. Voy. *Sels*.

Décuit, I, 93. Voy. *Décoction*.

Déliquescence, III, 16 ; IV, 84 et suiv. Voy. *Sels, à leur altération par l'air*.

Deliquium. Voy. *Déliquescence*.

Delphinite. Voy. *Thallite*.

Demi-métaux, dénomination impropre, V, 10 et suiv. Voy. *Métaux, à leur classification*.

Départ ou séparation des métaux alliés, mais principalement appliqué à celle de l'or d'avec l'argent, VI, 372 et suiv.

— sec avec le soufre, 373.

— de cémentation ou concentré, avec un mélange de sulfate de fer et de sel marin, 373.

— inverse ; par l'acide nitro-muriatique ou eau régale, 373.

— à l'eau-forte ou acide nitrique ; est le plus employé et le plus sûr, 373 et suiv. Voy. *Nitrate d'or*.

— en grand ou affinage, 375, 376.

Derme ou Peau. Voy. *Tissu dermoïde*, etc.

Désoxidation, I, 95. Voy. *Oxidation et Réduction*.

Détonation, I, 94, 95. Voy. *Fulmination*.

Diamant, I, 113, 114, 205 et suiv. Disc. pr. lix, lx. Voy. *Corps simples et Carbone*. — Découvertes et expériences sur sa volatilisation et sur sa combustion, derinée par Newton, d'après sa force réfringente, 205, 206, 207 et suiv. Voy. *Réfraction*. — Lieux où on le trouve, 206. — Sa dureté, sa cristallisation, sa pesanteur, sa réfrangibilité, sa phosphorescence, 206, 207. — Son identité avec le carbone, annoncée par Lavoisier, prouvée par les citoyens Guyton et Clouet, d'après le gaz acide carbonique obtenu dans sa combustion, etc. 209, V, 45 ; I, Disc. pr. lix, lx. Voy. *Carbone*. — Ses usages, 210. — Rouge au feu, est enflammé par l'acide muriatique oxigéné, et donne du gaz acide carbonique, suivant Lampadius, II, 111. — Son union avec le fer qu'il convertit en acier, V, 45 ; I, Disc. pr. lix. Voy. *Acier et Carbone*. — Est le carbone pur, Disc. pr. lix, lx. Voy. *Carbone*.

Digestion (opération chimique), I, 92, 93 ; VII, 48.

— des animaux, IX, 15, 18, 19 ; X, 378 et suiv. 407. Voy. *Physiologie, Suc gastrique, Chyle*, etc. — Ses époques et ses variétés, etc. IX, 18, 19.

— Ses phénomènes chimiques ; est une véritable opération chimique ; son mécanisme, etc. X, 378 et suiv. 382. — Quand cette fonction s'exerce dans toute sa force et son intégrité, il ne se dégage aucun fluide élastique dans l'estomac et les premiers intestins, etc. 381, 382. — Ses résultats peuvent chimiquement se réduire à l'action d'un liquide dissolvant, et au passage de l'aliment dissous dans des tubes capillaires, etc. 382. — Varia

tions de ses phénomènes suivant les différens genres d'animaux, *etc.* 407
et suiv. Voy. *Physiologie, Respiration, Physiologie*, etc.

Dilatation ou Raréfaction, I, 123, 124, 134, 135. Voy. *Calorique.*

Dilatabilité (des métaux) par le calorique, I, 211 ; V, 14, 20, 21. Voy.
Métaux, à leurs propriétés physiques.

Dioptase, II, 287, 308, 309. Voy. *Pierres (combinées).* — On aper-
çoit à travers ses lames le lien qui les unit par un chatoiement très-vif,
309. — Confondue avec l'émeraude, et par où elle en diffère, 309. —
Colore le borax en vert ; soupçonnée une mine de cuivre, 309.

Dipyre, II, 287, 317. Voy. *Pierres (combinées).* — Trouvée en 1786,
près de Mauléon, par les citoyens Lelievre et Gillet, 317. — Son analyse,
317, 346.

Dissolution, I, 70, 71, 92. — Rectification des idées fausses qu'on se
formait sur ce phénomène, et égalité de puissance entre le dissolvant et
le corps à dissoudre, c'est-à-dire entre le liquide et le solide mis en contact, 71.

— des sels, IV, 66, 87 et suiv. Voy. *Sels, à leur dissolubilité.*

— métalliques, V, 50 et suiv. etc. Voy. *Métaux, Oxides et Sels métalliques.*

Dissolvant, I, 71. Voy. *Dissolution.*

Dissolvende, I, 70. Voy. *Dissolution.*

Distillation, I, 93 ; II, 12, 13. Voyez *Cohobation, Rectification et
Analyse.*

Division des corps. Voy. *Analyse.*

Docimasie ou art d'essayer les mines, V, 29 et suiv. Voy. *Mines.* — Se
distingue en deux parties, *la métallurgique*, qui n'a pour but que les pra-
tiques métallurgiques, et *la docimasie* en grand, qui éclaire en même temps
le minéralogiste et le géologiste, 31. Voy. *Métallurgie.*

Ductilité, I, 210 ; V, 14, 17. Voy. *Métaux, à leurs propriétés physiques.*
— Est de deux sortes, celle à la filière, et celle sous le marteau ou la
malléabilité, 17. — Sert à diviser les métaux, 17. Voy. *Ténacité*

E

Eau ou Oxide d'hidrogène ; II, 6, 7 et suiv. Voy. *Oxides (en général)
et les différentes eaux.* — Est un corps composé de quinze parties d'hidrogène et de quatre-vingt-cinq d'oxigène, 7. Voy. *ci - dessous, à sa décomposition par quelques métaux,* etc. — Sa grande abondance dans la nature
et sa fréquence dans les résultats de la plupart des analyses chimiques,
l'ont fait regarder long-temps comme un élément ou principe des corps, 7.
— Les trois états, solide, fluide et vaporeux, sous lesquels la nature la
présente, dépendent de la proportion diverse de calorique, 8, 11 et suiv.
— Phénomènes généraux qu'elle offre dans ces trois états au naturaliste
et au physicien, 8 et suiv. — Sa cristallisation, son élasticité et causticité dans l'état de glace, 9, 10. — Sa capacité pour le calorique dans cet
état, 11. — Sa grande expansibilité et son ressort dans l'état de fluide
élastique, 10. — Favorise la combustion dans ce dernier état, et par sa
séparation du calorique produit un grand nombre de météores aqueux dans
son passage à l'état liquide, 10. — La force de sa réfraction dans l'état
liquide, a fait deviner à Newton qu'elle contenait un principe combustible, cent ans avant qu'on y eût découvert la présence de l'hidrogène,
10. — L'électricité la décompose et en sépare les deux principes dans
l'état de gaz hidrogène et de gaz oxigène, et la recompose en eau liquide
par l'inflammation de ces deux gaz, 10, 11. — Sa dilatation par le calorique, et son ébullition ou passage à l'état de fluide élastique, 11 et suiv.
Voy. *Ebullition* et *Effervescence.* — Ses différentes proportions de calorique dans ses deux états extrêmes, c'est-à-dire celui de glace et celui
d'ébullition, servent à graduer les thermomètres, 11, 12. — Sa distillation, d'après le peu de permanence de son état gazeux, 12, 13. — Absorbe

le gaz oxigène, 13, 15. — Son union avec l'air qu'elle purifie, 13 et suiv. — Sa dissolution dans ce fluide, et son absoption par ce corps (l'air), qui, à mesure qu'il se sature d'eau, la *gazéfie*, et qui se liquéfie à mesure que l'eau s'en sature, 14. — Sa congélation et son ébullition en séparent l'air, 15. — Sa privation d'air la rend mal-saine, 15. — Est décomposée par les charbons rouges, et il se forme du gaz hidrogène carboné et du gaz acide carbonique, 16. — Dénature le gaz hidrogène phosphoré par un long contact avec ce gaz, 17. — Dissout le gaz hidrogène sulfuré, 18. — Sa décomposition par le phosphore sulfuré, 18. — Sa décomposition par quelques métaux, découverte à Paris en 1784, 19; V, 47 et suiv. Voy. *ci-dessous, à l'action avec les Métaux.* — Multiplicité de ses fonctions, II, 19, 20. — Absorbe et condense le gaz acide carbonique, 38 et suiv. Voy. *Eaux acidules* et *Acide carbonique.* — Son attraction et union avec les différens acides, 50, 57, 65 et suiv. 76 et suiv. 84, 85, 95, 96, 97, 100, 104, 105, 106, 114, 116, 120, 121, 126. — Absorbe, en l'acidifiant, le gaz nitreux lorsqu'elle contient de l'air, et devient acerbe, *etc.* 92. Voy. *Oxide d'azote ou gaz nitreux* et *Acide nitreux.* — Son union avec les substances terreuses et alcalines, 134, 138, 139, 146, 147, 153, 159, 165, 166, 171, 174 et suiv. 191 et suiv. 193, 194, 201, 202, 205, 207 et suiv. 217, 219, 220, 227, 228, 229, 230, 238, 239, 248. — Sa purification par la silice, 141. — Son action sur les sels, III, 16, 18, 24, 27, 32, 38, 41, 45, 46, 48, 50, 52, 58, 59, 75, 77, 80, 83, 86, 88, 90, 92, 97, 99, 100, 105, 118, 129, 132, 136, 140, 143, 145, 148, 150, 152, 156, 164, 169, 172, 173, 183, 189, 190, 193, 200, 205, 208, 210, 212, 218, 223, 239, 249, 252, 256, 261, 264, 267, 269, 272, 280, 281, 282, 284, 286, 287, 290, 291, 293, 303, 305, 306, 311, 315, 324, 332; IV, 8, 12, 27, 27, 28, 32, 40, 47, 55, 66, 87 et suiv. 124, 126. — Son histoire naturelle, où l'état plus ou moins mélangé de substances hétérogènes, sous lequel elle se trouve répandue dans la nature, 301 et suiv. Voy. *Eaux naturelles,* etc. *et les différentes Eaux.* — Action entre l'eau et les substances métalliques, V, 47 et suiv. 71, 73, 77, 78, 82, 94, 105, 106, 112, 113, 133, 180, 188, 202 et suiv. 221, 228, 229, 230, 232, 234 et suiv. 237 et suiv. 308, 309, 312 et suiv. 326 et suiv. 329, 332 et suiv. 339, 341 et suiv. 343, 351, 367, 376, 377, 378, 381, 383; VI, 26, 28 et suiv. 31 et suiv. 37, 38, 84, 87, 89, 93, 101, 127, 170, 181 et suiv. 187, 188, 200, 203, 212, 267, 270, 273, 275, 279 et suiv. 281, 283, 289; 324, 328, 336, 362, 363, 376, 377, 384, 425. — Qualités nuisibles qu'elle acquiert dans des canaux ou réservoirs de plomb, 84. — Action ou union entre l'eau et les substances végétales, VII, 33, 44, 47, 48, 79 et suiv. 130, 146, 147, 149, 165, 182, 191 et suiv. 206 et suiv. 216, 217, 224 et suiv. 239 et suiv. 244 et suiv. 255 et suiv. 280 et suiv. 291, 297 et suiv. 303, 304, 308 et suiv. 320, 330 et suiv. 344, 356 et suiv. 365; VIII, 9, 12, 21, 23, 29, 40, 46, 57, 61, 71 et suiv. 83 et suiv. 93, 98 et suiv. 103, 107, 113, 124, 125, 135, 147, 148, 151 et suiv. 167, 196 et suiv. 203, 211, 220, 222 et suiv. 229 et suiv., 253, 260, 266 et suiv. 283, 300, 301, 304, 309 et suiv. Voy. *Végétaux et leurs composés, Végétation,* etc. — Action ou union entre l'eau et les substances animales, IX, 45, 58 et suiv. 100, 103, 132, 133, 135, 142, 146, 149, 150, 158, 159, 177, 178, 182, 183, 184, 214, 220 et suiv. 230 et suiv, 242, 243 et suiv. 255 et suiv. 264, 268, 269, 271, 272, 278, 280, 281, 295, 299, 308, 309, 315, 366, 372, 373, 374, 375, 406, 418; X, 21 et suiv. 30, 33, 34, 36, 37, 39, 42, 43, 45, 46, 54, 69, 83, 85, 90, 116, 120, 126, 148, 158, 159, 193, 194, 221, 225, 226, 228, 237, 269, 277 et suiv. 282, 284, 290, 292, 297, 300, 308, 309, 311, 313, 315, 321, 324, 327, 329, 333, 334, 340, 341, 345, 346, 348, 349, 353, 354, 355, 357, 359, 362, 402, 406.

Eaux acidules, ou gazeuses, ou chargées d'acide carbonique, II, 32, 38 et suiv.; IV, 298, 303, 304. Voy. *Acide carbonique, Eaux minérales,* etc.

— aérée. Voy. *Eaux acidules.*

— alcalines. Voy. *Eaux salines.*

— amères ou purgatives. Voy. *Eaux salines.*

Eaux bitumineuses, IV, 300, 301, 306. Voy. *Eaux minérales ou médicinales.*

— céleste, VI, 290.

— de chaux ou dissolution de chaux, II, 176, 177. Voy. *Chaux.* — Sa préparation, 176. — A une saveur âcre, chaude, *etc.* ; verdit le sirop de violettes, *etc* ; son évaporation dans des vaisseaux fermés, 176. — Son absorption de l'acide carbonique de l'air, qui la couvre d'une pellicule nommée très-improprement *crème de chaux*, et erreur ancienne sur ce phénomène, 176, 177. — Son absorption de gaz hidrogène sulfuré, qui la change en hidrosulfure ; son action sur le soufre, 177. — Son action sur les sels et autres propriétés. Voy. *Chaux.* — Son utilité et ses usages. Voy. *Chaux.*

— de chaux prussienne. Voy. *Prussiate calcaire.*

— de cristallisation. Voy. *Cristallisation des sels.*

— crues ou dures. Voy. *Eaux salines.*

— distillée. Voy. *Eau, à sa distillation.*

— (dites improprement) distillées, essentielles, ou spiritueuses, ou aromatiques, esprits odorans, *etc.* VII, 359, 365 ; VIII, 151, 152, 179, 180, 181. Voy. *Huile volatile, Arôme et Alcool.* — Dissolutions d'huile volatile dans l'alcool. *Id.* — Leur propriété antispasmodique, 179. Voy. *Alcool, à ses usages.* — Leur usage, comme eaux de senteur, pour les parfums, et inconvéniens de l'abus de leur emploi, 180, 181.

— dures ou terreuses. Voy. *Eaux salines.*

— économiques, IV, 301 et suiv. Voy. *Eaux naturelles*, etc. — Comprennent les eaux *de pluie, de fontaines, de fleuves, de puits, de lacs, de marais et de la mer*, 302, 303.

— ferrugineuses, IV, 305, 306. Voy. *Eaux minérales et Carbonate de fer.* — Forment trois ordres, suivant l'état du fer qui y est contenu, 305, 306.

— gazeuses. Voy. *Eaux acidules.*

— forte, II, 85 ; III, 127. Voy. *Acide nitrique, Nitrate de potasse et Nitrate de chaux.*

— de fumier, VIII, 226, 283. Voy. *Fumier.* — Tient du carbone en dissolution, *etc.* 283.

— des hydropiques. Voy. *Humeur des cavités intérieures.*

— de Luce, huile de succin et ammoniaque, VIII, 253, 254. — Son usage médicinal, 254.

— médicinales. Voy. *Eaux minérales.*

— mercurielle (dénomination impropre), V, 322. Voy. *Nitrate de mercure.*

— mère du nitre. Voy. *Nitrate de potasse, à sa purification, Nitrate de chaux et Nitrate de maganésie.*

— mère, du sel marin. Voy. *Muriate de soude, à son extraction, etc.*

— mère, du vitriol. Voy. *Sulfate de fer suroxigéné.*

— minérales ou médicinales, IV, 288 et suiv. Voy. *Eaux naturelles*, etc. — Procédés méthodiques pour traiter ces substances, formant six paragraphes, 288 et suiv. — 1°. Epoques des principales découvertes qui leur sont relatives, et noms des savans qui s'en sont occupés, 289, 290 et suiv. — 2°. Des matières salines et des autres principes qui minéralisent les eaux, 290, 295 et suiv. Tiennent principalement en dissolution les sels qu'on nomme fossiles, 295. (Voy. *Sels fossiles.*) Les muriates et les carbonates sont les sels qui les minéralisent le plus fréquemment et le plus abondamment, 296, 297, 298. (Voyez *Eaux acidules.*) Le gaz hidrogène sulfuré constitue le plus grand nombre des eaux sulfureuses, 299. Les acides carbonique et boracique sont les seuls acides qu'on y trouve dissous ; le premier à nu, et le second très-peu mélangé, 299. (Voy. *ces deux Acides.*) Peuvent contenir la silice et l'alumine, 299. Sont minéralisées aussi par plusieurs sels métalliques et plusieurs métaux, sur-tout le fer, *etc.* 300, 301. — 3°. Leur classification d'après leurs principes, 289, 290, 301 et suiv. Sont partagées en quatre classes qui forment dix ordres, 303 et suiv. (Voy. *Eaux acidules, Eaux salines, Eaux sulfureuses et Eaux ferrugineuses.*) Quelques autres sortes d'eaux qui ont été mises par quelques auteurs dans la classe des eaux minérales, 306. Voy. *Eaux thermales,*

Eaux savonneuses, *Eaux bitumineuses*. — 4°. Leur examen tant physique que par les réactifs, IV, 289, 290, 306 et suiv. Voy. *Réactifs.* — 5°. De leur analyse par l'évaporation, 289, 290, 313 et suiv. On doit se proposer deux buts dans l'emploi de ce moyen ; l'un, de recueillir les matières volatiles ; l'autre, d'obtenir, à part et sous forme solide, les substances fixes, *etc.* 313. — 6°. De leur synthèse, ou de leur fabrication artificielle, 289, 290, 317 et suiv. Voy. *Eaux minérales artificielles.*

Eaux minérales, artificielles, IV, 317 et suiv. Voy. *Eaux minérales ou médicinales.* — Tableau des principes et de la quantité de ces principes à dissoudre dans l'eau, indiqués par Bergman, pour la fabrication ou imitation de plusieurs eaux minérales les plus renommées, telles que celles de *Seidschutz*, *de Seltz*, *de Spa*, etc. 318 et suiv.

— naturelles, plus ou moins mélangées, ou contenant dans leur sein plus ou moins de parties hétérogènes, IV, 301 et suiv. Voy. *Eau*, etc. — Partagées en deux grandes classes, *id.* Voy. *Eaux économiques* et *Eaux minérales ou médicinales.*

— phagédénique (oxide mercuriel), V, 340. Voy. *Muriate suroxigéné de mercure.*

— purgatives ou amères. Voy. *Eaux salines.*

— de Rabel, VIII, 158, 179. Voy. *Alcool.*

— régale. Voy. *Acide nitro-muriatique.*

— salines, IV, 304, 305. Voy. *Eaux minérales ou médicinales.* — Se divisent en cinq ordres, suivant le sel qui y domine : 1°. sulfate de chaux, *Eaux crues*, *dures*, etc. ; 2°. sulfate de magnésie, *Eaux amères et purgatives*, 3°. muriate de soude, *Eaux salées* ; 4°. carbonate de soude, *Eaux alcalines* ; 5°. carbonate de chaux, *Eaux dures terreuses*, 304, 305.

— savonneuses, IV, 299, 306. Voy. *Eaux minérales ou médicinales.*

— seconde. Voy. *Eau-forte.*

— sulfureuses, IV, 293, 294, 299, 305. Voyez *Eaux minérales.* — Deux ordres contenant, ou du gaz hidrogène sulfuré, ou du sulfure ; le premier constituant le plus grand nombre, 299, 305.

— thermales ou Eaux chaudes naturelles, IV, 306. Voy. *Eaux minérales ou médicinales.*

— de vie, VIII, 135, 136 et suiv. Voy. *Vin* et *Alcool.* — Procédés pour l'obtenir, soit dans les laboratoires de chimie, soit en grand, 136 et suiv. — N'est pas entièrement formée dans le vin, et ne s'en dégage qu'à une température assez élevée pour achever d'en combiner les principes, *etc.* 138, 139. — Variétés de ses proportions et de ses qualités selon les différens vins dont on la retire, 139. — Sa coloration due à la matière extractive, *etc.* ; qu'elle dissout des barriques, *etc.* 140. — Son usage, principalement pour l'extraction de l'alcool, 141 et suiv. Voy. *Alcool.* — Son analyse et produit de sa distillation, 142 et suiv. Voy. *Alcool.* — Les modifications que peuvent lui faire subir les différentes substances d'où on la retire, dépendent principalement de sa préparation, *etc.* 177, 178. Voyez *Alcool.* — Son mélange avec l'acétite de plomb. Voy. *Eau végéto-minérale.*

— végéto-minérale, VIII, 223. Voy. *Acétite de plomb.*

Ebullition, II, 12. Voyez *Effervescence.* — La pesanteur de l'air y met obstacle, 12.

Ecailles de poisson, IX, 120, 124 ; X, 327, 329, 330. Voy. *Animaux*, à la *comparaison et classification des matières animales.* — Leur nature analogue à celle de la corne, *etc.* ; leur conversion en gélatine, *etc.* 329. — Leurs usages dans les arts ; servent à la fabrication des perles artificielles, *etc.* 330.

— de tortue. Voy. *Tortue.*

Ecarlate (couleur). Voy. *Cochenille* et *Kermès animal.*

Ecorce d'Aulne, VIII, 77, 78, 79, 80. Voy. *Matières astringentes.* — Contient du tannin, 93. Voy. (*le*) *Tannin.*

Effervescence, I, 92 ; II, 12. — Est le dégagement d'un fluide aériforme, 12.

EFFLORESCENCE (des sels), III, 16; IV, 84 et suiv. Voy. *Sels, à leur altération par l'air.*

EFFLUVE ODORANT DU SANG, IX, 135 et suiv. Voy. *Sang, à la séparation*, etc. *de ses matériaux immédiats.* — Opinions ex expériences de divers savans sur la nature de ce corps, que l'auteur regarde comme une légère portion de la matière du sang toute entière, élevée en vapeur, 136 et suiv. — Diversité de son odeur, selon l'âge et le sexe, *etc.* 138.

EGRISÉ (poussière de diamant), I, 206.

ELECTRICITÉ, II, 261, 262; V, 14, 23. Voyez *Pierres, à leurs caractères physiques, Métaux* et *Fer, à leurs propriétés physiques,* et *Succin.* — Ses rapports avec le galvanisme, 23. Voy. *Galvanisme.* — Tire son nom du succin, nommé *Electrum,* VIII, 247.

ELÉMENS. Voy. *Principes des corps.*

ELIXIRS, BAUMES, etc. Voy. *Teintures (préparations alcooliques).*

EMAIL, EMAUX, VI, 42, 43, 96, 219. Voy. *Oxides métalliques.*

EMERAUDE, II, 286, 295, 296. Voy. *Pierres (combinées).* — Comprend le *Beril* ou *Aigue-Marine,* 295. — Contient du chrôme en oxide vert et la glucine, d'après le citoyen Vauquelin, 296. Voy. *ces substances, à leur article.* — Son analyse par divers chimistes, 296, 334, 335.

EMERIL. Voy. *Fer quartzeux.*

EMÉTIQUE. Voy. *Tartre stibié.*

EMPOIX. Voy. *Amidon.*

EMPYRÉE. Voy. *Oxigène.*

ENCRE A ÉCRIRE, VII, 184, 185; VIII, 77, 78, 81, 82, 203. Voy. *Acide gallique, Noix de galle, Matières astringentes, Gallates,* etc.
— de sympathie, V, 146, 147.
— avec le cobalt et l'acide muriatique. Voy. *Muriate de cobalt.*
— de la Seiche, IX, 120, 124; X, 327, 332, 333. Voyez *Animaux, à la comparaison et classification des matières animales.* — Son siége et sa fonction, *etc.* 332, 333. — Sa dessication, *etc.*; on croit qu'elle sert à la préparation de l'encre de la chine; utilité dont elle pourroit être, *etc.* 333.

ENFER DE BOYLE, V, 293.

ENGRAIS, VIII, 280 et suiv. Voy. *Nutrition végétale ou Végétation, Terreau végétal et animal,* etc. *Excrémens, Fiente,* etc. — Leur influence sur la végétation, leur nature, *etc.* 280 et suiv. Voy. *Fumier, Terreau,* etc. *Excrémens, Fiente,* etc. — Erreur des sels et des stimulans, *etc.*; Fournissent au sol les principes constituans des végétaux, tels que l'hidrogène, le carbone, l'oxigène, *etc.* 282 et suiv. Voy. *Nutrition végétale,* etc. et *Végétaux.* — Leur mouvement fermentatif produit une chaleur fécondante, *etc.* 284. — Leur absorption de l'oxigène de l'air, *etc.*, est un de leurs effets les plus fécondans, *etc.* 284, 285, 285. Voy. *Terreau.*

ENHYDRE. Voy. *Silex.*

ENS MARTIS. Voy. *Fleurs ammoniacales martiales.*

ENS VENERIS. Voz. *Fleurs ammoniacales cuivreuses.*

EPIDERME. Voy. *Tissu épidermoïde,* etc.

EPONGE, IX, 120, 124; X, 353, 361, 362. Voy. *Animaux, à la comparaison et classification des matières animales.* — Dernier degré de l'animalité, *etc*; son enduit gélatineux; son tissu fibreux, *etc.*; sa distillation, et produits animaux; son huile fétide, *etc.*, ses usages économiques et chirurgicaux, 361, 352.

ESPRIT acide de craie. Voy. *Eau acidulée.*
— acide spathique. Voy. *Acide fluorique.*
— alcalin volatil ou ammoniaque liquide. Voy. *Ammoniaque.*
— ardent ou Esprit-de-vin. Voy. *Alcool.*
— de magnanimité (de Hoffman), X, 340.
— de Mendereras. Voy. *Acétite ammoniacal.*
— de nitre. Voy. *Acide nitrique.*
— de nitre dulcifié, VIII, 171. Voy. *Ether nitrique.*
— odorans. Voy. *Eaux distillées, spiritueuses,* etc.
— recteur ou Principe odorant. Voy. *Arôme.*

Esprit de sel ou Acide muriatique aqueux. Voy. *Acide muriatique liquide.*
— de sel fumant. Voy. *Id.*
— de sel distillé à la manière de Woulfe. Voy. *Id.*
— de soufre par la cloche. Voy. *Acide sulfureux.*
— volatil de corne de cerf. Voy. *Corne ou bois de cerf.*
— de vin. Voy. *Alcool.*
— de vitriol. Voy. *Acide sulfurique.*
Essai du titre de l'argent, VI, 306, 307, 334. Voy. *Coupellation.*
— du titre de l'or, VI, 372 et suiv. Voy. *Départ.*
— des mines. Voy. *Docimasie.*
Essence d'Orient, X, 330. Voy. *Ecailles de poisson.*
Essences. Voy. *Huile volatile et Eaux distillées spiritueuses*, etc.
Etain, V, 13, 15, 16, 17, 18, 19, 21, 22, 24; VI, 3 et suiv. Voy. *Métaux.*
— Son histoire ; ancienneté de sa découverte ; chimères et travaux des
alchimistes sur ce métal ; erreur sur son prétendu principe âcre arsenical,
détruite par Bayen ; chimistes qui se sont occupés de ce métal, et leurs
découvertes successives, 3 et suiv. 16, 22 et suiv. 48, 49. — A été le premier sujet des brillantes découvertes sur l'oxidation, qu'on appelait calcination des métaux, etc. 6. Voy. *Oxigène, Oxidation, Oxides métalliques*, etc. — Ses propriétés physiques ; sa pesanteur, *etc, etc.* 6 et suiv.
— Son *cri* quand on le plie, 7. — Sa grande dilatabilité et fusibilité, 7, 8.
— Sa cristallisation obtenue, en 1782, par un élève de l'auteur et dans son
laboratoire, 8. Très-bon conducteur de l'électricité et du galvanisme, etc.
8. — Son histoire naturelle, 8 et suiv. Voy. *Mines d'étain.* — A été trouvé
natif, en 1766, par Woulfe, 9. — Le plus pur est celui de Banca et de
Malaca, et le plus employé, celui d'Angleterre, 15, 16. — Son oxidabilité par l'air et le calorique ; ses différens degrés d'oxigénation selon l'é-
lévation de la température ; son inflammation et jets de globules lumineux, etc. 16 et suiv. Voy. *Oxides d'étain..* — Sa prétendue *crasse* est un
commencement d'oxidation, 17. — Sa grande attraction pour l'oxigène, 19,
26 et suiv. — Son union avec les corps combustibles, 19 et suiv. Voyez
Phosphure, Sulfure et Oxides d'étain sulfuré et hidro-sulfuré ou Or mussif.
— Ses alliages, 22 et suiv. 81 et suiv. 178 et suiv. 254, 260 et suiv. 318,
368, 369, 420, 421, 423. Voy. *Alliages.* — Son action sur la plupart des
oxides métalliques, qu'il désoxide plus ou moins en s'oxidant, et quelquefois même en s'enflammant, comme cela lui arrive avec l'oxide de
mercure, *etc.* 26 et suiv. 268, 272, 277, 339, 378, 392 et suiv. 432. Voy.
Oxides d'étain et Sulfate de fer suroxigéné. — Action entre ce métal et
les acides ou l'eau qui les accompagne ; la forte oxidation qu'il éprouve
par cette action s'oppose à la permanence de l'union entre ces corps, 28
et suiv. Voy. *Sulfate, Sulfite et Nitrate d'étain.* —Formation d'ammoniaque,
dans la décomposition de l'acide nitrique et de l'eau accompagnante, par
ce métal, 32, 33. — L'acide muriatique est de tous les acides celui qui
dissout le mieux ce métal ; divers états d'oxigénation de cette dissolution,
33 et suiv. Voy. *Muriate d'étain et Muriate suroxigéné d'étain.* — S'enflamme, *etc.* avec le gaz acide muriatique oxigéné ; et se dissout dans cet
acide liquide en formant l'un ou l'autre des muriates d'étain, selon les
proportions réciproques d'acide et de métal, etc. 39, 40. — Sa dissolution
dans l'acide nitro-muriatique ; ses caractères et variétés, *etc.* ainsi que les
divers muriates qu'elle donne, selon la proportion des deux acides formant cet acide mixte, 40, 41. — Ses combinaisons avec les acides phosphorique, fluorique, *etc.* par les doubles attractions, *etc.* 41, 42. Voyez
Oxides d'étain. — Forme du phosphate vitreux et du phosphure avec
l'acide phosphorique vitreux, 41. — Décompose les acides métalliques,
mais son oxide s'y unit, etc. 42. Voy. *Oxides d'étain.* —Action des alcalis
sur ce métal, et leur union et celle des terres avec son oxide, 42, 43.
Voy. *Oxides d'étain* — Action entre ce métal et les sels, 43 et suiv. —Convertit les sulfates alcalins en sulfures stannifères, 43. — Sa combustion
par les nitrates, 43, 44. Voy. *Oxides d'étain.* — Action entre ce métal,
le muriate d'ammoniaque et le soufre, 44 et suiv. Voy. *Oxides d'étain*

hidro-sulfuré ou *Or mussif.* — Son inflammation et forte oxidation par les muriates suroxigénés alcalins , VI, 46 , 47. — Ses usages multipliés dans les arts et dans tous les besoins de la vie , 47 et suiv. Voy. *Oxides d'étain* et *Muriate suroxigéné d'étain.* — A été faussement regardé comme dangereux , 48 ,49. Voy. *ci-dessus, à son histoire.* — Son alliage avec le plomb constitue la soudure , 81. — Dangers de la trop grande proportion de plomb dans cet alliage , et procédés pour connaître cette proportion, 81 et suiv. — Fusibilité et liquéfaction de son alliage avec le plomb et le bismuth , 83. Voy. *Alliage fusible.* — Son union avec le fer constitue le fer-blanc, 178 , 179. — Variétés des proportions et des propriétés de cet alliage, 179 et suiv. — Grande utilité et variété de ses alliages avec le cuivre , 260 et suiv. Voy. *Bronze ou Airain*, etc. et *Etamage du cuivre.* — Action ou combinaisons entre ce métal et les substances végétales , VII , 145 , 218 , 228 , 223) ; VIII , 202. Voy. *Métaux* et *Oxides métalliques*, *à cette action.* — Action ou combinaisons entre ce métal et les substances animales , X , 349.

ÉTAIN corné. Voy. *Beurre d'étain.*
— de glace. Voy. *Bismuth.*

ETAMAGE du cuivre , VI , 264, 265. Voy. *Cuivre*, *à ses alliages avec l'étain.* — Importance de n'employer que de l'étain très-pur , et dangers de celui qui contient du plomb , 265. Voy. *Plomb.*
— du fer. Voy. *Fer-blanc.*

ETHER et ETHÉRIFICATION (en général), VIII , 159 et suiv. Voy. *Alcool* et *Ether sulfurique, nitrique, muriatique* et *acétique.* — Est en lui-même un corps identique , etc. par quelque acide et même par quelque réactif qu'il ait été formé, etc. 175, 176.—Sa production, sans acide, par les oxides et dissolutions métalliques , 176. Voy. *Alcool*, *à ses altérations*, etc. — Son utilité médicinale, 179 , 180. Voy. *les articles* Ether sulfurique et Ether acétique.
— acéteux. Voy. *Ether acétique.*
— acétique, VIII , 212 , 213 , 215. Voy. *Alcool, Ether, Ethérification.* — Ses usages médicinaux , 215.
— formique.
— muriatique , VIII , 173 et suiv. Voy. *Alcool, Ether, Ethérification*, etc. — Ses préparations , 173 et suiv. — Ne se forme que lorsque l'acide muriatique est suroxigéné , 174 , 175. — Diffère de l'éther sulfurique par son odeur très-piquante et sa saveur styptique , dues à quelques corps étrangers , etc. 175. Voy. *Ether sulfurique* et *Ether, Ethérification*, etc. — Est un mauvais médicament, etc. 179 , 180.
— nitrique , VIII , 167 et suiv. Voy. *Alcool* et *Ether, Ethérification*, etc. — Diverses méthodes de la préparer, et ses rectifications, 168 et suiv. — Ses propriétés , et en quoi il diffère de l'éther sulfurique , 171 et suiv. Voyez *Ether sulfurique.* — Son résidu ; formation d'acide oxalique et d'acide acéteux , etc. 172 , 173.
— (sulfurique ou vitriolique), VIII , 157 , 158 et suiv. Voy. *Alcool* et *Ether, Ethérification (en général).* — Sa préparation, et opinions diverses sur sa formation , 158 et suiv. — Exposé et théorie des phénomènes de sa formation , d'après les observations du citoyen Vauquelin , conjointement avec l'auteur , 161 et suiv. Voy. *Huile douce du vin* et *Gaz oléfiant.* — Est de l'alcool, plus de l'hidrogène et de l'oxigène , 164 et suiv. — Sa rectification , 166. — Ses propriétés physiques , 166. — Sa grande volatilité ; froid qu'il produit en s'évaporant ; sa dissolubilité dans l'air , sa combustibilité, etc. 166. — Sa dissolubilité dans l'eau ; ses combinaisons et altérations , etc. 167. — Son utilité médicinale ; sa propriété antispasmodique , etc. ; doit être préféré aux autres éthers , etc. 179 , 180. — Son union et action avec les matières animales, IX , 374 ; X , 29, 31, 32, 59, 60, 293 , 294 , 297 , 300, 345 , 347.

ETHIOPS MARTIAL ou Oxide de fer noir, VI, 183 , 184 , 206 , 207. Voy. *Oxides de fer.*
— minéral ou Sulfure de mercure noir. Voyez *Oxide de mercure sulfuré noir.*

Ethiops *per se*, V, 291 et suiv. Voy. *Oxide de mercure noir*

Etiolées (plantes), I, 120; VIII, 262.

Euclase, II, 286, 296, 297. Voy. *Pierres (combinées).*—Pierre nouvellement connue et rapportée du Pérou par Dombey, 296. — Ce nom signifie *facile à briser*, 296.

Eudiomètre et Eudiométrie, ou Art de reconnaître la pureté de l'air, I, 156 et suiv. 173, 191, 192; II, 90, 173; VIII, 228. — Son incertitude, I, 157, 158.

Euphorbe, VIII, 32. Voy. *Gommes résines.*

Evaporation, I, 91.

Excrémens, IX, 18, 119, 123; X, 60, 61, 67 et suiv. Voy. *Animaux, à la comparaison et classification des matières animales, Physiologie*, etc. *Fiente des oiseaux*, etc. *Terreau animal, Engrais*, etc. — Notice des essais ou observations des alchimistes et des médecins, *etc.* sur ces matières, encore peu connues chimiquement, 68 et suiv. — Sont constamment acides, d'après les essais du citoyen Vauquelin, *etc.*; ses recherches sur la fiente de pigeon et de poule, *etc.* 170 et suiv.

Exsiccation, I, 94.

Extractif (7º. genre des matériaux immédiats des végétaux), VII, 125, 307 et suiv. Voy. *Végétaux* et *Végétation*, etc. — Son siége et ses différentes sortes; n'existe jamais sans mélange ou pur dans les végétaux, *etc.*; avait reçu le nom d'extrait, parce qu'on regardait sa préparation comme une sorte d'abrégé des plantes, 307, 308, 314, 316 et suiv. — Son extraction; ses différentes préparations, et différens extraits pharmaceutiques, 308 et suiv. 316 et suiv. — Ses propriétés physiques et chimiques; spécialement sa coloration en brun, et la propriété d'absorber l'oxigène qui le rend insoluble, *etc.* 310 et suiv. — Précis des expériences et observations de l'auteur et du citoyen Vauquelin, sur la nature chimique de cette substance, 311 et suiv. — Contient de l'azote, *etc.*; son analogie avec la matière colorante, *etc.* 315, 316. Voy. *Matières colorantes.* — Ses usages pour la médecine, et principalement pour la teinture, 218, — Son union avec les autres substances végétales, VIII, 30, 135, 151, 206. Voy. *Végétation*, etc. — Son union avec les substances animales, IX, 187, 427.

Extraction, I, 93.

Extrait. Voy. *Extractif.*

— de bile. Voy. *Bile.*

— de vinaigre de Saturne, VIII, 203. Voy. *Acétite de plomb.*

— d'urine. Voy. *Urine.*

F

Fallertz. Voy. *Cuivre gris*, etc. et *Sulfure de cuivre.*

Falun ou Cron. Voy. *Terres coquillères.*

Farine, VII, 290, 291, 295, 297 et suiv. 299 et suiv. 301. Voy. *Fécule amilacée, Glutineux (le), Albumine végétale* et *Fermentation panaire*, etc. Celle de froment spécialement contient trois substances, la fécule amilacée, le glutineux et une matière sucrée, *etc.* Moyen de séparer ces substances par le lavage et leurs proportions, *etc.* 291, 295, 297 et suiv. — Sa fermentation nécessaire pour faire du bon pain, doit cette propriété au glutineux, *etc.* 291, 299 et suiv. Voy. *le Glutineux* et *Fermentation panaire*, etc. — Ses diverses qualités, en proportion du glutineux qu'elle contient, 301. — Contient de l'albumine, contient donc deux substances animales, VIII, 86. Voy. *Glutineux* et *Albumine végétale.*

Fécule amilacée *ou* Amidon (5º. genre des matériaux immédiats des végétaux), VII, 126, 272 et suiv. Voy. *Végétaux, Farine* et *Végétation*, etc. —Son siége, et caractères qui font reconnaître ce principe dans les plantes, 272 et suiv. —Ne se trouve ni dans les feuilles ni dans les fleurs, 273, 274. — Existe dans quelques fruits, spécialement dans ceux qui sont charnus; mais principalement et le plus abondamment dans les semences ou graines, *etc.* 274, 275. — Son extraction et sa purification par le lavage, *etc.* 275.

et suiv. — Ses propriétés physiques, ses petits globules brillans, *etc.* à la loupe ; son petit cri par la pression, *etc.* VII, 278, 279. — Ses propriétés chimiques, 279 et suiv. — Sa combustion, *etc.* sa distillation et ses produits analogues à ceux du muqueux ; sa déliquescence et altération à l'air, 279, 280. — Son indissolubilité et pâte non ductile, *etc.* avec l'eau froide ; sa dissolubilité et gelée qu'elle forme avec l'eau bouillante, qui paraît la convertir en mucilage, *etc.* 280 et suiv Voy. *le Muqueux.* — Ses altérations par les acides ; et analogie de ces altérations avec celles du muqueux, *etc.* 282, 283. Voy. *le Muqueux* et *Fermentation saccharine.* — Ses altérations par les alcalis et par les sels, *etc.* ; son inflammation et détonation avec le muriate suroxigéné de potasse ; sa combustion, *etc.* avec les oxides métalliques, *etc.* 283. — Son union avec les autres matières végétales, 283, 366. — Son analogie et ses différences avec le muqueux ; paraît un peu moins carboné, *etc.* 283, 284. Voy. *le Muqueux.* — Ses diverses espèces ; d'après l'état plus ou moins mélangé dans lequel la nature l'offre, quand elle n'a pas été exactement purifiée par les procédés chimiques ; présente, sous ce rapport, six principales sortes d'états ou de divers mélanges, qui sont les fécules *glutineuse, extractive, muqueuse, sucrée, huileuse* et *âcre,* 284 et suiv. — Distinction et description de ses diverses sortes, d'après les différentes substances et parties végétales d'où on les extrait, et procédés pour les extraire et employer, soit pour les usages médicamenteux, soit pour les usages économiques, 287 et suiv. Voy. *Farine.* — Utilité, comme aliment, qu'on peut retirer d'une dissolution de papier, qui n'est lui-même qu'une espèce de fécule, *etc.* 292. Voy. *Papier.* — Ses usages nombreux, soit dans les arts médicamenteux, ou alimentaires, ou économiques, *etc.* et utilité des recherches pour multiplier les sources de cette utile matière, *etc.* 292 et suiv. — Son union avec les substances animales, IX, 134, 400, 420.

FELD-SPATH *ou* SPATH ÉTINCELANT, II, 286, 299, 300. Voy. *Pierres (combinées).* — Fait partie des granits, 299. Voy. *Pierres mélangées.* — Est le pétuntsé des Chinois, et doit sa propriété de servir de fondant à la porcelaine, à la présence de la potasse qui y a été trouvée par le citoyen Vauquelin, 300. — Son analyse par différens chimistes, 300, 337, 338.

FER, V, 13, 14, 16, 17, 18, 19, 22, 24 ; VI, 104 et suiv. Voy. *Métaux.* — Son histoire ; nécessité et ancienneté de son emploi ; sa grande abondance ; erreurs des alchimistes sur ce métal qu'ils avaient nommé *Mars,* et ses préparations martiales ; utilité de leurs nombreux travaux ; grande quantité de chimistes qui s'en sont occupés ; preuves tirées de leurs expériences en faveur de la doctrine pneumatique, qui, à son tour, a servi à les éclaircir et à perfectionner l'histoire de ce métal, 104 et suiv. — Ses propriétés physiques, sa pesanteur, dureté, ductilité, *etc. etc.* 112 et suiv. — Est un des meilleurs conducteurs électriques, 116. Voy. *Electricité.* — Sa propriété magnetique, et principaux faits exposés par le citoyen Haüy sur cette propriété remarquable du fer ; n'a lieu que dans le fer métallique, ou très-peu oxidé, *etc.* 116 et suiv. Voy. *Magnétisme et Oxidules de fer.* — Sa propriété galvanique, 118, 119. Voy. *Galvanisme.* — Est le seul métal qui rougisse par la pression, *etc. etc.* ; a presque exclusivement la propriété de passer dans les ramifications vasculaires des animaux, et par les pores des racines des plantes, *etc.* 120. Voy. ci-dessous *à ses usages médicamenteux.* — Son histoire naturelle et métallurgique, 121 et suiv. Voy. *Mines de fer, Fonte* et *Acier.* — Son oxidabilité par l'air, ou combustion lente, et son accroissement à l'aide du calorique, 157 et suiv. Voy. *Oxides de fer.* — Sa combustion rapide ou inflammation, *etc.* a lieu dans le choc du briquet, *etc.* 161 et suiv. — Son union avec les corps combustibles, 163 et suiv. Voy. *Phosphure de fer, Acier, Sulfure de fer, Sulfures alcalins ferrugineux* et *Oxide hidro-sulfuré.* — Grande variété de ses états, soit dans les fontes diverses et les différens fers forgés qu'on en retire, soit dans la diversité des aciers, propriété particulière et très-remarquable de ce métal, 168. Voy. *Fonte* et *Acier, et*

ci-dessous, à ses usages. — Dit *Cassant à froid*. Voy. *Fonte, Phosphate* et *Phosphure de fer*. — Ses alliages, VI, 173 et suiv. 266, 319, 369, 370, 422, 423. Voy. *Alliage*. — Essais infructueux de son alliage *ou* amalgame avec le mercure. 177. — Action entre ce métal et les substances métalliques, autres que les métaux, 176, 177, 178, 179, 108. — Variétés des propriétés de son alliage avec l'étain, selon les diverses proportions de ces deux métaux, 178 et suiv. Voy. *Fer-blanc*. — Ne peut s'unir au plomb par la fusion, etc. 181. — Son oxidation par l'eau et par les oxides qu'il décompose, etc. 181 et suiv. Voy. *Oxides de fer*, et ci-dessous, à son action avec les acides, etc. — Action entre ce métal et les acides ou l'eau qui les accompagne, et ses combinaisons avec les acides ; ne dégage du gaz hidrogène que par la décomposition de l'eau, qui est favorisée par l'attraction disposante des acides, etc. 186, 187 et suiv. 207, 208. Voy. *Sulfate, Nitrate, Muriate*, etc. etc. et *Carbonate de fer*. — Son oxidation en noir par les alcalis liquides qui favorisent la décomposition de l'eau, 217. Voy. *Oxides de fer et leur union*, etc. *avec les substances terreuses et alcalines*. — Action entre ce métal et les sels, 219 et suiv. — Sa détonation et inflammation brillante, etc. avec les nitrates et avec les muriates suroxigénés, 220, 221, 222, 223. — Ses usages innombrables et sa prodigieuse utilité dans la grande variété de ses états, qui est, ainsi qu'il est dit ci-dessus, la propriété singulière de ce métal, 223 et suiv. — Ses usages médicamenteux, et son espèce d'analogie avec l'économie animale, 120, 226, 227. Voy. *Animaux*. — Son action sur les substances métalliques, autres que les métaux, 268, 272, 277, 281, 321, 339, 378, 392, 394. — Action ou union entre ce métal ou ses dissolutions, et les substances végétales, VII, 107, 145, 180, 188 et suiv. 200, 209, 218, 228, 230, 249, 250, 251, 260 ; VIII, 81, 82, 100, 103, 203. Voy. *Métaux et Oxides métalliques*, etc. *à cette action* — Action ou union entre ce métal et les substances animales, IX, 74, 85, 88, 366, 412 ; X, 349.

FER AÉRÉ, Voy. *Carbonate de fer*.

— arsénié, faux mispickel, etc. VI, 123, 144. Voy. *Mines de fer*. — Contient quelquefois de l'argent, etc. ; ne doit pas être confondu avec la pyrite arsenicale, sa cristallisation en prismes, à bases rhombes, etc. 123. Voy. *Sulfure de fer arsenié*.

— blanc, alliage de fer et d'étain, VI, 178, 179. Voy. *Alliage*.

— d'eau. Voy. *Sydérite*.

— forgé (fer proprement dit), obtenu de la fonte, VI, 154. Voy. *Fonte de fer et Fer*.

— limoneux, VI, 132 et suiv. Voy. *Fer oxidé*, etc. *natif*, et *Mines de fer*. — comprend les *OEtites* ou *Pierres d'aigle*, les *Ochres*, les *Mines de fer en grains*, l'*Oxide de fer brun natif*, etc. 132 et suiv. Voy. ces mots. — Fournit le plus mauvais fer, le fer dit, *cassant à froid*, 134, 170. Voy. *Fonte de fer*; *Phosphate* et *Phosphure de fer*. — Ses usages, 226. Voy. ceux du fer.

— noir. Voy. *Mines de fer*.

— spathique. Voy. *Carbonate de fer natif*.

— spéculaire. Voy. *Fer (ou Oxidule) Pyrocète*, et *Fer (ou Oxide), oligiste*.

— (ou oxide) oligiste (c'est-à-dire peu à l'état métallique), autrefois confondu avec d'autres espèces, sous le nom de *Fer spéculaire*, etc. VI, 128, 130, 131. Voy. *Mines de fer et Oxides de fer*. — Comprend, comme variétés les plus remarquables, *les mines de fer noir* ou *spéculaire* de l'île d'Elbe et de Framout, 130. — Variétés de ses formes, etc. 131. — Donne de très-bon fer, et fournit les plus riches variétés, etc. 131.

— oxidé (ou oxide jaune ou rouge de fer) natif, VI, 128, 131 et suiv. Voy. *Mines de fer et Oxides de fer*. — Ses principales variétés et sous-variétés sont comprises dans les *hématites* et le *fer limoneux* des naturalistes, 132 et suiv. Voy. *Hématites et Fer limoneux*.

— (ou oxidule) pyrocète (c'est-à-dire, provenant du feu), Fer spéculaire, etc. VI, 128, 129, 130. Voy. *Fer oxidule, Mines de fer et Oxides de fer*.

Fer oxidulé, ou oxidule de fer, fer noirâtre attirable, *etc.* VI, 128, 129. Voy. *Mines de fer* et *Oxides de fer.* — Sa cristallisation en octaèdres, *etc.* que cette mine paraît devoir à l'eau, 129. Voy. *Fer pyrocètc.* — Fournit particulièrement les morceaux les plus naturellement, et les plus susceptibles d'être fortement aimantés, 129. Voy. *Magnétisme*

— quartzeux *ou* émeril, VI, 140, 141. Voy. *Mines de fer.* — Ses usages, 225. Voy. *ceux du fer.*

Fermens, VIII, 115, 116. Voy. *Fermentations.*

Fermentation (comme opération), I, 95. Voy. *Végétaux, à leur analyse.*

— des végétaux en général, ou altérations spontanées des végétaux, VIII, 110 et suiv. Voy. *Végétaux* et *leurs altérations spontanées.* — Leur distinction en plusieurs espèces, 111 et suiv. — Cinq espèces admises par l'auteur, et leur ordre : 1°. la fermentation *saccharine ;* 2°. la fermentation *vineuse ;* 3°. la fermentation *acide ;* 4°. la fermentation *colorante ;* 5°. la fermentation *putride,* 112 et suiv. Voy. *chacune d'elles à leur article.* — Leurs caractères génériques, et conditions qui leur sont nécessaires et communes, 113 et suiv. — L'eau et la chaleur leur sont nécessaires, 113 et suiv. — Le levain ou tout ferment n'y est pas nécessaire, mais en hâte l'effet, de même que tout corps étranger introduit entre les molecules des substances végétales ; c'est ainsi que l'acide carbonique, en se gazéfiant, a spécialement cette propriété, *etc.* 115, 116.

— acide ou acéteuse, et de son produit, VIII, 111, 112, 186 et suiv. Voy. *Fermentation des végétaux (en général),* et *Acides acéteux.* — Conditions et phénomènes de sa formation, 186 et suiv. — Peut avoir lieu sans l'existence préliminaire de la fermentation vineuse, *etc.* 191, 192.

— panaire et colorante, VIII, 112, 215 et suiv. Voy. *Fermentation des végétaux (en général).* — Phénomènes et opinions sur le mouvement fermentatif de la farine de froment dans la fabrication du pain, *etc.* 216, 217. Voy. *Farine,* etc. — Coloration et phénomènes produits par la fermentation de diverses substances végétales, principalement la formation du pastel et de l'indigo, *etc.* 217, 218. Voy. *Pastel* et *Indigo.* — Ne sont que des commencemens de décomposition spontanée, qui se termineraient par la putréfaction et la dissolution des matières végétales, si on ne les arrêtait pas à une certaine époque, *etc.* 217, 219.

— putride des animaux. Voy. *Putréfaction,* etc.

— putride des végétaux, VIII, 111, 112, 220 et suiv. Voy. *Fermentation des végétaux (en général).* Conditions qui y sont nécessaires, et moyens qui en préservent ; l'exsiccation du four est le procédé le plus antiseptique, *etc.* 220. — Ses phénomènes ; dégagemens de gaz, *etc.* ; combinaisons binaires entre plusieurs des principes des végétaux, tels que l'eau, l'acide carbonique, *etc. etc.* 221. — Ses résultats fixes, 222 et suiv. Voy. *Rouissage du chanvre, du lin,* etc. *Bois pourri, Fumier* et *Terreau.*

— saccharine (ou sucrée), VIII, 112, 116 et suiv. Voy. *Fermentation des végétaux (en général).* — Précède la fermentation vineuse, *etc.* 116, 117. Voy. *Fermentation vineuse.* — A lieu dans toutes les graines céréales, *etc.* ; la germination paraît en être la suite, *etc. ;* a lieu dans les fruits, *etc. etc.* 116 et suiv.

— vineuse (ou spiritueuse) et ses produits, VIII, 111, 112, 120 et suiv. Voy. *Fermentation des végétaux (en général), Vin* et *Alcool.* — Sa définition, et son histoire littéraire, 120 et suiv. — La découverte de la décomposition, *etc.* de l'eau par Lavoisier a rendu le phénomène de la fermentation aussi facile à comprendre qu'il était obscur et inexplicable auparavant cette époque, *etc.* 122, 123. — Conditions nécessaires à sa formation : la présence d'une matière sucrée ; une certaine proportion d'eau ; une température un peu élevée, *etc.* 123 et suiv. Voy. *Fermentation saccharine.* — Le sucre uni à l'eau seule ne la peut subir ; il faut qu'une matière quelconque, susceptible de diviser la liqueur sucrée, s'y trouve ajoutée, telle que du mucilage, *etc. etc.* 124, 125, 126. — L'air n'y sert que comme réservoir ou récipient pour le gaz qui se dégage, *etc.* 126.

Phénomènes qui la caractérisent; grande quantité de gaz acide carbonique qui se dégage, *etc.* VIII, 126 et suiv. Voy. *Vin.* — Son mécanisme et celui de la formation de l'alcool, 182 et suiv. Voy. *Alcool.* — Peut être regardée comme une double opération faite à-la-fois; combustion lente du carbone, et décombustion de l'autre partie du sucre, *etc.* 184, 185.

Feu. Voy. *Calorique, Lumière.*

Feuilles *et* Foliation, feuillaison des végétaux, VII, 6 et suiv. 23, 24; VIII, 271, 299, 300, 303 et suiv. 313 et suiv. Voy. *Végétaux* et *leurs vaisseaux, Végétation,* etc. et *Germination.* — Destinées à entretenir d'immenses communications avec l'air, VII, 8, 24. Voy. *Végétation,* etc. — Leur grande variété et leur division, *etc.* 8 et suiv. exposées au soleil, décomposent l'eau et en dégagent l'oxigène, *etc.* VIII, 271. Voy. *Nutrition végétale* et *Végétation,* etc. — Leur utilité pour la transpiration des plantes, 299, 300. — Direction de leurs surfaces, *etc.* 303 et suiv. Voy. *Végétation, à la direction des parties des plantes.* — Leur développement, ou foliation, ou feuillaison des plantes, et leur défoliation, 313 et suiv. Voy. *Germination, Sève,* etc.

Fibrine *ou* partie fibreuse du sang, IX, 136, 157 et suiv. Voy. *Sang, à la séparation,* etc. *de ses matériaux immédiats, Caillot, Physiologie.* etc. — Sa séparation du caillot et du sang, quand on l'agite, *etc.* 157. Voy. *Caillot.* — Ses propriétés; sa ténacité; son retirement à un feu violent, *etc.* 157 et suiv. — Sa distillation et ses produits, 157 et suiv. — Est spécialement azotée, donne de l'acide zoonique, *etc.* 158, 159. Voy. *Acide zoonique.* — Sa putrescibilité, *etc.* 158. — Constitue le tissu des muscles; et devient le siège de l'irritabilité, *etc.* 159. Voy. *Tissu musculaire, Irritalité,* etc. — Son altération. Voy. *celles du sang.*

Fiel des animaux. Voy. *Bile.*

Fiente des oiseaux, IX, 120, 123; X, 307, 311, 312. Voy. *Animaux, à la comparaison et classification des matières animales, Excrémens,* etc. — Ses deux matières différentes, dont l'une colorée, et l'autre blanche et plus sèche, *etc.;* analyse et analogie de cette dernière matière avec les coquilles d'œufs, *etc.* 311, 312. Voy. *OEufs.* — Son usage dans les arts et dans l'agriculture, *etc.;* sa fermentation et acescence, *etc.* 312. Voy. *Engrais,* etc.

Filons *ou* Veines métalliques, V, 25 et suiv. Voy. *Mines.*

Filtration, I, 90.

Flammé, I, 119 Voy. *Lumière et Combustion.* — Propriété commune à tous les corps combustibles; dépend de leur état d'agrégation, II, 111.

Fleurs *et* Floraison des végétaux, VII, 7, 10 et suiv. 24; VIII, 315, 316. Voy. *Végétaux* et *leurs vaisseaux, Végétation,* etc. — Sont composées des parties qui défendent les organes de la génération et de ces organes eux-mêmes, VII, 10, 12 et suiv. — Leur division et celle de leurs différentes parties, 10 et suiv. — Les *étamines,* organes masculins de leur génération, et le *pistil,* organe féminin, en sont les parties les plus essentielles, *etc.* et servent principalement à les reconnoître, 12 et suiv. 24. — Leur épanouissement, ou la floraison et leur dessèchement, *etc.* VIII, 315, 316 Voy. *Végétation,* etc.

— ammoniacales cuivreuses, VI, 290.

— ammoniacales martiales, VI, 222, 227. Voy. *Fer, à son action avec les sels, et à ses usages médicamenteux.*

— argentines de régule, ou neige d'antimoine, ou oxide sublimé blanc d'antimoine, V, 220, 221. Voy. *Oxides d'antimoine.*

— d'arsenic. Voy. *Oxide d'arsenic.*

— de benjoin. Voy. *Acide benzoïque.*

— de bismuth. Voy. *Oxide de bismuth.*

— de sel ammoniacal martial. Voy. *Fleurs ammoniacales martiales.*

— de soufre (nom impropre), I, 198. Voy. *Soufre.*

— de zinc *ou* pompholix. Voy. *Oxide de zinc sublimé.*

Flint-glass, VI, 96. Voy. *Verre de plomb.*

Fluates, sels formés par l'acide fluorique. Voy. *cet acide et les différens fluates.*

FLUATES alcalins et terreux (en général) genre 9°. III , 10 , 294 et suiv. Voy,
Sels à bases salifiables alcalines, etc. et *chaque fluate alcalin où terreux.*
— Composés d'acide fluorique et de bases salifiables ; découverts, en 1776 ,
par Shéele , 294. — Se préparent presque tous artificiellement avec l'acide
fluorique qu'on retire du fluate de chaux, le seul natif de ce genre qui
soit abondamment répandu, *etc.* 294, 295. — Plusieurs sont phosphores-
cens et vitrescibles, mais d'une manière très-différente de celle des phosphates et phosphites, 295. — Leur inaltérabilité avec les corps combustibles , 295. — Se combinent et se fondent souvent avec les oxides métalliques, en se colorant de manière à imiter des pierres gemmes, 295. —
Sont décomposés, à froid, par les acides sulfurique , nitrique et muriatique , et à chaud par les acides phosphorique et boracique avec dégagement d'acide fluorique, 295, 296. — L'addition d'acide fluorique donne
souvent la propriété d'être dissoluble aux espèces qui n'en jouissent pas
par elles-mêmes, 296. — Leur combinaison avec la silice , soit par la
fusion en se vitrifiant, soit par la voie humide, en formant des sels triples
et silicés , 296. — Leur décomposition par les bases salifiables et sels
triples qu'ils forment avec plusieurs d'entre elles, 296 , 297. — Forment
quinze espèces, rangées selon l'ordre du plus fort degré d'attraction ces
bases pour l'acide fluorique, 296 et suiv. — Tableau abrégé de leurs principales propriétés comparées avec celles des muriates, 311 et suiv. — Résumé de leurs caractères, IV, 111 et suiv. — Action réciproque entre ces
sels et les autres sels, 241 et suiv. Voy. *Sels, à leurs actions*, etc. *réciproques.* — Considérés minéralogiquement ; formant une espèce fossile ,
286. Voy. *Sels fossiles.* — Action entre ces sels et les substances métalliques, V, 85 , 208 , 352 ; VI, 41 , 93 ,, 101, 223, 230, 323, 332. Voy.
Métaux et leurs combinaisons. — Action entre ces sels et les substances
végétales , VII, 105.
— d'alumine , III , 297, 309, 310 ; I, Disc. pr. civ. Voy. *Fluates alcalins*, etc. (*en général*). — Énoncé des principales propriétés que l'auteur
a reconnues dans ce sel, depuis ce qu'en avait dit Schéele ; sa forme en
gelée, sa saveur acide, *etc. etc.* ses décompositions par toutes les bases et
les sels triples qu'il forme avec la silice et les alcalis, 309, 310 ; III,
309, 310. — Résumé de ses caractères spécifiques, IV, 113. — Action réciproque entre ce sel et les autres sels, 239, 240, 245. — Son existence
dans la nature, découverte nouvelle, I, Disc. pr. civ.
— alumineux. Voy. *Fluate d'alumine.*
— ammoniacal. Voy. *Fluate d'ammoniaque.*
— ammoniaco-silicé , III , 297, 309. Voy. *Fluates alcalins*, etc. (*en général*)
et *Fluate ammoniacal.* — Résumé de ses caractères spécifiques, IV ,
113.
— ammoniaco-magnésien, III , 297, 308. Voy. *Fluates alcalins*, etc. (*en
général*) et *Trisules.* — Résumé de ses caractères spécifiques, IV, 112. —
Action réciproque entre ce sel et les autres sels, 244.
— d'ammoniaque, III , 297, 307 , 308. Voy. *Fluates alcalins*, etc. (*en
général*). — N'a encore été examiné que plus ou moins combiné avec la
silice , 307, 308. Voy. *Fluate ammoniaco-silicé.* — Résumé de ses caractères
spécifiques, IV, 112. — Action réciproque entre ce sel et les autres sels,
136, 139, 140, 144, 153, 157, 159, 163, 165, 171, 173, 179, 181, 182,
185, 186, 188, 189, 201, 202, 204, 205, 206, 208, 209, 210, 211, 212,
213, 214, 215, 216, 218, 220, 221, 222, 223, 224, 225, 226, 227, 228,
229, 230, 231, 232, 233, 236, 237, 238, 239, 240, 243, 244.
— d'argent, VI, 340. Voy. *Fluates métalliques* et *Nitrate d'argent.* — A
été confondu à tort avec le muriate d'argent, *etc.* 340.
— de barite, III, 297, 303. Voy. *Fluates alcalins*, etc. (*en général*). —
Peu connu, 303. — Résumé de ses caractères spécifiques, IV, 111. —
Action réciproque entre ce sel et les autres sels, 130, 132, 133, 135,
136, 138, 140, 143, 146, 150, 153, 156, 159, 162, 165, 170, 173, 178,
181, 182, 185, 186, 188, 189, 192, 193, 194, 195, 196, 197, 198, 205,

206, 208, 209, 210, 211, 217, 218, 220, 221, 222, 223, 224, 225, 226, 227, 228, 231, 232, 233, 234, 235, 236, 237, 238, 239, 240, 241.
FLUATE baritique. Voy. *Fluate de barite.*
— calcaire, spath-fluor, ou vitreux. Voy. *Fluate de chaux.*
— de chaux, III, 297, 298 et suiv. Voy. *Fluates alcalins*, etc. (*en général*).
— spath fluor, chaux fluatée, *etc.* sa synonymie et son histoire; long-temps regardé comme une pierre, *etc.*; sa nature intime reconnue par Schéele, 298, IV, 276, 280.— Sa cristallisation cubique, *etc.* et autres propriétés physiques et son histoire naturelle, III, 298 et suiv. 307; IV, 376. — La fracture d'un cube de ce sel a été la première source des brillantes découvertes du citoyen Haüy sur les formes primitives des cristaux, *etc.* III, 298, 299. Voy. *Pierres* ou *terres combinées.* — Sa forme primitive un octaèdre, composé de petits tétraèdres, qui paraissent être la figure de ses molécules constituantes, 299. Voy. *Pierre*, etc. — Sa préparation, 300. — Sa décrépitation, phosphorescence, *etc.*; fusion et vitrification par le calorique, 300, 301. — Sa phosphorescence acquise par le feu se perd à la longue, et on ne peut la lui rendre par aucun moyen, 300, 301. — Son inaltérabilité à l'air, et son indissolubilité, 301. — Ses décompositions, 302, 303. — Sa fusion avec la silice, 302. — Action réciproque entre ce sel et le sulfate d'ammoniaque, d'après Schéele, 302, 303. — Ses usages, tant pour la chimie et minéralogie que pour les arts, soit comme fondant, soit pour dépolir et graver le verre, *etc.* 303. — Résumé de ses caractères spécifiques; IV, 111. — Action réciproque entre ce sel et les autres sels, 233, 234, 235, 236, 237, 238, 239, 240, 241. — Considéré minéralogiquement, ou comme fossile, 276, 280, 286. Voy. *Sels fossiles.*
— de cobalt, V, 147. Voy. *Fluates métalliques* et *Cobalt.*
— de cuivre, VI, 283. Voy. *Fluates métalliques*, *Cuivre* et *Oxide de cuivre.*
— d'étain, VI, 41. Voy. *Fluates métalliques* et *Oxides d'étain.*
— de fer, VI, 212, 213. Voy. *Fluates métalliques* et *Fer.* — Ses décompositions, *etc.* par l'acide sulfurique et par les substances alcalines et terreuses, 213.
— de glucine, III, 297, 309. Voy. *Fluates alcalins*, etc. (*en général*). — Résumé de ses caractères spécifiques, IV, 113. — Action réciproque entre ce sel et les autres sels, 173, 179, 181, 182, 238, 239, 240, 244, 245.
— de magnésie, III, 297, 304. Voy. *Fluates alcalins*, etc. (*en général*). — Notions qu'ont données Schéele et Bergman sur ce sel, 304. — Résumé de ses caractères spécifiques, IV, 111. — Action réciproque entre ce sel et les autres sels, 140, 143, 165, 170, 173, 179, 181, 182, 185, 186, 188, 189, 192, 193, 195, 196, 205, 206, 220, 221, 225, 226, 227, 228, 229, 230, 234, 237, 238, 239, 240, 242.
— magnésien, ou fluor magnésien, ou magnésie fluorée ou spathique. Voy. *Fluate de magnésie.*
— de manganèse, V, 187, 188. Voy. *Fluates métalliques* et *Oxide de manganèse.*
— de mercure, V, 352. Voy. *Fluates métalliques.*
— métalliques, V, 53, 54, 57. Voy. *Métaux* et *chaque fluate métallique.*
— de nikel, V, 165. Voy. *Fluates métalliques* et *Nikel.*
— de potasse, III, 297, 304, 305. Voy. *Fluates alcalins*, etc. (*en général*). — Ses principales propriétés, d'après Schéele et Bergman, 304, 305. — Résumé de ses caractères spécifiques, IV, 112. — Action réciproque entre ce sel et les autres sels, 133, 136, 138, 140, 143, 146, 150, 153, 157, 159, 163, 165, 170, 173, 179, 181, 182, 185, 186, 201, 202, 203, 204, 205, 206, 207, 208, 209, 210, 211, 212, 213, 214, 215, 216, 218, 219, 220, 221, 222, 223, 224, 225, 226, 227, 228, 229, 230, 231, 232, 233, 234, 235, 236, 237, 238, 239, 240, 242, 243.

FLUATE de potasse silicé, III, 297, 305, 306. Voy. *Fluates alcalins*, etc. (*en général*). — Sel triple peu connu, 306. — Résumé de ses caractères spécifiques, IV, 112.
— de silice, III, 297, 310 et suiv. Voy. *Fluates alcalins*, etc. (*en général*). — Son excès d'acide; sa dissolution et cristallisation, *etc* dans cet état; dégagement de son acide par le feu et les acides concentrés; sels triples qu'il forme avec les alcalis, *etc. etc.* 311, 312. — Différences essentielles que les propriétés de ce sel présentent entre l'acide fluorique et l'acide muriatique, et tableau comparatif entre les fluates et les muriates, 311 et suiv. — Résumé de ses caractères spécifiques, IV, 113. — Action réciproque entre ce sel et les autres sels, 246.
— de soude, III, 297, 306, 307. Voy. *Fluates alcalins*, etc. (*en général*). — Est très-différent du fluate de potasse, et diffère encore plus du muriate de soude, 306, 307. — Résumé de ses caractères spécifiques, IV, 112. — Action réciproque entre ce sel et les autres sels, 136, 138, 140, 143, 146, 151, 153, 157, 159, 163, 165, 170, 173, 179, 181, 182, 185, 186, 188, 201, 202, 204, 205, 206, 207, 208, 209, 210, 211, 212, 213, 214, 215, 216, 219, 220, 221, 222, 223, 224, 225, 226, 227, 228, 229, 230, 231, 232, 233, 234, 235, 236, 237, 238, 239, 240, 243.
— de soude silicé, III, 297, 307. Voy. *Fluates alcalins*, etc. (*en général*). — Sel triple qui, en le chauffant, laisse pour résidu de la soude silicée, 307. — Résumé de ses caractères spécifiques, IV, 112. — Action réciproque entre ce sel et les autres sels, 146, 151.
— de strontiane, III, 297, 303. Voy. *Fluates alcalins*, etc. (*en général*). — Action réciproque entre ce sel et les autres sels, IV, 140, 143, 146, 150, 153, 156, 159, 162, 165, 170, 173, 178, 181, 182, 183, 184, 185, 186, 188, 189, 192, 193, 194, 195, 196, 197, 198, 205, 206, 208, 209, 210, 211, 220, 221, 222, 223, 224, 225, 226, 227, 228, 229, 230, 234, 235, 236, 237, 238, 239, 240, 242.
— d'urane, V, 133, 134. Voy. *Fluates métalliques* et *Oxide d'urane*.
— de zircone, III, 297, 310. Voy. *Fluates alcalins*, etc. (*en général*). — Action réciproque entre ce sel et les autres sels, IV, 245, 246.
FLUIDES aériformes ou élastiques. Voy. *Gaz*.
— albumineux. Voy. *Serum du sang*.
— électrique Voy. *Électricité*.
— galvanique. Voy. *Galvanisme*.
— magnétique. Voy. *Magnétisme*.
— nerveux, IX, 119, 122, 301 et suiv. X, 396. Voy. *Animaux*, à la comparaison et classification des matières animales, *Physiologie*, etc. *Irritabilité*, *Galvanisme*, *Sensibilité*, etc. — Opinions sur son existence, sa nature et ses fonctions, IX, 301 et suiv.; X, 396. Voy. *Irritabilité*, *Galvanisme*, etc. *Sensibilité*, etc.
FLUOR AMMONIACAL. Voy. *Fluate d'ammoniaque*.
— argileux. Voy. *Fluate d'argile*.
— magnésien. Voy. *Fluate de magnésie*.
— pesant. Voy. *Fluate de barite*.
— de soude. Voy. *Fluate de soude*.
— tartareux. Voy. *Fluate de potasse*.
FLUX (matières fondantes), III, 128; V, 32; VII, 246, 247.
FOIE des animaux, IX, 8, 10; X, 1, 15, 42, 43, 45 et suiv. Voy. *Glandes conglomérées*, *Physiologie*, etc. *Bile*, etc. — Décomposition de son tissu, par sa putréfaction lente, et sa conversion en une matière grasse, cristalline, analogue au blanc de baleine, *etc.* 42, 43. Voy. *Adipocire* et *Calculs biliaires*. — Analyse du foie de raie, par le citoyen Vauquelin, 45 et suiv. Voy. *Bile*, à ses variétés, etc.
— d'antimoine, V, 252.
— d'arsenic. Voy. *Arsenites*.
— de soufre. V. *Sulfures alcalins*.
— de soufre antimonié. Voy. *Sulfure de potasse antimoniée*.
FONDAGE des mines, V, 37, 38, 39. Voy. *Métallurgie*.

FONDANT. Voy. *Flux.*

— de Rotrou. Voy. *Antimoine diaphorétiane non lavé.*

FONTE de fer, ou fer cru, fer coulé, *etc.* VI, 149 et suiv. Voy. *Mines de fer* et *Fer.* — Opinions sur sa nature jusqu'à la découverte des citoyens Vandermonde, Monge et Berthollet, 149 et suiv. — Est du fer légèrement oxidé encore, et plus ou moins carboné, 151 et suiv. — Ses différentes espèces, dont on distingue quatre principales, et dont la *grise* est la meilleure, 151, 152. — Manière de la travailler; fer forgé, et variétés des fers qu'on en obtient, 153 et suiv. 212. — Mauvaise qualité du fer, dit *Cassant à froid*, qu'on en retire, lorsqu'elle contient du phosphate, ou du phosphure de fer, 155, 212. Voy. *Fer limoneux*, *Phosphate* et *Phosphure de fer.* — Sa conversion en acier. Voy. *Acier.* — Ses alliages. Voy. *ceux du fer.* — Est moins altérée par l'eau que le fer, 185. Voy. *Fer, à son oxidation par l'eau.* — Ne donne pas autant de gaz hidrogène que le fer, par l'action des acides, *etc.* 187, 188. Voy. *Fer, à son action avec les acides.* — Sa détonation avec le nitre, ou nitrate de potasse et avec le muriate suroxigéné de potasse, fournit un moyen d'en faire l'analyse, 220, 221, 223. — Ses usages nombreux, 224, 225. Voy. *ceux du fer.*

FORGE. Voy. *Fer forgé.*

FORMIATES, sels formés avec l'acide formique, X, 348, 349. Voy. *Acide formique.*

— de chaux, X, 349. Voy. *Formiates.*

— de potasse, X, 348, 349. Voy. *Formiates.*

FOSSILES, synonyme de minéraux. Voy. *Minéraux.*

FRANCHIPANE, IX, 394, lisez FRANGIPANE. Voy. *Lait.*

FOURMIS et leur acide, IX, 120, 124; X, 338, 347 et suiv. Voy. *Animaux, à la comparaison et à la classification des matières animales*, et *Acide formique.* — Leur analyse et nature chimique; contiennent un acide, une huile fixe, et un extrait, 347 et suiv. Voy. *Acide formique.* — Danger de leur usage médicinal; fait cité par l'auteur à ce sujet, 349.

FROMAGES, ou matière caséeuse du lait, IX, 383, 393 et suiv. 397 et suiv. 414 et suiv. Voy. *Lait et ses différentes espèces.* — Procédés pour l'obtenir; ses différentes sortes et préparations, se'on que le lait est écrémé, ou non, et suivant sa diversité, *etc.* 414 et suiv. — Propriétés de la substance caséeuse, non altérée par l'art, 416 et suiv. — Sa fusion, inflammation, *etc.*; sa distillation et ses produits, *etc.* 417. — Son altération et sa décomposition à l'air, lorsqu'il retient du serum, 417, 418. — Son altération par l'eau, *etc.* 418. — Sa dissolution ou altération par les acides; sa décomposition par les alcalis, *etc.*; sa dissolution rapide dans l'ammoniaque, *etc.* 418, 419. — Son mélange avec la chaux forme une pâte propre à coller les fragmens de porcelaine, 419. — Sa conservation par les sels, *etc.* 419, 420. — Son union avec les matières végétales, *etc.* 420. — Ses analogies avec l'albumine, *etc.* et avec la substance glutineuse de la farine de froment, *etc.* 420, 421.

FRUITS et fructifications des végétaux, VII, 7, 14, 15, 24, 25; VIII, 316, 317. Voy. *Végétaux et leurs vaisseaux, Végétation*, etc. *Semences* et *Germination.* — Sont destinés à recouvrir et conserver la semence jusqu'à sa maturité, *etc.* Voy. *Semences*, etc.

FULMINATION, I, 95. Voy. *Détonation.*

FUMIER, VIII, 222, 225, 226, 281 et suiv. Voy. *Fermentation putride des végétaux, Eau de fumier, Terreau* et *Engrais.* — Sa décomposition et conversion en terreau, *etc.* 226. Voy. *Terreau.* — Sa fermentation et chaleur, *etc.* 284. Voy. *Engrais.*

FUSIBILITÉ. Voy. *Fusion*

— des métaux, I, 211; V, 14, 21, 22. Voy. *Métaux, à leurs propriétés physiques.*

FUSIBLES (corps). Voy. *Métaux, Sels* et *Corps combustibles.*

FUSION, I, 90, 134. Voy. *Liquation.* — Combinaison d'un solide avec le calorique, 134. Voy. *Calorique.* — des sels, est de deux sortes, *aqueuse*

et *ignée*, III, 31, 32 (Voy. *Sulfate de soude*) ; IV, 80 et suiv. Voy. *Sels*, à leur *fusibilité*.

FUSTET, etc. VIII, 74, 77. Voy. *Matières colorantes (des végétaux)*.

G

GADOLINITE. Voy. *Ytterby*.

GALACTES, sels formés avec l'acide galactique. Voy. *Acide galactique*.

GALBANUM, VIII, 31. Voy. *Gommes-résines*.

GALÈNE. Voy. *Sulfure de plomb natif*.

GALÉNIQUES (médicamens). Voy. *Pharmacalogique (chimie)*.

GALIPOT, VIII, 24. Voy. *Résine*.

GALLATES, sels formés avec l'acide gallique, etc. VII, 183 et suiv. Voyez *Acide gallique*, *Encre*, etc. — Leur action sur les dissolutions métalliques, 183 et suiv, — Leurs décompositions et précipitations, 218, 219, 220. .

GALLIN ou ACIDE GALLIQUE IMPUR, IX, 79, 80. Voy. *Noix de galle*, *Acide gallique* et *Matières astringentes*. — Existe presque toujours avec le tannin, 79. Voy. *Tannin*. — Désoxigène les matières animales, etc. 80, 134.

GALVANISME, V, 23 ; VI, 118, 119 ; IX, 22, 300 ; X, 394 et suiv. Voyez *Electricité* et *Irritabilité*.

GANGUE ou MATRICE DE LA MINE, V, 25. Voy. *Mines*.

GARANCE, VIII, 63, 70. Voy. *Matières colorantes (des végétaux)*. —Devient violette par les alcalis et rouge par les sels, etc. 70. — Son union avec les autres matières colorantes, 74.

GAUDE, VIII, 63, 74. Voy. *Matières colorantes (des végétaux)*. — Procédés et agens pour obtenir ses diverses nuances et pour les fixer, 74.

GAZ, ou FLUIDES ÉLASTIQUES, ou FLUIDES AÉRIFORMES, I, 135. Voyez chaque *Gaz* et *Acide aériforme* — Dissolutions dans le calorique, 135.

— acide carbonique. Voy. *Acide carbonique*.

— acide crayeux. Voy. *Acide carbonique*.

— acide fluorique ou spathique. Voy. *Acide fluorique*.

— acide muriatique ou marin. Voy. *Acide muriatique*.

— acide muriatique oxigéné , ou aéré, ou acide marin déphlogistiqué. Voy. *Acide muriatique oxigéné*.

— acide sulfureux. Voy. *Acide sulfureux*.

— alcalin. Voy. *Gaz ammoniac*.

— ammoniac ou gaz alcalin. Voy. *Ammoniaque*.

— azote ou mofette, I, 160 et suiv. Voy. *Azote*. — Sa découverte et ses différens noms, 161, 162, 164. — Entre tout formé dans la composition de l'air atmosphérique dans la proportion de soixante-treize parties sur cent, 161, 162, 165. Voy. *Air atmosphérique*. — Est la combinaison du calorique et de l'azote, 160. Voy. *ces deux mots*. — Difficultés et moyens de l'obtenir pur, 162 et suiv. ; II, 251. — A été trouvé par l'auteur dans les vessies natatoires des carpes, I, 163, 164. — Ses propriétés physiques et chimiques, 141 et suiv. — Est plus léger que l'air, 164. —Imcomburant et irrespirable ; propriétés qui lui ont fait donner le nom d'azote, par opposition à celui d'air vital qu'on donnoit autrefois au gaz oxigène , 164. — On ne peut ni en précipiter l'azote , sa base, ni lui enlever le calorique, 164, 165. — Effets de ses différentes proportions dans l'air atmosphérique, 165. Voy. *cet air*. — Ses différentes proportions avec le gaz oxigène , 165, 166. Voy. *Acide nitrique*. — Ses différentes combinaisons, 181. — Dissout le phosphore, 193, 194. Voy. *Phosphore*. — Son union avec le soufre , 200, 201. — Sa propriété négative d'attraction pour l'eau ; caractère pour le reconnoître, II, 15. — Son action avec les substances animales, IX, 132 ; X, 412.

— azote phosphoré, II, 237.

— azote sulfuré, I, 200, 201.

— hépatique. Voy. *Gaz hidrogène sulfuré*.

— hidrogène ou Gaz inflammable, I, 167 et suiv. — Dissolution de l'hidrogène dans le calorique, 167, 168. Voy. *ces deux mots*. — Les produits

naturels ne le présentent que mélangé et altéré , I, 168, 169, 176. Voy. *les différens Gaz hidrogènes*. — Moyens de l'obtenir le plus pur possible , fournis par la décomposition de l'eau, dont sa base est un des principes, et d'où lui vient son nom, 169. Voy. *Hidrogène*, *Eau*, *Métaux*, *Zinc*, *Fer et Acier*. — Sa grande légéreté, 169, 170. — Est depuis neuf jusqu'à treize fois moins pesant que l'air commun, 170. — Son odeur empyreumatique, 170. — Sa grande combustibilité, 170, 171. — Produit les météores , 171. — N'est pas par lui-même délétère, quoiqu'il ne puisse servir ni à la combustion ni à la respiration, 171, 172. — Sa combustion et détonation avec le gaz oxigène, ainsi que celles avec l'air atmosphérique, produisent de l'eau, 172, 173, 174. Voy. *Hidrogène et Eau*. — Expériences sur la quantité de calorique et de lumière qui se dégage pendant cette combustion, 173, 174. — Forme aussi de l'eau avec l'oxigène de l'atmosphère, lorsqu'il se dégage, par la décomposition des corps liquides ou solides avec lesquels sa base étoit combinée, 175, 176. — Ses mélanges ou combinaisons, 181 et suiv. Voy. *Ammoniaque et les différens Gaz hidrogènes*. — Décompose les oxides métalliques, 213. Voy. *Oxides métalliques* et ci-dessous, à son *action sur les substances métalliques*. — Son action sur les acides, II, 62, 74, 75, 82, 83, 110. — Décompose avec inflammation, à une haute température, l'oxide d'azote, ou gaz nitreux , qui donne à sa flamme une couleur verte, 91. — Son action sur les sels, III, 16, 24, 27, 30, 35, 42, 46, 49, 52, 53, 67, 70, 74, 82, 86, 98, 99. — Son action sur les substances métalliques, I, 212; V, 45, 69, 77, 82, 200, 206, 247, 369, 373 ; VI, 69, 73, 163, 248. 251, 313, 328, 312, 313, 384, 335. Voy. *Métaux et leurs combinaisons*. — Son action avec les substances végétales, VII, 329. Voy. *Végétaux*, etc. et *Hidrogène*. — Son action avec les substances animales, IX, 132, 149. Voy. *Hidrogène et Animaux* , etc.

Gaz hidrogène arsenié, V, 73.

— hidrogène carboné, I, 181 et suiv. — Ses différentes proportions de carbone et ses variétés, 181, 182. — Ses propriétés générales, 182, 183. — Est plus lourd, plus fétide, plus délétère, *etc.* que le gaz hidrogène pur, 183, 185. Voy. *ce Gaz*. — peut former de l'huile, et s'appelle alors *Gaz oléfiant*, 183 ; II, 111 ; VIII, 162. Voy. *Gaz oléfiant*. — Effets de son mélange avec le gaz acide carbonique, II, 37, 38. — Action réciproque entre ce gaz et les acides, 111. — Son influence sur la végétation, VIII, 275. Voy. *Nutrition végétale ou Végétation*. — Son action avec les substances animales, IX, 153.

— hidrogène charbonneux. Voy. *Gaz hidrogène carboné*.

— phosphoré, I, 194. — Décompose les oxides métalliques. Voy. *Oxides métalliques*. — Action réciproque entre ce gaz et les acides, II, 37, 38, 75, 77, 96, 111, 115. — Inflammation et action réciproque entre ce gaz et l'oxide d'azote ou gaz nitreux, 91. — Procédés pour l'obtenir, 172, 202, 237. — Son union avec les bases terreuses ou alcalines, 172, 184. — Son action sur les substances métalliques, V, 342 ; VI, 270, 329, 385.

— hidrogène phospho-sulfuré, I, 203.

— hidrogène sulfuré ou Gaz hépatique, I, 201. Voy. *Eaux sulfureuses et les Hidro-sulfurés*. — Se dissout dans l'eau, II, 18. Voy. *Eaux minérales*. — Action réciproque entre ce gaz et les acides, 37, 38, 75, 77, 96, 100, 111, 115. — Inflammation et action réciproque entre ce gaz et l'oxide d'azote ou gaz nitreux, 91. — Son union avec les substances terreuses ou alcalines, 159, 173, 174, 177, 184, 191 et suiv. 205 et suiv. 219, 228, 229, 238, 248. Voy. *les différens Hidro-sulfurés et Sulfures hidrogénés*. — Sature la chaux à la manière d'un acide , 174. — Son absorption par l'eau de chaux qu'il change en hidro-sulfure, 177. — Fait la fonction d'acide dans l'hidro-sulfure de barite, d'après le citoyen Berthollet, 192. — Procédés pour l'obtenir abondamment, 205 ; VI, 171. — Constitue le plus grand nombre des eaux sulfureuses, IV, 299. Voy. *Eaux minérales*. — Son action sur les substances métalliques, II, 214, 215 ; V, 82, 201, 202, 342 ; VI, 22, 97, 173, 270, 314, 315, 323, 329, 385. Voy. *Métaux et Oxides métalli-*

ques. — Son action avec les substances végétales, VIII, 95, 147. Voyez *Végétaux*, *Végétation*, etc. — Son action avec les substances animales, IX, 132. Voy. *Animaux*, etc.

— inflammable, aqueux ou pur. Voy. *Gaz hidrogène.*

— intestinaux ou des intestins, IX, 119, 123; X, 73 et suiv. Voy. *Animaux*, *à la comparaison et classification des matières animales.*

— méphitique. Voy. *Acide carbonique.*

— nitreux. Voy. *Oxide d'azote.*

— oléfiant, I, 183; II, 11; VIII, 162. Voy. *Gaz hidrogène carboné.*

— oxigène, *Air déphlogistiqué*, *Air pur*, *Air vital*, I, 140 et suiv. — Sa découverte, en 1774, par Priestley, 140. Voy. *Oxide rouge de mercure.* — Est la combinaison de l'oxigène avec le calorique, 141, 142. Voy. *ces deux mots.* — Manière de l'obtenir, 141, 142. Voy. *Muriate suroxigéné de potasse.* — Est le produit d'une décombustion, 142. Voy. *Décombustion.* — Ne doit point être confondu avec l'oxigène qui n'en est que la base, 142. Voy. *Oxigène.* — Ses propriétés physiques et chimiques, 142 et suiv. — Est plus pesant que l'air, 143. — Sert éminemment à la combustion et à la respiration, 141, 143, 145, 153 et suiv. Voy. *Combustion* et *Respiration.* — Sa précipitation de l'oxigène, et dégagement du calorique, et diversité de ces effets selon sa combustion lente ou rapide, 143, 144. — Sa combinaison avec le gaz azote, dans la proportion de vingt-sept parties sur cent, forme l'air atmosphérique, 153, 154 et suiv. Voy. *Air atmosphérique.* — Ses différentes proportions avec le gaz azote, 165, 166. Voyez *Acine nitrique*, *Oxide d'azote ou Gaz nitreux* et *Acide nitreux.* — Sa combustion avec le gaz hidrogène produit de l'eau, 167, 172, 174. Voy. *Gaz hidrogène* et *Eau.* — Expériences sur la quantité de lumière et de calorique qui se dégage pendant cette combustion, 173, 174. — Sa combustion et combinaison avec le carbone, et expériences calorimétriques sur ce phénomène, 179, 180. Voy. *Gaz acide carbonique.* — Sa combustion avec le phosphore, et expériences calorimétriques à ce sujet, 189, 190. Voy. *Acides phosphorique et phosphoreux.* — Sa combustion avec le soufre, 199. Voyez *Acides sulfurique et sulfureux.* — Son absorption par l'eau, II, 13, 15. — Décompose le gaz ammoniac à une haute température, 236, 237. — Son action sur les sels, III, 70, 80. Voy. *Air, à son action sur les sels.* — Son action sur les métaux. Voy. *Métaux, à leur oxidation*; et *Air, à son action sur les substances métalliques.* — Son action sur les substances végétales. Voyez *Air atmosphérique, à cette action*; *Oxigène*, *Végétaux*, *Végétation*, etc. — Son action sur les substances animales. Voy. *Air atmosphérique, à cette action.*

— phlogistiqué ou mofette. Voy. *Gaz azote.*

— phosphorique. Voy. *Acides phosphorique* et *phosphoreux.*

— prussien. Voy. *Acide prussique.*

— pulmonaire ou des poumons, IX, 119, 122, 380, 381. Voy. *Animaux, à la comparaison et classification des matières animales.* — Sort des poumons par l'expiration; sa nature mélangée, carbonée, hidrogénée, désoxigénée, etc.; sa grande quantité d'eau; ses effets morbifères, etc. 380, 381.

— sulfureux. Voy. *Acide sulfureux.*

GÉLATINE ou COLLE, IX, 140, 142, 146, 225 et suiv. 231 et suiv. 235 et suiv. Voy. *Serum du sang*, *Tissu cellulaire*, etc. *Tissu dermoïde ou cutané*, etc. *Physiologie*, etc. — Fait la base des tissus ou organes blancs, fibreux ou membraneux, etc. 232. Voy. *Tissu cellulaire*, etc. etc. — Son épaississement en colle, etc. par le feu; sa dissolubilité dans l'eau, surtout bouillante, etc. 232, 233. — Sa décomposition et analyse à la cornue, etc.; son acescence, etc.; sa dissolubilité dans les acides, etc.; ses précipitations par les bases, et autres propriétés chimiques, 233 et suiv. — Ses analogies et ses différences avec le mucilage ou corps muqueux végétal; ses principales différences consistent dans la putréfaction de la gélatine, dans l'action du tannin et celle de l'alcool, etc. 233 et suiv. Voy. *Tannin*, etc. — Sa formation avec les différentes peaux, etc. 255

et suiv. Voy. *Tissu dermoïde ou cutané*, etc. — Sa formation avec les cartilages, 271 et suiv. Voy. *Tissu cartilagineux.* — Est la base des os, IX, 280, 288. Voy. *Tissu osseux*, etc. — Son action avec les autres matières animales, 401, 414. Voy. *Urine* et *Calculs urinaires*, etc., *à leurs matériaux.*

GELÉE ANIMALE. Voy. *Gélatine.*

GERMINATION, VIII, 268, 293, 307 et suiv. Voy. *Nutrition végétale, Végétation*, etc. et *Semences.* — L'eau y sert éminemment, 268, 309 et suiv. — L'addition de l'oxigène la favorise, etc. 293, 308, 309. Voy. *Irritabilité végétale.* — Son histoire, etc. : ce phénomène a été l'objet de l'admiration et des travaux de tous les grands physiciens, etc. 307. et suiv. — Conditions qui y sont nécessaires ; l'air, l'eau, etc. ; une certaine élévation de température ; la privation de la lumière, etc. 309, 310. — Ses phénomènes, ses progrès et changemens chimiques qui les produisent ; formation et décomposition d'acide carbonique, etc. 310 et suiv. Voyez *Nutrition végétale.*

GÉNÉRATION, IX, 16, 23 et suiv. ; X, 401, 402. Voy. *Glandes conglomérées, Physiologie*, etc. — Ses phénomènes chimiques, 401, 402. Voy. *Liqueur de l'amnios, Sperme*, etc.

GENET de teinturier, VIII, 74, 76. Voy. *Matières colorantes*, etc.

GÉOLOGIE, science chimique, I, 8. Voy. *Chimie minérale.*

GLACE ('la). Voy. *Eau.*

GLANDES conglobées, IX, 8, 9, 10. Voy *Vaisseaux lymphatiques ou absorbans, Animaux* et *Physiologie*, etc.

— conglomérées, IX, 8, 10. Voy. *Vaisseaux sanguins, Animaux* et *Physiologie*, etc.

GLUCINE, II, 134, 155 et suiv. Voy. *Terres (en général).* — Découverte par le citoyen Vauquelin, l'an 6 de la République, dans l'aigue-marine et dans l'émeraude, d'après les observations du citoyen Haüy, sur la conformité de structure, etc. de ces deux pierres, 155, 156. — Tire ce nom de mots grecs qui signifient *rendre doux*, d'après la plus remarquable de ses propriétés caractéristiques, qui est celle de la saveur sucrée qu'elle donne à ses combinaisons avec les acides, 156, 157, 160. Voy. *Sels*, etc. *à leur saveur.* — Procédés pour l'extraire, 157, 158, 323 et suiv. 326, 327. Voy. *Pierres (combinées).* — Est insipide, happant à la langue, etc. ; apyre et infusible au feu, etc. 158. — Son union avec le gaz hidrogène sulfuré, qui la rapproche des terres alcalines, 159. — Son indissolubilité dans l'eau et la pâte légèrement ductile, etc. qu'elle y forme, 159. — Son union et l'ordre de ses attractions avec les acides, 159, 160, 194 ; III, 21, 49 et suiv. 72, 91, 102, 146 et suiv. 157, 160, 161, 166, 208, 209, 212, 219, 229, 235, 271, 272, 279, 292, 297, 309 ; IV, 9, 59 et suiv. 119, 120, 122. Voy. *Sels.* — Ses attractions avec les acides, comparativement aux autres bases, soit terreuses, soit alcalines, 159, 166, 177, 184, 185, 209, 220, 240 ; III, 53, 60, 66, 67, 93, 151, 152, 210, 250, 293, 310, 317, 336 ; IX, 191. — Exposé des propriétés qui la distinguent des autres terres, et ses six principaux caractères spécifiques présentés par le citoyen Vauquelin, II, 160, 161. — Se dissout dans la dissolution de carbonate d'ammoniaque ; et sel triple qui en résulte, IV, 56, 60, 61 ; X, 65. — Sa combinaison avec l'ac.de acéteux, VIII, 199.

GLUTINEUX (le), (6e. genre des matériaux immédiats des végétaux), VII, 126, 295 et suiv. Voy. *Végétaux, Albumine végétale, Végétation*, etc. — Son siège ; existe principalement dans la farine de froment, dans le tissu du linge et du papier, etc. 295 et suiv. 305, 306. — Sa rareté ou difficulté de son extraction dans les végétaux, 297. — Son extraction par l'eau en petite quantité, etc. de la farine de froment, 297 et suiv. — Son acescence ou fermentation et sa présence nécessaire à la fabrication du bon pain, etc 299 et suiv. Voy. *Farine.* — Ses propriétés physiques ; sa couleur grise ; son odeur spermatique, etc. ; son élasticité ; sa nature collante, etc. ; son analogie avec les substances animales, 301 et suiv. Voyez *ses propriétés chimiques.* — Ses propriétés chimiques, 302 et suiv. — Ses

différentes altérations par le feu, selon la manière dont on l'y expose ; produits de sa distillation, carbonate d'ammoniaque, huile épaisse, *etc.* ; odeur fétide des matières animales, *etc.* 302, 303. — Ses altérations à l'air ; sa putréfaction à l'air humide, *etc.* ; sa conversion en une sorte de fromage lorsqu'il retient un peu d'amidon, *etc.* 303. — Son indissolubilité, *etc.* par son état de saturation d'eau, *etc.* 303, 304. — Ses diverses altérations par les acides ; sa dissolution, *etc.* par les acides faibles ; sa conversion en divers acides et en ammoniaque par les acides concentrés ; l'acide nitrique en dégage du gaz azote, *etc.* comme d'une matière animale, 304. — Sa dissolution, altération, formation d'ammoniaque, *etc.* par les alcalis ; sa conservation par les sels, excepté le muriate suroxigéné de potasse, qui l'enflamme avec détonation ; sa combustion, *etc.* par les oxides métalliques et leurs dissolutions, 304. — Doit à l'azote qu'il contient, outre les autres élémens des matières végétales, les propriétés qui le font différer de ces matières et toutes celles qui le rapprochent des matières animales, 304, 305. — Ses usages ; sa qualité nutritive lorsqu'il est atténué par la fermentation et uni à la matière amilacée, *etc.* ; sert à coller des fragmens de porcelaine, *etc.* 306. Voy. *Farine.* — Ses rapports avec l'albumine, VIII, 87. Voy. *Albumine végétale.* — Sa dissolution sans altération, *etc.* dans le vinaigre, 206.

Gneiss. Voy. *Pierres mélangées.*

Gomme ou Mucilage. Voy. *le Muqueux ou Corps muqueux*, etc.

— ammoniaque, VIII, 35, 154. Voy. *Gommes-résines.*

— ou résine élastique. Voy. *Caout-chouc.*

— gutte, VIII, 32. Voy. *Gommes-résines.*

— ou résine lacque. Voy. *Lacque.*

— résines (13e. genre des matériaux immédiats des végétaux), VII, 126 ; VIII, 27 et suiv. Voy. *Végétaux, Résine, Végétation*, etc. — Leur siége ; sont contenues dans les vaisseaux propres d'un grand nombre de végétaux, quelquefois dans toutes leurs parties ; mais spécialement dans les racines, les tiges et les feuilles, 27. — Leur extraction ; sont toujours cachées dans l'intérieur des plantes, et ne s'en écoulent jamais, ainsi que le font les résines, 27, 28. — Leurs propriétés physiques ; leur odeur fétide et alliacée, *etc. etc.* 28, 29. — Leurs propriétés chimiques ; leur desséchement, boursouflment, *etc.* sur des charbons ; leur distillation fournit de l'azote, *etc.* ; forment avec l'eau une espèce d'émulsion, *etc.* ; sont décomposées, *etc.* par les acides sulfurique et nitrique, dont le dernier les convertit en partie en acide oxalique ; sont dissoutes par les acides faibles, et spécialement par l'acide acéteux, 29, 30. — Leur dissolution par les alcalis est due à leur portion d'extractif, *etc.* 30. — Leur union avec les autres substances végétales, 30, 153, 154, 206, 240. — Leurs principales espèces et propriétés médicamenteuses, *etc.* 30 et suiv. — Leurs usages presque nuls pour les arts, excepté la peinture ; sont sur-tout applicables à la médecine, pour laquelle on peut les diviser en deux genres, soit comme purgatifs, *etc.* soit comme antispasmodiques, 35, 36. — Leur action avec les substances animales, IX, 146, 187, 427.

Goudron, VIII, 24. Voy. *Galipot.*

Graduation, I, 92.

Graine. Voy. *Semence des végétaux.*

— d'Avignon, VIII, 74, 77.

Graisse (1ere. classe des matières animales liquides), IX, 118, 121, 173 et suiv. Voy. *Animaux, à la comparaison et classification des matières animales, Physiologie*, etc. *Huile animale, Acide sébacique* et *Adipocire.*
— Ses propriétés physiques ; son siége ; sa fluidité dans le corps vivant ; ses différens états, *etc.* 173 et suiv. — Précis des expériences et observations physiques et chimiques de divers savans, et découvertes de l'auteur sur cette substance et sur son acide, 174 et suiv. Voy. *Acide sébacique.*
— Sa purification, sa fusion, volatilisation, inflammation, *etc.* 177, 178, 182, 183, 184. — Ses distillations et ses différens produits, selon sa plus ou moins grande décomposition, suivant la grandeur des vaisseaux, la

manière dont on conduit le feu, *etc.* IX, 178 et suiv. Voy. *Acide sébacique.*
— Son altération à l'air ; sa coloration, *etc.* ; sa rancidité et acidité, *etc.*
dues à une fermentation et à la fixation d'oxigène, *etc.* 181, 182. Voyez
Acide sébacique. — Son union et décomposition, *etc.* avec le soufre et
avec le phosphore, et dégagement de gaz hidrogène sulfuré et phosphoré, *etc.* 182. — Son union et action avec les substances métalliques ;
danger des vaisseaux de terre vernissés avec les oxides de plomb et de
cuivre, 183, 184 et suiv. — Action entre cette substance et l'eau, qui l'enflamme, *etc.* en se décomposant, *etc.* 182, 183, 184. — Action entre cette
substance et les acides puissans, 184, 185. — Décomposition mutuelle, *etc.*
de la graisse et de l'acide sulfurique, 184. — Son oxigénation, *etc.* par
les acides nitrique et muriatique oxigéné ; ses divers degrés d'oxigénation ;
formation d'acide sébacique, *etc.* ; consistance de la graisse oxigénée, *etc.* ;
son utilité pour la gale, *etc.* ; sa dissolubilité dans l'alcool, 185, 187, 194.
Voy. *Adipocire.* — Son union savonneuse, *etc.* avec les substances alcalines, *etc.* ; sa conservation par le muriate de soude, 186. — Ses combinaisons avec les substances végétales et animales, 187. — Différence qu'elle
présente suivant les diverses régions qu'elle occupe, suivant les âges et le
sexe, suivant les divers ordres d'animaux, soit enfin dans ses altérations
morbifiques, 193 et suiv. — Ses nombreux usages, soit dans les fonctions
vitales, soit économiques, soit dans la médecine, *etc.* 195, 196. — Son
action sur les autres matières animales, 249, 288 ; X, 32.

GRANATITE. Voy. *Staurotite.*

GRANITS. Voy. *Pétro-Silex* et *Pierres mélangées.*

GRAVI-MÈTRE du citoyen Guyton, II, 258.

GRENAT, II, 285, 297, 298. Voy. *Pierres (combinées).* — Est une des pierres
dures les plus fusibles et attaquables par les acides, 297. — Son analyse
par divers chimistes, 297, 335, 336. — Nom donné improprement à plusieurs pierres. Voy. *Leucite, Ceylanite, Granatite.*

— blanc. Voy. *Leucite.*

GRENOUILLE, IX, 120, 124 ; X, 314, 317, 318. Voy. *Animaux, à la comparaison et classification des matières animales.* — L'usage d'en former un
bouillon doux et rafraîchissant, est le seul qui soit raisonnable, *etc.* 318.

H

HÉMATITES, VI, 132. Voy. *Fer oxidé*, etc. *natif.* — Leurs diverses sortes
dans lesquelles on doit placer la *Sanguine* et la *Pierre à brunir*, 132. —
Leurs usages, 226. Voy. *ceux du Fer.*

HÉPARS SULFUREUX. Voy. *Sulfures alcalins.*

HERMÉTIQUE (art ou science). Voy. *Chimie.*

HIDROGÈNE (base du gaz inflammable ou gaz hidrogène), I, 113, 114, 167
et suiv. — Ne peut s'obtenir pur, 167. — Est éminemment combustible,
167. Voy. *Gaz hidrogène.* — Son caractère spécifique, source de son nom,
est de former de l'eau avec l'oxigène qui le brûle, 167. Voy. *Gaz hidrogène
et Eau.* — Est très-dissoluble dans le calorique, 167. Voy. *Gaz hidrogène.*
— Se trouve fixé dans beaucoup de combinaisons, 167. Voy. *Gaz hidrogène.*
— Sa combinaison avec l'azote. Voy. *Ammoniaque.* — Avec le charbon.
Voy. *Carbone hidrogène.* — Avec le phosphore, 194. Voy. *Gaz hidrogène
phosphoré.* — Avec le soufre, 201, 202. Voy. *Hidrogène sulfuré, Gaz hidrogène sulfuré, Hidro sulfures, Soufre hidrogéné, Gaz hidrogène phospho-sulfuré.* — Décompose les oxides, II, 6. Voy. *Oxides.* — Est un des
principes constituans des végétaux, VII, 53 et suiv. ; VIII, 282, 283. Voy.
Végétaux et Gaz hidrogène. — Est un des principes constituans des animaux, IX, 39 et suiv. Voy. *Animaux.*

— sulfuré, I, 201. Voy. *Gaz hidrogène sulfuré.*

HIDROPHANE. Voy. *Silex.*

HIDRO-SULFURES alcalins, I, 201. Voy. *les différens Hidro-sulfures et Oxides
hidro-sulfurés.* — Leur combustion au milieu de l'eau, et conversion du

soufre en acide sulfurique par l'acide muriatique oxigéné , II , 111. — Leur action avec les substances métalliques , V , 202, 228, 245, 342, 379 ; VI , 22 , 30 , 88 , 90, 93, 193, 198, 276, 277 , 335. — Leur action avec les substances végétales , VII , 249 : VIII , 205.

Hidro-sulfures alcalins et métalliques , V , 50 , 60 , 226 et suiv.
— ammoniaco-antimonial , V , 254. Voy. Hidro-sulfures.
— d'ammoniaque , II , 238 , 248. Voy. Hidro-sulfures alcalins. — Est cristallisable, est décomposé par le calorique , le gaz oxigène , les acides ; et les oxides métalliques , 248. — Son utilité comme médicament , 248. — Affaiblit les organes des animaux , 248.
— d'antimoine , V , 223 , 226 et suiv. Voyez Hidro - sulfures métalliques , Sulfure d'antimoine , Oxides sulfurés et Hidro-sulfures d'antimoine.
— de barite , II , 191 et suiv. Voy. Hidro-sulfures alcalins. — Variété de sa cristallisation , 191. — Examen du citoyen Berthollet sur cette combinaison , dans laquelle il considère l'hidrogène sulfuré comme faisant fonction d'un acide , 192. — Sa décomposition par les acides , 192. — Décompose le sulfure de barite , 192. — Son caractère distinctif est de ne donner par les acides que du gaz hidrogène sulfuré et point de soufre précipité , 192 , 193. Voy. Sulfure de barite et Sulfure de barite hidrogéné ; voy. aussi les Sulfures et Hidro-sulfure de potasse.
— de chaux ou calcaire , II , 173 , 174. Voy. les Sulfures et Hidro-sulfures de barite et de potasse. — Sa décomposition par les acides , 174. — Sa décomposition par les oxides , et son action sur les substances métalliques, 174. Voy. Hidro-sulfures alcalins. — Dissolvant du carbone , 174.
— de potasse , 205 et suiv. Voy. Hidro - sulfures alcalins. — Sa cristallisation et transparence de ses cristaux , 206. — Le feu , les acides et plusieurs oxides métalliques en dégagent du gaz hidrogène sans précipitation de soufre , 206. Voy. Sulfure de potasse hidrogéné.
— de soude , II , 219. Voy. Hidro-sulfures alcalins ; les Hidro - sulfures de barite et de potasse et Sulfite , Hidro-sulfuré de soude.
— de strontiane . II , 228 , 229. Voy. Hidro-sulfure de barite.
Fluorures métalliques , I , 212 ; V , 45, Voy. Gaz hidrogène et Métaux.
Honigstein. Voy. Mellite ou Pierre de miel.
Horne-blende. Voy. Amphibole.
Hippolithes , X , 261. Voy. Concrétions intestinales.
Houille ou Charbon de terre , etc. VIII , 235, 241 et suiv. Voy. Bitumes.
— Sa formation en partie animale , etc. son histoire naturelle , son abondance et ses diverses espèces , 241 et suiv. Voy. ci-dessous , à sa Combustion , etc.
— Ne contient point de soufre lorsqu'elle est pure , etc. 243 , 244 , 245.
— Sa combustion , susceptible d'être partagée eu deux temps , etc. ; sa distillation et ses produits ; fournit beaucoup d'ammoniaque , etc. un gaz huileux , qui est un mélange d'hidrogène , d'azote , de carbone et de gaz acide carbonique , etc. ; son résidu scorifié charbonneux , etc. 243 , 244. Voy. Coaks des Anglais ou Charbon de terre épuré, etc. — Sa grande utilité ; ses inconvéniens , et moyens d'y remédier par la construction des cheminées , etc. 244 , 245.
Huile animale , IX , 48, 50 , 51 , 107 , 158 , 265 et suiv. 278 , 298 , 299 ; X , 26, 27 , 33 , 35 et suiv. 122 , 284 , 288 , 308 , 309 , 327 et suiv. 349 , 357 , 362. Voy. Cheveux , Cerveau ou Pulpe cérébrale , Bile , Urine , Laine , Œuf , Fourmis , etc. Huile de poisson , Graisse , Adipocire , etc. — Est un produit du feu , etc. ; en quoi elle diffère de l'huile végétale ; sa nature ammoniacale , etc. 48 , 50 , 51 ; IX , 48 , 50 , 51. — Rectifiée , appelée de Dippel , sa rectification , etc. ; est blanche, volatile , etc. 51 ; X , 284.
— animale , de Dippel. Voy. Huile animale rectifiée.
— douce du vin , VIII , 158 et suiv. Voy. Alcool , Ether , Sulfurique , etc.
— Est une sorte d'éther plus chargé de carbone , 165, 166. Voy. Ether et Alcool.
— empyreumatique. Voy. Huile fixe , à son altération , acidification , etc. et Acides empyreumatiques.
— essentielle ou essence , etc. Voy. Huile volatile.

Huile fixe (8ᵉ. genre des matériaux immédiats des végétaux) , VII , 126 , 319 et suiv. Voy. *Végétaux*, *Végétation*, etc.—Son siége ; n'est contenue que dans les semences et dans les plantes dicotylédones ; se trouve mêlée avec le mucilage et la fécule, qui lui font former avec l'eau ce qu'on nomme *émulsion*, lait d'amande, *etc.* ; accompagne l'embryon dans la graine, comme le poulet dans l'œuf, *etc.* ; semble caractériser les plantes dicotylédones d'avec les monocotylédones, comme les animaux ovipares le sont des vivipares, *etc.* 319 et suiv. — Son extraction et les divers procédés des arts pour la purifier, 321 et suiv. Voy. *ci-dessous*, à *ses principales espèces*. — Ses propriétés physiques ; variété de sa pesanteur, de sa congélation, *etc.* selon ses différentes espèces ; celles qui se figent le plus promprement, comme l'huile d'olive, sont les moins altérables, *etc.* 326. Voy. *ci-dessous*, à *ses principales espèces*. — Ses propriétés chimiques, 326 et suiv. — Son altération, acidification, *etc.* ; sa combustion et sa réduction en eau et acide carbonique par le calorique, 326, 327. — Ses diverses altérations à l'air ; leur concrétion ou *cérification*, leur *desséchement* et leur acidification ou *rancidité*, 327, 328. Voy. *Cire*, etc. *des végétaux*. — Son union avec les corps combustibles, 329, 330. — Forme des espèces de savons qu'on nomme *emplâtres*, avec les oxides métalliques ; décomposition mutuelle de ces composés à l'aide de la chaleur, 329, 330, 333. — Est purifiée par l'eau, 330. — Phénomènes divers de son union et de sa décomposition avec les acides ; sa combustion, sa conversion en acide oxalique, *etc.* ; son blanchiment, *etc.* par l'acide muriatique oxigéné, 330, 331. — Ses combinaisons avec les alcalis, 331 et suiv. Voy. *Savon.* — Action entre ce corps et les sels ; son inflammation et détonation avec le muriate suroxigéné de potasse, 333. — Son union avec les mucilages et le sucre la rend plus ou moins miscible avec l'eau, *etc.* 333, 334. — Ses principales espèces usuelles peuvent se distinguer en deux genres ; 1°. *les huiles grasses*, susceptibles de se figer par le froid, *etc.* les plus propres à la fabrication des savons, *etc.* ; *l'huile d'olive, d'amande douce*, etc. sont de ce genre, 334 et suiv. — 2°. *Les huiles siccatives*, se séchant à l'air, *etc.* ; se cristallisant par le froid, *etc.* ; *l'huile de lin, de noix*, etc. sont de ce genre, 335 et suiv. — Ses usages dans les arts médicamenteux, économiques, *etc.* 338, 339. — Son union avec les autres substances végétales, 339, 357 ; VIII, 12, 13, 32, 41, 47, 206, 240. — Son action et union avec les substances animales, IX, 78, 111, 146, 187, 192, 193, 249, 269, 287, 375, 427 ; X, 28, 29, 54, 59, 300, 343.

— de poisson, IX, 120, 124 ; X, 327, 328, 329. Voy. *Animaux*, à la *comparaison et classification des matières animales, Huile animale*, etc. — Son extraction, etc. 328. — Son analogie avec l'huile de baleine ; sa congélation, *etc.* 329. Voy. *Adipocire.*

— de succin, VIII, 250, 251, 253, 254. Voyez *Succin.* — Son rapprochement des huiles volatiles, 251, 253. — Ses combinaisons, 253, 254. Voy. *Eau de Luce* et *Baume de soufre succiné.* — Ses usages médicinaux, 254.

— de vitriol. Voy. *Acide sulfurique.*

— de vitriol glaciale ou concrète. Voy. *Acide sulfurique glacial.*

— de vitriol fumante de Northaausen. Voy. *Acide sulfurique glacial.*

— volatile ou essence, *etc.* (10ᵉ. genre des matériaux immédiats des végétaux), VII, 126, 352 et suiv. Voy. *Végétaux, Huile fixe, Végétation*, etc. — Son siége ; toutes les parties des végétaux sont susceptibles d'en contenir, excepté l'intérieur des graines, contraste remarquable avec les huiles fixes, 352 et suiv. — Son extraction, 356 et suiv. Voy. *ci-dessous*, à *ses différentes espèces.* — Ses propriétés physiques et leurs variations ; ses diverses odeurs ne viennent point d'un principe particulier, indépendant, *etc.* ainsi qu'on l'a cru faussement, mais de la vapeur de l'huile entière, *etc.* 360 et suiv. ; VIII, 151, 152. Voy. *Eaux distillées spiritueuses*, etc. *Arôme*, et *ci-dessous*, à *ses différentes espèces.* — Ses propriétés chimiques, 363 et suiv. — Sa grande volatilité rend sa décomposition par le feu difficile, *etc.* ; sa grande combustibilité et proportion d'hidrogène, *etc.* 363, 364. — Corrompt l'air, *etc.* ; s'y épaissit, *etc.* ; y perd de son hidrogène en augmentant

son carbone, VIII, 364, 365. Voy. *Résine* et *Camphre*. — Sa dissolution dans l'eau, 365. Voy. *Eaux essentielles*, etc. — Son union avec le phosphore et avec le soufre, 365. — Ses diverses altérations par les acides ; est moins décomposable, etc. par ces corps que l'huile fixe ; son inflammation par l'acide nitrique, etc. ; son épaississement, etc. par les acides étendus d'eau et par l'acide muriatique oxigéné, etc. 365, 366. — Son union avec les alcalis, 366. Voy. *Savonules*. — Action entre ce corps et les sels ; son inflammation par le muriate suroxigéné de potasse, etc. ; sa forme cristalline, dans sa séparation d'avec les dissolutions métalliques, qu'elle décompose, etc. 366. — Son union avec les autres substances végétales, 366, 367 ; VIII, 12, 13, 32, 47, 151 et suiv. 167, 206, 240. — Ses différentes espèces ; peuvent former six genres principaux sous les dénominations d'huiles *fugaces*, *légères*, *visqueuses*, *concrètes*, *céracées* et *camphrées*, VII, 367 et suiv. Voy. *Camphre*, *Résine* et *Baumes*. — Ses usages nombreux dans la médecine et dans les arts, 369, 370. — Son action et union avec les substances animales, IX, 78, 111, 134, 146, 187, 192, 193, 249, 287, 375, 427 ; X, 28, 29, 59, 301.

HUMEUR aqueuses de l'œil, IX, 119, 122, 304 et suiv. Voy. *Animaux*, à la comparaison et classification des matières animales. — Ses propriétés, son usage, etc. 305, 306.

— des cavités intérieures (1ere. classe des matières animales liquides), IX, 118, 121, 196, 212 et suiv. Voy. *Animaux*, à la comparaison et classification des matières animales, *Physiologie*, etc, — Son siège ; ses fonctions ; ses différences d'avec celle qui s'exhale par la peau, etc. 212, 213, 215. — Analyse et propriétés chimiques de ce qu'on nomme l'eau des hydropiques, 213 et suiv.

— (ou *Mucus*) trachéale et bronchique, IX, 119, 122, 377 et suiv. Voy. *Animaux*, à la comparaison et classification des matières animales. — Siège et source de l'humeur trachéale ; sa nature mucilagineuse ; ses fonctions ; son desséchement cause des rhumes, etc. 378, 379. — L'humeur bronchique diffère de la trachéale, tant par sa source que parce qu'elle n'est pas visqueuse, filante, etc. 379, 380.

— vitrée de l'œil, IX, 119, 122, 306, 307. Voy. *Animaux*, à la comparaison et classification des matières animales — Son siège, etc. et le peu que l'on connaît de ses propriétés physiques et chimiques, 306, 307.

HYACINTHE. Voy. *Zircon*.

— blanche. Voy. *Sommite*.

— blanche cruciforme. Voy. *Andréolite*.

— de Compostelle. Voy. *Quarts*.

— des volcans ou Hyacinthine. Voy. *Idocrase*.

HYDRATE de cuivre. Voy. *Cendre bleue*.

HYDROMEL, X, 341.

HYGROMÈTRE et HYGROMÉTRIE, II, 14.

I

ICTHYOCOLLE ou COLLE DE POISSON, IX, 120, 124 ; X, 327, 328. Voyez *Animaux*, à la comparaison et classification des matières animales, *Gélatine*, *Huile animale*, etc. — Sa préparation ; son huile, etc.; sa matière gélatineuse, etc. 327. — Ses usages médicamenteux et économiques, 328.

IDOCRASE, II, 286, 299. Voy. *Pierres* (combinées). — Ce nom veut dire forme mélangée, 299. — Avait été appelée *hyacinthe des volcans* ou *hyacinthine*, s'éloigne beaucoup de la véritable hyacinthe, et n'est pas produite par les feux des volcans, 299.

INCINÉRATION, I, 95. Voy. *Combustion*.

INDIGO, VIII, 64, 66 et suiv. Voy. *Matières colorantes* (des *végétaux*) et *Fermentations panaire et colorante*. — Sa préparation ; ses trois principales espèces, 66, 67. — Ses dissolutions, altérations, etc, par les acides et par les alcalis, 67. — Son analyse ; contient de l'azote, etc. ; sa grande pro-

portion de carbone, *etc* VIII, 67. — Son passage au vert, *etc.* en perdant de son oxigène, et révification de sa couleur bleue, *etc.* par le contact de l'air qui lui rend l'oxigène qu'il a perdu, *etc.* 67, 68.

INFLAMMATION. Voy. *Combustion* et *Lumière.*

INFUSÉ, mot qu'on devrait adopter, I, 92. Voy. *Infusion.*

INFUSION, 1, 92; VII, 47, 48. Voy. *Infusé.*

INQUART ou QUARTATION, VI, 373. Voy. *Départ.*

INSOLATION, I, 93.

INTERMÈDE. Voy. *Affinités.*

IRRITABILITÉ animale; IX, 16, 21, 22; X, 394 et suiv. 408 et suiv. Voy. *Muscles, Nerfs, Physiologie,* etc. *Galvanisme,* etc. *Sensibilité,* etc. — Ses phénomènes chimiques, et opinions sur ces phénomènes, 394 et suiv. Voy. *Galvanisme,* etc. *Sensibilité,* etc. — Variations de ses phénomènes suivant les différens genres d'animaux, *etc.* 408 et suiv. Voyez *Physiologie,* etc

— végétale ou mouvement des solides des végétaux, VIII, 288, 292 et suiv. 304, 305. Voy. *Végétation,* etc. — Influence des substances oxigénées, *etc.* sur ce phénomène, 293. — Paraît être la cause de la direction qu'affectent les parties des plantes, 304, 305.

IVOIRE, IX, 119, 123; X, 280 et suiv. Voy. *Animaux,* à la comparaison et classification des matières animales. — Son histoire naturelle, *etc.* 281, 282. — Sa distillation; son analogie avec les os, *etc.* 282.

J

JADE ou Jadien. Voy. *Pétro-Silex.*

JAIS. Voy. *Jayet.*

JARGON. Voy. *Zircon.*

JASPES. Voy. *Silex.*

JUPITER. Voy. *Étain.*

JAYET, VIII, 235, 246, 247. Voy. *Bitumes.* — Ses noms anciens; est un produit du bois enfoui, *etc.*; sa dureté, *etc.*; reçoit un beau poli, *etc.*; sa distillation; son huile brune liquide non fétide, *etc.* 246. — Ses usages, 246, 247.

K

KARABÉ. Voy. *Succin.*

KARAT. Voy. *Essai du titre de l'or.*

KERMÈS animal, IX, 120, 124; X, 338, 355, 356. Voy. *Animaux,* à la comparaison et classification des matières animales. — Est la calote d'un insecte qui perd sa forme en se desséchant, *etc.*; sa nature chimique; préparation de sa partie colorante, *etc.*; sa teinture est moins brillante, mais plus solide que celle de la cochenille; donne l'écarlate, *etc.*; son usage pharmaceutique, 355, 356. Voy. *Cochenille.*

— minéral. Voy. *Oxides d'antimoine hidro-sulfuré.*

KIRCHENWASSER (Eau-de-vie de cerises), VIII, 133. Voy. *Fermentation vineuse* et *Vin.*

KUPFER-NICKEL. Voy. *Mines de nickel* et *Sulfure de nickel.*

L

LACQUES. Voy. *Laque.*

LACTATES, sels formés par l'acide lactique, IX, 411, 412. Voy. cet *Acide.*

LAINE, IX, 120, 123; X, 280, 286 et suiv. Voy. *Animaux,* à la comparaison et classification des matières animales. — Découvertes modernes sur ses propriétés chimiques; sa dissolution dans les alcalis; sa substance graisseuse et huileuse; son impénétrabilité par l'eau, *etc.* 287 et suiv. Voy. *Savon animal.* — Paraît à l'auteur être une substance très-hidrogénée, *etc.* 283.

Lait (2e. classe des matières animales), IX, 119, 122, 382 et suiv. Voy.
Animaux, à la comparaison et classification des matières animales. — Son
histoire nature ou sa formation, 382 et suiv. Voyez *Colostrum*. — Paraît
devoir, sa matière butireuse à la graisse ; son principe mucoso-sucré à la
lymphe ; et au sang la substance albumino-caséeuse, ainsi que les sels,
385, 337, 428. — Influence des alimens, et même des passions, sur la
formation et la nature du lait, 388, 389, 431, 432. — Ses propriétés physiques, 389 et suiv. Voy. *ci-dessous*, à ses différentes espèces. — Différences que le lait d'une vache offre dans l'espace de vingt-quatre heures,
ou suivant qu'on coupe diversement une même traite, etc. 391, 392. Voy.
Colostrum. — Son examen chimique, et notice des recherches et des découvertes des divers savans sur ses propriétés et ses produits, etc. 392 et
suiv. — Séparation de sa matière caséeuse par le feu, etc. ; son évaporation et épaississement, etc. 393, 394. Voy. *Franchipane*. — Sa distillation
et ses produits, etc. 394, 395. — Ses altérations à l'air, etc. 395 et suiv. Voy.
Crème. — Sa fermentation vineuse, par son mélange avec le sang ; son
alcool, etc. 396, 397 et suiv. Voy. *ci-dessous*, à ses différentes espèces,
celui de jument. — Sa fermentation acide ; sa coagulation, etc. 397 et suiv.
Voy. *Caillé*, *Petit-Lait*, *Acide lactique* et *Matière caséeuse* ou *Fromage*.
— Sa conversion en acide acéteux par le moyen de l'alcool, etc ; vinaigre
qu'on en peut obtenir, etc. 398. Voy. *ci-dessous*, à ses usages. — Son altération, etc. avec les acides, avec les alcalis, avec les sels, etc. 398 et
suiv. — Son union ou altération avec diverses matières végétales et animales, 400, 101. — Est une substance très-composée et dont les matériaux sont faiblement unis les uns aux autres ; il se présente comme une
sorte de suspension de matière grasse et huileuse dans un liquide muqueux
et salin, etc. 401. — Examen de chacun de ses matériaux composans,
401 et suiv. Voy. *Petit-Lait* ou *Sérum*, *Matière caséeuse* ou *Fromage* et
Matière butireuse ou *Beurre*. — Ses différentes espèces comparées à celui
de vache, 429 et suiv. — *Lait de femme* ; est généralement moins épais,
moins opaque et plus sucré, etc. ; ses variétés ; proportion de ses principes, etc. ; inconvénient de n'en faire prendre aux enfans qu'une petite
quantité à la fois, etc. 430 et suiv. — *D'ânesse* ; ses rapports avec celui
de femme, etc. 432. — *De chèvre* ; est le plus épais de tous ; fournit beaucoup de crème et de beurre, etc. 432, 433. — *De brebis* ; différences
qu'il présente dans son analyse ; état visqueux de sa partie caséeuse, et
consistance grasse de ses fromages, etc. 433, 434. — *De jument* ; est le
plus fluide de tous ; son peu de crème, etc. ; sa proportion du principe
sucré ; sa fermentation vineuse, etc. 434, 435. — Pesanteurs comparées
de ces différens laits, 310. — Leurs matériaux comparés, 435 et suiv.
Voy. *ci-dessous*, à leur action médicamenteuse comparée, etc. — Ses usages
multipliés et importans sous le quadruple rapport d'usages naturels,
économiques, médicinaux, et dans les arts : 437 et suiv. — Action médicamenteuse comparée des différentes espèces de lait, etc. 439, 440. —
Le lait aigri et trouble sert à donner aux toiles le beau blanc nommé
blanc de lait ; la matière caséeuse, pétrie avec la chaux, sert à recoller
les porcelaines, etc. 441. Voy. *Acide lactique* et *Fromage*, etc.
— de beurre, IX, 425. Voy. *Beurre*.
— de chaux. Voy. *Eau de chaux*.
— de poule, X, 309. Voy. *Œufs*.
— virginal. Voy. *Benjoin*.
Laitier des mines de fer, VI, 148, 149. Voy. *Mines de fer*.
Laiton, sorte de cuivre jaune passé à la filière, VI, 258, 259. Voy. *Cuivre
jaune* et *Cuivre*, à ses alliages avec le Zinc.
Larmes (2e. classe des matières animales), IX, 119, 122, 308 et suiv. Voy.
Animaux, à la comparaison et classification des matières animales. — Leur
siège, etc. 308. — Leur analyse d'après les recherches du cit. Vauquelin
et de l'auteur, et qu'ils ont fait insérer, en 1791, dans les *Annales de
Chimie*, 308 et suiv. — Epaississement, cristallisation, etc. ; indissolubilité, etc. qu'elles acquièrent par l'air, ainsi que par l'acide muriatique oxi-

géné, *etc.* 309 et suiv. dont elles absorbent l'oxigène, *etc.* 309 et suiv. 312. — Sont formées d'une grande quantité d'eau, d'un mucilage gélatineux et de plusieurs sels, *etc.* ; leurs concrétions calculeuses dont la base est du phosphate calcaire, 312.

Lapis lazuli ou Azur. Voy. *Lazulite.*

Laque ou Résine-laque (nommée improprement *Gomme-laque*), IX, 120, 124 ; X, 338, 350, 351. Voy. *Animaux*, à la comparaison et classification *des matières animales*, et *Résine.* — Est le produit de la piqûre d'un insecte du genre des coccus, *etc.* ; est une vraie résine, *etc.* ; sa partie colorante, sa concrétion, *etc.* ; ses usages ; est la base de la cire à cacheter, *etc.* 350, 351.

Lavage des mines, V, 37, 38. Voy. *Métallurgie.*

Lazulite, II, 287, 309, 310. Voy. *Pierres (combinées)*, *Carbonate de Cuivre natif* et *Mines de cuivre.* — Autrefois *Lapis, Lapis lazuli*, (*Pierre d'Arménie*, 309. — Donne du gaz hidrogène sulfuré par les acides, 309. Forme le bleu d'outre-mer, 309. — Son analyse par différens chimistes, 309, 342.

Lessive. Voy. *Lixivation.*

— caustique des savonniers. Voy. *Alcalis.*

— du sang ou matière colorante du bleu de Prusse, IX, 82 et suiv. Voyez *Acide prussique* et les *différens Prussiates.*

Leucite, II, 286, 298, 299. Voy. *Pierres (combinées).* — Confondue autrefois à tort avec les grenats, sous le nom de *grenat blanc*, 298. — Contient de la potasse, d'après M. Klaproth et le citoyen Vauquelin, 298, 299. — Son analyse par divers chimistes, 298, 336.

Leucolite, II, 287, 317. Voyez *Pierres (combinées).* — Signifie *pierre blanche* ; avait été rangée parmi les schorls, et était le *schorl blanc prismatique*, *etc.* 317. Voy. *Schorls.* — Ne se fond point au chalumeau, 317. — Son analyse, 317, 346.

Levain ou Frament, VIII, 115, 116. Voy. *Fermentations* et *Farine.*

Lévigation, I, 90.

Lézard, IX, 120, 124 ; X, 314, 315, 316. Voy. *Animaux*, à la comparaison et classification *des matières animales.* — Ses principales espèces ; ses prétendues vertus spécifiques et ce qu'on en doit penser, 315, 316. Voy. *Scinque.*

Lie du vin, VIII, 189, 190. Voy. *Vin.* — Son incinération, 189, 190. Voy. *Cendres gravelées.*

Ligneux (le corps) (18e. genre des matériaux immédiats des végétaux), VII, 126 ; VIII, 87 et suiv. Voy. *Végétaux*, le *Suber* et *Végétation*, etc. — Erreur des anciens chimistes sur cette substance, résidu intact et indissoluble de leurs analyses, qu'ils traitaient de *caput mortuum*, malgré sa combustibilité, *etc.* 87, 88. — Expériences de l'auteur sur la nature particulière et les propriétés de ce corps qu'il considère comme le squelette végétal, *etc.* 87 et suiv. — Son charbon retient sa forme, *etc.* ; sels qu'on en retire, *etc.* 88, 89, 92. — Produits de son analyse à la cornue, principalement son acide particulier, 88 et suiv. Voy. *Acide pyro-ligneux.* — Donne du gaz azote par l'acide nitrique ; se convertit en acides malique et oxalique, *etc.* et en acide acéteux ; est une des matières végétales qui fournit le plus d'acide oxalique ; proposé par l'auteur pour la préparation de ce dernier acide en place du sucre ; son ramollissement, *etc.* et sa décomposition par les alcalis, 91, 92. — Doit être regardé comme le dernier produit de la végétation, la matière la plus insoluble, la plus inaltérable, *etc. etc.* ; est le principe le plus carboné des végétaux, *etc.* 92. — Son union et action avec les matières animales, IX, 78 ; 79.

Lignites (sels). Voy. *Acide lignique.*

Lilium de Paracelse, VIII, 149. Voy. *Alcool et ses usages.*

Liquation, I, 91, 134 ; VI, 245, 266.

Liqueur de l'amnios, IX, 119, 123 ; X, 77 et suiv. Voy. *Animaux*, à la comparaison et classification *des matières animales.* — Analyse de l'eau de l'amnios de la femme, par les citoyens Vauquelin et Buniva, 81, 82.

— Ses usages, *etc.* 82, 83. — Analyse de la matière caséiforme grasse, presque adipocireuse, *etc.* déposée sur la peau du fœtus, et provenant de l'eau de l'amnios, 83. Voy. *Adipocire.* — Analyse de l'eau de l'amnios des vaches ; son acide, sa matière extractiforme particulière, *etc.* 83 et suiv. Voy. *Acide amnique.*

Liqueur des cailloux. Voy. *Potasse silicée.*

— de corne de cerf succinée, X, 284.

— fumante, de Boyle. Voy. *Sulfure d'ammoniaque, Hidrogéné (fumant).*

— fumante, de Libavius. Voy. *Muriate suroxigéné (fumant) d'étain.*

— minérale anodine d'Hoffmann, VIII, 179. — Beaucoup moins bonne comme médicament, que l'éther, *etc.* 179, Voy. *Éther sulfurique.*

— minérale, anodine, nitreuse, VIII, 179. Voy. *Éther nitrique.*

— ou suc de la prostate, IX, 119, 123 ; X, 271, 272. Voy. *Animaux*, à la comparaison et classification des matières animales, et *Sperme.*

— seminale. Voy. *Sperme.*

— surrénale, IX, 119, 123 ; X, 77, 86 et suiv. Voy. *Animaux*, à la comparaison et classification des matières animales.

— des ventricules du cerveau, IX, 119, 122, 303. Voy. *Animaux*, à la comparaison et classification des matières animales.

— ou Ratafias, VIII, 180. Voy. *Eaux-de-vie* et *Alcool.*

Litharge ou Oxide de plomb vitrifié, VI, 67. Voy. *Oxide de plomb.*

Lithiates, sels formés par l'acide lithique. Voy. *Acide urique.*

Lithologie (histoire des pierres). Voy. *Pierres.*

Lithophytes. Voy. *Madrépores.*

Lixivation ou Lessive, I, 94.

Lombrics ou Ver de terre, IX, 120, 124 ; X, 338, 357, 358. Voyez *Animaux*, à la comparaison et classification des matières animales.

Lotissage des mines. Voy. *Mines.*

Lumière, I, 113, 114, 215 et suiv. — Opinions sur son origine, 115, 116. — Ses propriétés physiques, 115 et suiv. — N'est point décomposée dans le prisme suivant Euler, et produit les couleurs par les différens degrés de vitesse avec lesquels elle parcourt les différens corps qui la reçoivent, 118, 119. — Sa réfraction et sa coloration forte annoncent des propriétés chimiques, 119. Voy. *Réfraction,* — Sa fixation en partie et son degagement, causes de la flamme et de la phosphorescence, 119. Voy. *Combustion* et *Décombustion.* — Son effet général sur les plantes, sur les animaux et sur les minéraux, 120, 121. — Son analogie ou identité avec le calorique, 131 et suiv. Voy. *Calorique.* — Son influence sur la végétation, VIII, 260 et suiv. Voy. *Nutrition végétale, Végétation,* etc. *Transpiration des végétaux, Irritabilité, Feuilles, Fleurs,* etc.

Lune. Voy. *Argent.*

— cornée. *Muriate d'argent.*

Lut gras, VII, 337.

Lymphe (11ᵉ. classe des matières animales liquides), IX, 118, 121, 167 et suiv. Voy. *Animaux*, à la comparaison et classification des substances animales, *Physiologie,* etc. — Son siège, *etc.* et son importance dans l'économie animale, 167, 168. Voy. *Vaisseaux lymphatiques, Physiologie,* etc. — Difficulté de l'obtenir pure et de la connaître, *etc.* 168, 169. — Opinions de divers savans sur ce liquide, qu'ils ont presque tous confondu avec le sérum de sang, quoiqu'il paraisse devoir être d'une nature différente, 169 et suiv. Voy. *Sérum du sang,* etc. — Conjecture que propose l'auteur, sur sa nature et sa formation, par la séparation et l'altération des différens matériaux du sang pendant son trajet, *etc.* 171, 172. Voy. *Sang et ses matériaux,* etc. — Son action ou union avec les autres matières animales, 195.

M

MACÉRATION *ou* INFUSION A FROID, I, 92; VII, 47, 48. Voy. *Infusion.*
MACHEFER. Voy. *Scories.*
MACLE, II, 237, 320, 221. Voy. *Pierres (combinées).* — Signifie lozange
ou rhombe évidé parallèlement à ses bords, 320. — Représente une espèce
de croix, 320.
MADRÉPORES *ou* LITHOPHYTES, IX, 120, 124; X, 358, 360, 361. Voy.
Animaux, à la comparaison et classification des matières animales. —
Habitations de polypes, en étoiles, d'une nature calcaire, etc.; leurs formes
variées, etc.; sont recouverts d'une substance muqueuse, etc.; utilité de
la chaux qu'ils fournissent pour les constructions, etc. 360, 361.
MAGISTER DE BISMUTH. Voy. *Blanc de fard.*
MAGNESIA OPALINA. Voy. *Rubine d'antimoine.*
MAGNÉSIE, II, 134, 161 et suiv. Voy. *Terres (en général)* et *Terres alcalines.* — Tire ce nom des prétendues vertus magnétiques qu'on lui sup-
posoit, 161. — Son histoire et ses différens noms, 162. — Ne se trouve
jamais pure dans la nature; y existe abondamment; lieux et substances
où on la rencontre, spécialement dans les productions marines, 162,
163, 167, 168. — Procédés pour l'extraire, 163, 323 et suiv. Voy. *Pierres
(combinées), Nitrate* et *Muriate de magnésie,* à leurs décompositions. —
Sa forme, couleur, pesanteur, saveur purgative, etc. 163. — Sa phosphorescence et son inaltérabilité par le feu et par l'air, et exposé des expériences de divers chimistes à cet égard, 164. — Son union avec le
soufre, 165. — Son peu de dissolubilité dans l'eau, et son espèce de pâte
avec ce liquide, qu'elle absorbe sensiblement, 165, 166. — Sa fusion au
feu avec quelques oxides métalliques, et celle qu'elle acquiert par son
mélange avec les autres terres, 166, 167. Voy. *ci-dessous, à son action
sur les substances métalliques.* — Ses combinaisons et l'ordre de ses attractions avec les acides, 166; III, 21, 43 et suiv. 47 et suiv. 72, 87 et
suiv. 102, 142 et suiv. 157, 160, 166, 204 et suiv. 219, 228, 229, 235,
265 et suiv. 278, 283, 284, 297, 304, 310, 317, 319, 320; IV, 9,
44 et suiv. 119, 120, 122, 275, 277, 278, 281. Voy. *Sels.* — Ses attractions avec les acides, comparativement aux autres soit bases terreuses, soit
alcalines, II, 166, 177, 184, 194, 209, 220, 221, 240, 251, 252; III,
42, 49, 51, 53, 60, 66, 67, 85, 93, 141, 146, 148, 151, 152, 201,
209, 210, 212, 250, 262, 272, 273, 278, 286, 287, 291, 293, 296,
305, 306, 334; IV, 56, 60. — Son succès, comme contre poison, pour
les acides concentrés et ses autres usages, tant pour la médecine que
pour la chimie, II, 167, 168. — Soupçonnée, par l'auteur, être un des
principes de la soude, 222. — Trisule, ou sels triples qu'elle forme avec
l'ammoniaque, ou d'autres bases et les acides, III, 46 et suiv. 86, 89,
90, 141, 143, 144 et suiv. 160, 166, 201, 205, 206, et suiv. 235, 262,
267, 268 et suiv. 291, 292, 297, 308, 317, 320 et suiv. 336; IV,
9, 58, 59; VII, 217, 227, 244. — Saveur amère de ses composés, III,
69. Voy. *Sels,* etc. *à leur Saveur.* — Ses combinaisons avec les acides
métalliques, V, 84, 95. — Son action sur les substances métalliques,
II, 166; V, 84, 85. Voy. *Métaux et leurs combinaisons.* — Son action
et ses combinaisons avec les substances végétales, VII, 145, 147, 183,
192, 200, 208, 210, 211, 217, 227, 228, 244, 256, 258, 259; VIII,
30, 91, 104, 199 et suiv. 253. Voy. *Végétaux et leurs composés,* etc. —
Ses combinaisons avec les substances animales, IX, 191, 411, 412; X,
349.
— nitrée. Voy. *Nitrate de magnésie.*
— noire. Voy. *Manganèse.*
— sulfatée. Voy. *Sulfate de magnésie.*
MAGNÉTISME *ou* PROPRIÉTÉ AIMANTAIRE, II, 262; VI, 116 et suiv. 139
et suiv. 142, 224, 227. Voy. *Aimant, Fer* et *Mines de fer,* à leur propriété magnétique, et *Fer,* à ses usages.

MALACHITE. Voy. *Carbonate de cuivre natif*, et *Mines de cuivre*.

MALATES, sels formés avec l'acide malique, VII, 149, 199, 200. Voy. *Acide malique*.

MALLÉABILITÉ. Voy. *Ductilité*.

MANGANÈSE, V, 12, 16, 17, 19, 22, 167 et suiv. Voy. *Métaux*. — Son histoire; son oxide natif employé depuis long-temps sous les noms de *Savon des verriers*, ou *Magnésie noire*, ou *Manganèse;* mais sa nature inconnue jusqu'aux expériences et dissertations importantes de Bergman et de Schéele, en 1774, sur ce métal. Conséquences lumineuses qui sont résultées de leurs travaux pour la doctrine pneumatique, 167 et suiv. — Ses propriétés physiques; sa cassure raboteuse, *etc.*; sa pesanteur, dureté, *etc. etc.*; est un des métaux les plus fragiles et les plus difficiles à fondre, 169, 170. — Son histoire naturelle, 170 et suiv. Voy. *Mines de manganèse*. — Sa grande oxidabilité, soit spontanément à l'air; soit par l'air et le calorique, 175 et suiv. — Proposé par l'auteur comme moyen eudiométrique, 176, 177. — Ses divers degrés d'oxigénation et d'adhérence avec ses premières ou dernières portions d'oxigène, qu'on ne peut en séparer par l'action seule du feu, *etc.;* tandis qu'on obtient, par la simple chaleur, du gaz oxigène des oxides très-colorés, c'est-à-dire, très-oxigénés, mais seulement jusqu'à ce qu'ils passent au blanc, ou à l'état de leur plus faible oxidation, 177, 178, 180, 181. — Son union avec les corps combustibles, 179, 180. Voy. *Oxide de manganèse*. — Ses alliages, 180; VI, 174, 175. — Désoxide les oxides métalliques; quoique son oxide noir cède lui-même une portion de son oxigène à plusieurs substances métalliques, d'après la variété d'attraction de ce métal pour les diverses proportions d'oxigène (ainsi qu'on l'a déja fait remarquer), V, 180, 181; VI, 268, 321. — Action et union entre ce métal et ses oxides et les acides, V, 181 et suiv. Voy. *Oxide de manganèse, à cette action*. — Est oxidé (et même enflammé lorsqu'on le jette très-divisé), dans le gaz acide muriatique oxigéné, 187. — Odeur de graisse brûlée dans sa dissolution par l'acide carbonique, 187. — Union de son oxide avec les bases et les sels, 188 et suiv. Voy. *Oxide de manganèse*. — Sa grande utilité et celle de son oxide pour la chimie et pour les manufactures de verres, émaux, porcelaines, *etc.;* soit par son avidité pour l'oxigène, dans l'état ou approchant de l'état métallique; soit par sa facilité à céder sa surabondante portion d'oxigène à l'oxide blanc, lorsqu'il est dans l'état d'oxide noir, 192, 193.

MANNE, VII, 170 et suiv. Voy. *Sucre*.

MARBRE. Voy. *Carbonate de chaux* et *Pierres et Terres calcaires*.

MARCASSITE. Voy. *Sulfure de fer natif*, ou *Pyrites martiales*.

MARNE. Voy. *Pierres mélangées*.

MARS. Voy. *Fer*.

MASSICOT. Voy. *Oxide de plomb jaune*.

MASTIC, VIII, 25. Voy. *Résine*.

MATTE *ou* FONTE DE CUIVRE, VI, 244. Voy. *Mines de cuivre, à leurs travaux métallurgiques*.

MATIÈRES ASTRINGENTES, couleurs fauves, VII, 179 et suiv.; VIII, 67, 77 et suiv. Voy. *Matières colorantes, Acide gallique et le Tannin*. — Leurs espèces principales, 77 et suiv. Voy. *Brou de noix, Racine de noyer, Sumac, Écorce d'aulne, Santal, Suie* et *Noix de galle*. — Contiennent du tannin, 93. Voy. *Tannin (le)*. — Leur action avec les substances animales, IX, 111, 112, 134, 414; X, 81, 188.

— BUTIREUSE du lait. Voy. *Beurre*.

— CASÉEUSE du lait. Voy. *Fromage*.

— COLORANTES (16ᵉ genre des matériaux immédiats des végétaux), VII, 126; VIII, 50 et suiv. Voy. *Végétaux, Végétation*. — Leur siége; se trouvent disséminées dans tous les organes des végétaux, *etc.;* influence du contact de la lumière sur la coloration, *etc.* 50 et suiv. 54, 55. Voy. *Lumière*. — Leur extraction, 52 et suiv. — Leurs propriétés physiques; la couleur verte la plus abondante, et la jaune la plus permanente, *etc. etc.;* la

couleur bleue, produite par la réflexion plus faible, et la rouge, par la plus forte, etc. VIII, 54, 55, 61. Voy. *Lumière*. — Leurs propriétés chimiques, 55 et suiv. — Un de leurs principaux caractères est leur altération par le contact de l'air et de la lumière, 56, 67. — Absorbent l'oxigène, et perdent une portion d'hidrogène, etc. 56 et suiv. — Leur altération par les acides, 57. — Théorie de leur fixation, 56, 57 et suiv. Voy. *Acide tunstique*. — Leur analogie avec les extraits, etc. 57, 58. — Leur union avec les oxides, etc. 58, 59. Voy. *Tungstène*. — Leur forte attraction pour l'alumine, etc.; effets des mordans, etc. 56, 59, 60. — Leur forte attraction et leur analogie avec les substances animales, 60. — Leur classification ancienne, d'après leurs différens genres de solubilité, soit dans l'eau, soit dans les alcalis, ou l'alcool, ou les huiles, etc. etc. 60, 61. — Leurs espèces principales, 62 et suiv. — Peuvent se considérer d'après le peu de connaissances exactes qu'on a encore sur la nature chimique de ces substances, comme formant quatre genres; 1°. *les couleurs extractives pures*; 2°. *les extractives oxigénées*; 3°. *les carbonées*; 4°. *les hidrogénées huileuses ou résineuses*, 62 et suiv. — Envisagées sous le rapport de leurs diverses teintes générales, ou de l'art tinctorial, on trouve quatre autres genres bien distincts de ces matières : *les bleues*, *les rouges*, *les jaunes*, et *les fauves*, 65 et suiv. — 1°. les couleurs bleues, 66 et suiv. Voy. *Indigo*, *Pastel* ou *Vouède* et *Tournesol*. — 2°. Les rouges, 66, 70 et suiv. Voy. *Garance*, *Orseille*, *Carthame*, *Bois de Brésil* et *Bois d'Inde*. — 3°. Les jaunes, 66, 73 et suiv. Voy. *Gaude*, *Bois jaune*, *Rocou*, *Sarrète*, *Genêt de teinturier*, *Curcuma*, *Fustet*, *Graine d'Avignon* et *Quercitron*. — 4°. Les fauves, 66, 77 et suiv. Voy. *Matières astringentes*. — Leur rapprochement avec le corps huileux, 80. Voy. *Suic*. — Leurs usages; servent principalement à la teinture, et quelquefois à la peinture; excellence de l'art de la teinture, etc. 82. — Leur union avec les autres matières végétales, 135, 151, 153, 154, 206. — Leur fermentation, 112, 215 et suiv. Voy. *Fermentations panaire et colorante*. — Leur union et action avec les matières animales, IX, 78, 269, 287, 288, 400, 420, 427, 428; X, 129, 286, 288, 311, 343, 344, 352.

MATIÈRE *ou* partie colorante du sang, IX, 136, 150 et suiv. Voy. *Sang*, à la *séparation*, etc. de ses *matériaux immédiats*, *Caillot*, *Serum*, *Physiologie*, etc. — Ses propriétés, ses rapports avec le serum, dont elle diffère principalement par la présence du fer; son coagulum qu'on voit dans ce qu'on nomme l'*écume du pot*, etc. 150 et suiv. 155, 156. Voy. *Serum*, *Albumine* et *Gélatine*. — Contient du phosphate suroxigéné de fer, que l'auteur et le citoyen Vauquelin y ont découvert, 152 et suiv. — Son influence sur l'air; éclat qu'elle prend par le gaz oxigène; son absorption de ce gaz; formation de gaz acide carbonique; son altération en brun par ce dernier gaz, et sur-tout par le gaz hidrogène carboné, etc. 153, 154. — Contient, d'après le citoyen Désyeux, une substance particulière qu'il nomme *Matière tomelleuse*, 154. Voy. *Tomelline*. — Dissout le cuivre, etc.; importance dont il est de ne pas cuire le sang, préparé pour les alimens, dans des vaisseaux de cuivre, 154, 155. — Résumé sur sa nature, etc. 155, 156.

— PERLÉE de Kerkringius. Voy. *Céruse d'antimoine*.

MÉCONIUM, IX, 119, 123; X, 77, 89 et suiv. Voy. *Animaux*, à la *comparaison et classification des matières animales*.

MÉNILITE *ou* PECHSTEIN DE MÉNIL-MONTANT. Voy. *Silex*.

MELLITE, *ou* PIERRE DE MIEL, *ou* HONIGSTEIN, I, Disc. pr. cl et suiv. Voy. *Bitumes*. — Espèce de bitume nouvellement découvert en Allemagne, etc.; ses propriétés physiques; sa couleur; forme de ses cristaux, etc.; sa double réfraction, etc. Disc. prél. cl. — Son analyse et examen de ses propriétés chimiques par M. Klaproth et le citoyen Vauquelin, cl et suiv. — Sa dissolution, etc. dans les alcalis; son acide, etc. clj, clij. Voy. *Acide* et *Acidule de mellite*. — Contient de l'alumine et de la chaux, etc. clj, clij.

MEMBRANES STOMACALES DES OISEAUX, IX, 120, 123; X, 307, 313. Voy.

Animaux, à la *comparaison et classification des matières animales*, et *Suc gastrique*. — Sa propriété acidule, *etc.* commune à tous les estomacs, 313.

MERCURE *ou* VIF-ARGENT, V, 12, 13, 15, 16, 18, 21, 24, 267 et suiv. Voy. *Métaux*. — Son histoire ; multiplicité des travaux de tous les chimistes ou physiciens, et utilité dont ceux même des alchimistes ont été sur cette substance ; travaux qui ont servi de base à la théorie pneumatique, qui en a lié et éclairci tous les faits, 267 et suiv. — Ses propriétés physiques, 271 et suiv. — Sa couleur, sa pesanteur ; est le métal le plus lourd après l'or, le platine et le tungstène, 271. — Sa grande divisibilité ; sa fluidité habituelle, 271, 272. — sa congélation artificielle ; expériences sur ce phénomène, obtenu pour la première fois, en 1759, à Pétersbourg, et l'an 3ᵉ (1795) à l'école polytechnique, *etc.* 272 et suiv. — Est moins dilatable dans son état solide que dans l'état liquide, 275. — Sa contraction subite lorsqu'il se gèle ; sa sorte de ductilité, *etc.* 275, 276. — Sa prétendue propriété non mouillante, n'est que son peu d'attraction pour la plupart des corps que l'eau mouille, c'est-à-dire, auxquels elle s'attache ; et en effet on peut dire dans ce sens que le mercure mouille l'or et les autres métaux auxquels il adhère, *etc.* 276. — Moyen de rectifier par l'ébullition la convexité de sa surface dans les tubes de verres, 277. — Sa dilatabilité et sa volatilité par le calorique, 277, 278. — Erreurs des alchimistes sur sa prétendue fixation, *etc.* par le feu, dans des vaisseaux fermés, et accidens qui en sont résultés par son explosion et la rupture des vaisseaux, *etc.* 278, 279. — Bon conducteur de l'électricité et du galvanisme ; sa phosphorescence dans le vide, phénomène électrique causé par son frottement contre les parois du tube, *etc.* 279, 280. — Son odeur et sa saveur âcre tuant les petits insectes, *etc.* 280, 281. — Son histoire naturelle, 281 et suiv. Voy. *Mines de mercure*. — Moyens de reconnaître s'il est pur, et de se le procurer tel, 286 et suiv. — Revivifié ou ressuscité du cinnabre, est très-pur, 288. — son oxidabilité par l'air ; le mercure éprouve deux sortes de combustion ou d'oxidation ; la première, légère et imparfaite, qu'on ne regardait autrefois que comme une simple division de ce métal, a lieu lorsqu'on l'agite avec le contact de l'air, ou même lorsqu'on le laisse long-temps exposé, quoique tranquille, à l'air ; le mercure alors se change en une poudre noire, qu'on avait nommée *Ethiops per se*, et qui est le premier terme d'oxidation de ce métal, 291 et suiv. 308. Voy. *Oxides de mercure*. — L'autre combustion ou oxidation, forte et complète du mercure, n'a lieu qu'à la température de son ébullition, et le convertit en une poudre rouge qui était nommée *Mercure précipité per se*, *etc.* 291, 293 et suiv. Voy. *Oxides de mercure*. — Son union avec le soufre ; est oxidé plus ou moins dans ces combinaisons, 298 et suiv. Voy. *Oxides de mercure sulfurés*, *etc.* noir et rouge ou *Ethiops minéral* et *Cinnabre*, *etc.* — Ses amalgames ou alliages, 305 et suiv. 345, 376 ; VI, 25, 26, 47, 48, 79, 80, 256, 257, 316 et suiv. 333, 334, 339, 365 et suiv. 419, 420. Voy. *Alliages* et *Amalgames*. — Action des autres métaux sur ses oxides, V, 307 ; VI, 268. — Sa légère oxidation par l'air contenu dans l'eau ; et opinions et incertitudes sur l'action entre l'eau et ce métal, V, 308, 309. — Action entre ce métal et les substances métalliques, autres que les métaux, 309 ; VI, 198, 321, 339, 392. — Action réciproque entre ce métal et les acides ; et recherches et découvertes de l'auteur sur leurs combinaisons, V, 309 et suiv. Voy. *Oxides de mercure* et les *différens Sels de mercure*. — Ses dissolutions dans l'acide sulfurique, 310 et suiv. Leurs variétés sont moins dues aux différentes proportions d'acide et de métal, qu'à la quantité d'oxigène que celui-ci absorbe à l'acide, suivant la température à laquelle leur action s'exerce, *etc.* ; l'attraction du mercure pour l'oxigène s'élève comme la température, *etc.* 311. — Forment trois sulfates différens : l'un avec excès d'acide ; l'autre dans l'état neutre, et le troisième, connu sous le nom de *Turbith minéral*, est avec excès d'oxide, et dans lequel le mercure est beaucoup plus oxidé que dans les deux autres, 311 et suiv. Voy. *Sulfate acide de mercure*, *Sulfate neutre de*

mercure, et *Sulfate jaune* ou *avec excès d'oxide de mercure*. Voy. aussi *Sulfate ammoniaco-mercuriel*. — Union de son oxide avec l'acide sulfureux, 321. Voy. *Oxides de mercure*. — Son action avec l'acide nitrique ; forme aussi trois genres de nitrates, selon son état d'oxidation , *etc.* 321 et suiv. Voy. *Nitrate de mercure et ses différens états*. — S'oxide plus avec l'acide nitrique qu'avec l'acide sulfurique, 329. Voy. *Nitrate avec excès d'oxide*, etc. ou *Turbith nitreux*. — Union de ses oxides avec les acides muriatique et muriatique oxigéné, 330 et suiv. Voy. *les différens muriates de mercure*. — Son oxidation et combinaison avec l'acide muriatique oxigéné ; forme du muriate de mercure doux, ou du muriate de mercure corrosif, selon la dose d'acide, 333, 334.—Voy. *Muriate de mercure doux et Muriate suroxigéné de mercure*. — Union et action entre ses oxides et les matières alcalines ; principalement la décomposition de l'ammoniaque et des oxides ; réduction de ces derniers ; formation d'eau , d'acide nitrique, de nitrate ammoniaco-mercuriel, *etc.* 354, 355. Voy. *Oxides de mercure*. — Son action par la trituration, *etc.* sur le muriate d'ammoniaque, 356. Voy. *Teinture mercurielle*. — Ses usages et sa grande utilité dans les arts, dans la chimie et dans la médecine, 356 et suiv. — Son action sur l'écouomie animale est due à l'oxigène que contiennent ses préparations ; 358. — Sa grande attraction pour l'or, VI , 365 et suiv.— Voy. *Amalgame d'or*. — Son action ou combinaison avec les substances végétales , VII, 249, 259; VIII, 201, 211. Voy. *Métaux*, etc. *à cette action*. — Sou action ou union avec les substances animales , IX, 75, 183, 185, 192, 366.

Mercure calciné noir, V, 308. Voy. *Oxide de mercure noir*.

— doux. Voy. *Muriate mercuriel doux*.

— Précipité blanc. Voy. *Précipité blanc*.

Métal ou Métaux (en général), I, 99, 100, 113, 114, 115, 210 et suiv. ; V, 3 et suiv. — Considérés comme matières combustibles simples, I, 210 et suiv. Voy. *Combustibles (corps), Calorique* et *Oxigène*. — Leur fusion dans le calorique, leur volatilisation, etc. et leur cristallisation, 211 ; V, 14, 20 et suiv. Voy. ci-dessous, *à leurs propriétés physiques*. — Leur inflammation et leur union avec l'oxigène, tormant, suivant les proportions de ce principe, des oxides ou des acides, I, 211, 212. Voy. *Oxides et Acides métalliques*. — Décomposent l'air, 212. Voy. *Oxides et Acides métalliques*. — Union de plusieurs avec le carbone, par la fonte, ou à une haute température, 212, 213; V, 45, 46. Voy. *Carbone*. — Leur combinaison avec le phosphore, I, 213, 214 ; V, 46. Voy. *Phosphures métalliques*. — Avec le soufre, I, 214 ; V, 46, 47. Voy. *Sulfures métalliques*. — Avec le gaz hidrogène sulfuré, I, 214, 215. — Leur grande utilité et supériorité des nations qui cultivent le plus les arts métalliques, 215 ; V, 4. — Leur action sur l'eau, et celle qu'exerce sur eux cette substance ; principalement la décomposition de l'eau par plusieurs d'entre eux, découverte en 1784, II, 18, 19 ; V, 47 et suiv. Voy. *Eau*. — Action réciproque de plusieurs d'entre eux, avec les oxides métalliques, et échange de leur oxigène, II, 23 ; V, 49, 50. Voy. *Oxides métalliques*. — De leurs propriétés générales et comparées, 3 et suiv. — Leur importance ; leur histoire et les noms et les travaux des savaus qui s'en sont occupés , I, 215 ; V, 3 suiv. — Leur nombre et leur classification, 10 et suiv. — Vingt-une substances métalliques connues aujourd'hui, et partagées en cinq classes, d'après l'existence ou les degrés des trois propriétés, de l'acidification, de l'oxidation et de la ductilité; 1re classe, les métaux *fragiles et acidifiables* (quatre espèces) ; 2e classe, les métaux *fragiles et oxidables, mais non acidifiables* (huit espèces) ; 3e classe, ceux qui ne diffèrent de la seconde classe que par un *commencement de ductilité* (deux espèces) ; les métaux de ces trois classes s'appelaient autrefois *demi-métaux*; 4e classe, ceux qui sont facilement *oxidables mais très-ductiles* (quatre espèces) ; on appelait ces quatre espèces, *Métaux imparfaits* ; 5e classe, les métaux *très-ductiles, mais très-difficilement oxidables ou altérables* (trois espèces) ; ces derniers étaient appelés *Métaux parfaits*, 11, 12, 13. — Leurs propriétés physiques , I, 210, 211 ; V, 14 et suiv. —

1°. *Le brillant ;* ordre dans lequel les métaux peuvent être placés sous ce rapport, I, 211 ; V, 14, 15. — 2°. *La couleur*, 14, 15. — 3°. *La densité ou pesanteur*, est la cause de leur brillant ; leur ordre sous ce rapport, I, 210 ; V, 14, 15, 16. — 4°. *La dureté ;* huit rangs de dureté, au premier le fer, *etc.* au dernier l'arsenic, 14, 16, 17. — 5°. *L'élasticité ;* suit l'ordre de la dureté, 14, 17. — 6°. *La ductilité ;* soit à la filière, soit sous le marteau, ou leur malléabilité ; et leur ordre sous ces rapports, I, 210 ; V, 14, 17 et suiv. — 7°. *La ténacité ;* rang, sous ce rapport, des sept métaux ductiles à la filière, 14, 19. — 8°. *La conductibilité du calorique ;* très-différente de la fusibilité, I, 211 ; V, 14, 20. Voy. *Calorique.* — 9°. *La dilatabilité par le calorique*, I, 211 ; V, 14, 20, 21. — 10°. *La fusibilité ;* tableau du citoyen Guyton, des différens degrés de chaleur (qu'il faut appliquer selon les divers métaux), mesurés, soit sur le thermomètre, soit au pyromètre, I, 211 ; V, 14, 21, 22. — 11°. *La volatilité ;* quoique cette propriété soit l'extrême de la fusibilité, celle-ci ne doit pas être regardée comme la règle de la volatilité, I, 211 ; V, 14, 22. — 12°. *La cristallisabilité*, I, 211 ; V, 14, 22, 23. Voy. *Cristallisation.* — 13°. *L'électricité ;* ses rapports avec le galvanisme, 14, 23. Voy. *Electricité* et *Fer, à ses propriétés physiques.* — 14°. *L'odeur ;* atmosphère métallique, dans lequel se passent les phénomènes magnétiques, électriques, galvaniques, *etc.* 14, 23, 24. — 15°. *La saveur métallique ;* est une espèce d'âcreté âpre, de stypticité désagréable, *etc.* qui annonce un caractère délétère, 24. — Leur histoire naturelle, I, 211 ; V, 24 et suiv. Voy. *Mines.* — Indices de l'existence de leurs mines, 25, 26. — Considérés sous ce rapport, forment cinq classes ; 1°. *les métaux natifs ;* 2°. *les métaux alliés entre eux ;* 3°. *les métaux unis aux corps combustibles ;* 4°. *les métaux oxidés* (Voy. *Oxides métalliques*) ; 5°. *les oxides métalliques combinés avec les acides*, 26 et suiv. — Ceux de la troisième classe sont les plus nombreux, sur-tout dans l'état de sulfures, 27. (Voy. *Sulfures métalliques.*) — Méthodes de classer les mines et de les essayer, 28 et suiv. (Voy. *Mines.*) — De leur oxidabilité ou combustibilité par l'air, I, 211, 212 ; V, 39 et suiv. (Voy. *Oxigénation, Oxides métalliques* et *Acides métalliques*). — Variations dans leur oxidabilité, et causes de ces variations, 40 et suiv. — Leurs combinaisons avec les corps combustibles, I, 212 et suiv. ; V, 44 et suiv. Voy. les *différens corps combustibles et leurs combinaisons*, et *Oxides métalliques.* — Leur union entre eux, 47 ; VI, 421. Voy. *Alliages* et *Amalgames.* — Action réciproque des métaux, de l'eau et des oxides, II, 18, 19, 23 ; V, 47 et suiv. Voy. *Eau* et *Oxides métalliques.* — Action réciproque entre les métaux et les acides, 50 et suiv. Voy. *Oxides métalliques, chaque métal et chaque acide.* — Ne peuvent s'unir avec les acides qu'en s'oxidant plus ou moins, et ne peuvent y rester unis qu'avec une proportion déterminée d'oxigène, 51. (Voy. *chaque oxide* et *chaque métal.*) — Ceux qui ont le plus de tendance à s'oxider par les acides sont ceux qui y adhèrent le moins, 51, 52. Voy. *Sels métalliques.* — Leurs actions sur chaque acide, disposées d'après l'ordre d'attraction des acides, en commençant par l'acide sulfurique, *etc.* 53 et suiv. Voy. *chaque acide.* — Action réciproque entre les métaux et les bases salifiables ; où ils s'unissent, à la manière des acides, avec ces bases, en s'oxidant par la décomposition de l'eau que cette union favorise ; ou leurs oxides et ces bases, principalement l'ammoniaque, se décomposent réciproquement, et les oxides sont réduits, *etc.* 57 et suiv. Voy. *Oxides métalliques* et *les différentes bases alcalines.* — Action réciproque entre les métaux et les sels ; ne peut avoir lieu qu'avec les sels dont les acides sont décomposables ; le résultat est l'oxidation des métaux, et l'union du métal oxidé avec la base du sel décomposé, *etc.* 60 et suiv. Voy. *Sels, leurs différens genres et chaque métal.* — Action ou union entre les métaux, ou leurs dissolutions et oxides, et les substances végétales, VII, 106 et suiv. 131, 145, 146, 147, 152, 167, 180, 183 et suiv. 193 et suiv. 200, 208 et suiv. 218, 228 et suiv. 247 et suiv. 255, 259 et suiv. 283, 304, 313, 329, 330, 333, 334, 345, 366 ; VIII, 13, 56, 58, 59, 67, 72 et suiv. 91, 94 et suiv. 100, 103,

104, 135, 136, 150, 151, 167, 171, 173 et suiv. 176, 177, 197, 200 et suiv. 207 et suiv. 211, 238, 340, 253. Voy. *Végétaux et leurs composés*, etc. — Action ou union entre les métaux et les substances animales, IX, 74 et suiv. 183, 185, 192; X, 128, 189, 395.

MÉTAL DES CLOCHES *ou* AIRAIN SONNANT, VI, 260 et suiv. Voy. *Bronze* et *Cuivre, à ses alliages avec l'étain.* — Contient plus d'étain que le bronze, et est plus cassant, *etc.* 261 et suiv. — Son essai, et procédés pour en extraire le cuivre; art nouveau porté promptement à sa perfection, et qu'on regardait comme impossible, *etc.* 262, 263.

— du prince Robert, VI, 258, 259. Voy. *Cuivre, à ses alliages avec le Zinc.*

MÉTALLURGIE, V, 31, 34 et suiv. Voy. *Mines et Docimasie.* — Importance du fondage des mines, 38, 39. Voy. *Fondage.* — Extraction et séparation des métaux, 39. Voy. *Affinage.*

MÉTAUX imparfaits (fausse dénomination), V, 11, 13. Voy. *Métaux, à leur classification.*

— natifs (nommés autrefois improprement *Vierges*), V, 26, 27. Voy. *Métaux, à leur histoire naturelle.*

— parfaits (dénomination impropre), V, 11, 13. Voy. *Métaux, à leur classification.*

— spathiques. Voy. *Carbonates métalliques.*

— vierges (dénomination impropre). Voy. *Métaux natifs.*

MICA, II, 287, 315, 316. Voy. *Pierres* (combinées). — comprend dans ses variétés le *Talc* ou *Verre de Moscovie*, 315. — Est une des substances naturelles qui réfléchit le plus fortement la lumière, 315. — Parmi ses autres usages, lorsqu'on l'emploie en poudre pour sécher l'écriture, on le nomme improprement *Poudre d'or ou d'argent, Or*, ou *Argent de chat*, etc. 316. — Son analyse, 316, 345.

— vert *ou* Glimmer. Voy. *Urane et Carbonate d'urane.*

MIEL *et* CIRE des abeilles, VII, 169, 170; IX, 120, 124; X, 338, 340 et suiv. Voy. *Animaux, à la comparaison et classification des matières animales, Sucre et Cire*, etc. *des végétaux.* — Leur histoire naturelle, leur extraction et leurs propriétés, 340 et suiv. Voy. *Cire des végétaux.* — Analogie entre le miel et le sucre, et leurs différences, *etc.* VII, 169, 170; X, 340, 341. Voy. *Sucre.* — Propriétés médicamenteuses, *etc.* du miel, 341, 342.

MINÉRALISATEUR. Voy. *Mines.*

MINÉRALOGIE. Voy. *Minéraux.*

MINÉRAUX *ou* FOSSILES, I, 100. Voy. *Terres, Pierres, Sels* et *Métaux.* — Leurs propriétés géométriques, II, 264. Voy. *Pierres.*

MINES *ou* MINERAIS, I, 100; V, 24, 25 et suiv. Voy. *Métaux et chaque mine métallique.* — Sont principalement dans l'état de sulfures, 27. Voy. *Sulfures métalliques.* — Manière de les classer, 28, 29. — De l'art de les essayer, 29 et suiv. Voy. *Docimasie et Métallurgie.* — Utilité du zinc pour leur analyse, 388.

— d'acier. Voy. *Fer spathique.*

— d'alun. Voy. *Sulfate d'alumine*, etc.

— d'antimoine, V, 214 et suiv. Voy. *Mines et Antimoine.* — Sont de quatre sortes : l'*Antimoine natif*; le *Sulfure d'antimoine*; l'*Oxide d'antimoine hidro-sulfuré*; et le *Muriate d'antimoine*, 214 et suiv. Voy. *ces trois dernières mines à leur article.* — Leurs essais docimastiques et leurs travaux métallurgiques, 217 et suiv.

— d'argent, VI, 298 et suiv. — Voy. *Mines et Argent.* — Se réduisent à cinq espèces : 1°. *Argent natif*; 2°. *Argent antimonié*, ou *Mine d'argent blanche antimoniale*; 3°. le *Sulfure d'argent*, ou *Mine d'argent vitreuse*; 4°. le *Sulfure d'oxide d'argent et d'antimoine*, ou *Mine d'argent rouge*; 5°. le *Muriate d'argent*, ou *Argent corné*, 299 et suiv. Voy. *Argent antimonié*, etc. *Sulfures d'argent* et *Muriate d'argent.* — Appendice ou notice de plusieurs mines d'autres métaux, qui, sous le rapport de la docimasie ou métallurgie, ont été mises au nombre des mines d'argent, par rapport

au mélange d'une petite proportion de ce métal, telles que *la Mine d'argent grise*, etc. ou *Cuivre gris argentifère*, etc. etc. 3o3, 3o4.—Leur essai et travaux docimastiques, 3o4 et suiv. Voy. *Coupellation*. — Leurs travaux en grand ou métallurgiques, 309, 31o. Voy. *Liquation* et *Coupellation*.

MINES d'argent blanche antimoniale. Voy. *Argent antimonié*.

— d'argent grise. Voy. *Mines d'argeut*, à *leur appendice*, *Cuivre gris argentifère*, et *Sulfure de cuivre*.

— d'argent noire. Voy. *Sulfure d'oxide d'argent et d'antimoine*.

— d'argent rouge. Voy. *Sulfure d'oxide d'argent et d'antimoine*.

— d'argent vitreuse. Voy. *Sulfure d'argent natif*.

— d'arsenic, V, 55 et suiv. Voy. *Mines et Arsenic*. — Leur essai, etc. 67, 68. — Emploi de l'acide muriatique, comme le meilleur dissolvant de l'arsenic, 73.

— de bismuth, V, 195 et suiv. Voy. *Mines et Bismuth*. — Sont de trois sortes : *le Bismuth natif*, *le Sulfure de bismuth* et *l'Oxide de bismuth natif*, 196, 197. — Leurs essais docimastiques et leurs travaux métallurgiques, 197, 198.

— de chrome. Voy. *Chrome*.

— de cobalt, V, 137 et suiv. ; I, Disc. pr. cxiv, cxv. Voy. *Mines et Cobalt*. — Forment quatre espèces : 1°. *Cobalt arsenié* ou *Mine de cobalt arsenical*, alliage d'arsenic et de cobalt, tous deux dans l'état métallique; 2°. *Cobalt gris*, ou *Mine de cobalt arsenico-sulfureuse*, etc. ; combinaison de soufre, d'arsenic et de cobalt; 3°. *Oxide de cobalt noir*, ou *Mine de cobalt vitreuse*, etc. est un oxide de cobalt pur; 4°. *l'Arseniate de cobalt*, ou *Fleurs de cobalt*, etc. est un arseniate; leur histoire, leur couleur, cristallisation et autres propriétés physiques, V, 137 et suiv. — Lieux où la nature les offre, 14o. — Leurs essais et travaux métallurgiques et docimastiques, 14o et suiv. 143, 149; I, Disc. pr. cxiv, cxv. — Leur fonte en grand pour obtenir le *Safre* du commerce, V, 141, 142. Voy. *Safre*.

— de cuivre, VI, 232 et suiv. Voy. *Mines et Cuivre*. — La grande diversité que leurs différens états présentent dans leur aspect et propriétés physiques, en a fait beaucoup multiplier les espèces par les minéralogistes, 232, 233. — Leur division d'après les cinq états établis par l'auteur dans la classification générale des mines, 233 et suiv. — 1°. *Cuivre natif*; et ses variétés, 233, 242. — 2°. *Cuivre allié*; appartient plus aux mines d'or et d'argent, qu'à celles du cuivre, 234. — 3°. *Combinaisons du cuivre avec les substances combustibles*, autres que les métaux; n'existent qu'avec le soufre, 234 et suiv. Voy. *Sulfure de cuivre natif*. — 4°. A l'état d'oxide, 237, 238. Voy. *Oxide de cuivre natif*. — 5°. *Sels natifs de cuivre*, ou combinaisons de cuivre avec des acides, 238 et suiv. Voy. *Sulfate* et *Carbonate de cuivre natif*. — Leurs essais docimastiques; inexactitude des méthodes employées jusqu'ici, et inconvéniers de n'avoir point égard à la différente nature des mines, et ceux des procédés par la voie sèche, principalement pour les sulfures, 24o et suiv. — Exposition des moyens de docimasie humide, d'après Bergman, 242, 243. — Leurs travaux métallurgiques, et difficultés d'en extraire le métal pur, 244 et suiv. Voy. *Liquation*.

— de cuivre grise tenant argent, etc. Voy. *Cuivre gris* et *Sulfure de cuivre natif*.

— de cuivre vitreuse rouge. Voy. *Cuivre oxidé rouge*.

— d'étain, VI, 8 et suiv. Voy. *Mines et Etain*. — Trois espèces ; *Etain natif*; *Oxides d'étain*, et *Oxide d'étain sulfuré*, 8 et suiv. Voy. *les deux dernières*, à *leur article*. — Leurs essais docimastiques, 11 et suiv. — Leurs travaux en grand ou métallurgiques, 14 et suiv.

— de fer, VI, 121 et suiv. Voy. *Mines*, *Métaux* et *Fer*. — Leur grande abondance et variété, 121 et suiv. — Se rencontrent dans les cinq états, ou genres, que l'auteur a établis pour la classification générale des mines, dans lesquels (genres) viennent se ranger les nombreuses espèces et variétés des mines de fer, 122 et suiv. — 1°. *Fer natif*, 122, 123, 141.

— 2°. *Fer allié*, 122, 123. (Voy. *Fer arsenié.*) — 3°. Combinaisons du fer avec les corps combustibles, autres que les métaux, 122, 124 et suiv. (Voy. *Carbure* et *Sulfure de fer.*) — 4°. *Oxides*, 128 et suiv. (Voy. *les différens Oxides et Oxidules de fer natifs* et *Fer quartzeux.*) — 5°. Sels ferrugineux, ou combinaisons du fer avec les acides, 135 et suiv. (Voy. *Sulfate, Phosphate, Tunstate, Carbonate* et *Prussiate de fer.*) — Tableau des quinze espèces principales que forment ces cinq genres, 141. — Leur propriété magnétique, 120 et suiv. 142. Voy. *Magnétisme, Fer*, à cette propriété, et *Oxidules de fer.* — Pierres qu'on peut regarder comme sortes d'annexes de ces mines, étant assez chargées d'oxide noir de fer pour être attirables à l'aimant, ou pour être aimant elles-mêmes, 142. Voy. *Magnétisme.* — Leurs essais docimastiques, et exposé des divers procédés indiqués par différens chimistes, 142 et suiv. — Leur traitement en grand, ou métallurgique, 147 et suiv. Voy. *Fonte de fer.* — *Méthode catalane* de traiter quelques mines pour obtenir le fer dit *forgé* sans fusion préliminaire, etc. 154, 155. — Leurs usages, 225 et suiv. Voy. *ceux du fer.*

MINES de fer en grains, VI, 132, 133. Voy. *Fer limoneux* et *Mines de fer.*

— de manganèse, V, 170 et suiv. Voy. *Mines, Manganèse* et *Oxide de manganèse.* — L'oxide natif de manganèse est la principale et la seule bien connue; ses variétés, cristallisation, *etc.* d'après divers chimistes, 170 et suiv. — Manganèse métallique natif découvert en 1786 par le citoyen Lapeyrouse, 172. — Muriate et carbonate de manganèse, dissous dans des eaux, 173. — Leurs essais et procédés docimastiques, 173, 174. — Ne se réduisent bien que lorsqu'on évite de les chauffer avec des fondans qui les vitrifient, 173.

— de mercure, V, 281 et suiv. Voy. *Mines* et *Mercure.* — Quatre espèces bien déterminées : 1°. le *Mercure natif* qu'on nommait *Vierge*; 2°. le *Mercure allié* ou *amalgamé*; l'amalgame d'argent est la plus connue et la plus fréquente; 3°. le *Sulfure rouge* ou *Cinnabre vermillon*, etc. 4°. le *Muriate*, à l'état *suroxigéné de mercure*, 281 et suiv. Voy. *les deux dernières*, à *leur article.* — Leur essai et travaux docimatiques, 284 et suiv. — Leurs travaux en grand, ou métallurgiques, 288 et suiv.

— de molybdène. Voy. *Sulfure de molybdène.*

— de nickel, V, 152 et suiv.; I, Disc. pr. cxvj, cxvij. Voy. *Mines* et *Nickel.* — On en distingue trois principales : 1°. *Sulfure de nikel*, ou *Kupfer nickel*, d'un jaune rougeâtre, *etc.*; contient du soufre, de l'arsenic, du cobalt et du fer; lieux où on le trouve, *etc.* V, 152, 153; I, Disc. pr. cxvj. — 2°. *Nickel ferré*; allié au fer sans arsenic ni cobalt; feuilleté en lames, *etc.* 153. — 3°. *Oxide de nickel*; est d'une couleur verte agréable, *etc.* paraît contenir de l'acide carbonique, recouvre souvent, comme un enduit, la surface du sulfure de nickel; n'est connu, ni isolé, ni solide, *etc.*; colore la Praze, *etc.* 153. — Quelques autres mines ou alliages, ainsi que le *Speiss*, sorte de produit de fourneaux, d'où l'on peut extraire le nickel, 153, 154. — Leurs essais docimastiques, et détails des travaux laborieux et infructueux de Bergman pour obtenir le nickel parfaitement pur, et surtout totalement séparé du fer, 154 et suiv.; I, Disc. pr. cxvj, cxvij.

— d'or, VI, 354 et suiv. Voy. *Mines* et *Or.* — paraissent n'exister que dans l'état d'or natif, ou allié, ou disséminé dans la plupart des mines des autres métaux, 354 et suiv. Voy. *Or natif.* — Essais docimastiques des différens minerais aurifères, 357 et suiv. Voy. *Or natif* et *Départ.*

— de platine, VI, 407 et suiv. Voy. *Mines* et *Platine.* — Sont confondues avec les mines d'or d'Amérique, spécialement au Pérou, 407. — Se retirent en grains, *etc.* mélangés de sable ferrugineux, d'or, *etc.* 407, 408. — Leurs véritables gangues inconnues, *etc.* 408. — Leur traitement docimastique et métallurgique, 408 et suiv. 416, 417, 418, 420, 421, 422, 430, 431, 436. — Explication sur ce que l'on doit entendre par la prétendue fermeture de ces mines, pour empêcher la fraude de l'alliage du platine avec l'or, 409. — Procédé du citoyen Jeannety pour obtenir le platine en barres, et malléable, 410 et suiv. 431, 436.

MINES de plomb, VI, 54 et suiv. Voy. *Mines* et *Plomb*. — Leur grande abondance et variété, 54. — Le plomb ne s'y trouve que dans l'état de métal uni au soufre, et dans celui d'oxide uni à des acides, 55. — Forment sept espèces : *le Sulfure* (ou *Galène*), *le Sulfate*, *le Phosphate*, *l'Arsenite*, *le Molybdate*, *le Chromate* et *le Carbonate de plomb*, 56 et suiv. Voy. *Chacun de ces mots*. — Leurs essais docimastiques, 62 et suiv. — Leur traitement en grand ou métallurgique, 66 et suiv.

— de plomb (fausse). Voy. *Plombagine*.

— de tellure, V, 259 et suiv. Voy. *Mines* et *Tellure*. — On en connaît quatre sortes, dans lesquelles le tellure est mélangé avec l'or et plus ou moins d'autres métaux; toutes comprises dans différentes mines d'or, 259, 260. — Leur docimasie et analyse, 261, 262.

— de titane. Voy. *Oxide de titane*.

— de tungstène. Voy. *Tungstène*, *Tunstate de chaux* et *Tunstate de fer natif* ou *Wolfram*.

— d'urane, V, 129 et suiv. Voy. *Sulfure d'urane*, *Oxide d'urane* et *Carbonate d'urane*.

— de zinc, V, 359, 364 et suiv. Voy. *Mines* et *Zinc*. — Quatre espèces, et leurs variétés, 364 et suiv. Voy. *Oxide de zinc natif* ou *Calamine*, *Sulfure de zinc*, *Sulfate de zinc*, et *Carbonate de zinc*. — Leur docimasie et métallurgie, 367 et suiv.

MINIUM. Voy. *Oxide de plomb rouge*.

MIRACLE CHIMIQUE, III, 194. Voy. *Muriate de chaux*.

MISPIKEL ou PYRITE ARSENICALE, V, 65.

MOFETTE. Voy. *Gaz azote*.

MOLÉCULES, I, 64, 65.

— constituantes, } 65.
— intégrantes, }

MOLYBDATES, sels formés par l'acide molybdique. Voy. *Acide molybdique* et *les différens molybdates*.

— ammoniacal, V, 105, 106. Voy. *Acide molybdique*.

— d'argent, VI, 342. Voy. *Molybdates* et *Nitrate d'argent*.

— baritique, V, 105. Voy. *Acide molybdique*.

— alcalin ou de chaux, V, 105. Voy. *Acide molybdique*.

— de mercure, V, 353, 354. Voy. *Molybdates*.

— de plomb, VI, 56, 58, 59, 65, 94, 95. Voy. *Molybdates* et *Plomb*.

— de plomb natif (*Plomb jaune*), 56, 58, 59, 65, 95. Voy. *Mines de plomb*.

— de plomb artificiel, 94, 95.

— acidule de potasse, V, 103, 104, 106. Voy. *Acide molybdique*. — Sa cristallisation, etc.; sa solubilité, fusibilité, etc.; sa décomposition par l'acide nitrique, 106.

— d'urane, V, 134. Voy. *Molybdates* et *Oxide d'urane*.

— de zinc, V, 385. Voy. *Molybdates* et *Zinc*.

MOLYBDÈNE, V, 12, 19, 96 et suiv. Voy. *Métaux*. — Son histoire; confondu pendant long-temps avec la plombagine ou carbure de fer, jusqu'en 1778, que Schéele l'en distingua, mais le confondit avec sa propre mine, ou combinaison sulfureuse, etc. jusqu'aux découvertes de Pelletier sur ce métal, 95, 97. — Ses propriétés physiques; difficulté de sa réduction; son infusibilité, etc. 97. — Son histoire naturelle, et celle de ses mines, 98, 99. Voy. *Sulfure de molybdène*. — Son oxidabilité et acidification par l'air, 99. Voy. *Acide molybdique*. — Son union, calcination, acidification, etc. par le calorique avec le soufre, 99. Voy. *Sulfure de molybdène*. — Ses alliages, 100. — Altération, acidification, etc. de ce métal et de son sulfure, par les acides, 100. Voy. *Acide molybdique*.

MORDANS. Voy. *Matières colorantes*, à *leur fixation*.

MORTIER, II, 177, 178. — Se forme par l'union de la chaux aidée par l'eau avec la silice ou avec quelques autres terres, 177, 178. — Sa préparation, et causes de ses divers degrés de solidité, 139, 178. — Solidité que lui donne l'oxide de fer, VI, 217, 218.

MUCILAGE. Voy. *le Muqueux* ou *Corps muqueux*, etc.

MÚCITES, sels formés par l'acide muqueux avec les bases, VII, 147. Voy.
Acide muqueux.— Ceux de potasse et de soude sont cristallisables, *etc.* 147.
MUCUS de la bouche, IX, 119, 122, 318. Voy. *Animaux, à la comparaison
et classification des matières animales.*
MUCUS NASAL, *etc.* (2ᵉ. classe des matières animales), IX, 119, 122, 312
et suiv. Voy. *Animaux, à la comparaison et classification des matières
animales.* — Son siége, sa formation, *etc.* 312, 313. — Son abondance
dans ce qu'on nomme improprement *Rhume de cerveau*, etc.; ses propriétés physiques et chimiques; recherches qu'en ont faites l'auteur et le
citoyen Vauquelin, 313 et suiv. — Sa nature mucilagineuse, visqueuse, *etc.*
son épaississement à l'air, *etc.* 314 et suiv. — Ses fonctions, *etc.* 315, 316.
— Ses différentes altérations dans les affections nasales, 316. — Action
violente du gaz acide muriatique oxigéné sur cette matière; rapports de
cette action avec le rhume, et les froids subits et piquans, *etc.* 317.
MUIRE ou EAU MÈRE du muriate de soude ou sel marin, III, 181. Voy.
Muriate de soude, à son extraction, et *Muriate de chaux.*
MUQUEUX (le), *ou* CORPS MUQUEUX, *ou* MUCILAGE, *ou* GOMME
(2ᵉ. des matériaux immédiats des plantes), VII, 125, 135 et suiv. Voy.
Végétaux, Sucre ou *Corps muqueux sucré*, et *Végétation, etc.* — Son
siége, sa grande abondance dans la nature végétale; son insipidité et sa
nature collante, *etc.* 138 et suiv. 142, 143, 153. — Son extraction, et ce
que l'on nomme particulièrement, *Gomme* et *mucilage*, 139 et suiv. — Ses
propriétés physiques, 142, 143. — Ses propriétés chimiques; sa distillation, *etc.*; ses décompositions par le feu, et formation de l'acide pyro-
muqueux, *etc.* 143 et suiv. Voy. *Acide pyro-muqueux*. — Ses décompositions par les acides, et sa conversion par ses corps en quatre acides différens, selon les acides que l'on emploie, ou selon la manière dont on les
emploie, 146 et suiv. Voy. *Acides acéteux, muqueux, malique et oxalique.*
—Abondance de l'huile qu'il fournit par sa distillation avec l'alcali fixe, *etc.*
151. — Action entre ce corps et les sels; sa combustion par les nitrates,
et sa détonation, avec le muriate suroxigéné de potasse, *etc.* 151,
152. — Ses décompositions, *etc.* par les oxides métalliques, *etc.* 152. —
Son analyse, 152, 153. — Ses espèces ou variétés; trois sortes de gomme, *etc.*
153, 154. — Ses usages; son utilité médicinale et dans l'économie domestique
et manufacturière, 154, 155.—Sa différence d'avec le sucre et sa conversion en
matière sucrée, par une augmentation d'oxigène, 167, 168. Voy. *Sucre* et
Fermentation saccharine. — Son union avec les autres substances végétales,
283, 366; VIII, 13, 30, 135, 206. Voy. *Végétation, etc.* — Son union et action
avec les substances animales, IX, 78, 134, 187, 400, 420, 427; X, 164.
MURIATES, synonyme des sels marins, sels formés par l'acide muriatique.
Voy. *cet acide et les différens muriates.*
— alcalins et terreux (en général), 5ᵉ. genre, III, 10, 162 et suiv. Voy.
Sels à bases salifiables alcalines, etc. et *chaque Muriate alcalin* ou
terreux. — Composés d'acide muriatique et de bases salifiables, nommés autrefois presque exclusivement *Sels* ou *Sels marins*, 162. — Ancienneté de leur
histoire, et multiplicité des expériences des chimistes sur ce genre, sur-
tout depuis le commencement du 18ᵉ. siècle, et l'époque de 1745, où,
par les travaux de Duhamel et Margraf, on a distingué la base du sel
marin d'avec la potasse ou alcali végétal, 162. — Leur grande abondance
dans la nature, qui les présente, ou solides dans l'état de fossiles, ou
dissous dans les eaux qu'ils minéralisent, ou dans différentes substances
organiques, soit végétales, soit animales; plusieurs espèces que la nature
n'offre pas se préparent artificiellement; procédés pour les extraire et les
purifier, 162, 163. Voy. *Végétaux*, etc. *Animaux*, etc. *Urine*, etc. —
Leurs propriétés physiques, principalement leur saveur salée plus ou moins
franche, *etc.* où domine celle du sel marin ordinaire, 163. — Leur décrépitation, fusion, sublimation, et en général difficulté, ou même, pour la
plupart, impossibilité d'être décomposés par le calorique, 163. — La déliquescence caractérise la plupart, 163. — Un de leurs caractères les plus
prononcés est de n'être attaquables par aucun corps combustible, 164. —

Leur dissolubilité, cristallisabilité, et la propriété qu'ils donnent à l'eau qui les dissout, de s'échauffer, *etc.* III, 164. — Sont décomposés par quelques oxides métalliques qui en dégagent les bases, 164. Voy. *ci-dessous*, à *l'action avec les métaux.*—Leurs décompositions par plusieurs acides, 164, 165. — Altération et décomposition de la plupart de ces sels par la silice et l'alumine, 165. — Leur grande utilité, et importance de leur étude, 166. — Forment douze espèces, rangées d'après le rang de l'attraction élective des bases pour l'acide muriatique, 166. — Abrégé de leurs différences caractéristiques avec les fluates, 311 et suiv. — Résumés de leurs caractères, IV, 101 et suiv. — Action réciproque entre ces sels et les autres sels, 216 et suiv. Voy. *Sels*, *à leurs actions réciproques.* — Leurs principaux caractères, considérés minéralogiquement, et leur division en trois espèces fossiles, 285. Voy. *Sels fossiles.* — Considérés comme minéralisateurs des eaux, 296, 297. Voy. *Eaux minérales.* — Action réciproque entre ces sels et les substances métalliques, V, 60, 61, 79, 86, 95, 106, 189, 208, 254, 255, 256, 330, 342, 343, 351, 352, 355, 356, 387, 388; VI, 44 et suiv. 98 et suiv. 195, 215, 221, 222, 271, 279, 289, 290, 323; 324, 332, 337, 333, 373, 384, 429 et suiv. 435, 436. Voy. *Métaux et leurs combinaisons.* — Action entre ces sels et les substances végétales, VII, 103, 104, 218, 259; VIII, 76, 104, 105, 150; I, Disc. pr. clj. Voy. *Sels*, *à cette action.* — Action entre ces sels et les substances animales, IX, 73, 36, 89, 90, 186; X, 84, 127, 128, 162 et suiv. 184, 188. Voy. *Animaux*, etc.

MURIATE d'alumine, III, 166, 209 et suiv. Voy. *Muriates alcalins*, etc. *(en général), Sel marin argileux, Alun marin*, etc. — Sa synonymie et son histoire depuis Macquer, 209. — Sa forme souvent gélatineuse, *etc.*; sa saveur styptique, son acidité, *etc.* et autres propriétés physiques; son histoire naturelle et sa préparation, 209, 210. — Sa grande fusibilité et sa décomposition par le feu, 210. — Sa grande déliquescence et sa grande dissolubilité, 210. — Ses décompositions, 210, 211. — Beaucoup d'oxides métalliques le décomposent, et en dégagent de l'acide muriatique oxigéné, 210. — Résumé de ses caractères spécifiques, IV, 103. — Action réciproque entre ce sel et les autres sels, 146, 149, 181, 182, 188, 189, 190, 191, 192, 193, 194, 195, 196, 197, 198, 215, 227, 228. — Action entre ce sel et les substances métalliques, V, 95.
— alumineux. Voy. *Muriate d'alumine.*
— ammoniacal. Voy. *Muriate d'ammoniaque.*
— ammoniaco-magnésien, III, 166, 206 et suiv. Voy. *Muriates alcalins*, etc. *(en général).* — *Sel triple* ou *trisule*, son histoire, d'après Bergman, et ensuite l'auteur, 206. — Ses propriétés physiques, son histoire naturelle, ses différentes préparations, 207. — Est, comme tous les autres sels triples, l'union de deux sels neutres, et non pas une combinaison de deux bases à la même portion d'acide, 207. Voy. *Trisules.* — Sa décomposition par le calorique, 207. — Diffère des autres trisules par sa légère déliquescence, 207, 208. — Sa dissolubilité, moindre que celle de chacun des sels qui le composent, 208. — Ses décompositions, 208. — Son analyse, 208; IV, 259. — Résumé de ses caractères spécifiques, 102, 103. — Action réciproque entre ce sel et les autres sels, 146, 149, 165, 168, 173, 177, 181, 182, 186, 187, 188, 189, 192, 193, 224 et suiv.
— ammoniaco - mercuriel soluble, ou sel alembroth, V, 342, 343. Voy. *Trisules* et *Muriate suroxigéné de mercure.*
— d'ammoniaque, III, 166, 195 et suiv. Voy. *Muriates alcalins*, etc. (en général). — *Sel ammoniac, Ammoniaque muriatée*, etc. — Sa synonymie et son histoire, qui, quoique des plus anciennes, n'a offert des notions exactes que depuis le commencement du 18° siècle, d'après Geoffroy, *etc.* 195, 196; IV, 279, 281. — Sa cristallisation variée, sa forme primitive, *etc.* sa saveur fraîche ammoniacale, *etc.* son élasticité, *etc.* et autres propriétés physiques, et son histoire naturelle, III, 196, 197, 200; IV, 279. — Son extraction des matières animales brûlées, et par d'autres procédés; sa préparation, sa purification, *etc.* III, 197 et suiv. 200. Voy.

Animaux, etc. *Urine.* etc. — Sa fusibilité, sa grande volatilité, *etc.* par le calorique dont on se sert pour le rectifier par la sublimation, III, 199, 200. Ne s'humecte que légèrement à l'air très-humide, et se dessèche dans l'air sec, 200. — Sa dissolubilité, froid qu'il produit, *etc.* 200. — Ses décompositions, 201 et suiv. — Donne de l'acide muriatique oxigéné, avec l'acide nitrique, 201. — Sa décomposition par la chaux donne l'ammoniaque ; détails de cette opération avec l'appareil de Woulfe, 201 et suiv — Son analyse, et ses nombreux usages, tant dans la chimie, que dans la médecine et dans les arts, 203 ; IV, 259. — Résumé de ses caractères spécifiques, 102. — Action réciproque entre ce sel et les autres sels, 165, 168, 173, 176, 181, 182, 186, 187, 188, 189 208, 209, 210, 212, 213, 214, 215, 221, 222. — Action entre ce sel et les substances métalliques, V, 181, 208, 254, 342, 343, 352, 356, 387, 388 ; VI, 44 et suiv. 100, 101, 215, 221, 222, 279, 289, 290, 324, 429 et suiv. 435, 436. Voy. *Muriate, à cette action.* — Son action avec les substances végétales, VIII, 76. Voy. *Muriates, à cette action.* — Action entre ce sel et les substances animales, IX, 86, 89, 90 ; X, 127, 128, 162 et suiv. Voy. *Muriates, à cette action*, et *Urine* et *Urée.*

Muriate d'antimoine, V, 214, 216, 233, 234, 345, 346. Voy. *Muriates métalliques.*

— d'antimoine natif, 214, 216. Voy. *Mines d'antimoine.*

— d'antimoine artificiel, 233, 234, 236. Voy. *Oxides d'antimoine.* — Son précipité pyrophorique, par le fer, *etc.* 236. — Sa précipitation et décomposition par l'eau, 234, 236, 237.

— d'antimoine sublimé, autrefois *beurre d'antimoine*, 345, 346. — Sa grande causticité ; sa fusion, comme une graisse, à un feu doux ; sa précipitation en oxide blanc par l'eau, *etc.* 346. (Voy. *Oxides d'antimoine* et *Poudre d'Algaroth*). — Sa dissolution et union en sel triple par l'acide nitrique, et oxide précipité de ce composé, 346. Voy. *Nitro-muriate d'antimoine* et *Bézoard minéral.* — Son action avec les substances animales, X, 325.

— d'argent ou argent corné, *etc.* VI, 299, 303, 329, 329, 335 et suiv. Voy. *Muriates métalliques*, *Nitrate d'argent* et *Oxides d'argent.*

— d'argent natif, 299, 303, 309. Voy. *Mines d'argent*, et ci-dessous, à *l'artificiel.*

— d'argent artificiel, 329, 335 et suiv. — Sa grande fusibilité ; son état comme graisseux et l'apparence cornée qu'il prend en se refroidissant ; sa cristallisation, *etc.* ; son peu de solubilité, 336. — Ses décompositions et réduction de son oxide, *etc.* 336 et suiv. Voy. *Oxides d'argent.* — Procédé le plus généralement employé pour en extraire l'argent bien pur, par le carbonate de potasse, et son analyse, 337.

— d'arsenic sublimé, nommé autrefois *beurre d'arsenic*, V, 73, 344. Voy. *Muriates métalliques* et *Arsenic.*

— de barite, III, 166, 167 et suiv. Voy. *Muriates alcalins*, etc. (*en général*). — Sel marin à base de terre pesante, *etc.* ; sa synonymie et son histoire, Schéele et Bergman l'ont fait connoître les premiers, 167. — Son histoire naturelle ; sa forme primitive, *etc.*, ses cristallisations ; sa saveur âcre, comme métallique, *etc.* ; sa grande pesanteur, *etc.* 167 ; IV, 296. Voy. *Eaux minérales.* — Sa préparation et purification, 168. — Sa décrépitation, son desséchement, *etc.* par le calorique, qui finit par le fondre, mais à une très-haute température ; son inaltérabilité à l'air ; sa dissolubilité, plus forte dans l'eau bouillante, *etc.* 169. — Ses décompositions, 169, 170. — Son analyse, 170, IV, 258. — Ses usages, tant comme réactif des plus utiles pour indiquer l'acide sulfurique, que comme un fondant très-actif pour la médecine, mais qui, dans ce dernier cas, doit être très-pur et administré avec la plus grande prudence, III, 170, 171. Voy. *Réactifs.* — Résumé de ses caractères spécifiques, IV, 101. — Action réciproque entre ce sel et les autres sels, 130, 131, 133, 134, 136, 137, 140, 141, 146, 148, 153, 155, 159, 161, 165, 167, 173, 176, 181, 182, 186, 187, 188, 189, 192, 193, 194, 195, 196, 197, 198, 199, 200, 201, 202, 203, 204, 205, 207, 208, 210, 212, 213, 214, 215, 216, 217. — Action entre ce sel et les

substances métalliques, V, 95. Voy. *Muriates*, à cette action. — Action entre ce sel et les substances végétales, VII, 147; I, Disc. pr. clj. Voy. *Muriates*, à cette action. — Action entre ce sel et les substances animales, X, 84, 127, 184, 188.

MURIATE baritique. Voy. *Muriate de barite*.

— de bismuth, V, 205, 206, 345. Voy. *Muriates métalliques et Bismuth.* — Sa précipitation par l'eau en oxide blanc, etc. ; sa sublimation en une matière épaisse, fusible, *etc.* nommée improprement *Beurre de bismuth*, 206, 345. — Poudre, résidu de sa distillation, proposée pour la peinture, 345.

— calcaire, ou sel marin calcaire, sel ammoniac fixe, *etc.* Voy. *Muriate de chaux*.

— de chaux, III, 166, 191 et suiv. Voy. *Muriates alcalins*, etc. (*en général*). — *Sel marin calcaire*, *Phosphore de Hombert*, etc. sa synonymie et son histoire, et travaux de l'auteur sur ce sel, 191. — Sa cristallisation, sa saveur âcre, *etc.* et son histoire naturelle, 191, 192, 193; IV, 285, 296, Voy. *Eaux minérales*. — Sa préparation et purification, III, 192. — Sa fusion, son gonflement, *etc.* et propriété phosphorique qu'il acquiert en perdant son eau et une petite portion de son acide par le calorique, 192, 203. — Sa grande déliquescence, 192, 193. — Sa grande dissolubilité, *etc.* et difficulté de le faire cristalliser, 193. — Ses décompositions, 193, 194. 308. — Son analyse, 194; IV, 259. — Ses usages, spécialement par le grand froid qu'il produit mélangé avec la neige, et proposé pour la médecine par l'auteur, dès 1782, comme un fondant très-actif, *etc* III, 194, 195. Voy. *Réactifs*. — Résumé de ses caractères spécifiques, IV, 102. — Action réciproque entre ce sel et les autres sels, 130, 132, 133, 135, 146, 149, 153; 155, 159, 161, 165, 168, 173, 176, 181, 182, 186, 187, 188, 189, 190, 191, 192, 193, 194, 195, 196, 197, 198, 199, 200, 201, 207, 208, 210, 212, 213, 214, 215, 220, 221. — Considéré minéralogiquement ou comme fossile, 285. Voy. *Sels fossiles*. — Action réciproque entre ce sel et les substances métalliques, V, 95. Voy. *Muriates*, à cette action. — Action ou union entre ce sel et les substances végétales, VII, 147, 218, 259; VIII, 150. Voy. *Muriates*, à cette action. — Action entre ce sel et les substances animales, IX, 73; X, 127. Voy. *Muriates*, à cette action.

— de cobalt, V, 145, 147. Voy. *Muriates métalliques et Cobalt*. — Sa dissolution forme une encre de *sympathie*, qui se colore en vert par la chaleur, et dont la couleur disparait par le refroidissement, *etc.* 146, 147.

— de cuivre, VI, 280 et suiv. Voy. *Muriates métalliques*, *Cuivre* et *Oxide de cuivre*. — Sa belle couleur verte; sa cristallisation; son âcreté et causticité ; sa fusion et son épaississement à une chaleur douce, *etc.* ; sa déliquescence, 281. — Ses décompositions, 281, 282. — Son *minimum* d'acide et son analyse dans ses différens états, ainsi que celle de deux muriates de cuivre *natifs* d'Amérique, analysés par M. Proust ; son précipité en oxide bleu par la potasse, *etc.* 282. Voy. *Cendre bleue* ou *Hydrate de cuivre*. — Action entre ce sel et les substances végétales, VII, 230, 265; VIII, 150.

— d'étain, VI, 33 et suiv. Voy. *Muriates métalliques et Etain*. — Sa cristallisation ; ses décompositions et précipitations, *etc.* 34 et suiv. — Précis des expériences de Pelletier et du citoyen Adet sur l'avidité avec laquelle sa dissolution s'empare de l'oxigène d'une foule de corps, et sur son état de suroxigénation, 35 et suiv. Voy. *Muriate suroxigéné d'étain*. — *Concret et Sublimé*, ou *Etain corné*, ou *Beurre d'étain*, 38. — Action entre ce composé et plusieurs sels alcalins, 41, 42. — Action entre ce sel et les substances végétales, VII, 313, 314; VIII, 51 et suiv. Voy. *Végétaux*, *Métaux* et *Oxides métalliques et leurs composés*. — Action entre ce sel et les substances animales, X, 354, 355, 355.

— suroxigéné fumant, d'étain, ou liqueur fumante de Libavius, VI, 35, 36 et suiv. Voy. *Muriates suroxigénés métalliques*, *Etain* et *Muriate d'étain*. — Sa préparation, 36, 37. — Sa cristallisation : sa vapeur âcre à l'air, *etc.* ; sa distillation et son résidu, 37, 38. Voy. *Muriate d'étain concret*, etc.

—Expériences des citoyens Adet et Pelletier sur sa décomposition en muriate simple , et sur sa recomposition avec du gaz acide muriatique oxigéné , qui prouvent sa nature suroxigénée, *etc.* VI, 38 et suiv. — Son utilité, sous le nom de *composition*, pour la teinture , 48. Voy. *Matières colorantes.* — Son action avec les substances végétales, VIII , 59 , 72 et suiv. 94 , 95 , 175 et suiv. 176.

MURIATE de fer, VI, 207 et suiv. Voy. *Muriates métalliques* et *Fer.* — Sa dissolution est la plus permanente de celles du fer, *etc.* 208. — Sa fusion comme une espèce de graisse, *etc.* 208. — Sa distillation à la cornue ; sublimation de lames brillantes d'oxide noir et formation d'acide muriatique oxigéné, *etc.* 208, 209. — Ses autres décompositions, *etc.* 209 ; VIII, 13. — Son état suroxigéné lorsqu'il est formé immédiatement par la dissolution des oxides brun-rouge, *etc.* VI, 209, 210. — Donne dans cet état du noir avec la noix de galle, et du bleu avec les prussiates, 210. Voyez *Acides, prussique et gallique.* — Action réciproque entre ce sel et les autres sels, 212, 216, 217. — Ses usages , 227. Voy. *Fer, à ses usages médicamenteux.* — Action entre ce sel et les substances végétales, VIII, 13 ; 150, 176.

— de glucine, III, 166 , 208, 209. Voy. *Muriates alcalins,* etc. (*en général*). — Principales propriétés de ce sel très-peu connu, indiquées par le citoyen Vauquelin et par l'auteur, telles que ses différences d'avec le nitrate de glucine ; la liqueur sucrée qu'il donne avec l'alcool ; ses décompositions par le feu, par les acides et par les bases, *etc.* 208 , 209. — Résumé de ses caractères génériques , IV , 103. — Action réciproque entre ce sel et les autres sels , 173 , 177 , 181 , 186 , 187 , 188, 189, 192 , 193, 195 , 196, 213, 214, 215, 225 et suiv.

— de magnésie, III , 166, 204 et suiv. Voy. *Muriates alcalins,* etc. (*en général*). — *Sel marin de magnésie,* etc. sa synonymie et son histoire depuis Black, qui l'a, le premier, distingué du muriate calcaire, qu'il accompagne souvent, jusqu'aux travaux de l'auteur sur ce sel, 204. — Sa cristallisation informe, *etc.* et autres propriétés physiques ; son histoire naturelle et sa préparation, 204, 205 ; IV, 285, 296. Voy. *Eaux minérales.*—Sa décomposition , isolement de sa base et dégagement de son acide par le calorique, III, 204, 205. — Sa grande déliquescence ; sa dissolubilité plus grande à l'eau bouillante, *etc.* ; difficulté de sa cristallisation, *etc.* III, 205. — Ses décompositions, 205, 206. — Donne de l'acide muriatique oxigéné par l'acide nitrique, 205. — Son analyse, et utilité dont il peut être pour en obtenir la magnésie, *etc.* 205, 206 ; IV, 259. — Résumé de ses caractères spécifiques, 102. — Action réciproque entre ce sel et les autres sels , 146 , 149 , 165, 168, 173 , 177 ; 181 , 182, 186 , 187, 188, 189, 192 , 193 , 222 et suiv. — Considéré minéralogiquement ou comme fossile, 285. Voy. *Sels fossiles.* — Action entre ce sel et les substances métalliques, V, 95. Voy. *Muriates,* etc. *à cette action.* — Son action ou union avec les substances végétales, VIII, 150. Voy. *Muriates, à cette action.* — Action entre ce sel et les substances animales, IX, 73.

— magnésien ou sel marin magnésien. Voy. *Muriate de magnésie.*

— de manganèse, V, 186 , 187 , 188. Voy. *Muriates métalliques, Manganèse et son oxide.*

— suroxigéné de mercure, ou muriate de mercure corrosif ou sublimé corrosif, V, 331 et suiv. Voy. *Muriates métalliques oxigénés* et *Mercure.* — Ses diverses préparations, 332, 333 et suiv. — La grande proportion d'oxigène est la seule condition nécessaire à sa formation qui a également lieu, soit que cette proportion soit fournie par l'acide ou par l'oxide, 334. — Sa saveur âcre, *etc.* et son épouvantable causticité, dont les effets sont dus à l'état d'oxidation du mercure et non à l'acide, *etc.* 337, 338. — Ses diverses cristallisations ; sa pesanteur ; sa volatilité qui l'a fait appeler sublimé, *etc.* ; sa dissolubilité augmentée par les acides sulfurique, muriatique et nitrique, *etc.* 338, 339. — Ses décompositions et précipitations par les matières terreuses et alcalines, 339 et suiv. — Son précipité jaune par l'eau de chaux, 340. Voy. *Eau phagédénique.* — Son précipité blanc par l'ammoniaque, ou sa précipitation en sel triple, insoluble avec cet

alcali, V, 340 et suiv. Voy. *Muriate mercurio-ammoniacal insoluble*. — Son analyse d'après divers chimistes ; n'est point encore déterminée, 341, 342. — Ses décompositions et précipités par les substances hidro - sulfurées , hidro - phosphorées , *etc.* 342. — Son union en sel triple soluble avec le muriate ammoniacal, 342, 343. Voy. *Muriate ammoniaco-mercuriel soluble* ou *Sel Alembroth*. — Ses décompositions par les substances métalliques, 343 et suiv. — Ces décompositions donnent, d'une part , des muriates métalliques, quelquefois suroxigénés , nommés autrefois *Beurres métalliques*, plus ou moins volatils, concrescibles par le froid , *etc.* ; et , de l'autre part , du mercure coulant quand elles sont opérées par des métaux simples, au lieu qu'on obtient du mercure sulfuré rouge si elles ont lieu par les sulfures ou oxides sulfurés des mêmes métaux, 343, 344. Voy. *les différens Muriates métalliques*. — Son union avec le mercure coulant, qui le convertit en simple muriate de mercure, 347 et suiv. Voy. *Muriate de mercure doux*. — Son action ou union avec les substances végétales , VIII, 150, 176. Voy. *Alcool*. — Son union et action avec les substances animales, IX, 183, 192.

MURIATE de mercure doux, sublimé doux, ou mercure doux, *etc.* V, 333, 334, 335, 347 et suiv. Voy. *Muriates métalliques* , *Mercure* et *Muriate suroxigéné de mercure* ou *Muriate suroxigéné de mercure corrosif*, etc. — Sa synonymie, son histoire et ses préparations, 347, 348, 350. — Théorie de sa formation ; contient moins d'oxigène et moins d'acide que le muriate suroxigéné de mercure ; toute combinaison d'acide muriatique avec le mercure peu oxidé, et formant un sel insoluble, sera du muriate de mercure doux, 349, 350. — Sa saveur faible, *etc.* ; sa pesanteur ; sa phosphorescence ; sa volatilité moindre que celle du muriate de mercure corrosif, *etc.* ; sa cristallisation par la sublimation, *etc.* ; son peu de solubilité, *etc. etc.* 350, 351. — Ne s'unit point au muriate d'ammoniaque ; ne peut absorber plus de mercure qu'il n'en contient, *etc.* ; son changement en muriate suroxigéné par l'acide muriatique oxigéné, *etc.* ; incertitude sur les proportions de ses principes, 351.
— mercurio-ammoniacal insoluble ou mercure précipité blanc, *etc.* V, 340, 341, 343. Voy. *Trisules* , *Muriate suroxigéné de mercure* et *Muriate ammoniaco-mercuriel insoluble* ou *Sel Alembroth*.
— métalliques, V, 53, 54, 56, 57. Voy. *Métaux*, *Beurres métalliques*, chaque *Muriate métallique* et *Oxides métalliques*.
— métalliques oxigénés, V, 56, 57. Voy. *Métaux* et *Acide muriatique oxigéné*.
— de nickel, V, 164. Voy. *Muriates métalliques* et *Nickel*.
— ou sel régalin d'or, VI, 380 et suiv. Voy. *Muriates métalliques* et *Or*. — Procédés et théorie de sa formation dont le résultat est le même, soit par l'acide muriatique oxigéné , soit par l'acide nitro-muriatique ou eau régale, *etc.* 380 et suiv. — Sa grande causticité ; sa couleur d'or, *etc.* ; sa cristallisation, sa déliquescence, *etc.* 383, 384. — Sa décomposition, *etc.* par le calorique ; sa dissolubilité , sa teinture pourpre, *etc.* 384. — Ses décompositions et précipitations d'or, *etc.* par les corps combustibles, 384, 385. — Ses décompositions et précipitations d'or , *etc.* par les acides et par les matières alcalines, principalement celle qui a lieu par l'ammoniaque, 385 et suiv. Voy. *Or fulminant* ou *Oxide d'or et d'ammoniaque*. — Ses décompositions et précipitations, soit en or réduit, soit en oxide pourpre par les substances métalliques , principalement celle par l'étain, 391 et suiv. Voy. *Précipité pourpre de Cassius.*—Ses usages. Voy. *Or*, à ses usages ; et *Platine*, aux moyens de reconnaître son alliage avec l'or. — Ses décompositions et précipitations, *etc.* par les substances végétales, VII, 183, 184, 366 ; VIII, 167, 171. Voy. *Végétaux et leurs composés*, etc. —Ses décompositions et précipitations, *etc.* par les substances animales, IX, 192.
— ou sel régalin de platine, VI, 426 et suiv. Voy. *Muriates métalliques* et *Platine*. — Sa préparation et théorie de sa formation, soit par l'acide muriatique oxigéné , soit par l'acide nitro-muriatique, 426 et suiv. — Sa forte

coloration, *etc.*; sa causticité; sa cristallisation, *etc.* 428, 429. — Ses décompositions et précipitations, soit en oxide, soit en sels triples par la potasse ou par l'ammoniaque, ou leurs sels, 429 et suiv. — Réduction et fusion, *etc.* de ses précipités, 430 et suiv. Voy. *Mines de platine, à leurs travaux docimastiques, et ci-dessous à son utilité, etc.* — Ses décompositions et précipitations par les métaux et dissolutions métalliques, 432, 433. — Utilité de sa dissolution précipitée par le muriate d'ammoniaque pour en retirer le platine le plus pur, *etc.* 436. Voy. *ci-dessus, à sa réduction*, etc. — Son emploi pour reconnaître l'or allié de platine, 435. Voy. *Platine.* — Sa précipitation par l'acide sébacique, IX, 192.

MURIATE de plomb, VI, 89 et suiv. Voy. *Muriates métalliques, Plomb et ses oxides.* — Sa demi-vitrification appelée *Plomb corné*, 90. — Ses décompositions, *etc.* 90, 92, 93, 94, 95, 100; VII, 260; IX, 75. — *Jaune* avec excès d'oxide; produit de la décomposition du muriate de soude par la litharge ou oxide de plomb vitrifié; son insolubilité; sa réduction par l'acide nitrique en muriate de plomb ordinaire, *etc.* VI, 98 et suiv. Voy. *Oxides de plomb.* — Celui formé par la décomposition du muriate d'ammoniaque ne diffère point du muriate de plomb ordinaire, 101.

— suroxigéné de plomb, VI, 91, 92. Voy. *Muriates suroxigénés métalliques* et *Oxides de plomb.* — Son action avec les substances végétales, VIII, 175.

— de potasse, III, 166, 171 et suiv. Voy. *Muriates alcalins (en général).* — *Sel fébrifuge de Silvius, etc.* sa synonymie et son histoire, 171. — Sa cristallisation cubique, *etc.* pareille à celle du muriate de soude ou sel de cuisine, mais dont on le distingue aisément par sa saveur amère; son histoire naturelle; son siège, *etc.* 171, 172. Voy. *Végétaux, etc. Animaux, etc. Urine, etc.* — Sa préparation et purification, 172. — Sa décrépitation, fusion et volatilisation par le calorique; sa légère déliquescence à l'air humide qu'il perd facilement quand ce dernier devient sec, 172. — Sa dissolubilité et sa cristallisation par l'évaporation lente et spontanée, *etc.* 172, 173. — Ses décompositions, 173. — Son analyse et ses usages pour les salpêtriers, 173, 174; IV, 258. — Résumé de ses caractères spécifiques, 101. Action réciproque entre ce sel et les autres sels, 133, 134, 147, 148, 159, 161, 165, 167, 173, 175, 181, 182, 203, 204, 205, 207, 208, 210, 212, 213, 214, 215, 217, 218. Voy. *Muriates, à cette action.* — Son action ou union avec les substances végétales, VIII, 104, 105. Voyez *Muriates, à cette action.*

— de silice, III, 166, 213. Voy. *Muriates alcalins*, etc. (*en général*). — Résumé de ses caractères spécifiques, IV, 103. — Action réciproque entre ce sel et les autres sels, 229, 230.

— de soude, III, 166, 174 et suiv. Voy. *Muriates alcalins*, etc. (*en général*). — *Sel de cuisine, sel marin, soude muriatée, etc.* sa synonymie, et son histoire qui, quoique des plus anciennes, n'est bien connue que depuis le tiers du dix-huitième siècle, 174; IV, 278, 281. — Ses propriétés physiques et son histoire naturelle, telle que sa cristallisation cubique et ses variétés, sa forme primitive cubique, *etc.*; sa saveur salée franche, agréable, *etc.* sa grande abondance dans la nature, soit solide, soit dissous, *etc.* III, 175, 176; IV, 278, 281, 285, 296, 297. Voy. *Sels fossiles, Eaux minérales, Végétaux, etc. Animaux, etc. Urine, etc.* — Son extraction et sa purification comprennent quatre procédés généraux qui consistent, le premier, dans l'évaporation spontanée des eaux salées, et les trois autres, selon les divers lieux où on les emploie, à favoriser plus ou moins cette évaporation à l'aide du feu et de diverses opérations mécaniques, et même, pour le nord, dans la congélation de l'eau surabondante, préalablement au chauffage, III, 177 et suiv. — Sa décrépitation, fusion et volatilisation, sans autre altération que la perte de son eau, par le calorique, 182, 183. — Ne fait que s'humecter légèrement à l'air humide, qui ne rend déliquescent le sel de cuisine que par le mélange de sels terreux qu'il contient ordinairement, 183. — Sa grande dissolubilité, sa cristallisation par l'évaporation, et froid qu'il produit pendant sa dissolution,

183 — Ses décompositions, III, 184 et suiv. — Sa décomposition par l'acide nitrique change ce dernier en nitreux et donne l'acide muriatique oxigéné, 184. — Sa décomposition par l'acide sulfurique, et procédés pour en obtenir ou l'acide muriatique pur, ou la soude du commerce, 184, 185, 186. — La potasse en extrait aussi la soude, 186. — Sa propriété d'enlever l'eau de beaucoup de dissolutions salines en dégageant du calorique, et celle d'augmenter la solubilité de quelques sels, entre autres le nitrate de potasse, 187. — Son analyse, 187; IV, 258, 259. — Fréquence et importance de ses usages, III, 188; VI, 373. — Résumé de ses caractères spécifiques, IV, 101. — Action réciproque entre ce sel et les autres sels, 146, 148, 159, 161, 165, 168, 173, 176, 181, 182, 185, 187, 204, 205, 207, 208, 210, 212, 213, 214, 215, 218, 219. — Considéré minéralogiquement ou comme fossile, 278, 281, 285. Voy. *Sels fossiles*. — Action entre ce sel et les substances métalliques, V, 79, 208, 254, 255, 256, 350, 351, 387; VI, 98 et suiv. 195, 221, 337, 338, 373, 384. Voyez *Muriates*, à cette action. — Action ou union entre ce sel et les substances végétales, VII, 103, 104; VIII, 76, 105. Voyez *Muriates*, à cette action. — Action entre ce sel et les substances animales, IX, 73; X, 127, 128, 162 et suiv. Voy. *Muriate*, à cette action, *Urine* et *Urée*.

MURIATE de strontiane, III, 106, 188 et suiv. Voy. *Muriates alcalins et terreux* (*en général*). N'est connu que depuis quelques années; a été distingué du muriate de barite, avec lequel on l'avait d'abord confondu, par M. Klaproth; chimistes qui ont examiné avec soin ses propriétés depuis cette époque, 188, 189. — Sa cristallisation et autres propriétés physiques, et sa préparation, 189. — Sa fusion et demi-vitrification par le calorique, sans autre altération que la perte de son eau de cristallisation, qu'il devient ensuite susceptible de reprendre avec avidité, 189. — Sa grande dissolubilité, froid qui en résulte, *etc.*; couleur pourpre qu'il donne à la flamme de l'alcool, 189, 190. — Ses décompositions, 190. — Son analyse, 190; IV, 259. — Utilité dont il peut être, principalement comme réactif, et pour les feux d'artifice rouges, III, 190, 191. — Résumé de ses caractères spécifiques, IV, 102. — Action réciproque entre ce sel et les autres sels, 130, 131, 133, 134, 140, 141, 146, 148, 153, 155, 159, 161, 165, 168, 173, 176, 181, 182, 183, 184, 185, 187, 188, 189, 192, 193, 195, 196, 197, 198, 200, 201, 205, 207, 208, 210, 212, 213, 214, 215, 219, 220. Voy. *Sels*. — Action entre ce sel et les substances animales, IX, 73; X, 127.

— de titane, V, 120 et suiv. Voy. *Muriates métalliques*, *Carbonate de titane* et *Titane*. — Ses décompositions, 123, 124.

— d'urane, V, 133, 134. Voy. *Muriates métalliques* et *Oxide d'urane*.

— d'ytria, I, Disc. pr. lxxxj. Voy. *Muriates alcalins et terreux* (*en général*).

— de zinc, V, 383, 384. Voy. *Muriates métalliques* et *Zinc*. — Sublimé, nommé *Beurre de zinc*, 383, 384. Voy. *Beurres métalliques*. — Ses décompositions; ses précipités blancs, *etc.*; sa déliquescence, *etc.* 384. — Sa formation par la décomposition du muriate d'ammoniaque, *etc.* par le zinc, 387, 388.

— de zircone, III, 166, 211, 212. Voy. *Muriates alcalins*, etc. (*en général*). — N'est connu que depuis 1793, d'après la découverte de M. Klaproth et les travaux du citoyen Vauquelin, 211. — Sa cristallisation, sa saveur austère, *etc.* particulière, et sa préparation, 211, 212. — Sa facile décomposition par le calorique; sa déliquescence; sa dissolubilité, *etc.* 212. — Ses décompositions, 212. — Est le plus décomposable des muriates, 212. — Résumé de ses caractères spécifiques, IV, 103. — Action réciproque entre ce sel et les autres sels, 188, 189, 190, 191, 192, 193, 194, 195, 196, 197, 198, 199, 228, 229.

— oxigénés ou suroxigénés alcalins et terreux (en général), 6e. genre, III, 10, 214 et suiv. Voy. *Sels à bases salifiables alcalines*, etc. et chaque *Muriate suroxigéné alcalin ou terreux*. — Formés par l'acide muriatique oxigéné ou plutôt suroxigéné, et par les bases salifiables, 10, 214 et suiv. — Ne

sont connus que depuis 1786, d'après la découverte du muriate suroxigéné de potasse, par le citoyen Berthollet ; leur histoire depuis cette époque, III, 214, 215. — Leur caractère générique le plus important est, 1°. de ne pas pouvoir être constitués par l'union immédiate de l'acide muriatique oxigéné liquide avec les bases, qui forment d'abord des muriates simples par la décomposition d'une partie de l'acide, *etc.* ; 2°. qu'au moment où ces corps se combinent, l'autre partie d'acide muriatique oxigéné se surcharge d'oxigène qui leur donne ensuite la nature de sels suroxigénés : ainsi il n'y a point de muriates oxigénés proprement dits, mais des muriates suroxigénés, 215, 216. Voy. *Muriate suroxigéné de potasse.* — Leur formation ne peut avoir lieu sans celle d'une portion de muriates simples par la décomposition de l'acide muriatique oxigéné, dont une partie est désoxigénée quand l'autre se surcharge d'oxigène ; la séparation des muriates simples d'avec les suroxigénés est facile par la différente dissolubilité et cristallisation qui caractérisent ces sels, 216. Voy. *Muriate suroxigéné de potasse.* — Leur phosphorescence, dégagement de leur oxigène, et réduction à l'état de muriates simples par la lumière et le calorique, 217. — Energie avec laquelle ils allument les corps combustibles, dont la détonation est plus forte, plus rapide, *etc.* qu'avec les nitrates, et laisse pour résidu des muriates simples ; est une des découvertes les plus étonnantes de la chimie moderne, et qui pourra le plus servir aux arts, *etc.* 217. Voy. *ci-dessous, à l'action avec les métaux.* — Sont tous plus ou moins dissolubles, 218. — Leur décomposition par les acides, et dégagement d'une vapeur lourde, jaune, verdâtre, d'une odeur très-forte, *etc.* qui est de l'acide muriatique suroxigéné ; inflammation, détonation, *etc.* de cette vapeur avec les corps combustibles, *etc.* 218. — Convertissent les sulfites et les phosphites en sulfates et en phosphates, 218, 278. — Sont décomposés par beaucoup d'oxides métalliques, *etc.* ; oxident les métaux, *etc.* 218. Voy. *ci-dessous, à l'action avec les métaux.* — Neuf espèces distinguées et rangées par analogie, n'y ayant encore que le muriate suroxigéné de potasse qui commence à être bien connu, 218, 219. — Résumé de leurs caractères, IV, 104 et suiv. — Action réciproque entre ces sels et les substances métalliques, V, 60, 61, 62, 74, 75, 79, 80, 148, 165, 166, 208, 255 ; VI, 46, 47, 101, 125, 127, 167, 195, 222, 223, 290, 416, 433, 434, 435. Voy. *Métaux et leurs combinaisons.* — Action entre ces sels et les substances végétales, VII, 104, 105, 152, 167, 246, 283, 304, 366 ; VIII, 13. Voy. *Végétaux et leurs composés,* etc. — Action entre ces sels et les substances animales, IX, 52, 90 ; X, 413. Voy. *Animaux,* etc.

— suroxigéné d'alumine, III, 219, 229. Voy. *Muriates oxigénés ou suroxigénés alcalins,* etc. (*en général*). — Inconnu, 229.

— suroxigéné de barite, III, 219, 220. Voy *Muriates oxigénés ou suroxigénés alcalins,* etc. (*en général*).

— suroxigéné de chaux, III, 219, 228. Voy. *Muriates oxigénés ou suroxigénés alcalins,* etc. (*en général*). — Styptique douceâtre, peu durable, IV, 105.

— suroxigéné de glucine, III, 219, 229. Voy. *Muriates oxigénés ou suroxigénés alcalins,* etc. (*en général*). — Inconnu, 229.

— suroxigéné de magnésie, III, 219, 228, 229. Voy. *Muriates oxigénés ou suroxigénés alcalins,* etc. (*en général*). — Son existence douteuse, 228, 229.

— suroxigéné de manganèse, V, 187, 188. Voy. *Muriates métalliques oxigénés* et *Oxide de manganèse.*

— suroxigéné de potasse, III, 219, 220 et suiv. Voy. *Muriates oxigénés ou suroxigénés alcalins,* etc. (*en général*). — Son histoire, depuis sa découverte par le citoyen Berthollet, jusqu'aux travaux de l'auteur sur ce sel, 220, 221. — Ses cristaux rhomboïdes, *etc.* ; sa transparence, sa fragilité, *etc.* et autres propriétés physiques ; sa sorte d'électricité, 221. — Sa préparation et purification, 221, 222. — Séparation dans sa formation du gaz acide muriatique oxigéné en deux parties, dont l'une se dépouille de son oxigène pour en surcharger l'autre partie, et belle théorie de cette

opération due à trois attractions électives , III, 222. — Sa fusion, effervescence , *etc.* ; dégagement de son oxigène , et réduction en muriate simple par le calorique, 222 , 223. — Sa légère altération à l'air ; sa dissolubilité beaucoup plus grande dans l'eau chaude ; *etc.* ; sa cristallisation par le refroidissement, *etc.* 223. — Ses décompositions, 224 et suiv. — Énergie et rapidité de ses détonations, fulminations , inflammations , *etc.* avec les corps combustibles ; effets terribles de cette action , produits à Essone en 1788 , entre trois parties de ce sel et une demi-partie de soufre et une demie de chardon, 224 , 225. — Ses décompositions avec détonation , fulguration, *etc.* par l'acide sulfurique , et seulement avec pétillement par l'acide nitrique , 225, 226. — Convertit les sulfites et les phosphites en sulfates et en phosphates, 226. — Son analyse et ses usages, principalement pour l'analyse chimique et pour la médecine, 226 , 227 ; IV, 260. — Résumé de ses caractères spécifiques, 104. — Action réciproque (et fulguration) entre ce sel et les substances métalliques, V, 61, 62 , 74, 75 , 79, 80, 148, 166, 208, 255 ; VI, 46, 47 , 101, 125 , 127, 167, 195, 222, 223 , 290, 433 , 434, 435. Voy. *Muriates suroxigénés, à cette action.* — Action entre ce sel et les substances végétales, VII , 104 , 105 , 152 , 167, 246 , 283, 304, 366 ; VIII, 13. Voy. *Muriates oxigénés ,* etc. *à cette action.* — Action entre ce sel et les substances animales, IX , 52 , 90 ; X , 413. Voy. *Muriates oxigénés ,* etc. *à cette action.*

MURIATE suroxigéné de soude, III, 219, 227. Voy. *Muriates oxigénés ou suroxigénés alcalins ,* etc. *(en général).* — Résumé de ses caractères spécifiques, IV , 104.

— suroxigéné de strontiane, III, 219, 227. Voy. *Muriates oxigénés ou suroxigénés alcalins ,* etc. *(en général).* — Est inconnu, 227,

— suroxigéné de zircone , III , 219, 229 , 230. Voy. *Muriates oxigénés ou suroxigénés alcalins ,* etc. *(en général).* — Inconnu, 229, 230.

MURIATIQUE, synonyme de *Marin.* Voy. *Acide muriatique* et les *Muriates.*

MUSC, IX, 120, 123 ; X , 280 , 289, 290. Voy. *Animaux, à la comparaison et classification des matières animales.* — Son histoire naturelle ; ses propriétés physiques et chimiques ; son analyse ; son usage , 289 , 290.

MUSCLES. Voy. *Tissu musculaire ou charnu.*

MUYRE. Voy. *Muire.*

MYRRHE , VIII , 34 , 35. Voy. *Gommes-résines.*

N

NACRE DE PERLE. Voy. *Perle,* etc.

NAPHTE. Voy. *Bitume liquide* ou *Pétrole,* etc.

NATRUM ou NATRON. Voy. *Carbonate de soude.*

NECTAIRE , VII , 12 ; VIII , 315. Voy. *Fleurs, Sucre, Végétation ,* etc.

NEIGE D'ANTIMOINE. Voy. *Fleurs argentines de régule d'antimoine.*

NERFS DES ANIMAUX, IX , 7 , 9 , 10. Voy. *Animaux* et *Physiologie ,* etc. *Cerveau ,* etc. *Irritabilité ,* etc. *Sensibilité ,* etc.

NICKEL , V , 12 ; 16 , 17 , 18 , 22 , 150 et suiv. ; I , Disc. pr. cxvj , cxvij. Voy. *Métaux.* — Son histoire depuis la découverte de sa mine, en 1694 , par Hierne , jusqu'aux travaux de Cronstedt et de Bergman sur ce métal ; et motifs déterminans pour le regarder comme une espèce bien distincte , malgré la difficulté de sa purification, V , 150, 151 , 161 , 162 ; I , Disc. pr. cxvj , cxvij. Voy. *Mines de nickel, à leurs essais ,* etc. — Ses propriétés physiques ; est d'un blanc jaunâtre , *etc.* ; très-difficile à fondre , *etc.* ; contient toujours du fer , V , 151 , 152 , 161 , 162. Voy. *Mines de nickel, à leurs essais docimastiques.* — Son histoire naturelle, 152 et suiv. Voyez *Mines de nickel.* — Son oxidabilité par le calorique et par l'air ; est très-difficile ; se fait, à la longue, à l'air froid et humide, 162. Voy. *Oxide de nickel.* — Son union avec les corps combustibles, 162, 163. — Ses alliages, 163, 202 ; VI, 24, 77 , 174 , 255, 256, 643. — Action et combi-

naisons entre ce métal et les acides , V, 163 et suiv. Voyez *Oxide de
nickel*. — Action entre ce métal et les sels, 157, 158, 165, 166. — Utilité
dont il peut être pour les émaux, porcelaines, *etc.* 166. — Remarque sur
sa ductilité, 163, 166, 167. Voy. *Mines de nickel, à leurs essais*, etc.
— Partage avec le fer et le cobalt la propriété magnétique, VI , 109, 116.
— Sa combinaison avec l'acide acéteux, VIII, 201.

NITRATES , sels formés avec l'acide nitrique. Voy. *cet Acide* et *chaque Nitrate.*
— alcalins et terreux (en général), genre 3ᵉ., III, 10, 94 et suiv. Voyez
Sels, à bases salifiables alcalines, etc. et *chaque Nitrate alcalin ou terreux.* — Composés d'acide nitrique et de bases salifiables, nommés autrefois *Nitres* ou *Salpêtres*, etc. 94. — Principes hypothétiques et erronés
sur leur nature jusqu'à la doctrine pneumatique et les découvertes des
modernes sur les phénomènes que présentent ces combinaisons, et sur la
nature bien connue de l'acide nitrique, 94, 95. — Lieux où la nature les
offre principalement ; leur abondance ; procédes pour les extraire, les
purifier et les produire artificiellement, 95, 96, 100. — Tous sont non
seulement décomposés dans leur combinaison saline , mais même leur acide
est décomposé dans ses deux principes fondus en gaz par le calorique, plus
ou moins accumulé, selon les espèces, 96, 97. Voy. *Nitrites.* — Sont en
général déliquescens, 97. — Action réciproque et rapide, combustion,
inflammation, détonation, *etc.* à la chaleur rouge, entre ces sels et les
corps combustibles ; le résultat de cet effet général sur les corps combustibles est renfermé dans ces quatre points : 1°. ces corps s'enflamment tous ;
2°. ils brûlent très-rapidement ; 3°. ils dégagent dans un instant une proportion très-grande de calorique et de lumière de l'oxigène nitrique qu'ils
absorbent ; 4°. ils se trouvent complétement brûlés ou saturés du principe
de la combustion, 97, 98. — Quant à l'effet par rapport aux nitrates
mêmes , ayant perdu l'oxigène de l'acide nitrique, le gaz azote se dégage,
alors leurs bases se combinent plus ou moins abondamment avec les produits brûlés, ou les nouveaux acides formés, *etc.* 99. — Sont tous dissolubles , produisent du froid, *etc.* et sont cristallisables, *etc.* 99, 100. — Sont
décomposés à chaud par quelques oxides, dont les uns, pour s'unir à
leurs bases, en dégagent l'acide nitrique ; et les autres, pour s'unir à
l'oxigène, en décomposent plus ou moins l'acide, 100. Voy. *ci-dessous, à
l'action avec les métaux.* — Leurs décompositions et de diverses sortes par
plusieurs acides, 100, 101. — Propriété qu'ont la silice et l'alumine de
favoriser le dégagement de leur acide par l'action du feu, *etc.* 101. — Leurs
usages importans et multipliés , tant pour la chimie que pour les arts et
la médecine, 102. — Forment onze espèces rangées d'après le rang de
l'attraction élective des bases pour l'acide nitrique, 102 et suiv. Voyez
chaque Nitrate alcalin ou terreux. — Leur saveur fraîche, IV, 69. Voy.
Sels, etc. à leur saveur. — Résumé de leurs caractères génériques, 97 et
suiv. — Action réciproque entre ces sels et les autres sels, 201 et suiv. Voy.
Sels, à leurs actions, etc. *réciproques.* — Leurs principaux caractères considérés minéralogiquement, et leur division en deux espèces *fossiles,* 284.
Voy. *Sels fossiles.* — Considérés comme minéralisateurs des eaux , 296.
Voy. *Eaux minérales.* — Action réciproque entre ces sels et les substances
métalliques, V, 60, 61, 74, 79, 80, 86, 95, 101, 106, 147, 148, 149,
158, 165, 166, 190, 191, 208, 249 et suiv. 255, 256, 379, 386, 387 ;
VI, 43, 44, 97, 98, 125, 127, 167, 176, 177, 193 et suiv. 220, 221, 271,
289, 368, 370, 384, 395, 416, 433, 434. Voy. *Métaux et leurs combinaisons.*
— Action ou union entre ces sels et les substances végétales, VII, 103,
147, 151, 152, 166, 167, 218, 246, 247, 259, 283, 366 ; VIII, 105,
150. Voy. *Sels, à cette action.* — Action ou union entre ces sels et les
substances animales, IX, 52, 73, 148 ; X, 127. Voy. *Sels, à cette action.*
— d'alumine , III, 102, 149 et suiv. Voy. *Nitrates alcalins,* etc. (en général).
— *Nitre d'argile,* etc. ; sa synonymie et son histoire, 149. — Ses propriétés physiques ; sa forme lamelleuse, *etc.* ; sa saveur austère et toujours
acide, *etc.* 149, 150. — Sa préparation, 150. — Sa prompte décomposi-

tion; dégagement de son acide sans altération, et isolement de sa base
par le calorique, III, 150.—Sa déliquescence; sa dissolubilité et état visqueux
et gélatineux dans lequel le met l'eau, 150. — Ses décompositions, 150,
151. — Est trop aqueux pour l'inflammation, et sur-tout pour la détonation
avec les matières combustibles, 150, 151. — Résumé de ses caractères
spécifiques, IV, 99. — Action réciproque entre ce sel et les autres sels,
181, 186, 187, 188, 190, 192, 194, 195, 197, 213 et suiv. — Action entre
ce sel et les substances métalliques, V, 95. Voy. *Nitrates, à cette action.*
Nitrate alumineux. Voy. *Nitrate d'alumine.*
— ou nitre ammoniacal, ou sel ammoniacal nitreux. Voy. *Nitrate d'ammoniaque.*
— ammoniaco-magnésien, III, 102, 144 et suiv. Voy. *Nitrates alcalins*, etc.
(*en général*) et *Trisules.* — Découvert en 1790 par l'auteur, 144. — Sa saveur
amère, *etc.*; sa cristallisation; sa préparation, 145. — Son inflammation et
décomposition de sa base ammoniacale, ainsi que celle d'une partie de son
acide par le calorique, qui ne laisse pour résidu que la magnésie pure,
145. — Sa déliquescence et sa dissolubilité moindres que celles des deux
sels qui le forment, 145. — Ses décompositions, 146. — Son analyse, 146;
IV, 257. — Résumé de ses caractères spécifiques, 99. — Action réciproque
entre ce sel et les autres sels, 146, 148, 165, 167, 173, 175, 181, 186,
187, 188, 192, 210 et suiv.
— ammoniaco - mercuriel, V, 330, 354, 355. Voy. *Trisules* et *Nitrate de
mercure.* — Sa formation par la décomposition partielle de l'ammoniaque
et des oxides de mercure, 354, 355. Voy. *Oxides de mercure.*
— d'ammoniaque, III, 102, 138 et suiv. Voy. *Nitrates alcalins*, etc. (*en général*). — *Nitre inflammable*, etc.; sa synonymie; et son histoire devenue
très-claire d'après les recherches du citoyen Berthollet, 138. — Sa cristal-
sation; sa saveur très-âcre, *etc.* d'abord froide, 138, 140. — Sa préparation,
138. — Sa fusion aqueuse et ensuite son desséchement, son inflammation,
sa détonation spontanée, et sa vaporisation par l'action du calorique, qui,
décomposant ce sel dans tous ses principes, forme de l'eau par la combustion de l'hidrogène de l'ammoniaque avec l'oxigène nitrique, laisse
dégager du gaz azote, *etc.*; expérience du citoyen Berthollet qui prouve
cette théorie, et que ce sel est encore plus décomposable que volatil, 139,
140. — Sa grande déliquescence; sa dissolubilité, 140. — Ses décompositions, 140, 141. — Son inflammation avec les corps combustibles diffère
essentiellement de celle des autres nitrates par la décomposition et dis-
parition de sa base comme de son acide, 141. — Ne peut céder sa base
comme les autres nitrates aux acides phosphorique et boracique pour lesquels il faut l'action du feu, parce que cette action la décompose, 141.
— N'est décomposé, à froid, qu'à moitié par la magnésie avec laquelle
il forme alors un sel triple, 141. Voy. *Nitrate ammoniaco - magnésien.*
— Action réciproque entre ce sel et les autres sels, 141, 144; IV, 153,
154, 165, 167, 173, 175, 181, 207 et suiv. — Son analyse; n'est employé
que pour les expériences de chimie, III, 141; IV, 257. — Résumé de ses
caractères spécifiques, 98, 99.
— d'argent, VI, 324 et suiv. Voy. *Nitrates métalliques* et *Argent.* — Sa
grande causticité, *etc.*; sa cristallisation, *etc.* 326. — Sa fusion, décomposition, réduction et détonation, *etc.* selon la dose et l'emploi du calorique, 326 et suiv. Voy. *Pierre infernale.* — Ses décompositions, *etc.* par
les corps combustibles, 328, 329. — Ses décompositions, *etc.* par les
acides, 329, 335, 340, 341, 342. — Ses décompositions, précipitations, *etc.*
par les substances terreuses et alcalines, 329 et suiv. Voy. *Argent fulminant* ou *Oxide d'argent ammoniacal.* — Sels triples qu'il forme avec l'ammoniaque, 329, 331. Voy. *Trisules.* — Action entre ce sel et les autres sels, soit
alcalins, soit métalliques, 332, 341, 394, 433. — Dépôt lourd et épais, *etc.* qu'y
forment les muriates; son utilité comme réactif, d'après cette propriété,
332, 335, 336. Voyez *Réactifs* et *Muriate d'argent.* — Ses précipitations,
dans l'état plus ou moins métallique par les métaux, principalement par
le mercure et par le cuivre, 332 et suiv. Voy. *Arbre de Diane* et *Cou-*

pellation. — Ses précipitations , *etc.* par les substances végétales, VII,
147, 184, 195, 200, 218, 255 ; VIII, 79, 100, 176 ; I, Disc. pr. clij. Voy.
Métaux et leurs composés, etc. — Ses précipitations , *etc.* et son action
avec les substances animales, IX, 145, 192, 246, 269, 366, 367, 408 ;
X, 10, 80, 128, 184, 188, 325.

Nitrate de barite, III, 102, 103et suiv. Voy. *Nitrates alcalins*, etc.(*en général*).
— *Nitre à base de terre pesante.*, etc. ; sa synonymie et son histoire
depuis sa découverte par Shéele et Bergman, en 1776, jusqu'aux découvertes importantes du citoyen Vauquelin sur ce sel, 103. — Sa cristallisation ; sa saveur chaude, âcre, *etc.* ; sa préparation et sa purification, 103,
104, 105. — Sa décrépitation, sa scintillation, *etc.* sa fusion, *etc.* sa décomposition et celle de son acide par le calorique, qui laisse pour résidu
la barite pure; sa légère efflorescence à l'air sec, et le contraire à l'air
humide, 104. — Sa dissolubilité, 105. — Ses décompositions, 105, 106.
— Précipité abondant que forme l'acide sulfurique dans sa dissolution, 105.
— Action réciproque entre ce sel et les autres sels, 105, 106 ; IV, 130,
131, 133, 136, 137, 140, 141, 146, 147, 153, 154, 159, 160, 165, 166,
173, 174, 181, 186, 187, 188, 192, 194, 195, 197, 199, 200, 201 et suiv.
— Son analyse, III, 106 ; IV, 256. — Son usage chimique pour indiquer
l'acide sulfurique, III, 105, 106. — Résumé de ses caractères spécifiques,
IV, 97. — Action entre ce sel et les substances métalliques, V, 95. Voy.
Nitrates, *à cette action.* — Action entre ce sel et les substances animales,
X, 127.

— baritique. Voy. *Nitrate de barite.*
— de bismuth, IV, 203, 204, 205, 207. Voy. *Nitrates métalliques et Oxide*
de bismuth. — Sa précipitation par l'eau en oxide blanc, 205. Voy. *Blanc*
de fard. — Sa décomposition par les substances végétales, VII, 184,
259.

— calcaire. Voy. *Nitrate de chaux.*
— de chaux, III, 102, 133 et suiv. Voy. *Nitrates alcalins*, etc. (*en géné-*
ral). — *Nitre calcaire*, *Salpêtre terreux*, *Phosphore de Baudouin*, etc. ;
sa synonymie et son histoire, 133, 134. — Ses propriétés physiques ; sa
cristallisation; sa saveur âcre, *etc.* ; son histoire naturelle, 134, 135, 136 ;
IV, 284, 296. — Son extraction, préparation, purification, 134, 135. —
Sa fusibilité, sa calcination, sa phosphorescence (voy. *Nitrite de chaux*),
et enfin sa décomposition et celle de son acide par l'action du calorique,
qui laisse la chaux pure isolée, 135. — Sa grande déliquescence et sa
grande dissolubilité, 135, 136. — Ses décompositions, 136, 137. — Allume
mal les corps combustibles, à cause de la grande quantité d'eau de ses
cristaux, 136. — Son analyse, 137; IV, 256. — Ses usages et utilité dont
il pourrait être pour l'extraction de l'*eau - forte* du commerce, III, 137,
138. — Voy. *Eau - forte.* — Action réciproque entre ce sel et les autres
sels, 137, 144, 173; IV, 130, 131, 133, 134, 146, 147, 153, 154, 159,
160, 165, 166, 173, 175, 181, 186, 187, 188, 190, 192, 194, 195, 197,
199, 200, 205 et suiv. — Résumé de ses caractères spécifiques, 198. —
Considéré minéralogiquement ou comme fossile, 284. Voy. *Sels fossiles.*
— Action réciproque entre ce sel et les substances métalliques, V,
95. Voy. *Nitrates*, *à cette action.* — Action entre ce sel et les substances
végétales, VII, 147, 259 ; VIII, 150. Voy. *Nitrates*, *à cette action.* —
Action entre ce sel et les substances animales, IX, 73 ; X, 127. Voyez
Nitrates, *à cette action.*

— de cobalt, V, 145, 146. Voy. *Nitrates métalliques* et *Cobalt.* — Ses précipités servent pour les émaux, *etc.* 146. Voy. *Oxide de cobalt.*
— de cuivre, VI, 273 et suiv. Voy. *Nitrates métalliques*, *Cuivre* et *Oxide*
de cuivre. — Sa cristallisation ; son bleu éclatant ; sa grande causticité, *etc.*
274, 275. — Sa fusion ; sa légère détonation, scintillation, *etc.* par le calorique ; sa déliquescence ; sa dissolubilité, *etc.* 275. — Ses différens précipités et décompositions, 275 et suiv. 285. — Précipitation de son oxide
réduit par plusieurs métaux, spécialement par le fer ; et phénomène remarquable de sa combustion, *etc.* avec une feuille d'étain, dans laquelle on

enveloppe, en manière de petit vase, ses cristaux humides, VI, 277. — Son *minimum* d'acide par l'action du feu et par la potasse, et son analyse dans les deux états, 278. — Son précipité en oxide bleu par la chaux, l'ammoniaque et la potasse délayée et en abondance, 275, 276; 279, 280. Voy. *Cendre bleue* ou *Hydrate de cuivre*. — Son action avec les substances végétales, VII, 184, 230, 260; VIII, 150. Voy. *Végétaux et leurs matériaux*, etc. — Son action avec les substances animales, IX, 287.

NITRATE d'étain, VI, 31 et suiv. Voyez *Nitrates métalliques*, *Étain* et *Oxide d'étain*. — Son peu de permanence. *Id.*

— de fer, VI, 201 et suiv. Voy. *Nitrates métalliques* et *Fer*. — Ses décompositions et précipitations, 202 et suiv. — L'oxide de fer y est très-oxidé, etc. 205. — Sa dissolution a été la source de deux découvertes capitales sur les fluides élastiques, etc. 206, 207. — Action réciproque entre ce sel et les autres sels, 212, 216, 217.

— de glucine, III, 102, 146 et suiv. Voy. *Nitrates alcalins*, etc. (*en général*) et *Glucine*. — Est le mieux connu des sels formés par cette nouvelle terre, 146, 147. — Ses propriétés physiques, sa saveur très - sucrée qui finit par être astringente, etc. 147. — Sa préparation, 147. — Sa fusion, sa décomposition, ainsi que celle de son acide, et isolement de sa base par le calorique, 147. — Sa grande déliquescence, 147. — Sa grande dissolubilité et son adhérence à l'eau; 148. — Ses décompositions, 148, 149. — Est trop aqueux pour enflammer les corps combustibles, 148. — Caractères qui le distinguent spécialement et sensiblement du nitrate d'alumine, tels que le précipité floconneux, etc. qu'il forme avec l'alcool chargé de matière gallique, etc. etc. 148, 149. — Résumé de ses caractères spécifiques, IV, 99. — Action réciproque entre ce sel et les autres sels, 181, 186, 187, 188, 192, 194, 195, 212 et suiv.

— de magnésie, III, 102, 142 et suiv. Voy. *Nitrates alcalins*, etc. (*en général*). — *Nitre à base de magnésie*, etc.; sa synonymie et son histoire, 142. — Sa cristallisation; sa saveur piquante, etc.; son histoire naturelle; est contenu dans les eaux-mères du nitre, 142, 143, 144; IV, 296. — Sa préparation, III, 142. — Sa fusion, etc. décomposition et dégagement d'une partie de son acide décomposé et d'une autre partie d'acide non décomposé, et isolement de sa base par le calorique, 142, 143. — Sa déliquescence; sa grande dissolubilité, 143. — Ses décompositions, 143, 144. — Fait brûler difficilement les corps combustibles, 143. — N'est décomposé qu'en partie par l'ammoniaque, 143, 144. Voy. *Nitrate ammoniaco-magnésien*. — Action réciproque entre ce sel et les autres sels, 144; IV, 146, 147, 165, 167, 173, 175, 181, 186, 187, 188, 190, 192, 195, 208 et suiv. — Son analyse et ses usages chimiques, III, 144; IV, 257. — Résumé de ses caractères spécifiques, 99. — Action entre ce sel et les substances métalliques, V, 95. Voy. *Nitrates*, etc. à cette action. — Son action ou union avec les substances végétales, VIII, 150. Voy. *Nitrates*, à cette action. — Son action avec les substances animales, IX, 73.

— magnésien. Voy. *Nitrate de magnésie*.

— de manganèse, V, 185, 186, 188. Voy. *Nitrates métalliques* et *Oxide de manganèse*.

— (neutre) de mercure, V, 321 et suiv. Voy. *Nitrates métalliques* et *Mercure*. — Son âcreté, etc.; ses diverses cristallisations, 322, 323. — Sa précipitation par l'eau lorsqu'on le chauffe, et son passage à l'état de *Nitrate avec excès d'oxide de mercure*, appelé *Turbith nitreux*, 323 et suiv. — Devient à volonté précipitable, ou non, en ajoutant ou de l'oxide ou de l'acide, 324, 325. — Ce nitrate, avec excès d'acide, forme un sel soluble avec l'acide muriatique, 325. Voy. *Muriate suroxigéné de mercure*. — Est plus oxidé que le *turbith sulfurique*, 329. — Son acidification ou état de *nitrate acide de mercure*, 325 et suiv. — Est moins altérable à l'air que le *nitrate neutre*, etc. 329. — Son union avec l'ammoniaque, 330. Voy. *Nitrate ammoniaco-mercuriel*. — Examen de ces trois nitrates; leur faible détonation, fusion, etc.; leur décomposition, précipité rouge, etc. par l'action du feu, 326 et suiv. Voy. *Oxides de mercure*. — Son altération et oxida-

tion à l'air, *etc.* V, 328, 329. — Sa dissolubilité lorsqu'il est pur, 329. — Ses décompositions selon ses différens états, et ses différens précipités sur lesquels le degré d'oxidation du mercure influe plus que la proportion d'acide nitrique, 329, 330. — Ses précipitations, *etc.* par les substances végétales, VII, 147, 184, 200, 218, 229, 255, 259, 260; VIII, 100, 176, 202; I, Disc. pr. clij. Voy. *Métaux et leurs composés,* etc. — Son union, ses précipitations, *etc.* avec les substances animales, IX, 145, 186, 192, 214, 246, 269, 366, 367, 408, 410; X, 80, 128, 129, 184, 325.

Nitrates métalliques, V, 53, 54, 55. Voy. *Acide nitrique, Oxides métalliques,* et chaque *Nitrate métallique.*

— de nickel, V, 164. Voy. *Nitrates métalliques* et *Nickel.*

— d'or, VI, 378 et suiv. Voy. *Nitrates métalliques* et *Or.* — Son excès d'acide; ne cristallise point, *etc.* 380. — Ses décompositions, 379, 380; IX, 192.

— de plomb, VI, 87 et suiv. Voyez *Nitrates métalliques, Plomb et ses oxides.* — Sa décrépitation et fumination, *etc.* 88. — Variété et explication des phénomènes de sa formation avec les différens oxides de plomb, selon l'état d'oxigénation de ces oxides, 88, 89. Voy. *Oxide de plomb.* — Ses décompositions, précipitations, *etc.* 88, 89, 91, 92, 93, 94, 95, 100, 394; VII, 147, 200, 229, 255, 260; VIII, 100, 176; IX, 51, 145, 192, 269, 286, 366, 367, 410; X, 80, 128, 129; I, Disc. pr. clij. — Son excès d'oxide, VI, 100.

— de potasse, III, 102, 106 et suiv. Voy. *Nitrates alcalins,* etc. (*en général*). — *Salpêtre, Nitre, Potasse nitratée,* etc.; sa synonymie et son histoire, aussi claire aujourd'hui qu'elle était obscure avant l'époque des découvertes modernes, 106, 107; IV, 278, 281. — Ses différentes cristallisations (le plus souvent en prismes à six pans, *etc.*) et ses principales variétés, III, 107, 108; 118. — Sa saveur fraîche, piquante, *etc.* et autres propriétés physiques, 108. — Sa grande abondance dans la nature; se trouve mêlé dans le sol, principalement dans l'Inde, *etc.*; se forme et se reproduit sans cesse dans les lieux bas, *etc.* le plus abondamment dans les lieux pénétrés de liqueurs ou de vapeurs animales, *etc.*; se trouve aussi dans beaucoup de substances végétales, 108 et suiv. IV, 278, 281, 296. — Sa fabrication ou l'art des nitrieres artificielles, 109 et suiv. — Le résultat de cet art, dont on ne connaît la théorie que depuis la doctrine pneumatique, consiste à rassembler beaucoup de débris de matières animales, dont le gaz azote qui s'en dégage forme de l'acide nitrique avec l'oxigène par le contact de l'air atmosphérique, et en y ajoutant les matériaux les plus abondans en potasse pour fixer cet acide, III, 111. — Son extraction et sa purification, ou le raffinage, selon les anciens et les nouveaux procédés bien plus expéditifs, 111, 112 et suiv. — Sa fusion et ce qu'on nomme improprement *cristal minéral,* voy. ces mots; et ensuite sa décomposition par le calorique, qui, selon qu'il est plus ou moins accumulé; ou décompose totalement ce sel et dégage son acide en ses deux principes gazeux, en ne laissant que la potasse; ou le convertit en nitrite en n'enlevant qu'une partie de l'oxigène de son acide, 117. — Son inaltérabilité à l'air; sa dissolubilité, *etc.*; froid qu'il produit pendant sa dissolution, utile à l'art du glacier, *etc.* 118, 187. — Ses décompositions par les corps combustibles, 118 et suiv. — Est de tous les nitrates celui qui enflamme le plus rapidement et le plus complétement les corps combustibles, 118 et suiv. — Mêlé avec le soufre et le charbon, il forme la *poudre à canon,* 120 et suiv. (Voy. *Poudre à canon.*) — Avec le soufre et la potasse, la *poudre fulminante,* 122, 123. (Voyez *Poudre fulminante.*) — Avec le soufre et de la sciure de bois bien fine, la *poudre de fusion,* 123, 124. — Sa détonation avec les substances métalliques, 124. — Ses décompositions par les acides, 124 et suiv. — Ses décompositions par la silice, par l'alumine et par la barite, dont les deux premières, par leur attraction pour la potasse, en chassent l'acide nitrique; procédé par lequel on obtient cet acide, sous le nom d'*eau-forte,* pour le commerce, 126, 127.

— Son analyse, 127; IV, 256. — Sa grande utilité et multiplicité de ses

usages pour la chimie, la médecine et les arts, III, 128. — Résumé de ses caractères spécifiques, IV, 98. — Action réciproque entre ce sel et les autres sels, 133, 146, 147, 153, 154, 159, 160, 165, 166, 173, 174, 181, 202. — Considéré minéralogiquement ou comme fossile, 278, 281, 284. Voy. *Sels fossiles*. — Action entre ce sel et les substances métalliques, V, 101, 103, 104, 190, 191, 208, 219 et suiv. 255, 256, 379, 386, 387; VI, 43, 44, 97, 98, 125, 167, 176, 177, 193 et suiv. 220, 221, 289, 368, 370, 384, 395, 416; 433, 434. Voy. *Nitrates*, à cette action. — Action ou union entre ce sel et les substances végétales, VII, 103, 151, 152, 166, 167, 246, 247, 283; VIII, 105. Voy. *Nitrates*, à cette action. — Action ou union entre ce sel et les substances animales, IX, 52, 148. Voy. *Nitrates*, à cette action.

NITRATE de soude, III, 102, 128 et suiv. Voy. *Nitrates alcalins*, etc. (*en général*). — *Nitre cubique*, etc. ; sa synonymie, 128. — Sa saveur, 129. — Sa cristallisation, 129, 130. — Sa préparation, 129. — Sa décrépitation ; sa décomposition et celle de son acide, et isolement de sa base par le calorique ; sa légère déliquescence ; sa dissolubilité, 129. — Ses décompositions, 130. — Son analyse, 130 ; IV, 256. — Résumé de ses caractères spécifiques, 98. — Action réciproque entre ce sel et les autres sels, 146, 147, 153, 154, 159, 160, 165, 166, 173, 174, 181, 186, 187, 203 et suiv.

— de strontiane, III, 102, 130 et suiv. Voy. *Nitrates alcalins*, etc. (*en général*). — Connu depuis peu d'années, premièrement par MM. Klaproth, *etc.* et depuis principalement par les recherches du citoyen Vauquelin, 130, 131. — Sa saveur fraîche, *etc.* ; sa cristallisation en octaèdres, 131, 132. — Sa préparation, 131. — Sa décrépitation, et ensuite son ramollissement, gonflement et décomposition par le calorique qui fournit un moyen d'avoir la strontiane bien pure, 131. — Son inaltérabilité à l'air ; sa dissolubilité, 132. — Ses décompositions, 132, 133. — Peu propre à faire brûler les corps combustibles ; ses étincelles purpurines et sa flamme verte avec le soufre et le charbon, 132. — Son analyse, 133 ; IV, 256. — Peut colorer en rouge pourpre les feux d'artifice, III, 133. — Résumé de ses caractères spécifiques, IV, 98. — Action réciproque entre ce sel et les autres sels, 130, 131, 133, 134, 140, 141, 146, 147, 153, 154, 165, 166, 173, 175, 181, 183, 186, 187, 188, 192, 195, 204 et suiv. Voy. *Sels* (*en général*). — Action entre ce sel et les substances animales, IX, 73; X, 127.

— de tellure, V, 264, 265. Voy. *Nitrates métalliques* et *Tellure*.
— de titane, V, 120, 122, 123, 124. Voy. *Nitrates métalliques*, *Carbonate de titane* et *Titane*. — Ses décompositions, 123, 124.
— d'urane, V, 133, 134. Voy. *Nitrates métalliques* et *Oxide d'urane*. — Est un des plus beaux sels métalliques, 133.
— d'yttria, I, Disc. pr. lxxxj. Voy. *Yttria* et *Nitrates alcalins et terreux en général*.
— de zinc, V, 382 et suiv. Voy. *Nitrates métalliques* et *Zinc*. — Est très-caustique, *etc.*, sa cristallisation, sa déliquescence ; sa fusion, *etc.* ; ses décompositions, *etc. etc.* — Chauffé et devenu rouge, *etc.* est probablement converti en nitrite, 383, 384, 385. — Action entre ce sel et la dissolution muriatique de platine, VI, 433. — Action entre ce sel et l'urine, X, 128.
— de zircone, III, 102, 151 et suiv. Voy. *Nitrates alcalins*, etc (*en général*). — Découvert par M. Klaproth, 151. — Sa cristallisation en aiguilles, *etc.* ; ses autres propriétés physiques et sa préparation, 151, 152. — Sa facile décomposition, et précipitation de sa base par le calorique ; sa déliquescence et sa grande dissolubilité, 152. — Ses décompositions, 152. — Action réciproque entre ce sel et les autres sels, IV, 186, 187, 188, 190, 192, 194, 195, 197, 199, 215 et suiv.

NITRE. Voy. *Nitrate de potasse*.
— d'argile ou argileux. Voy. *Nitrate d'alumine*.
— ammoniacal. Voy. *Nitrate d'ammoniaque*.

Nitre antimonié. Voy. *Nitrate d'antimoine.*
— antimonié de Stahl (nom très-impropre), V, 251, 252.
— d'argent. Voy. *Nitrate d'argent.*
— d'arsenic. Voy. *Nitrate d'arsenic.*
— à base terreuse ou de terre absorbante. Voy. *Nitrate de chaux.*
— de bismuth. Voy. *Nitrate de bismuth.*
— calcaire. Voy. *Nitrate de chaux.*
— de cobalt. Voy. *Nitrate de cobalt.*
— cubique ou rhomboïdal. Voy. *Nitrate de soude.*
— de cuivre. Voy. *Nitrate de cuivre.*
— d'étain on sel stanno-nitreux. Voy. *Nitrate d'étain.*
— de fer ou martial. Voy. *Nitrate de fer.*
— fixé par les charbons (dénomination impropre), III, 119.
— de houssage ou salpêtre. Voy. *Nitrate de potasse.*
— de magnésie ou magnésien. Voy. *Nitrate de magnésie.*
— de manganèse. Voy. *Nitrate de manganèse.*
— de mercure. Voy. *Nitrate mercuriel.*
— de nickel. Voy. *Nitrate de nickel.*
— pesant. Voy. *Nitrate baritique.*
— de plomb ou de saturne. Voy. *Nitrate de plomb.*
— rhomboïdal. Voy. *Nitrate de soude.*
— de terre pesante ou nitre barotique. Voy. *Nitrate baritique.*
— de zinc. Voy. *Nitrate de zinc.*
Nitrières artificielles, III, 109 et suiv. Voy. *Nitrate de potasse.*
Nitrites, sels formés par l'acide nitreux. Voy. cet *Acide* et les *différens Nitrites.*
— alcalins et terreux (en général), genre 4e., III, 10, 153 et suiv. Voyez *Sels à bases salifiables alcalines*, etc. et chaque *Nitrite alcalin ou terreux.*
— Combinaisons de l'acide nitreux avec les bases salifiables, 153 et suiv.
— Entrevus par Bergman en 1775, et présentés dans ses attractions électives comme des nitres *phlogistiqués*, 153. — Sont encore très-peu connus, 153, 154. — Ne peuvent s'obtenir par l'union directe de l'acide nitreux et des bases, parce que l'attraction de ces bases est plus forte pour la portion d'acide nitrique contenue dans l'acide nitreux, qu'entre l'acide nitrique et l'oxide nitreux qui tend à se dégager, et l'on n'obtient alors que des nitrates, 154. — S'obtiennent en décomposant partiellement les nitrates par l'action du calorique qui en enlève une portion de l'oxigène nitrique, 154, 155. — Leur saveur plus âcre que celle des nitrates, et autres propriétés physiques, 155, 155. — Leurs différentes décompositions par le calorique, et caractères qui distinguent ces décompositions d'avec celles des nitrates, comme la vapeur rouge, etc. 155. — Absorbent difficilement l'oxigène gazeux, et se convertissent lentement à l'air en nitrates, 155, 156. — Sont en général déliquescens, 156. — Servent moins à la combustion que les nitrates, 156. — Sont très-dissolubles plus à chaud qu'à froid ; donnent du froid dans leur dissolution ; cristallisent par refroidissement, etc. 156. — Leurs décompositions par les acides, excepté le carbonique, et caractères génériques des nitrites comparés aux nitrates, tirés de l'action distincte des acides sur ces deux genres de sels, 156. — Forment onze espèces rangées par analogie dans le même ordre que les nitrates, 157. Voy. *Nitrates* et chaque *Nitrite alcalin ou terreux.* — Résumé de leurs caractères génériques, IV, 100. — Action réciproque entre ces sels et les métaux, V, 60, 61. Voy. *Métaux.*
— d'alumine, III, 157, 161. Voy. *Nitrites alcalins*, etc. (en général). — Difficulté et moyens proposés par l'auteur pour l'obtenir, 161. — Action réciproque entre ce sel et les autres sels, IV, 181, 185, 187, 188, 190, 192, 194, 195, 196, 197.
— ammoniaco - magnésien, III, 157, 169. Voy. *Nitrites alcalins*, etc (en général). — Action réciproque entre ce sel et les autres sels, IV, 146, 148, 165, 167, 173, 175, 181, 186, 187, 188, 192.
— d'ammoniaque, III, 157, 159, 160. Voy. *Nitrites alcalins*, etc. (en gé-

néral). — Difficulté de l'obtenir, proposée par l'auteur comme un fait à vérifier, 160. — Action réciproque entre ce sel et les autres sels, IV, 153, 155, 165, 167, 173, 175, 181.

NITRITE de barite, III, 157, 158. Voy. *Nitrites alcalins*, etc. (*en général*). N'est connu que par les vapeurs rouges qu'y produit l'acide sulfurique concentré, 157, 158. — Action réciproque entre ce sel et les autres sels, IV, 130, 131, 133, 134, 140, 141, 146, 148, 153, 155, 159, 161, 165, 167, 173, 175, 181, 186, 187, 188, 192, 194, 195, 196, 197, 199, 200.

— de chaux, III, 157, 159. Voy. *Nitrites alcalins*, etc. (*en général*). — Paraît constituer ce qu'on nomme le *Phosphore de Baudouin* ou *de Balduinus*, 159. Voy. *Nitrate de chaux*. — Action réciproque entre ce sel et les autres sels, IV, 130, 131, 133, 134, 146, 148, 153, 155, 159, 161, 165, 167, 173, 175, 181, 186, 187, 188, 190, 192, 194, 195, 196, 197, 199, 200.

— de glucine, III, 157, 160, 161. Voy. *Nitrites alcalins*, etc. (*en général*). — Action réciproque entre ce sel et les autres sels, IV, 181, 183, 187, 188, 192, 194, 195, 196.

— de magnésie, III, 157, 160. Voy. *Nitrites alcalins*, etc. (*en général*). — Action réciproque entre ce sel et les autres sels, IV, 146, 148, 165, 167, 173, 175, 181, 186, 187, 188, 190, 192, 195, 196.

— métalliques, V, 53, 55. Voy. *Acide nitreux*, *Métaux* et chaque *Nitrite métallique*.

— de potasse, III, 157, 158. Voy. *Nitrites alcalins*, etc. (*en général*). — Est l'espèce de ce genre la mieux connue ou la moins inconnue, 158. — Sa préparation ; ses propriétés physiques, etc. ; ses vapeurs rouges par les acides, etc. 158. — Donne de l'acide nitreux par la distillation avec l'acide sulfurique, 158. — Action réciproque entre ce sel et les autres sels, IV, 133, 134, 146, 148, 153, 155, 159, 161, 165, 167, 173, 175, 181.

— de soude, III, 157, 159. Voy. *Nitrites alcalins*, etc. (*en général*). — Action réciproque entre ce sel et les autres sels, IV, 146, 148, 153, 155, 159, 161, 165, 167, 173, 175, 181, 186, 187.

— de strontiane, III, 157, 159. Voy. *Nitrites alcalins*, etc. (*en général*). — Action réciproque entre ce sel et les autres sels, IV, 130, 131, 133, 134, 140, 141, 146, 148, 153, 155, 159, 161, 165, 167, 173, 175, 181, 183, 186, 187, 188, 192, 195, 196.

— de zinc (n'est pas connu), V, 383. Voy. *Nitrites métalliques* et *Nitrate de zinc*.

— de zircone, 157, 161. Voy. *Nitrites alcalins*, etc. (*en général*). — Moyens proposés par l'auteur pour l'obtenir, 161. — Action réciproque entre ce sel et les autres sels, IV, 186, 187, 188, 190, 192, 195, 196, 197, 199.

NITRO-MURIATE d'antimoine, V, 346. Voy. *Trisules* et *Muriate d'antimoine sublimé*. — Sa précipitation par l'acide sébacique, IX, 192.

NOIR DE FUMÉE, VIII, 24. Voy. *Poix*.

NOIX DE GALLE, VII, 179 et suiv. ; VIII, 78, 80 et suiv. Voyez *Gallin*, *Acide gallique*, *Encre*, *Matières astringentes* et *Matières colorantes*. — On ne se sert pas de celle de France ; la meilleure vient du Levant, etc. 80, 81. — Chimistes qui se sont occupés de sa nature, de ses propriétés et de ses effets, etc. 81. — Son principe astringent, etc. 81, 82, 94, 95. Voy. *Acide gallique*. — Sa grande quantité de charbon contribue beaucoup à la coloration en noir, etc. 81. — Son principe tannin, 82, 93 et suiv. Voy. *Tannin* (le) et *Gallin*. — Sa propriété anti-septique, etc. IX, 112. Voy. *Matières astringentes*.

NOMENCLATURE méthodique - chimique, I, 47 et suiv. 101 et suiv. — Les mots nouveaux sont en très-petit nombre, 103, 104. — Les noms chimiques des composés font connaître la nature des corps qu'ils indiquent, 104. — A l'avantage d'avoir peu de noms par le moyen des terminaisons variées, 105. Voy. *Acides*, *Sels*, etc. — N'admet rien d'arbitraire et s'adapte non seulement aux faits connus, mais aux découvertes à faire, 105. — Est le premier exemple d'une langue systématique et analytique dans une science, 105. — A servi à classer méthodiquement les nouveaux caractères chimiques, 106, 107.

Nutrition animale, IX, 15, 20, 21 ; X, 391 et suiv. 675 et suiv. Voy. *Animaux*, *Vaisseaux lymphatiques*, *Tissu cellulaire*, etc. *Physiologie*, etc. *Digestion*, etc. — Ses phénomènes chimiques, 391 et suiv. — Suppose une assimilation complète, un changement entier de la substance alimentaire primitive en chaque substance organique particulière, dont on peut classer les tissus en trois ou quatre matières, *etc.* 393, 394. Voy. *Gélatine*, *Albumine*, *Fibrine* et *Phosphate de chaux*. — Variations de ses phénomènes suivant les différens genres d'animaux, *etc.* 408 et suiv. Voyez *Physiologie*, etc.

— végétale (en général), VII, 25 et suiv. ; VIII, 259 et suiv. 288, 294 et suiv. Voy. *Végétaux*, *Végétation*, et *Germination*. — La lumière, le calorique, l'air et l'eau y sont nécessaires, 260 et suiv. — Influence de la lumière ; se manifeste même à la lumière des lampes, *etc.* ; ses effets et opinions sur leur cause, 261 et suiv. — Influence de l'air ; ses effets et opinions sur leur cause, 260, 263 et suiv. — Grande influence de l'eau, 260, 266 et suiv. 283, 300, 301. — Examen de la manière dont l'eau agit sur les divers organes des plantes, 267 et suiv. Voy. *Germination.*—L'eau prépare et introduit la matière alimentaire dans les plantes, *etc.* 269 et suiv. 283, 301. Voy. *Engrais.* — Utilité dont y est l'eau imprégnée d'air ou de quelques fluides élastiques, *etc.* 269, 270, 274. — La décomposition de l'eau forme les différens matériaux des plantes, *etc.* 271, 272, 294, 301. — Influence du gaz acide carbonique et de quelques autres gaz, *etc.* due à leur décomposition, *etc.* 272 et suiv. 294. — Influence du sol et son amendement, 276 et suiv. — Proportions du mélange de différentes terres pour former le meilleur sol végétal, *etc.* ; les sels ne contribuent en rien à la végétation, et y sont plutôt nuisibles, *etc.* 278, 282. — La terre calcaire, celle qui y contribue le plus, *etc.* 278, 279. — Influence des engrais, 280 et suiv. Voy. *Engrais.* — Est le résultat de combinaisons chimiques, *etc.* 294 et suiv. Voy. *Végétation*, etc.

O

Ochres, II, 147 ; VI, 133 et suiv. Voy. *Fer limoneux et Mines de fer.* — Fournissent *le crayon rouge* ou *fer oxidé graphique*, 133, 134, 135. Voy. *Sanguine.* — Sont des mélanges terreux, *etc.* 134. — Leurs usages, 226. Voy. *Ceux du fer.*

OEsveneris, VI, 253. Voy. *Sulfure de cuivre.*

OEtites. Voy. *Pierres d'aigle.*

OEufs, des oiseaux (3ᵉ classe des matières animales), IX, 120, 123 ; X, 307 et suiv. Voy. *Animaux, à la comparaison et classification des matières animales.* — Leurs différentes parties, 307 et suiv. — Leurs propriétés physiques et chimiques ; leur nature analogue à l'albumine ; leur concrescibilité, *etc.* ; analyse du blanc d'œuf, *etc.* ; huile douce du jaune et ses propriétés, *etc.* 307 et suiv. Voy. *Albumine et Fiente.* — Leur coquille contient du phosphate de chaux, outre le carbonate calcaire, et la gélatine, *etc.* 309, 310. Voy. *Fiente.*

Oisanite, II, 287, 308. Voy. *Pierres (combinées).* — Nommée ainsi du bourg d'Oisan, dans le ci-devant Dauphiné ; a été confondue parmi les Schorls et appelée *Schorl bleu* et *Schorl noir* du Dauphiné, 308. Voy. *Schorls.* — Est infusible au chalumeau, 308.

Oliban ou encens, VIII, 30, 31. Voy. *Gommes résines.* — N'est pas l'encens qu'on brûle, *etc.* 31.

Olivine, II, 315. Voy. *Péridot.*

Ongles, IX, 260, 269, 270. Voy. *Tissu corné des poils*, etc. — Sont un prolongement de l'épiderme, *etc.* ; leurs altérations et propriétés chimiques, 269. — Leur nature chimique et leurs fonctions, 269, 270. Voy. *Tissu corné des poils*, etc.

Onguens, Parfums, *etc.*, VII, 367. Voy. *Huile fixe et volatile à ses usages, Arôme et Graisse.*

ONGUENT citrin, IX, 185, 186. Voy. *Graisse.*

OPALE. Voy. *Silex.*

OPALIN ou Pierre de Labrador. Voy. *Feld-Spath.*

OR, V, 13, 15, 16, 17, 18, 19, 22, 24; VI, 346 et suiv. Voy. *Métaux.*
— Son histoire; sa découverte se perd dans la nuit des temps; le but des travaux et des vaines espérances des alchimistes qui l'avaient comparé au soleil, *etc.*; grande quantité de métallurgistes, *etc.* et de chimistes qui s'en sont occupés, et lumière que la doctrine pneumatique a répandue sur leurs expériences, *etc.* 346 et suiv. — Ses propriétés physiques, sa couleur, pesanteur, *etc. etc.* 350 et suiv. — Variété de sa couleur, 350. — Sa prodigieuse ductilité, 351, 352. — Est bon conducteur du calorique, de l'électricité et du galvanisme, 352, 354. — Sa fusion, sa cristallisation et sa volatilisation, 352, 353. — Son histoire naturelle et métallurgique, 354 et suiv. Voy. *Mines d'or.* — Son inaltérabilité à l'air, 359, 360. — Sa vaporisation, sa vitrification violette et son oxidation à l'air, à une température très-élevée, et son inflammation et combustion par l'étincelle électrique, *etc.* 360 et suiv. 376, 377. Voy. *Oxides d'or.* — Son union avec les corps combustibles, 363 et suiv. Voy. *Phosphure d'or et Oxides d'or.* — Sa dissolution dans les sulfures alcalins, 363, 377. Voy. *Oxides d'or.* — Ses alliages, 364 et suiv. 423, 424. Voy. *Alliages.* — Sa grande attraction pour le mercure, 365 et suiv. Voy. *Amalgame d'or.* — Son alliage avec l'argent et procédés pour l'en séparer, 372 et suiv. — S'oxide par l'oxigène de l'eau, au moyen de la commotion électrique, 376, 377. Voy. *ci-dessus, à son inflammation,* etc. — Son peu d'adhérence à l'oxigène et sa désoxidation par les substances métalliques, 377, 378, 391 et suiv. Voy. *Oxides d'or, et les Nitrates et Muriates d'or, à leurs précipitations,* etc. — Ne subit d'altération légère ou forte, que par les acides nitrique, nitro-muriatique, et muriatique oxigéné, 378 et suiv. Voy. *Nitrate et Muriate d'or.* — Ne peut se dissoudre dans les acides et s'y unir, que dans l'état d'*Oxide fauve,* etc. ou dans son second degré d'oxidation, 380. Voy. *Oxides d'or.* — Sa couleur affaiblie par le borax, et rehaussée par le nitre, 395. — Ses divers usages et ceux de ses alliages et préparations, 367, 385. 396 et suiv. — Moyens de reconnoître son alliage avec le platine, 435. Voy. *Platine.* — Action entre ce métal et les substances animales, IX, 75.
— fulminant ou Oxide d'or ammoniacal, VI, 386 et suiv. 395. Voy. *Muriate d'or et Oxides d'or.* — Son histoire et sa préparation, 386 et suiv. — Une chaleur douce ou une forte résistance empêchent sa détonation, en s'opposant à la dilatation subite des gaz qui s'en dégagent, etc. 388 et suiv. — Sa théorie (découverte par le citoyen Berthollet), fondée sur la double et rapide décomposition de ses deux composans, 390. — Moyens de détruire sa propriété fulminante, et ses différentes décompositions, soit en l'amenant à l'état de simple oxide, ou en or réduit; et grandes précautions à prendre dans ces expériences, 390, 391.
— musif ou mussif. Voy. *Oxide d'étain hidro-sulfuré.*
— natif, seule mine d'or proprement dite, VI, 354 et suiv. Voy. *Mines d'or.* — Se trouve principalement dans l'état de sable aurifère, ou dans celui de morceaux plus ou moins gros, diversement cristallisés, renfermés dans une gangue pierreuse, etc. 354, 355. — Est toujours allié à d'autres métaux, etc. 355, 357. — Son extraction et travail métallurgique, 359, 372 et suiv. Voy. *Départ.*

ORPIMENT ou oxide d'arsenic sulfuré jaune, V, 65, 66. Voy. *Sulfure d'arsenic.*

ORSEILLE, VIII, 64, 70, 71. Voy. *Matières colorantes (des végétaux).*
— Sa teinture dans l'alcool est employée pour les thermomètres, *etc.* 71.

OS, des animaux. Voy. *Tissu osseux,* etc.
— de poisson, IX, 120, 124; X, 327, 331. Voy. *Animaux, à la comparaison et classification des matières animales, et Tissu osseux.* — Sont de deux genres, l'un mol, appelé cartilagineux, et l'autre dur, *etc.*; contiennent plus de gélatine que les os des autres animaux, *etc.*; ne

sont pas formés de carbonate de chaux, *etc.* ; n'ont pas les qualités qu'on leur avoit attribuées, *etc.* 331.

Os de la Seiche, IX, 120, 124 ; X, 327, 332 et suiv. Voy. *Animaux, à la comparaison et classification des matières animales.* — Son siége, sa forme, *etc.* ; sa nature gélatino-calcaire ; ses usages économiques et médicamenteux, 333.

Ossification ou Ostéogénie, IX, 15, 21, 273, 274, 276 ; X, 402 et suiv. Voy. *Tissu osseux et Physiologie,* etc.

Ostéogénie. Voy. *Ossification.*

Oxalates, sels formés par l'acide oxalique, VII, 225 et suiv. Voy. *Acide oxalique et chaque oxalate.*

— d'alumine, VII, 225. Voy. *Oxalates.*

— ammoniacal, Voy. *Oxalate d'ammoniaque.*

— d'ammoniaque, VII, 226 et suiv. Voy. *Oxalates.* — Sa cristallisation ; ses décompositions, *etc.* ; sa conversion en acidule et en sels triples, *etc.* 227. Voy. *Acidule oxalique.* — Précipite tous les sels calcaires ; sert spécialement pour décomposer le phosphate acidule de chaux, *etc.* 227, 228, 232.

— d'antimoine, VII, 228, 229. Voy. *Oxalates métalliques.*

— d'argent VII, 230, 231. Voy. *Oxalates métalliques.* — Sa fulmination, 230, 231.

— d'arsenic, VII, 228. Voy. *Oxalates métalliques.*

— de barite, VII, 225. Voy. *Oxalates.*

— de bismuth, VII, 228, 229. Voy. *Oxalates métalliques.*

— calcaire. Voy. *Oxalate de chaux.*

— de chaux, VII, 225 ; X, 132, 144, 145, 229, 228 et suiv. Voy. *Oxalates, Urine et Calculs urinaires,* etc. — Sa décomposition par le feu ; verdit le sirop de violette, *etc.* VII, 225. — Est la base du calcul urinaire appelé *pierre murale* par rapport à sa cristallisation, présentant au-dehors des mamelons ou des tubercules, *etc.* ; est la plus lourde des matières calculeuses, X, 228, 229. — Sa dissolution et décomposition par les carbonates alcalins, *etc.* 229, 230. — Abondance de la matière animale qui accompagne ce sel dans la vessie, *etc.* 230. Voy. *Urine et Calculs urinaires,* etc.

— de cobalt, VII, 228. Voy. *Oxalates métalliques.*

— de cuivre, VII, 230. Voy. *Oxalates métalliques.*

— d'étain, VII, 228, 229. Voy. *Oxalates métalliques.*

— de fer, VII, 230. Voy. *Oxalates métalliques.*

— triple de magnésie, VII, 227. Voy. *Oxalate d'ammoniaque et Trisules végétaux.*

— de manganèse, VII, 228, 229. Voy. *Oxalates métalliques.*

— de mercure, VII, 228, 229. Voy. *Oxalates métalliques.*

— métalliques, VII, 228 et suiv. Voy. *Oxalates.* — Sont très-faciles à décomposer par le feu, et ne donnent aucune trace d'acide acéteux, *etc.* 231.

— de nickel, VII, 228, 229. Voy. *Oxalates métalliques.*

— de platine, VII, 231. Voy. *Oxalates.*

— de plomb, VII, 228, 229, 230. Voy. *Oxalates métalliques.*

— de potasse, VII, 225, 226. Voy. *Oxalates.* — Ses décompositions, *etc.* ; sa conversion en acidule, ou Sel d'oseille, par l'excès d'acide oxalique, 226. Voy. *Acidule oxalique.*

— de soude, VII, 226. Voy. *Oxalates.* — Ses décompositions, *etc.* ; sa conversion en acidule, *etc.* 226. Voy. *Oxalate de potasse et Oxalates acidules.*

— de strontiane, VII, 225. Voy. *Oxalates.*

— d'Yttria, I, Disc. pr. lxxxj. Voy. *Yttria et Oxalates.*

— de zinc, VII, 228, 229. Voy. *Oxalates métalliques.*

— acidules, VII, 217, 218. Voy. *Acidule oxalique et Trisule.*

— acidule d'ammoniaque, VII, 226. Voy. *Acidule oxalique, Oxalate d'ammoniaque et Oxalates acidules.*

OXALATE acidule de potasse. Voy. *Acidule oxalique*, *Oxalate de potasse* et *Oxalates acidules*.
— acidule de soude. Voy. *Oxalate de soude* et *Oxalates acidules*.
OXIDATION, I, 95; II, 4 et suiv. et 26. Voy. *Oxides* et *Oxigénation*.
OXIDES (en général) II, 3, 4 et suiv. Voy. *Oxidation* et les *différens Oxides*. — Corps combustibles, brûlés ou oxigénés, sans être acides, 4 et suiv. — On en distingue deux sortes, ceux qui sont permanens dans l'état d'oxide et ceux qui sont susceptibles de s'acidifier avec une augmentation d'oxigène, 5. — L'une et l'autre de ces sortes varient par leurs différentes proportions d'oxigène et par leur plus ou moins grande adhérence avec ce principe, 5 et 6. — Sont décomposés avec le plus de succès par l'hidrogène et le carbone, à l'aide d'une température plus ou moins élevée, 6. — Division générale des différens genres d'oxides. 1°. *Oxides binaires primitifs*; 2°. *Oxides binaires variables*; 3°. *Oxides binaires acidifiables*; 4°. *Oxides ternaires*, 25, 26.
— d'antimoine, V, 220 et suiv. Voy. *Oxides métalliques* et *Antimoine*.
— Leur sublimation et cristallisation, nommée *fleurs argentines*, etc. 220, 221. — Leur forte sapidité, dissolubilité, rapprochement d'acidité, union avec les alcalis, *etc.*; leur réduction; leur vitrification, *etc.* 221, 224, 229, 231, 232, 233, 238, 249, 251, 252. — Leurs différens degrés d'oxidation et de désoxidation, et ceux de leur coloration, depuis l'oxide blanc qui contient 0,20 d'oxigène, jusqu'à l'oxide noir qui n'en tient que 0,02, *etc.* 221, 222, 232, 233, 252. — Celui qui est produit par le nitre ou par la décomposition de l'acide nitrique contient jusqu'à 0,32 d'oxigène, 251, 252. — Leurs combinaisons avec le soufre, 222 et suiv. 226 et suiv. Voy. *Oxide d'antimoine sulfuré gris*, etc. — Action entre ces oxides et les acides, 231 et suiv. — Ont plus d'attraction pour l'acide muriatique que pour les autres acides, 234, 236. Voy. *Muriate d'antimoine*. — Leur propriété pyrophorique, 224, 236, 251. — Leur union et coloration jaune, *etc.* avec les terres vitrifiables, 237, 238. — Leur union avec les alcalis et le soufre, 238 et suiv. Voy. *Oxides d'antimoine hidro-sulfuré*, ou *kermès minéral*, etc. — Leur formation par l'action entre l'antimoine ou son sulfure, et les sels, 248 et suiv. — Le plus pur s'obtient de la combustion de l'antimoine, ou de son sulfure, par le muriate suroxigéné de potasse, 255. — Leur vitrification et coloration avec les phosphates et avec les borates, 255, 256. — Leurs usages, soit médicinaux, soit dans les arts, pour la coloration des émaux, porcelaines, *etc.* 257, 258, 346. Voy. *Tartrite d'antimoine et de potasse*, ou *Tartre émétique*, etc. — Ceux obtenus par la décomposition du muriate suroxigéné de mercure, 346, 347. Voy. *Poudre d'Algaroth* et *Bézoard minéral*. — Action entre ces oxides et les substances métalliques, VI, 36. Voy. *Métaux et leurs combinaisons*. — Leur action et combinaisons avec les substances végétales, VII, 194, 218, 228, 229, 247 et suiv. 259; VIII, 135, 201. Voy. *Végétaux et leurs composés*, etc. — Action et union entre ces composés, ou leurs dissolutions, et les substances animales, IX, 192; X, 325.
— d'antimoine hidro-sulfuré, ou *Kermès minéral* et *Soufre doré*, V, 214, 216 et suiv. 226, et suiv. 234, 235, 237, 238 et suiv. Voy. *Oxides*, et hidro-sulfures métalliques, oxides sulfurés, *etc.* et *Sulfure d'antimoine*.
— d'antimoine hidro-sulfuré natif, V, 214, 216 et suiv. Voy. *Mines d'antimoine*.
— d'antimoine hidro-sulfuré artificiel, V, 226 et suiv. 231, 233 et suiv. 237, 238 et suiv. — Théorie de leur formation; toute matière alcaline humectée, soit par l'eau atmosphérique, soit par celle qu'on y ajoute, dissout le sulfure d'antimoine, et ensuite l'oxide et l'hidrogène, en décomposant l'eau; ce composé, en se refroidissant, se partage en deux produits différens, dont l'un, appelé *Kermès minéral*, se précipite sous la forme d'une poudre plus ou moins brune ou rougeâtre, *etc.*; et dont l'autre, qui ne se sépare de la dissolution que par les acides; a été nommé *Soufre doré*, parce qu'il est d'une couleur plus claire, et contient plus de soufre que le *Kermès*, qui est beaucoup plus antimonié, *etc.* 238 et suiv. 243, 244, 247. — Variété de ces composés dans la proportion de leurs principes; *etc.* 239, 240,

247. — Son histoire et ses préparations pharmaceutiques, V, 240 et suiv. 246. — Erreurs des anciens chimistes, sur la nature et l'analyse de ses composés, jusqu'aux travaux et découvertes des citoyens Berthollet et Thénars ; et leur analyse, d'après ce dernier chimiste, 244 et suiv. — procédés pour en faire l'analyse exacte, 246, 247. — Propriété eudiométrique du *Kermès* ; sa fusion en oxide sulfuré vitreux, *etc.* 245, 247. — Procédé pour obtenir un *Soufre doré* constant, 247. — Leurs usages médicinaux ; sont les préparations antimoniales les plus actives sous ce rapport, 257.

Oxide d'antimoine sulfuré gris (autrefois, *chaux grise d'antimoine*) V, 222, 223. Voy. *Oxides d'antimoine.* — Sa vapeur fétide, *etc.* pendant sa formation, 222. — Sa fusion et vitrification, 223. Voy. *Oxide d'antimoine sulfuré vitreux.* — Action entre ce composé et les acides, 231, 236, 237.

— d'antimoine sulfuré vitreux, V, 223, 224. Voy. *Oxides d'antimoine sulfuré*, etc. *et hidro-sulfuré.* — Est le *verre d'antimoine* des anciens chimistes, 223. — L'acide muriatique en dégage du gaz hidrogène sulfuré, 223, 245. — Procédé pour l'obtenir égal, 224. — Action entre ce composé et les acides, 231, 234 et suiv. 236, 237. — Son usage médical, 257. Voy. *Tartrite d'antimoine et de potasse ou Tartre émétique*, etc. — Son action avec les substances végétales, VII, 248, 259.

— d'argent, VI, 310 et suiv. Voy. *Oxides métalliques* et *Argent.* — Leur formation par l'air, à l'aide d'une grande quantité de chaleur ou par l'étincelle électrique, 311, 312. Voy. *Argent.* — Leur facile réduction, 312, 313, 314, 321, 322. — Leur formation et union avec les acides, 322 et suiv. Voy. *Sulfate*, *Nitrate*, *Muriate*, *Chromate*, etc. *d'argent.* — Leur grande attraction pour l'acide muriatique, 338, 343. Voy. *Muriate d'argent.* — Attirent l'acide carbonique de l'atmosphère, 341. — Leur vitrification et coloration avec les terres, 342, 343. — Leur dissolution dans l'ammoniaque ; décomposition réciproque des composans de cette dissolution, exposée à la lumière ; dégagement de gaz azote ; formation d'eau ; réduction de l'oxide, *etc.* 343. Voy. *Argent fulminant*, etc. — Action et combinaisons entre ces oxides ou leurs dissolutions, et les substances végétales, VII, 152, 184, 195, 200, 209, 218, 228, 230, 231, 255 ; VIII, 58, 176, 205 ; I, Disc. pr. clij. Voy. *Oxides métalliques à cette action.* — Action et union entre ces oxides, ou leurs dissolutions et les substances animales IX ; 74 et suiv. 145, 192, 246, 269, 366, 367, 408 ; X, 10, 80, 184, 188, 325, 349.

— blanc d'arsenic, ou Arsenic blanc. Voy. *Acide arsenieux* et *Oxides métalliques.*

— d'arsenic sulfuré. Voy. *Sulfures d'arsenic.*

— natif d'arsenic. Voy. *Acide arsenieux.*

— noir d'arsenic, est le seul oxide de ce métal, V, 76. Voy. *Oxides métalliques* et *Arsenic.*

— d'azote, ou gaz nitreux, II, 24, 83 et suiv. 87 et suiv. Voy. *Oxides* (*en général*). — Est un composé de 0,32 d'azote et de 0,68 d'oxigène, 88. — Procédés pour l'obtenir, 88. — Sa pesanteur, saveur, odeur analogue à celle de l'acide nitrique, *etc.* 88, 89. — Sa dilatation par le calorique et inaltération par le feu, excepté l'étincelle électrique, d'après le citoyen Van-Marum, 88, 89. — Asphixie les animaux ; est anti-septique, 89. — Son caractère le plus remarquable et le plus important est de former de l'acide nitreux par le seul contact du gaz oxigène, 89, 90. Voy. *Acide nitreux.* — Sa rutilation ou vapeur rouge, dans cette union avec le gaz oxigène, est une espèce de flamme et une véritable combustion, et prouve que cet oxide est plus combustible que le gaz azote, 89, 90. Son emploi comme eudiomètre et conditions, pour qu'il serve utilement à cet usage, 90, 91. Voy. *Nitrate de cuivre.* — Inflammation, décomposition et action réciproque entre cet oxide et le gaz hidrogène, le carbone, le phosphore et le soufre, à une haute température, et par le simple contact avec les gaz hidrogène sulfuré et phos-

phoré; ce dernier phénomène prouve que l'oxigène tient moins à l'azote dans le gaz nitreux que dans l'acide nitrique, ce qui paroît être dû à la proportion plus grande de calorique que ce gaz acquiert pendant sa formation, 91. — Actions variées et réciproques entre cet oxide et les substances métalliques, selon leur nature, II, 91, 92 ; V, 71. — Son acidification ; et dans ce cas, absorption par l'eau, lorsqu'elle contient de l'air, II, 92. — Son union avec l'acide sulfurique qu'il rend concret et rutilant à l'air, et celle avec l'acide nitrique, qu'il convertit en acide nitreux, 92, 98. Voy. *Ces Acides.* — Est converti en acide nitreux par l'acide muriatique oxigéné, 117. Voy. *Cet Acide.* — Enflamme le pyrophore. Voy. *Pyrophore.*

Oxide de bismuth, V, 196 et suiv. 199 et suiv. Voy. *Oxides métalliques* et *Bismuth.*

— de bismuth natif. Voy. *Mines de bismuth.* — Sa formation, sa volatilisation, nommée improprement fleurs de bismuth, sa vitrification, *etc.* par l'air et le calorique, 199, 200. — Sa réduction et coloration par l'hidrogène, le carbone, l'eau, les hidro-sulfures, *etc.* 200, 201, 202, 203, 205. — Ses dissolutions dans les acides ; leur peu de permanence et leur précipitation en oxide blanc, par l'eau, *etc.* 203 et suiv. Voy. *Nitrate de bismuth.* — Sa fusion vitreuse, *etc.* avec la silice, 207. — Son union avec les alcalis à examiner; opinions de quelques chimistes à ce sujet, 207, 208. — Action entre cet oxide et les sels, 208. — Son utilité pour les émaux, les porcelaines, *etc.* ; son emploi médical ; inconvéniens de son application sur la peau, 208, 209. Voy. *Blanc de fard.* Voy. aussi *Coupellation.* — Action et combinaisons entre cet oxide ou ses dissolutions et les substances végétales, VII, 184, 193, 228, 229, 259 ; VIII, 58, Voy. *Oxides métalliques à cette action.* — Action et combinaisons entre cet oxide et les substances animales, X, 349.

— de carbone hidrogéné. Voy. *Charbon, Carbone* et *Gaz hidrogène.*

— de chrome, V, 108 et suiv. Voy. *Chrome, acide chromique et Oxides métalliques.*

— de cobalt, V, 137 et suiv. 142 et suiv. Voy. *Cobalt, mines de Cobalt* et *Oxides métalliques* — Nommé *Safre,* dans le commerce, 142. — Sa propriété de se fondre en un verre bleu, *etc.* ; sa réduction par le charbon, 143, 149. — Ses combinaisons avec les acides, 145 et suiv. — Celui formé par les précipités du nitrate de cobalt est le plus brillant, 146, Voy. *Nitrate de Cobalt.* — Sa dissolution dans les acides muriatique et nitro-muriatique forme une encre dite de *Sympathie,* 146, 147. Voy. *Muriate de Cobalt.* — Ses dissolutions dans les substances alcalines et terreuses, 148. — Sa fusion vitreuse et intensité de sa coloration bleue, avec les alcalis et les terres, spécialement la silice, 148, 149. Voy. *Smalt et Azur de Cobalt.* — Ses usages pour les émaux, les porcelaines, *etc.* 146, 149. — Son action et combinaisons avec les substances végétales, VII, 193, 194, 228 ; VIII, 200. Voy. *Oxides métalliques, à cette action.* — Action et combinaisons avec les substances animales, X, 349. Voy. *Oxides métalliques, à cette action.*

— compliqués, ou oxides à radicaux binaires, II, 25, 26. Voy. *Oxides* (*en général*).

— de cuivre, VI, 237, 238, 240, 241, 243, 246 et suiv. Voy. *Oxides métalliques et Cuivre.*

— de cuivre natif, 237, 238, 240, 241, 243. Voy. *Cuivre oxidé rouge, etc. Cuivre suroxigéné vert,* et *Mines de cuivre.* — Sa formation à l'air froid et sur-tout humide, et absorption d'acide carbonique, produit le vert-de-gris, 246, 247. Voy. *Carbonate de cuivre.* — Sa formation par l'air à l'aide du calorique ; ses diverses nuances de coloration, jusqu'à celle du brun, *etc.* ; croûtes de cet oxide brun, qu'on détache du cuivre, sous le nom de *batiture de cuivre,* etc. 247 et suiv. — Sa facile réduction par le carbone, *etc.* ; sa couleur rouge de sang, ou brune brillante, n'est que l'indice d'une sorte de fusion ou vitrification, contient toujours, selon M. Proust, vingt-cinq parties d'oxigène sur cent, soit que sa couleur soit plus ou moins intense, soit qu'il soit formé par la combustion lente ou rapide, *etc.*

VI, 248 et suiv. 251, 277, 278, 280, 282. — Sa formation par la désoxigénation de quelques oxides métalliques, principalement ceux de mercure,
et leur décomposition et réduction par la plupart des métaux, 268. — Sa
formation et ses combinaisons avec les acides, 268 et suiv. Voy. *Sulfate,
Nitrate, Muriate, Carbonate, etc. de cuivre.* — Précipité bleu qu'on obtient
de tous les sels cuivreux jetés dans une lessive de potasse caustique, etc.
279, 280. Voy. *Cendre bleue, ou hydrate de cuivre de M. Proust.* —
Maximum et *minimum* d'acide dont différens sels cuivreux sont susceptibles. Voy. *Sulfate, Nitrate et Muriate de cuivre.* — Sa vitrification et
coloration avec les terres, 285. — Sa formation, dissolution et coloration
en bleu, par les alcalis, principalement par l'ammoniaque, que l'oxide
vert, après avoir passé au bleu, décompose, etc. par le moyen de la
chaleur, 286 et suiv. — Ses usages et ceux de ses dissolutions, pour
la peinture, les émaux, etc. etc. 292. Voy. *Cuivre, à son utilité,* etc. —
Action ou combinaisons entre cet oxide ou ses dissolutions et les substances végétales, VII, 184, 195, 228, 230, 250, 260; VIII, 58, 100,
136, 150, 177, 204, 205, 207 et suiv. 211. Voy. *Oxides métalliques à
cette action.* — Action ou union entre cet oxide ou ses dissolutions
et les substances animales, IX, 74 et suiv. 154, 155, 183, 184, 185,
265, 279, 287, 366, 412; X, 349.

OXIDE d'étain, VI, 8 et suiv. 16 et suiv. Voy. *Oxides métalliques et d'étain.*

— d'étain natifs, 8 et suiv. leur cristallisation; leurs variétés et celles de leurs
couleurs, etc. 9 et suiv. 19. Voy. *Mines d'étain et ci-dessous les Oxides
artificiels.*

— d'étain artificiels, 16 et suiv. — Leurs différens degrés d'oxidation et de coloration, à l'air, selon que le calorique est plus ou moins accumulé, 16
et suiv. Voy. *Étain.* — Leur *maximum* d'oxidation est entre dix-sept à
vingt parties sur cent d'oxigène, 17, 19. — Leur sublimation et cristallisation, imitant une végétation, etc.; leur vitrification, etc. 17 et suiv.
— Leur difficile réduction, 19. — Leur union avec le soufre et avec le
gaz hidrogène sulfuré, selon leur état d'oxidation, 21, 22, 33 et suiv.
Voy. *Sulfure et Oxides d'étain, sulfuré et hidro-sulfuré, ou Or mussif.*
— Partage de leur oxigène, et équilibre d'oxidation avec d'autres oxides
métalliques, 27. — Leur trop forte oxidation par les acides s'oppose à
la permanence de leur union avec ces corps, 28 et suiv. Voy. *Étain.* —
Leur dissolubilité dans les alcalis, 32, 42. — Leurs différentes combinaisons avec les acides muriatiques, etc., selon leurs différens degrés d'oxidation, 33 et suiv. Voy. *Étain et les différens Muriates d'étain.* — Leur
union avec les acides phosporique, fluorique, boracique et carbonique,
par les doubles attractions et les doubles décompositions des combinaisons
solubles alcalines de ces acides et du muriate d'etain, 41, 42. Voy. *Étain.*
— Se combinent avec les acides-métalliques, avec lesquels ils forment
des sels pulvérulens, etc. 42. — Leur vitrification avec les terres, à l'aide
d'un alcali fixe, forme l'émail, 42, 43. — Formation de l'oxide blanc
par la conbustion du nitrate de potasse et de l'étain; celui qui est gris
détone avec le nitre, dont il prend l'oxigène, etc. 43, 44. — Celui
qu'on obtient par la combustion du muriate suroxigéné de potasse est
très-pur, 46, 47. — Leurs usages pour les émaux, etc. les couvertes de la
faïence, etc. et même pour la médecine, 48, 49. Voy. *Ceux de l'étain.*
— Action de leurs dissolutions sur les substances métalliques, 272. —
Leur action ou celle de leurs dissolutions sur les substances végétales,
VII, 194, 218, 228, 229, 260; VIII, 59, 94, 95, 173, 174, 202. Voy.
Oxides métalliques, à cette action. — Action entre ces oxides ou leurs
dissolutions, et les substances animales, X, 349, 354, 355, 356. Voy.
Oxides métalliques, à cette action.

— d'étain, hidro-sulfuré, ou *Or mussif,* VI, 21, 22, 33 et suiv. — Son
état très-oxidé, 33, 35. — Sa préparation, 44 et suiv. — Ses décompositions et son analyse comparées avec celles du sulfure d'étain, 45. —
Contient de l'hydrogène, 46.

Oxide d'étain sulfuré, VI, 8, 11 et suiv. Voy. *Mines d'étain*, *Sulfure d'étain*
et *Oxide d'étain hidro-sulfuré*, ou *Or mussif*.
— de fer, VI, 128 et suiv. 157 et suiv. Voy. *Oxides métalliques* et *Fer*.
— de fer natifs, 128 et suiv. Voy. *Fer oxidulé*, etc. ; *Fer ou Oxidule pyrocète* ;
Fer, ou *Oxide oligiste* ; *Fer oxidé*, etc. ; *Fer quartzeux* ; *Mines de fer*,
et *Fer à ses usages*. — Leur formation par l'air, ou leur premier degré
d'oxidation, et leur absorption de l'acide carbonique de l'atmosphère,
coustitue la *rouille*, et ce qu'on appeloit *Safran de mars apéritif*, 157
et suiv. Voy. *Carbonate de fer* et *Safran de mars apéritif antimonié*. —
Leur accroissement d'oxidation par l'air, à l'aide du calorique ; forme
d'abord un *oxide noir* (tel est ce qu'on appelle *batiture*), qui, en augmentant le calorique, devient *oxide rouge brun*, appelé *Safran de mars
astringent*. 159 et suiv. Voy. ci-dessous, *à leur formation par l'eau*. —
les 0,25 parties, environ d'oxigène qui constituent l'*oxide noir*, y sont bien plus
adhérentes que les 0,15 à vingt portions du même principe, qui s'y
trouvent en sus, dans l'état d'*oxide rouge brun* ; ces dernières portions
peuvent être enlevées par le fer métallique qui reforme de l'oxide noir, *etc.*
160, 161, 163, 164, 181, 184. — Leur formation, par la décomposition
de l'eau, dans l'union du fer et du soufre humectés et leur sulfuration,
et hidro-sulfuration, 170 et suiv. Voy. *Sulfure de fer*, et *Oxide de fer
hidro-sulfuré*. — Leur union avec les sulfures alcalins, et celle avec le
gaz hidrogène sulfuré, 172, 173. Voy. *Sulfures alcalins ferrugineux*, et
Oxide de fer hidro-sulfuré. — Leur formation en *oxide noir* (appelé
éthiops martial) par la décomposition de l'eau, dont ce phénomène a fait
connoître la nature, 181 et suiv. Voy. *Eau et Fer*. — Leur formation
et combinaison avec les acides, 186 et suiv. Voy. *Fer*, *à son action avec
les acides* ; et *Sulfate*, *Nitrate*, *Muriate*, etc. etc. et *Carbonate de fer*.
— Leur union, condensation, vitrification, *etc.* avec les substances terreuses ou alcalines, 217 et suiv. — Désoxidation des oxides rouges par
les matières alcalines ; formation d'eau et dégagement de gaz azote, *etc.*
par la décomposition de l'ammoniaque, 218. — Leur formation en *oxide
rouge* très-oxigéné par la combustion du fer, avec le nitre ou nitrate de
potasse et avec le muriate suroxigéné de potasse, 220, 222, 223. Voy.
Fer, *à sa détonation*, etc. *avec les sels*. — Décompose le muriate d'ammoniaque, 222. Voy. *Fer*, *à son action avec les sels*. — Leurs nombreux
usages, 226, 227. Voy. *Ceux du fer*. — Action et combinaisons entre
ces oxides ou leurs dissolutions et les susbtances végétales, VII, 145,
183, 184, 185, 194, 195, 200, 218, 228, 230, 260 ; VIII, 81, 82, 96,
97, 100, 103, 104, 135, 150, 177, 203. Voy. *Oxides métalliques*, *à cette
action*. — Action entre ces oxides ou leurs dissolutions, et les substances
animales, IX, 74 et suiv. 81 et suiv. 146, 152 et suiv. 184, 366, 412 ;
X, 349.
— de fer brun, *etc.* natif, VI, 134. Voy. *Fer limoneux*.
— de fer hidro-sulfuré, VI, 171 et suiv. Voy. *Oxides*, *Sulfures* et *hidro-
sulfures métalliques*.
jaune, ou rouge, de fer, natif. Voy. *Fer oxidé*, *natif*.
— gazeux d'azote et de phosphore, II, 24.
— d'hidrogène. Voy. *Eau*.
— hidro-sulfurés, I, 214.
— de manganèse, V, 167, et suiv. 175 et suiv. Voy. *Oxides métalliques*.
— de manganèse natif, 167 et suiv. Voy. *Manganèse et ses mines*. — Sa formation
rapide, spontanée à l'air, ou à l'aide du calorique, *etc.* 175 et suiv.
Voy. *Manganèse et Oxides métalliques*. — Ses divers degrés d'oxidation
et d'adhérence à l'oxigène, 177, 178, 180, 181. Voy. *Manganèse*.
— Sa vitrification par le calorique, 179. — Son action et union avec
les corps combustibles, 179, 180. — Action et union entre les acides et
cet oxide, et phénomènes importans que ses divers degrés d'oxidation
présentent dans des combinaisons, avec l'acide sulfurique et sulfureux,
181 et suiv. (Voy. *Sulfate* et *Sulfite de manganèse*.) — Avec l'acide
nitrique et nitreux, 185, 186. (Voy. *Nitrate de manganèse*.) — Avec

l'acide muriatique; l'oxide noir, l'oxigène, en se désóxidant en partie;
phénomène qui a fait découvrir à Schéele l'acide muriatique oxigéné;
l'oxide devenu blanc s'unit avec une partie restante d'acide muriatique
simple, et forme du muriate, *etc.* 186, 187. — Avec l'acide muriatique
oxigéné, 187. — Avec les acides phosphorique, fluorique, boracique;
ne s'y unit pas immédiatement, *etc.* 187. — Avec l'acide carbonique, 187.
— Passe du noir au blanc avec l'acide arsenieux, et le rend arsenique,
188. — Ces dissolutions sont précipitées, *etc.* par les alcalis purs et les
terres alcalines, 188. — Action de ses dissolutions sur les substances
métalliques, VI, 272. — Sa vitrification avec les terres, V, 188. —
Son union et suroxidation avec les alcalis qui favorisent la décomposition
de l'eau, *etc. etc.*; précipitations et nuances diverses, *etc.* de cette combinaison qu'on avoit nommée *Caméléon minéral*, 188, 189. — Action et
décomposition réciproque entre cet oxide et l'ammoniaque, dont l'hidrogène forme de l'eau avec l'oxigène de l'oxide, ou du gaz nitreux, en
ne laissant pas échapper le gaz azote, autre principe de l'ammoniaque,
189, 190. — Action et colorations entre cet oxide et les sels, 190 et
suiv. — Blanchit les verres, en cédant de son oxigène aux substances
qui les colorent, *etc.* 191, 192. — Son utilité et ses usages, 192, 193.
Voy. *Manganèse, à son utilité*, etc. — Action et combinaisons entre
cet oxide et les substances végétales, VII, 194, 228, 229, 259; VIII,
103, 104, 175, 176, 201. Voy. *Oxides métalliques*, etc. *à cette action.*
— Action entre cet oxide et les substances animales, IX, 87, 349.
Oxide de mercure, V, 291, et suiv. Voy. *Oxides métalliques* et *Mercure.*
— de mercure, noir, autrefois nommé *Ethiops per se*; contenant le moins d'oxigène, *etc.* 291 et suiv. 308. Voy. *Mercure, à son oxidabilité par l'air.*
— de mercure, rouge, autrefois appelé *Précipité per se*; oxidation complète du
mercure ne peut exister qu'à la température de l'ébullition; sa préparation, sa
cristallisation, son âcreté, causticité, *etc.* 291, 293 et suiv. — Contient
à peu près un dixième de son poids d'oxigène; sa réduction par le calorique, et son dégagement du gaz oxigène dans des vaisseaux fermés,
a occasionné la découverte de ce gaz, et a servi à jeter les premiers
fondemens de la doctrine pneumatique, *etc.*; son peu d'adhérence à l'oxigène, et le partage qu'il en fait avec l'oxide noir, lorsqu'on les mêle, *etc.*
295 et suiv. Voy. *Gaz oxigène.* — Sa réduction par le gaz hidrogène
et par le carbone; combustion, formation d'eau, d'acide carbonique, *etc.*
296, 297. — Leur union avec le phosphore, 298. — Leur combinaison
avec le soufre, 298 et suiv. Voy. *Oxides de mercure sulfuré*, etc. —
Leurs décompositions, réduction, *etc.* avec les substances métalliques, 307,
376, 377; VI, 27, 36, 177, 178, 268. — Leur formation et union avec
les acides, V, 309 et suiv. 321 et suiv. 330 et suiv. 351 et suiv.
Voy. *Les différens sels de mercure.* — Union de l'oxide rouge, et passage
au blanc, *etc.* par l'acide sulfureux; l'oxide blanc contient moins d'oxigène
que le rouge, 321. — Rouge ou *précipité rouge* par l'acide nitrique, ne
doit différer du *précipité per se*, lorsqu'il est bien fait, que par le gaz
azote qu'il dégage, *etc.* 327, 328. — La manière dont ils sont attaqués
par l'acide muriatique, est différente, selon l'état de leur oxidation, *etc.*
332 et suiv. Voy. *Muriate de mercure (doux)* et *Muriate suroxigéné de
mercure ou Muriate de mercure corrosif*, etc. — Leur union avec les
matières alcalines; action et décomposition réciproque entre ces oxides
et l'ammoniaque, dont une partie, en se décomposant, formé de l'eau
avec son hidrogène et une partie de l'oxigène des oxides; et forme l'acide
nitrique avec son azote et une autre portion d'oxigène; une partie non
décomposée d'ammoniaque s'unit en sel triple avec l'acide nitrique, et une
partie de l'oxide non décomposée, pour former du *Nitrate ammoniaco-
mercuriel*; tandis que l'autre partie décomposée des oxides se réduit en
mercure coulant, *etc.* 354, 355. — Leur action sur les muriates alcalins,
355, 356. — Leurs usages, 356 et suiv. Voy. *Ceux du mercure.* —
Action entre ces composés ou leurs dissolutions et les substances végétales, VII, 152, 184, 191, 200, 209, 210, 218, 228, 229, 249, 250,

255, 259, 260; VIII, 58, 100, 150, 176, 201, 202, 211; I, disc. pr. clj clij. Voy. *Oxides métalliques*, à *cette action*. — Action ou union entre ces oxides, ou leurs dissolutions et les substances animales, IX, 75 et suiv. 85, 142, 143, 145, 183, 185, 186, 192, 214, 246, 269, 366, 367, 408; X, 80, 128, 129, 184, 325. Voy. *Oxides métalliques* à *cette action*.

OXIDES de mercure sulfuré, ou Sulfures de mercure, V, 281 et suiv. 298 et suiv. Voy. *Oxides et Sulfures métalliques*, *Oxides de mercure* et *Mercure*.

— de mercure sulfuré *noir* ou *Ethiops minéral*, etc. 298 et suiv.

— de mercure sulfuré *rouge* ou *Cinnabre*, *Vermillon*, etc. 281 et suiv. 300 et suiv. — *Natif*, 281 et suiv. Voy. *Mines de mercure*. — *Artificiel*, 300 et suiv. — Procédés divers pour sa préparation, et différence d'opinion sur la proportion de ses principes, 301 et suiv. — Sa volatilisation; ses décompositions; sa réduction, etc. 304. — Leur formation par la décomposition du muriate suroxigéné de mercure, etc. 342, 344 et suiv.

— de mercure sulfuré *violet* ou *Cinnabre d'antimoine*, 346.

— ou chaux métalliques, I, 212; II, 20 et suiv.; V, 27, 28, 39, 40 et suiv. Voy. *Métaux* (*en général*), *Oxides* (*en général*), et *chaque oxide métallique*.

— Sont les produits de la combustion des métaux, II, 20; V, 39 et suiv.

— naturels ou artificiels, rarement purs dans la nature, II, 20. — Leurs propriétés générales, tant physiques que chimiques, 20 et suiv.; V, 40 et suiv. — L'extrême causticité de quelques-uns dépend de la facilité avec laquelle les matières animales leur enlèvent leur oxigène, II, 21. — Leur préparation relative à l'attraction de chaque métal pour l'oxigène, 21; V, 40 et suiv. — L'oxigène y est contenu plus ou moins solide et en différentes proportions, non seulement selon les divers métaux, mais dans un même métal, suivant la manière de son oxidation, II, 21; V, 40, et suiv. — Chaque portion d'oxigène que l'on ajoute à un métal y adhère dans une proportion décroissante, par la loi que *l'attraction chimique est en raison inverse de la saturation*, II, 21. — Leurs diverses altérations par la lumière et le calorique, suivant leur différente nature et celle de chaque métal, 21, 22. — Ceux qui ne sont point saturés d'oxigène l'absorbent, soit dans l'atmosphère, soit autrement, 22. — Sont décomposés ou non par l'hidrogène, suivant la nature de leurs radicaux métalliques, 22. — Le sont par le gaz hidrogène, et il se forme de l'eau, I, 213. — Repassent à l'état métallique, soit par la lumière et le calorique, soit par le carbone rouge, II, 22; V, 44. — Même effet par le phosphore, sur-tout à chaud, II, 22, 23. — Le même effet et plus rapide avec le gaz hidrogène phosphoré, I, 213, 214; II, 23. — Très-peu sont altérés par le soufre, 23. Voy. *Oxides sulfurés*. — Beaucoup d'entre eux le sont par le gaz hidrogène sulfuré, I, 214, 215; II, 23. — Echange de leur oxigène par leur union avec quelques métaux, ou désoxidation des uns par l'oxidation des autres, et changement d'état que prend quelquefois l'oxigène dans ce passage, 23; V, 49, 50. Voy. *Métaux et chaque métal*. — La dissolubilité de quelques-uns dans l'eau, II, 23, 24. — Action qu'ils exercent les uns sur les autres, partage de leur oxigène, et variété de leurs propriétés dans cette espèce de combinaison réciproque, 24. Voy. *chaque oxide métallique*. — Leurs attractions pour les substances terreuses ou alcalines, 139, 145, 153, 166, 174, 184, 194, 209, 219, 230, 238; V, 57 et suiv. Voy. *Sels métalliques* et *Métaux*. — Sont très-abondans sur le globe, 27, 28. Voy. *Métaux*, à *leur histoire naturelle*. — Leur décomposition par le carbone, II, 6; V, 45, 46. — Leurs combinaisons avec les acides, 50 et suiv. Voy. *Sels métalliques*, *chaque acide*, *chaque métal*, et *chaque oxide à sa combinaison avec les acides*. — Ne peuvent s'unir, ou rester unis aux acides, qu'avec des proportions déterminées d'oxigène 51, 329. Voy. *Métaux*, *Sels métalliques*, *chaque métal et chaque acide*. — Leur réduction et action réciproque avec les substances alcalines, 53 et suiv. Voy. *Hidro-sulfures*. — Action et combinaisons entre ces composés ou leurs dissolutions et les substances végétales, VII, 107, 108, 146, 147, 152, 167, 183 et suiv. 193 et suiv. 200, 203 et suiv. 218, 228 et suiv. 247 et suiv. 255,

259 et suiv. 283, 304, 313, 329, 330, 333, 334, 366; VIII, 13, 56, 58, 59, 67, 72 et suiv. 91, 94 et suiv. 100, 103, 104, 135, 136, 150, 151, 167, 171, 173 et suiv. 176, 177, 197, 200 et suiv. 207 et suiv. 211, 238, 240, 253; I, Disc. pr. clj, clij Voy. *Végétaux et leurs composés*, etc. — Action et combinaisons entre ces composés ou leurs dissolutions et les substances animales, IX, 45, 48, 49, 51, 70, 71, 72, 74 et suiv. 81 et suiv. 93 et suiv. 134, 142, 143, 145, 146, 152 et suiv. 154, 155, 183 et suiv. 192, 214, 216, 265, 268, 269, 279, 285, 287, 366, 367, 400, 408, 409, 410, 412, 420, 427; X, 10, 21, 28, 34, 80, 128, 129, 184, 188, 274, 300, 308, 325, 343, 349, 354, 355, 356, 413.

OXIDE de molybdène, V, 99, 100. Voy. *Molybdène*, *Acide molybdique* et *Oxides métalliques*.

— de nickel, V, 153, 162 et suiv. Voy. *Oxides métalliques*, *Mines de nickel* et *Nickel*. — Est une efflorescence verdâtre, etc. 153, 162. — Ses combinaisons avec les acides, 163 et suiv. — Sont toutes d'un beau verd, etc. 163, 164. — Colore les terres, etc. avec les fondans alcalins, 165. — Peu dissoluble dans les alcalis fixes, mais beaucoup dans l'ammoniaque, 165. — Action et combinaison entre cet oxide et les substances végétales, VII, 229; VIII, 201. Voy. *Oxides métalliques*, à cette action. — Action et combinaisons entre cet oxide et les substances animales, X, 349.

— d'or, VI, 360 et suiv. Voy. *Oxides métalliques* et *Or*. — Leur formation à l'air, à l'aide d'une haute température, etc. 360 et suiv. Voy. *Or*. — Leur facile réduction par le calorique et leurs différens degrés d'oxigénation depuis cinq à six pour cent d'oxigène que contient l'*oxide pourpre*, jusqu'à huit ou dix, par d'autres moyens que l'air et le calorique, etc. 362, 353, 380, 385. Voy. *les Nitrates* et *Muriates d'or* et *leurs précipitations*. — Leur réduction par le gaz hidrogène; leur formation par l'eau, dans la commotion électrique; par les sulfures alcalins, etc. 362, 363, 376, 377. Voy. *Or*. — Leur désoxigénation, en tout ou en partie, par les substances métalliques, 377, 378, 391 et suiv. Voy. *Précipité pourpre de Cassius*, *ou d'oxide d'or pourpre par l'étain*. — Leur formation et combinaisons avec les acides nitrique, nitro-muriatique et muriatique oxigéné, 378 et suiv. Voy. *Nitrate* et *Muriate d'or*. — Ne peuvent s'unir aux acides que dans l'état d'*oxide fauve*, ou second degré d'oxidation, 380. Voy. *ci-dessus*, *à leurs différens degrés d'oxigénation*. — Leur union avec les terres vitrifiées, etc. qu'il colore en émaux, etc. 378, 393, 401. — Union de l'oxide jaune avec l'ammoniaque, etc. 386 et suiv. 395. Voy. *Or fulminant*. — Ses usages. Voy. *ceux de l'or*. — Action et combinaisons entre ces oxides, ou leurs dissolutions, et les substances végétales, VII, 183, 184, 195, 231, 366; VIII, 58, 167, 171, 205, 206. Voy. *Oxides métalliques*, à cette action. — Action ou union entre ces oxides, ou leurs dissolutions, et les substances animales, IX, 75 et suiv. 192, 366.

— de phosphore, I, 191; II, 24. Voy. *Oxides*.

— de phosphore blanc, 191, II, 24.

— de phosphore rouge, 24.

— de platine, VI, 414, 415. Voy. *Oxides métalliques* et *Platine*. — Leur formation et premier degré d'oxidation, par la commotion électrique et l'oxigène de l'eau, 414, 415, 425. Voy. *Or* et *Muriate de platine*. — Leur formation, combinaison et réduction, avec les acides, muriatique oxigéné et nitro-muriatique, ou *Eau régale*, 425, 426 et suiv. Voy. *Muriate de platine*. — Leur union imparfaite avec les terres, par la vitrification, 433. — Leur formation par le nitrate de potasse, et par le muriate suroxigné de potasse, 433 et suiv. — Action et combinaisons entre ces oxides, ou leurs dissolutions, et les substances végétales, VII, 195, 205. — Action ou union entre ces oxides, ou leurs dissolutions, et les substances animales, IX, 192.

— de plomb, VI, 68 et suiv. Voy. *Oxides métalliques* et *Plomb*. — Leurs différens degrés d'oxigénation, 68 et suiv.

— de plomb gris, premier état de leur oxidation, 69.

— de plomb jaune, nommé *Massicot*, contient six à neuf parties d'oxigène sur cent; sa fabrication, etc. 69 et suiv.

Oxide de plomb rouge, ou *Minium*, troisième état d'oxidation; sa préparation, et ses variations, 70, 71. — Sa proportion la plus constante d'oxigène est de 0.05, d'après les dernières expériences du citoyen Vauquelin, 71, 72. — — leur vitrification, connue sous le nom de *Litharge*, deviennent dans cet état le corps le plus fondant et le plus vitrifiant que l'on connaisse, 67, 72. Voy. *Liquation* et *Coupellation*. — Leur facile réduction par l'hidrogène et par le carbone, 73. — Leur réduction par le soufre, 75. — Leur union et équilibre d'oxidation avec d'autres oxides métalliques, 75, 76, 85. — Leur formation et combinaisons avec les acides, 85 et suiv. — Propriété qu'ont les sels de plomb de se surcharger d'oxide, 100. Voy. *Muriate de plomb jaune*, etc. — L'oxide rouge forme du sulfate mêlé avec du sulfite, dans son union avec l'acide sulfureux seul, et il se réduit avec le sulfite de soude qu'il sulfatise, 86, 87. — Divers phénomènes de leur union avec l'acide nitrique, selon leur état d'oxidation; les oxides blanc et jaune s'y dissolvent en entier, etc.; mais l'oxide rouge dépose environ un septième d'une poudre brune suroxigénée, aux dépens des six autres septièmes qui n'ont gardé que ce qu'il leur falloit d'oxigène pour rester unis à l'acide nitrique, 88, 89. — Leur union avec l'acide muriatique, dont une partie s'oxigène avec l'oxide rouge, qui passe à l'état d'oxide blanc pour former du muriate, etc. 90, 91. — Leur union avec l'acide muriatique oxigéné forme du muriate suroxigéné dont les alcalis fixes précipitent un *oxide brun suroxigéné*, ayant des propriétés très-différentes de celles des autres oxides de plomb; résumé des recherches du citoyen Vauquelin sur les propriétés de cet oxide suroxigéné, etc. 91, 92. — S'unissent avec tous les acides métalliques, 94, 95. — Leur union et vitrification avec les terres, 95, 96. Voy. *Flint-glass*. — Leur dissolution et union, à la manière d'un acide, avec la chaux et les matières alcalines, 96, 97. — Leur action sur les muriates; et principalement l'analyse et le résultat des expériences du citoyen Vauquelin sur la décomposition du muriate de soude par la litharge, etc. 98 et suiv. Voy. *Muriate de plomb jaune*, ou avec excès d'oxide. — Celui qu'on obtient de la combustion du plomb par le muriate suroxigéné de potasse, est blanc et pur; etc. 101. — Leur union et vitrification avec les phosphates, les fluates, les borates et les carbonates, 101. — Dangers de leurs dissolutions, etc. et leur usage et utilité dans les arts, soit pour la peinture, soit pour les verreries, poteries, etc. etc. 102 et suiv. Voy. *Plomb*. — Leurs action et combinaisons, et celles de leurs dissolutions avec les substances végétales, VII, 145, 194, 200, 218, 228, 229, 230, 250, 260, 334; VIII, 58, 96, 100, 135, 176, 202, 203; I, Disc. pr. clij. Voy. *Oxides métalliques*, à cette action. — Leurs action et combinaisons, ou celles de leurs dissolutions, avec les substances animales, IX, 51, 74 et suiv. 92, 145, 184, 192, 269, 286, 366, 367, 412; X, 34, 80, 128, 139, 300, 349.

— de soufre, I, 199; II, 24, 25. Voy. *Oxides*.

— sulfuré, ou hidro-sulfuré de tellure, V, 265. Voy. *Oxide de tellure*.

— de tellure, V, 262 et suiv. Voy. *Oxides métalliques* et *Tellure*. — Sa volatilité, vapeur grisâtre, etc.; sa fusibilité, etc.; sa réduction; son explosion, etc. 263, 265, 266. Voy. *Tellure*. — Son union avec les acides, et précipités de ses dissolutions, 264 et suiv. Voy. *Oxide sulfuré ou hidro-sulfuré de tellure*.

— de titane, autrefois *Schorl rouge*, V, 114 et suiv. Voy. *Titane*. — Son histoire naturelle, ses propriétés physiques, cristallisation, couleur, dureté, etc. 114 et suiv. — Sa réduction, 116, 117, 118. Voy. *Carbonate de titane*. — Sa fusion, etc. avec le carbonate de potasse, 117, 125. Voy. *Carbonate de titane*. — Ses altérations par le calorique, 117, 118. — Sa fusion avec divers oxides métalliques et son alliage avec celui de fer, 119. — Ses dissolutions dans les acides, 121 et suiv. Voy. *Carbonate de titane*. — Action entre cet oxide et les substances alcalines et les sels, 117, 124, 125. — Son utilité pour la coloration des émaux, etc. 126. Voy. *Émaux*.

— de tunstène. Voy. *Acide tunstique*.

— d'urane, V, 129, 130 et suiv. Voy. *Urane*, et *Oxides métalliques*. — Sa

réduction, infusibilité, *etc.* V, 131, 132. — Ses dissolutions et combinaisons avec les acides, 132 et suiv. — Précipitations et décompositions de ses dissolutions, 133, 134. — Son union avec les sels fondans, 134. — Son utilité pour la coloration des verres des émaux, *etc.* 135.

OXIDE de zinc, V, 364 et suiv. 371 et suiv. Voy. *Oxides métalliques* et *Zinc.* — de zinc natif, ou *Calamine;* ses cristallisations et variétés, 364 et suiv. — Sa propriété électrique par la chaleur sans frottement, *etc.* 365. Voy. *Mines de zinc.*
— de zinc artificiel, 371 et suiv. — Ses différentes nuances de coloration, et ses différens degrés d'oxidation, 371, 372. Voy. *Zinc.*
— de zinc sublimé, nommé *fleurs de zinc, Pompholix*, etc.; est le plus oxidé; sa phosphorescence, sa fusion en verre, *etc.*; sa difficile réduction, à l'aide du carbone; sa grande adhérence à l'oxigène; sa sublimation en se réduisant, *etc.* 372, 373. — Son sublimé rouge avec le phosphore, 373, 374. Voy. *Phosphure de zinc.* — Son union avec le soufre, 374, 375. Voy. *Sulfure de zinc.* — Sa formation par l'eau et les oxides métalliques, 376 et suiv. Voy. *Zinc.* — Sa formation par les acides, ou l'eau qui les accompagne, et son union avec les acides, 377 et suiv. Voy. *Zinc.* — Ses deux sortes de combinaisons avec l'acide sulfureux, 380 et suiv. Voy. *Sulfites sulfuré (ou simple) de zinc.* — Sa formation par les alcalis, et par les sels, 386 et suiv. Voy. *Zinc.* — Celui formé par la combustion du zinc et du nitrate de potasse, est à son *maximum* d'oxidation, 387. — Sa fusion avec les phosphates et les borates, et coloration de leurs verres, 388. — Ses usages et propriétés médicinales, 388, 389. Voy. *ceux du Zinc.* — Action entre cet oxide et les substances métalliques, VI, 36. Voy. *Métaux et leurs combinaisons.* — Action ou combinaison entre cet oxide et les substances végétales, VII, 200, 218, 228, 229, 260; VIII, 100, 201, 211. Voy. *Oxides métalliques, à cette action.* — Action entre cet oxide et les substances animales, IX, 74 et suiv. 112, 128, 349. Voy. *Oxides métalliques, à cette action.*

OXIDULES métalliques, diminutif d'oxides, ou moindre degré d'oxidation, VI, 128 et suiv. Voy. *Oxides métalliques* et *Oxidules de fer.*
— de fer, VI, 128 et suiv. Voy. *Oxidules métalliques, Fer oxidulé* et *Fer pyrocète.*

OXIGÉNATION, phénomène général de l'union de l'oxigène avec les corps combustibles, II, 3, 4 et suiv. et 26. Voy. *Oxigène, Oxidation* et *Acidification.*

OXIGÈNE (principe), I, 113, 114, 139 et suiv. Voy. *Corps simples.* — Quoiqu'on le pèse, le combine, le dégage, on ne peut l'obtenir que lié à quelqu'autre matière, et dans un état de combinaison, 139, 141. — Ce qui prouve que son premier caractère est d'attirer ou d'être attiré très-fortement; aussi est-il un des principes qui se trouvent le plus fréquemment et le plus abondamment dans les analyses chimiques, 139, 140. — Sa découverte dans l'état aériforme par Priestley, en 1774, et les différens noms qu'il a successivement portés, jusqu'à celui d'oxigène (oxigine d'abord) proposé par Lavoisier, par rapport à une de ses propriétés les plus caractéristiques, qui est celle d'engendrer les acides, 140, 146. — Sa nécessité dans la combustion est son caractère le plus prononcé et le plus exclusif, 141. Voy. *Combustion.* — Existe, mais combiné, dans trois états; solide et liquide, combiné avec différens corps, et dans l'état aériforme ou gazeux, combiné avec le calorique, 141, 142. Voy. *Gaz oxigène.* — Est la base du gaz oxigène, et ne doit point être confondu avec ce gaz, 142. — Son attraction plus ou moins forte pour les corps avec lesquels il s'est solidifié, selon qu'il a conservé une plus ou moins grande quantité de calorique, 143, 144, 145. — Donne de la sapidité à tous les corps avec lesquels il se combine, d'où résulte sa puissance médicamenteuse, d'une part, et sa causticité, de l'autre, 146, 147. — Ses autres propriétés générales, telles que la coloration des substances métalliques, la décoloration, l'épaississement, et, lorsqu'il est accumulé, la décomposition des matières organisées, 146, 147. V. *Végétaux et animaux.* — Son influence et son abondance dans la nature, 147,

148. Voy. *Gaz oxigène.* — Forme de l'eau avec l'hidrogène qu'il brûle, 167, 172. Voy. *Gaz hidrogène* et *Eau.* Sa grande attraction pour le carbone, 183, 184. Voy. *Carbone* et *Acide carbonique.* — Sa grande concrescibilité, et ses différentes proportions dans son union avec le phosphore, 189 et suiv. Voy. *Phosphore, Acide phosphorique, Gaz, Acide phosphoreux* et *Oxides de phosphore.* — Sa combinaison et ses différentes proportions avec le soufre, 199, 200. Voy. *Soufre, Oxide de soufre, Acide sulfurique* et *Acide sulfureux.* — Son union avec les métaux. Voy. *Métaux* et *Oxides métalliques.* — Sa combinaison et ses différentes proportions avec les corps combustibles; forme ou des oxides ou des acides, II, 4 et suiv. — Voy. *Oxides* et *Acides.* — Est un des principes constituans des végétaux, VII, 53 et suiv. VIII, 282, 283. Voy. *Végétaux* et *Gaz oxigène.* — Est un des principes constituans des animaux, IX, 39 et suiv. Voy. *Animaux, Physiologie,* etc. *Gaz oxigène,* etc.

Oximel, VIII, 214; X, 342.

P

Pain. Voy. *Farine* et *Fermentation panaire.*

Panacée mercurielle. Voy. *Muriate de mercure doux.*

Pancréas, IX, 8, 10; X, 11. Voy. *Glandes conglomérées, Animaux, Physiologie,* etc. et *Suc pancréatique.*

Papier, VII, 292; VIII, 223. Voy. *Rouissage,* etc. — Sa dissolution pourrait servir d'aliment, etc. 292. Voy. *Fécule amilacée.*

Parfums. Voy. *Huile volatile. Onguent, Arôme, Eaux distillées,* etc.

Pastel ou Vouède, VIII, 64, 66, 68, 69. Voy. *Matières colorantes (des végétaux)* et *Fermentations panaire et colorante.* —Sa préparation, etc. ; sa nature fort voisine de l'indigo, etc. 68, 69.

Peau ou Derme. Voy. *Tissu dermoïde,* etc.

Pech-blende. Voy. *Urane* et *Sulfure d'urane.*

Pechstein. Voy. *Silex* et *Petro-Silex.*

Péridot, II, 287, 314, 315. Voy. *Pierres (combinées).* — Beaucoup d'autres pierres ont été long-temps confondues sous ce nom, 314. — La prétendue chrysolite des volcans, ou *l'olivine* de Werner, en est une variété, 315. — Son analyse, 315, 345.

Perle et Nacre de perle, IX, 120, 124; X, 327, 334 et suiv. Voy. *Animaux,* à la comparaison et classification des matières animales. — Leur histoire naturelle ; leurs propriétés ; leur nature calcaire ; leurs usages, 334 et suiv.

Pèse-liqueurs ou Aréomètres, II, 258; VIII, 144. — de Nicholson, II, 258. Voy. *Pèse-liqueurs ou Aréomètres.*

Petit-lait ou Sérum du lait, IX, 383, 394 et suiv. 397 et suiv. 401, 402 et suiv. Voy. *Lait, et ses différentes espèces.* — Non aigri ou non séparé par l'acescence, 402 et suiv. — Procédés pour l'extraire et le clarifier, 402. — Ses propriétés physiques ; sa pesanteur, etc. ; sa qualité nourrissante, etc. 402, 403. Voy. *Lait, à ses différentes espèces.* — Ses propriétés chimiques, 403 et suiv. — Sa distillation et ses produits, etc. 403. — Son évaporation et sa cristallisation, etc. 404 et suiv. Voy. *Sucre ou Sel de lait.* — Gelée qu'il forme, etc. ; ses matières salines, spécialement le phosphate de chaux, etc. ; ses altérations et précipitations par les différens réactifs, etc. 407 et suiv. — Sa grande facilité à s'aigrir, ou son acescence et son acide particulier, 410 et suiv. Voy. *Acide lactique* — Est composé d'une grande quantité d'eau, de matière mucoso-sucrée cristallisable et de matières salines, etc. 413, 414. — Ses usages. Voy. *ceux du Lait.* — d'Hoffman, IX, 394.

Pétrification, VIII, 230, 255, 256; IX, 115. Voy. *Végétaux* ou *Matières végétales pétrifiées.*

Pétrole. Voy. *Bitume liquide,* etc.

Petro-Silex, II, 286, 300, 301. Voy. *Pierres (combinées).* — Diffère du silex,

17

sur-tout par sa fusibilité au chalumeau, II, 3o1.—Comprend le *Pechstein* et le
Jadien ou jade de Saussure , 3o1. — Est regardé par le citoyen Haüy
comme un mélange ou comme un granit très-fin, 3o1. Voy. *Pierres mélangées.* — Son analyse , 3o1, 338.
PHARMACEUTIQUES (préparations). Voy. *Pharmacologique (chimie).*
PHARMACOLOGIQUE (chimie), I, 9 et 1o.
PHARMACOPÉES. Voy. *Pharmacologique.*
PHÉNOMÈNES chimiques , I , 86 et suiv. — Renfermés sous quatre titres gé-
néraux ; 1°. ceux que présente l'atmosphère et qui appartiennent à la
chimie météorique, 87. — 2°. Ceux qui se passent entre les fossiles ou
la chimie minérale , 87. — 3°. Ceux qui appartiennent aux végétaux , ou
chimie végétale, 87, 88. — 4°. Ceux des matières animales ou chimie
animale , 88. Voy. *Classification chimique des corps, Combustion ,* etc.
PHLOGISTIQUE, ou principe inflammable de Stahl , ou feu, selon lui, fixé,
I, 51, 131. Voy. *Calorique.*
PHOSPHATES , sels formés par l'acide phosphorique. Voy. *les différens Phosphates.*
— alcalins et terreux (en général), genre 7ᵉ., III, 1o, 23o et suiv. Voy.
Sels à bases salifiables alcalines, etc. et chaque *Phosphate alcalin ou terreux.* — Sels formés par la combinaison de l'acide phosphorique avec les
terres et les alcalis, 1o, 23o et suiv. — N'ont été découverts que vers
le milieu du dix - huitième siècle ; leur histoire, depuis la première distinction qu'en ont faite Margraf et Pott, jusqu'aux travaux des chimistes
de nos jours, 23o, 231. Voyez *Animaux* ou *Matières animales, Tissu
osseux, Urine, Calculs urinaires,* etc. *Sperme,* etc. — N'existent pas
exclusivement dans les matières animales, mais plusieurs se trouvent parmi
les fossiles et dans les matières végétales, 231. — Leur préparation artificielle,
231, 232. — Leur cristallisabilité, leur grande pesanteur et autres propriétés
physiques, 232. — Leur fixité au feu et fusibilité en verre, et lueur phosphorique que la plupart répandent pendant cette fusion, 232. — Ne sont
point altérables par les corps combustibles ; un de leurs principaux caractères, 232, 233, 256. — Se combinent en vitrifications colorées avec tous
les oxides métalliques à l'aide du calorique, 233, 234. Voy. *ci-dessous, à
leur action avec les substances métalliques.* — Leur décomposition par les
acides sulfurique, nitrique et muriatique, et surcharge de quelques - uns
d'acide phosphorique, 234. — Se combinent dans l'état d'espèces d'émaux
avec les terres susceptibles de vitrification, 234, 235. — Leur utilité en
médecine, en minéralogie, en chimie, *etc.* 235. — Quatorze espèces rangées
en raison du plus fort degré d'attraction des bases, 235 et suiv. — Leur
saveur douceâtre, IV, 69. Voy. *Sels,* etc. *à leur saveur.* Leur fusion ignée ,
81. Voy. *Sels, à leur fusibilité.* — Résumé de leurs caractères, IV, 1o5
et suiv. — Action réciproque entre ces sels et les autres sels, 231 et suiv.
Voy. *Sels, à leurs actions,* etc. *réciproques.* — Considérés minéralogiquement ; formant une espèce fossile, 285. Voy. *Sels fossiles.* — Action entre
ces sels et les substances métalliques, V, 95, 124, 125, 131, 165, 166,
19o, 191, 2o8, 255, 256, 351, 384, 388 ; VI, 41, 92 ; 1o1, 18o, 195,
212, 223, 271, 277, 283, 29o, 323, 332. Voy. *Métaux et leurs combinaisons.* — Action ou union entre ces sels et les substances végétales , VII,
1o5, 218, 227, 228 ; VIII, 1o4. — Leur union, *etc.* avec les matières animales. Voy. *Animaux,* etc. *et leurs différens matériaux.*
— d'alumine, III, 235, 272, 273. Voy. *Phosphates alcalins,* etc. (*en général*). — N'est connu que d'après quelques expériences de l'auteur, dont il
donne le résultat, 272, 273. — Sa fusion, vitrification, *etc.* sans décomposition par le calorique, 273.—S'acidule, *etc.* 273.—Ses décompositions, 273.
—Résumé de ses caractères spécifiques, IV, 1o8. — Action réciproque entre
ce sel et les autres sels, 14o, 142, 181, 182, 183, 184, 185, 186, 187,
188, 189, 19o, 191, 192, 193, 194, 195, 196, 197, 198, 215, 228, 238.
— alumineux. Voy. *Phosphate d'alumine.*
— ammoniacal. Voy. *Phosphate d'ammoniaque.*
— ammoniaco - magnésien, III, 235, 267, 268 et suiv. Voy. *Phosphates al-*

calins, etc. (*en général*), et *Trisules*. — Son histoire depuis sa découverte, faite par l'auteur, il y a quelques années, dans une concrétion calculeuse de l'intestin d'un cheval, III, 268. Voy. *Urine* et *calculs urinaires*, etc. — Sa cristallisation et autres propriétés physiques, et sa préparation, 268, 269. — Son desséchement, *etc.*; volatilisation de son ammoniaque et sa fusion vitreuse, *etc.* par le calorique, 269. — Son inaltérabilité à l'air et son peu de dissolubilité, 269. — Ses décompositions, 269, 270. — Donne du phosphore avec le charbon, 269, 270. — Son analyse, 270; IV, 262. — Utilité dont il pourrait devenir pour se procurer du phosphore, III, 270, 271. — Résumé de ses caractères spécifiques, IV 107, 108. — Action réciproque entre ce sel et les autres sels, 181, 182, 183, 184, 185, 186, 187, 188, 189, 190, 191, 194, 236, 237.

PHOSPHATE d'ammoniaque, III, 235, 259 et suiv. Voy. *Phosphates alcalins*, etc. (*en général*). — Confondu long-temps avec le phosphate de soude sous les noms de *Sel fusible*, *Sel natif de l'urine*, etc.; sa synonymie et son histoire, jusqu'aux travaux de Lavoisier et du citoyen Vauquelin, qui l'ont le plus spécialement examiné, 259. Voy. *Urine*, *Animaux*, etc. — Sa cristallisation, ses propriétés alcalines, *etc.*; son histoire naturelle et sa préparation, 259, 260, 261. Voy. *Urine*. — Sa fusion, vitrification et décomposition, soit entière, soit partielle, par le calorique, 260. — Sa légère humidité à l'air humide; sa dissolubilité, *etc.* 260, 261. — Ses décompositions, 261, 262. — Ne donne du phosphore avec le charbon qu'après la volatilisation de sa base, 261. — Perd sa base en se vitrifiant avec les oxides métalliques, 261. — S'acidule par l'addition de l'acide phosphorique, 262. — Ses décompositions, 262. — Son utilité comme fondant dans la minéralogie, *etc.* 262, 263. — Son union forme un trisule avec le phosphate de magnésie. Voy. *Phosphate ammoniaco - magnésien*. — Résumé de ses caractères spécifiques, IV, 107. — Action réciproque entre ce sel et les autres sels, 136, 138, 140, 142, 153, 156, 165, 169, 173, 178, 181, 182, 183, 184, 185, 186, 187, 188, 189, 190, 191, 194, 195, 196, 197, 198, 201, 202, 204, 205, 206, 208, 209, 210, 211, 212, 213, 214, 215, 216, 217, 219, 220, 222, 223, 224, 225, 226, 227, 228, 229, 234, 235.

— d'argent, VI, 340. Voyez *Phosphates métalliques* et *Nitrate d'argent*. — Se dissout dans un excès d'acide phosphorique; sa décomposition par le charbon en phosphure, *etc.* 340.

— de barite, III, 235 et suiv. Voy. *Phosphates alcalins*, etc. (*en général*). — N'est connu que depuis quelques années par les travaux et ce qu'en a dit le citoyen Vauquelin, 236. — Sa forme pulvérulente et autres propriétés physiques, et sa préparation, 236, 237. — Sa fusion sans décomposition en frite vitreuse grise et flamme jaune phosphorique, *etc.* par le calorique, 237. — Son inaltérabilité à l'air, son indissolubilité et son inaltérabilité par les corps combustibles et les bases diverses, 237. — Ses décompositions par les acides sulfurique, nitrique et muriatique, 237. — Emploi qu'on en peut faire pour la chimie, 237, 238. — Résumé de ses caractères spécifiques, IV, 106. — Action réciproque entre ce sel et les autres sels, 130, 132, 133, 135, 136, 137, 140, 142, 146, 149, 153, 155, 159, 162, 165, 169, 173, 177, 181, 182, 185, 204, 205, 206, 208, 209, 210, 211, 212, 213, 214, 215, 219, 220, 222, 223, 224, 225, 226, 227, 228, 231.

— baritique. Voy. *Phosphate de barite*.

— calcaire. Voy. *Phosphate de chaux*.

— de chaux, III, 235, 240 et suiv. Voyez *Phosphates alcalins*, etc. (*en général*). — Nommé *Sel phosphorique calcaire*, *chaux phosphatée*; est une des plus intéressantes découvertes de la chimie moderne, 240; IV, 276, 280. — Son histoire et les noms des chimistes qui s'en sont occupés, depuis que Scheele et Gahn l'eurent trouvé dans les os en 1774, jusqu'aux travaux importans sur ce sel par les chimistes actuels, tels que le citoyen Berthollet, M. Klaproth, *etc.* et le citoyen Vauquelin, ainsi que l'auteur, III, 240, 241. Voy. *Animaux*, etc. *Urine* et *Calculs urinaires*, etc.

Sperme, etc. — Sa forme primitive et ses variétés parmi les minéraux, ses propriétés physiques et son histoire naturelle, III, 241 et suiv. ; IV, 276. — Reconnu, par M. Klaproth, être dans l'apatite de Werner, et par le citoyen Vauquelin dans la chrysolite des joailliers, III, 241, 242. — Est répandu abondamment dans la nature, principalement dans les composés organiques, 242, 243. Voy. *Animaux*, etc. *Urine* et *Calculs urinaires*, etc. — Son extraction par la calcination, *etc.* des os des animaux ; moyen le plus facile et le moins dispendieux de se le procurer, 243. — N'est point décomposé par le calorique qui le fond avec la plus grande difficulté en un globule opaque gris ; la lueur phosphorique ou flamme jaune qu'il exhale souvent dans sa fusion provient du phosphate d'ammoniaque qui se trouve contenu dans les substances qu'on emploie, 243, 244. — Son inaltérabilité à l'air et indissolubilité dans l'eau, 244. — Sa décomposition particelle par plusieurs acides qui en dégagent l'acide phosphorique uni à une partie de sa base et dans l'état de phosphate acidule ; résultat du travail qui constate cette découverte faite par le citoyen Vauquelin et l'auteur, et analyse de cette décomposition, 244 et suiv. Voy. *Phosphate acide ou acidule de chaux*. — Sa dissolubilité, et son passage à l'état acidule dans l'acide phosphorique, 246. — Sa décomposition par la barite et la stroutiane, 247. — Son analyse et ses usages en médecine et dans les arts, spécialement pour en extraire l'acide phosphorique et tirer le phosphore, 247 ; IV, 261. — Résumé de ses caractères spécifiques, 106. — Action réciproque entre ce sel et les autres sels, 188, 189, 231. Voy. *Phosphates*, à cette action. — Considéré minéralogiquement ou comme fossile, 276, 280, 285. Voy. *Sels fossiles*. — Action entre ce sel et les substances végétales ; VII, 218 ; VIII, 105. Voyez *Phosphates*, à cette action. — Son union avec les substances animales. Voy. *Animaux*, etc. *Urine*, *Calculs urinaires*, etc.

PHOSPHATE acide ou acidule de chaux, III, 235, 247 et suiv. Voy. *Phosphates alcalins (en général)* et *Phosphate de chaux*, à sa décomposition particelle par les acides. — Découvert l'an 3 (1795) par le citoyen Vauquelin et l'auteur, 247, 248. — Ses propriétés physiques, son histoire naturelle ; existe dans l'urine humaine, *etc.* 248. Voy. *Urine*, etc. *Animaux*, etc. *Tissu osseux*, etc. — Sa préparation, 248, 249. — Sa liquéfaction, *etc.* et sa fusion ignée dans l'état de verre par le calorique, 249. — Sa légère déliquescence ; sa dissolubilité avec refroidissement et sa cristallisation, *etc.* 249. — Sa décomposition par le charbon donne du phosphore, 249, 250. — N'est point décomposé par les acides, 250. — Est décomposé par toutes les bases terreuses et alcalines, et repasse à l'état de phosphate neutre indissoluble avec la chaux qui en absorbe l'excès d'acide, 250, 251. — Son analyse, 251 ; IV, 261. — Résumé de ses caractères spécifiques, 105. — Action réciproque entre ce sel et les autres sels, 190, 191, 192, 193, 194, 195, 196, 197, 198, 199, 231, 232. Voy. *Phosphates*, à cette action. — Action entre ce sel et les substances végétales, VII, 227, 228. Voy. *Phosphates*, à cette action. — Son union avec les substances animales. Voy. *Animaux et leurs différens matériaux*.
— de cobalt, V, 147. Voy. *Phosphates métalliques* et *Cobalt*.
— de cuivre, VI, 283. Voy. *Phosphates métalliques*, *Cuivre* et *Oxide de cuivre*. — Donne du phosphure chauffé avec du charbon, 283. Voy. *Phosphure de cuivre*.
— d'étain, VI, 41. Voy. *Phosphates métalliques* et *Etain*.
— de fer, VI, 136, 137, 141, 146, 147, 156, 170, 210 et suiv. Voy. *Phosphates métalliques*, *Fer* et *Phosphure de fer*.
— de fer natif, 136, 137, 141, 146, 147, 210 et suiv. Voy. *Mines de fer*. — C'est à sa présence ou à celle du phosphure de fer, qu'est due la mauvaise qualité du fer cassant à froid, 137, 156, 170, 212. Voy. *Fonte de fer*.
— de fer artificiel, 210 et suiv. — Son précipité blanc dans les acides, *etc.* 147, 212. — Sa réduction par le charbon, *etc.* 212. — Son union et action avec les substances animales, IX, 146, 152 suiv. — Son état suroxidé et suroxigéné, 152, 153, 154.

Phosphate de glucine, III, 235, 271, 272. Voy. *Phosphates alcalins*, etc. (*en général*). — N'est connu encore que par les travaux du citoyen Vauquelin, 271. — Ses propriétés physiques et sa préparation, 271. — Sa fusion et vitrification, *etc.* sans décomposition par le calorique, 271, 272. — Son inaltérabilité à l'air, et son insolubilité à moins qu'on n'aiguise l'eau avec de l'acide phosphorique, 272. — S'acidule par l'addition d'acide phosphorique, 272. — Ses décompositions, 272. — Résumé de ses caractères spécifiques, IV, 108. — Action réciproque entre ce sel et les autres sels, 173, 178, 181, 182, 183, 184, 185, 186, 187, 190, 191, 192, 193, 194, 195, 196, 213, 214, 215, 227, 228, 237, 238.
— de magnésie, III, 235, 265 et suiv. Voy. *Phosphates alcalins*, etc. (*en général*). — N'est connu que depuis 1777, d'abord par Lavoisier ; examiné ensuite par le citoyen Vauquelin et par l'auteur, 265. Voy. *Animaux*, etc. *Urine*, etc. — Sa cristallisation et autres propriétés physiques, et son histoire naturelle ; trouvé par l'auteur dans le calcul intestinal du cheval, et depuis dans des calculs vésicaux humains, 265. Voy. *Animaux*, etc. *Concrétions intestinales* et *Urine*, etc. — Sa préparation, 266. — Son desséchement, *etc.* à un feu doux, et sa fusion vitreuse à un feu ardent, *etc.* 266. — Sa grande efflorescence et son peu de solubilité, sur-tout à l'eau froide, 266, 267. — Ne donne point de phosphore avec le charbon, 267. — Ses décompositions, 267. — Forme un trisule, mais sans décomposition, par l'addition de l'ammoniaque, ainsi qu'avec le phosphate d'ammoniaque, 267. Voy. *Phosphate ammoniaco - magnésien*. — Résumé de ses caractères spécifiques, IV, 107. — Action réciproque entre ce sel et les autres sels, 165, 169, 173, 178, 181, 182, 183, 184, 185, 186, 187, 188, 189, 205, 206, 212, 213, 214, 215, 220, 225, 226, 227, 228, 229, 236.
— de manganèse, V, 187, 188. Voy. *Phosphates métalliques* et *Oxide de manganèse*.
— de mercure, V, 351, 352. Voy. *Phosphates métalliques*. — Sa phosphorescence, *etc.* ; donne du phosphore, *etc.* 352.
— métalliques, V, 53, 55. Voy. *Acide phosphorique* et chaque *Phosphate métallique*.
— de nickel (ne cristallise pas), V, 165. Voy. *Phosphates métalliques* et *Nickel*.
— de plomb, VI, 56, 57, 58, 64, 65, 92, 93. Voy. *Phosphates métalliques* et *Plomb*.
— de plomb natif, *Plomb spathique*, etc. 56, 57, 58, 64, 65, 92. — Son traitement docimastique, et son utilité pour en obtenir du phosphore, 58, 64, 65. Voy. *Mines de plomb*.
— de plomb artificiel, 92, 93.
— de potasse, III, 235, 251 et suiv. Voy. *Phosphates alcalins*, etc. (*en général*). — Décrit pour la première fois par Lavoisier en 1774, et examiné depuis avec soin par le citoyen Vauquelin, 251. — Sa forme gélatineuse, *etc.* ; sa préparation, 251, 252. — Sa fusion aqueuse et ensuite vitreuse par le calorique, 252. — Sa déliquescence ; sa dissolubilité, 252. — Ses décompositions, 252, 253. — Usages auxquels on pourrait l'employer, 253. — Résumé de ses caractères spécifiques, IV, 106. — Action réciproque entre ce sel et les autres sels, 133, 135, 136, 137, 140, 142, 146, 149, 153, 155, 159, 162, 165, 169, 173, 177, 181, 182, 183, 184, 185, 190, 191, 194, 195, 196, 197, 198, 201, 202, 203, 204, 205, 206, 207, 208, 209, 210, 211, 212, 213, 214, 215, 216, 217, 218, 219, 220, 221, 222, 223, 224, 225, 226, 227, 228, 229, 233.
— de silice, III, 235, 273, 274. Voy. *Phosphates alcalins*, etc. (*en général*). — N'est connu que dans l'état vitreux, *etc.* 273. — Résumé de ses caractères spécifiques, IV, 108. — Action réciproque entre ce sel et les autres sels, 239, 240.
— de soude, III, 235, 253 et suiv. Voy. *Phosphates alcalins*, etc. (*en général*). — *Sel fusible*, etc. ; sa synonymie, et son histoire depuis que Margraff l'a le premier dégagé de l'urine humaine (mais mêlé et con-

fondu pendant long-temps avec d'autres sels), jusqu'aux travaux des chimistes actuels, principalement les citoyens Pelletier et Vauquelin, III, 253, 254, 257. Voy. *Urine*, *Animaux*, etc. — Sa cristallisation ; son excès de soude, *etc.* ; son histoire naturelle ; sa préparation et purification, 254, 255, 256. — Sa fusion sans décomposition par le calorique, et ensuite sa vitrification et sa forme polyédrique en se refroidissant, 255, 256. — Sa légère efflorescence ; sa dissolubilité beaucoup plus grande à l'eau bouillante, etc. 256. — Son inaltérabilité par les matières combustibles, 256, 257. — Son union et ses vitrifications colorées avec les oxides métalliques, 257. — Sa décomposition partielle par les acides sulfurique, nitrique et muriatique, ainsi que son adhérence à l'acide phosphorique, qui le font passer à l'état d'acidule, plus dissoluble alors, moins cristallisable, *etc.* 257. — Son union et vitrification avec les terres, 257, 258. — Ses décompositions, 258. — Son utilité pour la médecine, la soudure, la minéralogie, *etc.* 258, 259. — Résumé de ses caractères spécifiques, IV., 107. — Action réciproque entre ce sel et les autres sels, 136, 138, 140, 142, 146, 150, 153, 156, 157, 162, 165, 169, 173, 177, 181, 182, 183, 184, 185, 186, 187, 190, 191, 194, 195, 196, 197, 198, 201, 202, 204, 205, 206, 207, 208, 209, 210, 211, 212, 213, 214, 215, 216, 217, 219, 220, 221, 222, 223, 224, 225, 226, 227, 228, 229, 234.

PHOSPHATE de soude et d'ammoniaque, III, 235, 263 et suiv. Voy. *Phosphates alcalins*, etc. (*en général*). — Histoire de ce sel triple ou trisule qui existe dans l'urine humaine, et qui, malgré les recherches de beaucoup de chimistes à des époques où la séparation des sels n'était pas assez exacte, n'est connu que depuis les expériences faites en 1790, et publiées par l'auteur, 263, 264. Voy. *Animaux*, etc. *et Urine*, etc. — Ses propriétés ammoniacales, *etc.* ; son effleurissement et diminution de sa proportion d'ammoniaque à mesure qu'on le purifie, ainsi que par son exposition à l'air, *etc.* par l'addition de la chaux, et par sa distillation qui, en volatilisant l'ammoniaque, *etc.*, laisse pour résidu du phosphate acidule de soude, 264. — Analyse de celui que l'auteur a obtenu d'une première dissolution ; *etc.* 264, 265 ; IV, 262. — Résumé de ses caractères spécifiques, IV, 107. — Action réciproque entre ce sel et les autres sels, 146, 150, 181, 182, 183, 184, 185, 186, 187, 190, 191, 204, 235. — Action entre ce sel et les substances métalliques, V, 124, 125, 131. Voy. *Phosphates*, *à cette action.*

— sursaturé de soude. Voy. *Phosphate de soude.*

— de strontiane, III, 235, 238 et suiv. Voy. *Phosphates alcalins*, etc. (*en général*). — Son histoire depuis l'an 6 (1797) que le citoyen Vauquelin l'a le premier fait connaître, 238. — Sa forme pulvérulente, *etc.* et sa préparation, 238. — Sa fusion au chalumeau en émail blanc, et sa lueur phosphorique purpurine, 238, 239. — Inaltérable à l'air ; rendu dissoluble par un excès d'acide phosphorique, 239. — Son inaltérabilité par les corps combustibles et par toutes les bases, excepté la barite, 239. — Est décomposé en entier par l'acide sulfurique, et seulement jusqu'à l'état de phosphate acide par les acides nitrique et muriatique, 239. — Son analyse, 239 ; IV, 261. — Résumé de ses caractères spécifiques, 106. — Action réciproque entre ce sel et les autres sels, 140, 142, 153, 156, 165, 169, 181, 182, 183, 184, 185, 205, 206, 208, 209, 213, 214, 215, 220, 222, 223, 224, 225, 226, 227, 228, 232, 233.

— d'urane, V, 133, 134. Voy. *Phosphates métalliques* et *Oxide d'urane.*

— de zircone, III, 235, 273. Voy. *Phosphates alcalins*, etc. (*en général*). — Action réciproque entre ce sel et les autres sels, IV, 183, 184, 185, 186, 187, 188, 189, 190, 191, 192, 193, 194, 195, 196, 197, 198, 199, 239.

PHOSPHITES, sels formés par l'acide phosphoreux. Voy. *cet Acide et les différens Phosphites.*

— alcalins et terreux (en général), genre 8e., III, 274 et suiv. Voyez *Sels à bases salifiables alcalines*, etc. *et chaque Phosphite alcalin ou terreux.* — Composés d'acide phosphoreux et des bases salifiables, con-

fondus pendant long-temps avec les phosphates; leur première distinction due à Lavoisier, mais ne sont régulièrement connus que depuis les travaux du citoyen Vauquelin, conjointement avec l'auteur, 274, 275. — Leur préparation artificielle, 276. — Leur saveur et odeur fétide et alliacée, etc. 276, 277. — Leur fusion, dégagement de phosphore, vitrification, lueur phosphorique, fumée blanche, etc. et conversion en phosphates par le calorique, 276, 277. — Réduisent souvent les oxides métalliques, soit à chaux, soit à froid, soit dissous dans les acides, en se phosphatisant, 277, 278. — Leurs décompositions par les acides; leur acidulation par l'acide phosphoreux, et leur phosphatisation par les acides nitrique et muriatique oxigéné, 277, 278. — Leurs décompositions par les bases suivent un autre ordre d'attraction que les phosphates, 278. — Action réciproque entre ces sels et les autres sels, 278; IV, 240, 241. Voy. *Sels, à leurs actions*, etc. *réciproques*. — Leur phosphatisation par les nitrates et muriates suroxigénés, et détonation avec ces derniers, III, 278. — Distingués en onze espèces rangées selon l'ordre du plus fort degré d'attraction des bases pour l'acide phosphoreux, 278, 279. — Résumé de leurs caractères, IV, 108 et suiv.

PHOSPHITE d'alumine, III, 279, 292, 293. Voy. *Phosphites alcalins*, etc. (*en général*). — Peu connu, 292. Voy. *Phosphites*, etc. (*en général*). — Sa saveur styptique, consistance visqueuse, etc. et sa préparation, 292. — Son boursouflement, ses lueurs phosphoriques, etc. par le calorique qui ne le vitrifie point, 293. — Est inaltérable à l'air et très-dissoluble, quoique sa dissolution ne cristallise pas, 293. — Ses décompositions, 293. — Résumé de ses caractères spécifiques, IV, 110. — Action réciproque entre ces sels et les autres sels, 140, 143, 146, 149, 186, 187, 188, 189, 190, 191, 192, 193, 194, 195, 196, 197, 198, 215, 223, 239, 240.

— ammoniacal. Voy. *Phosphite d'ammoniaque*.

— ammoniaco-magnésien, III, 279, 291, 292. Voyez *Phosphites alcalins*, etc. (*en général*), et *Trisules*. — Est peu connu, 291. — Sa préparation et ses décompositions, 292. — Résumé de ses caractères spécifiques, IV, 110. — Action réciproque entre ce sel et les autres sels, 181, 182, 183, 184, 186, 187, 188, 189, 190, 191, 194.

— d'ammoniaque, III, 279, 288 et suiv. Voy. *Phosphites alcalins*, etc. (*en général*). — L'espèce la plus remarquable des phosphites, mais inconnue ou confondue avec le phosphate d'ammoniaque jusqu'aux travaux du citoyen Vauquelin et de l'auteur, 288. — Sa cristallisation, sa saveur piquante, etc. et sa préparation, 288, 289, 291. — Phénomènes de sa décomposition par le calorique, qui, selon son accumulation, en volatilisant son ammoniaque et du phosphore, décompose l'eau du phosphite et produit du gaz hidrogène phosphoré spontanément inflammable, des couronnes de lumière phosphoriques, etc. etc. et pour résidu de l'acide phosphorique, 289, 290. — Sa légère déliquescence, et sa grande dissolubilité croissante avec la température de l'eau, etc. 290, 291. — Ses décompositions, 291. Voy. *Phosphites*, etc. (*en général*) — Donne du phosphore avec le charbon, 291. — Son union avec la magnésie et avec le phosphite de magnésie, 291. Voy. *Phosphite ammoniaco-magnésien*. — Son analyse, 291; IV, 254. — Résumé de ses caractères spécifiques, 110. — Action réciproque entre ce sel et les autres sels, 135, 138, 140, 143, 153, 156, 165, 170, 173, 178, 181, 182, 183, 184, 186, 187, 188, 189, 190, 191, 194, 195, 196, 197, 198, 201, 202, 204, 205, 206, 208, 209, 210, 211, 212, 213, 214, 215, 216, 217, 219, 220, 221, 222, 223, 224, 225, 226, 227, 228, 229, 237, 238, 239, 240.

— de barite, III, 278, 281, 282. Voy. *Phosphites alcalins*, etc. (*en général*). — Sa forme pulvérulente, etc.; sa préparation, 281. — Sa fusion en globules avec lumière éclatante, etc. par le calorique, 281. — Son inaltérabilité à l'air, 281. — Est plus soluble que le phosphite de chaux, et bien davantage par l'excès d'acide, 281, 282. — Ses décompositions, 282. — Son acidulation, 282. — Son analyse, 282; IV, 253. — Résumé

de ses caractères spécifiques, IV, 109. — Action réciproque entre ce sel et les autres sels, 130, 132, 133, 135, 236, 138, 140, 143, 146, 150, 153, 156, 159, 162, 165, 170, 173, 178, 181, 182, 183, 184, 204, 205, 206, 208, 209, 210, 211, 212, 213, 214, 215, 219, 220, 221, 222, 223, 224, 225, 226, 227, 228, 231, 232, 233, 234, 235, 236, 237, 238, 239, 240.

Phosphite de chaux, III, 278 et suiv. Voy. *Phosphites alcalins*, etc. (*en général*). — A été confondu avec le phosphate calcaire, 279. — Sa forme pulvérulente dans l'état neutre ; et en petits prismes, *etc.* avec excès d'acide ; sa préparation, 279. — Sa phosphorescence, phosphatisation, vitrification, *etc.* par le calorique, 279, 280. — Est inaltérable à l'air ; n'est un peu dissoluble dans l'eau que dans l'état acidule, 280. — Ses décompositions, 280. Voy. *Phosphites*, etc. (*en général*). — Est indécomposable par toutes les bases, 280. — Son acidulation, 280. — Sa dissolubilité dans les acides, et son analyse, 280 ; IV, 263. — Résumé de ses caractères spécifiques, 109. — Action réciproque entre ce sel et les autres sels, 183, 184, 188, 189, 190, 191, 192, 193, 194, 195, 196, 197, 198, 199, 200, 231, 232, 233, 234, 235, 236, 237, 238, 239, 240.

— de glucine, III, 279, 292. Voy. *Phosphites alcalins*, etc. (*en général*). — Action réciproque entre ce sel et les autres sels, IV, 173, 178, 181, 182, 183, 184, 186, 187, 188, 189, 190, 191, 192, 193, 194, 195, 196, 213, 214, 215, 227, 228, 239, 240.

— de magnésie, III, 278, 283, 284. Voy. *Phosphites alcalins*, etc. (*en général*). — Etait confondu avec le phosphate avant les travaux indiqués au genre, 283. Voy. *Phosphites*, etc. (*en général*). — Ses propriétés physiques, cristallisation, *etc.* et sa préparation, 283, 284. — Sa vitrification, flamme phosphorique, *etc.* par le calorique, 283. — Son efflorescence, sa dissolubilité, *etc.* 284. — Ses décompositions, 284. — Son analyse, 284 ; IV, 263. — Son union avec le phosphite d'ammoniaque. Voy. *Phosphite ammoniaco-magnésien*. — Résumé de ses caractères spécifiques, 109. — Action réciproque entre ce sel et les autres sels, 165, 170, 173, 178, 181, 182, 183, 184, 186, 187, 188, 189, 205, 206, 212, 213, 214, 215, 225, 226, 227, 228, 229, 234, 237, 238, 239, 240.

— métalliques, V, 53, 55. Voy. *Acide phosphoreux* et *Métaux*.

— de potasse, III, 278, 285, 286. Voy. *Phosphites alcalins*, etc. (*en général*). — Etait confondu avec le phosphate avant les travaux indiqués au genre, 285. Voy. *Phosphites*, etc. (*en général*). — Sa cristallisation en prismes à quatre pans, *etc.* ; sa saveur piquante, *etc.* et sa préparation, 285, 286. — Sa décrépitation, fusion, vitrification, *etc.* sans lumière aussi sensible que les autres phosphites, par le calorique ; son peu d'altérabilité à l'air dont il reçoit seulement légèrement l'humidité, 285. — Est très-dissoluble et encore plus dans l'eau chaude, 286. — Ses décompositions, 286. — Son analyse, 286 ; IV, 263. — Résumé de ses caractères spécifiques, 109. — Action réciproque entre ce sel et les autres sels, 133, 135, 136, 138, 140, 143, 146, 150, 153, 156, 159, 162, 165, 170, 173, 178, 181, 182, 183, 184, 190, 191, 194, 195, 196, 197, 198, 201, 202, 203, 204, 205, 206, 207, 208, 209, 210, 211, 212, 213, 214, 215, 216, 217, 218, 219, 220, 221, 222, 223, 224, 225, 226, 227, 228, 229, 232, 233, 234, 235, 236, 237, 238, 239, 240.

— de soude, III, 278, 286 et suiv. Voy. *Phosphites alcalins*, etc. (*en général*). — Confondu avec les phosphates, ainsi que les autres phosphites, avant les travaux indiqués au genre, 286. Voy. *Phosphites*, etc. (*en général*). — Sa cristallisation variée, sa saveur douce et fraîche, et sa préparation, 286, 287. — Sa brillante phosphorescence, sa vitrification, *etc.* et sa phosphatisation par le calorique, 287. — Son efflorescence moindre que celle du phosphate de soude ; sa dissolubilité, 287. — Ses décompositions, 287, 288. — Action réciproque entre ce sel et les autres sels, 288 ; IV, 136, 138, 140, 143, 146, 150, 153, 156, 159, 162, 165, 170, 173, 178, 181, 182, 183, 184, 186, 187, 190, 191, 194, 195, 196, 197, 198, 201, 202, 204, 205, 206, 207, 208, 209, 210, 211, 212, 213, 214, 215, 216, 217,

219, 220, 221, 222, 223, 224, 225, 226, 227, 228, 229, 234, 235, 236, 237, 238, 239, 240. — Son analyse, et usages auxquels on pourrait l'employer, III, 288 ; IV, 263. — Résumé de ses caractères spécifiques, 110.

Phosphite de strontiane, III, 278, 282, 283. Voy. *Phosphites alcalins*, etc. (*en général*). — Action réciproque entre ce sel et les autres sels, IV, 140, 143, 153, 156, 165, 170, 181, 182, 183, 184, 205, 206, 208, 209, 213, 214, 215, 220, 221, 222, 223, 224, 225, 226, 227, 228, 231, 232, 234, 235, 237, 238, 239, 240.

— de zircone, III, 279, 293, 294. Voy. *Phosphites alcalins*, etc. (*en général*). — Action réciproque entre ce sel et les autres sels, IV, 186, 187, 188, 189, 190, 191, 192, 193, 194, 195, 196, 197, 198, 199, 200.

Phosphore, dit long-temps de Kunckel, I, 113, 114, 115, 184 et suiv. — Nommé ainsi, parce qu'il est sans cesse lumineux dans l'air, 184, 190. — Sa découverte en 1677, et les noms et travaux de ses premiers inventeurs, jusqu'à la découverte de Scheele et Gahn en 1774, des moyens de le retirer des os des animaux, 185 et suiv. — Existe plus abondamment dans la nature qu'on ne le croyait, mais ne s'y rencontre jamais pur et isolé, 187. — C'est sur-tout dans plusieurs matières animales qu'il est le plus abondant ; et c'est de l'urine et des os qu'on le retire le plus fréquemment, 187 ; III, 244 et suiv. Voyez *Phosphate*, *Phosphate acide de chaux* et *Animaux*. — Ses propriétés physiques, I, 187, 188. — Son odeur d'ail très-remarquable, 188. — Sa cristallisation, 188. — Sa fusion dans le calorique et sa rectification, 188, 189. — Sa combustion rapide et brillante lorsque, dans l'état de fusion, on le met en contact avec le gaz oxigène, et celle avec l'air atmosphérique proposée comme eudiomètre, 189, 190, 192. Voy. *Acide phosphorique* et *Oxide de phosphore rouge*. — Est le corps combustible qui dégage le plus de calorique, 189, 190. — Sa combustion tranquille et lumineuse dans l'air atmosphérique, nommée *combustion lente du phosphore*, 190, 191. Voyez *Acide phosphoreux* et *Oxide de phosphore blanc*.—Son oxidation, 191. —Dangers de sa grande inflammabilité, et précautions à prendre sur son usage, 192, 193, 194. — Sa solubilité dans le gaz azote, cause de sa combustion lente dans l'air atmosphérique, 193, 194. — Son union avec l'hidrogène, 194. Voy. *Gaz hidrogène phosphoré*. — Son utilité pour la chimie, 195. — Ses combinaisons en differentes proportions avec le soufre, forment le phosphore sulfuré et le soufre phosphoré, 202 et suiv. — Remarque sur cette latitude de proportions dans les combinaisons réciproques des corps combustibles, 204. Voy. *Combustibles*. — Acquiert dans cette union plus d'attraction pour l'oxigène ; décompose l'eau, et forme les bougies et briquets phosphoriques, 203, 204. — Son inflammation éclatante, fondu sous l'eau, lorsqu'on y introduit du gaz oxigène, II, 17. — Action réciproque entre ce corps et les acides, 63, 64, 83, 95, 110, 111, 115. — Son action et inflammation à une haute température sur l'oxide d'azote ou gas nitreux, 91. — Son union avec les bases terreuses ou alcalines, 171, 172, 184, 191, 202, 203, 218, 228 237, 238. Voy. *les differens Phosphures*. — Son action sur les sels, III, 17, 98, 99, 120, 130, 217, 224 ; IV, 7, 27, 40, 41, 47. — Son action ou union avec les substances métalliques, I, 213, 214 ; V, 46, 69, 70, 77, 78, 82, 91, 132, 143, 144, 165, 179, 182, 200, 201, 224, 225, 297, 298, 342, 373, 374 ; VI, 20, 21, 73, 74, 169, 170, 251, 252, 270, 313, 314, 323, 328, 364, 384, 415 et suiv. Voy. *Phosphures métalliques*, *Métaux et leurs combinaisons*. — Son action ou union avec les substances végétales, VII, 329, 341, 365 ; VIII, 20, 102, 103, 147, 240. Voy. *Végétaux et leurs composés*, etc. — Son union et action avec les substances animales, IX, 182, 427 ; X, 300. Voy. *Phosphates et Animaux*, etc.

— de Baudoin ou *Balduinus*. Voy. *Nitrate* et *Nitrite de chaux*.

— de Boulogne, III, 24. Voy. *Sulfure de barite hidrogené*.

— de Homberg. Voy. *Muriate de chaux*.

Phosphore sulfuré, I, 202 et suiv. — Produit les bougies et les briquets phosphoriques, 203, 204. — Son action sur l'eau, II, 18.

Phosphorescence, I, 119, 184. Voy. *Lumière*. — Est une propriété générale et ne doit pas être confondue avec le mot *phosphore*, 184, 185.

Phosphures. Voy. *Phosphore et les différens Phosphures.*
— d'antimoine, V, 224, 225. Voy. *Phosphures métalliques* et *Antimoine*.
— d'argent, VI, 313, 314, 340. Voy. *Phosphures métalliques* et *Argent*.
— d'arsenic, V, 69, 70, 75, 77, 78, 82. Voy. *Phosphures métalliques*.
— de barite, II, 191. — Est décomposé par l'air; décompose l'eau et forme du gaz hidrogène phosphoré, et se convertit en phosphate, etc. 191. Voy. *ces mots.*
— de chaux, II, 172. — Décomposition réciproque entre ce composé et l'eau, 172. Voy. *Phosphure de chaux hidrogéné.*
— de chaux hidrogéné, II, 172.
— de cobalt, V, 143, 144. Voy. *Phosphures métalliques.*
— de cuivre, VI, 251, 152, 283. Voy. *Phosphures métalliques* et *Phosphate de cuivre*. — Sa fusion, et déflagration du phosphore par le calorique, etc.; son efflorescence et phosphatisation, etc. 252.
— d'étain, VI, 20, 21, 41. Voy. *Phosphures métalliques* et *Etain.*
— de fer, VI, 124, 137, 156, 169, 170, 212. Voy. *Phosphures métalliques, Fer* et *Phosphate de fer*. — Donne au fer, ainsi que le phosphate, la propriété d'être cassant à froid, 156, 170, 212. Voy. *Fonte de fer.*
— de manganèse, V, 179, 180. Voy. *Phosphures métalliques.*
— de mercure, V, 298.
— métalliques, I, 213; V, 46, 55. Voy. *Phosphures, Métaux* et chaque *Phosphure métallique.*
— de nickel, V, 163. Voy. *Phosphures métalliques* et *Nickel.*
— d'or, VI, 364. Voy. *Phosphures métalliques* et *Or.*
— de platine, VI, 415 et suiv. Voy. *Phosphures métalliques* et *Platine*. — Sa décomposition par le feu, etc.; sa détonation avec le nitre et avec le muriate suroxigéné de potasse, et platine pur qu'on en retire, etc. 416, 417.
— de plomb, VI, 73, 74. Voy. *Phosphures métalliques* et *Plomb.*
— de strontiane, II, 228. Voy. *Phosphure de barite.*
— de zinc, V, 373, 374, 384. Voy. *Phosphures métalliques, Zinc* et *Oxide de zinc.*

Physiologie, ou Physique animale, ou Fonctions des organes des animaux, IX, 14, 15 et suiv.; X, 363 et suiv. Voy. *Animaux*, etc. — Quatre classes; 1°. les fonctions qui entretiennent immédiatement la vie, etc. (Voy. *Sensibilité, Respiration* et *Circulation*); 2°. les fonctions qui soutiennent médiatement la vie, etc. (Voy. *Digestion, Sécrétion, Nutrition* et *Ossification*); 3°. les fonctions qui rendent la vie réagissante en quelque sorte sur les corps environnans, etc. (Voy. *Irritabilité* et *Sensibilité*); 4°. la fonction qui communique la vie, etc. (Voy. *Génération*), IX, 15 et suiv.; X, 370 et suiv. — Ses phénomènes chimiques, 363 et suiv. Voy. *chacune des fonctions dénommées ci-dessus*. — Variations de ses phénomènes chimiques suivent la structure et la nature différente des animaux, 405 et suiv. Voy. *chacune des fonctions dénommées.*
— végétale. Voy. *Végétation.*

Pierres ou Terres (combinées), I, 100; II, 255 et suiv. Voy. *Terres (en général), Bases ou corps salifiables, Pierres mélangées, Sels* et *Ytterby (pierre nouvelle)*. — Sont chimiquement des composés plus ou moins multiples de matières terreuses ou alcalines, et quelquefois d'oxides métalliques, 255, 286. — Méthodes et divisions que l'auteur emploie pour les traiter, 256. — Leurs caractères généraux sont la dureté, l'insipidité, l'indissolubilité et la non combustibilité, 256, 257. — Leurs caractères particuliers distingués en trois genres: 1°. caractères physiques, 257 et suiv. — Huit propriétés; savoir, *pesanteur spécifique*,

II, 258, 259.—*Dureté*, 259, 260.— *Transparence*, 260, 261. — *Réfraction*, 261. (Voy. *Réfraction*). — *Electricité*, 261, 262. (Voy. *Electricité*). — *Magnétisme*, 262. (Voy. *Magnétisme*). — *Couleur*, n'est souvent qu'une modification, 263. — *Saveur* et *Odeur*, nulles dans la plupart, 263, 264. 2º. Caractères géométriques, 264 et suiv. — A quatre modifications; savoir, *forme extérieure* ou leur cristallisation apparente, principalement la mesure des angles, 264 et suiv. — *Forme intérieure ou forme du noyau*, 267 et suiv. — *Forme des molécules primitives intégrantes*, 272, 273. — *Cassure*, est vitreuse, écailleuse, grenue, spathique, lamelleuse, ou enfin argileuse, 273 et suiv. 3º. Caractères chimiques. Lorsque, par un procédé quelconque, on en altère la combinaison naturelle, 275 et suiv. — Se manifestent par trois procédés principaux qui sont, *l'action du feu seul*, tel que le chalumeau, etc. 276, 277. — *L'action du feu avec les fondans*, ou l'addition du feu et de différentes matières salines, 277, 278. — *L'action des acides*; est moins utile pour les connaître que pour les analyser, 278. — Des méthodes lithologiques employées jusqu'à nos jours; 1º. celles *fondées sur les caractères physiques ou extérieurs des pierres*, 279 et suiv. — 2º. Celles *fondées sur la nature et la composition des pierres*, sont les seules méthodes qui aient une base solide, 283 et suiv. — Leur distinction actuelle selon l'école minéralogique française et d'après la méthode du citoyen Haüy, 285, 286 et suiv. — Sont partagées en quarante-cinq espèces dans l'ordre suivant; 1º. *Quartz*, 2º. *Silex*, 3º. *Zircon*, 4º. *Télésie*, 5º. *Cymophane*, 6º. *Rubis*, 7º. *Topase*, 8º. *Emeraude*, 9º. *Euclase*, 10º. *Grenat*, 11º. *Leucite*, 12º. *Idocrase*, 13º. *Feld-Spath*, 14º. *Petro-Silex*, 15º. *Corindon*, 16º. *Ceylanite*, 17º. *Axinite*, 18º. *Tourmaline*, 19º. *Amphibole*, 20º. *Actinote*, 21º. *Pyroxène*, 22º. *Staurotide*, 23º. *Thallite*, 24º. *Smaragdite*, 25º. *Oisanite*, 26º. *Dioptase*, 27º. *Lazulite*, 28º. *Zéolite*, 29º. *Stilbite*, 30º. *Prehnite*, 31º. *Chabasie*, 32º. *Analcime*, 33º. *Sommite*, 34º. *Andréolite*, 35º. *Péridot*, 36º. *Mica*, 37º. *Cianite*, 38º. *Trémolite*, 39º. *Leucolite*, 40º. *Dipyre*, 41º. *Asbeste*, 42º. *Talc*, 43º. *Chlorite*, 44º. *Macle*, 45º. *Argile*, 286 et suiv. Voyez tous ces mots à leur article et *Ytterby* (*pierre nouvelle*). Cette méthode est terminée par deux appendix, l'un pour les pierres mélangées, et l'autre pour les produits volcaniques, 321, 322. Voy. *Pierres mélangées*. — Méthode générale de les analyser, employée par les chimistes modernes, 323 et suiv. — Tableau de leurs analyses faites par différens chimistes, 330 et suiv.

Pierres d'aigles ou *OEtites*, VI, 132, 133. Voy. *Fer limoneux*.
— d'Arménie. Voy. *Lazulite*.
— atramentaire, VI, 136. Voy. *Sulfate de fer*.
— d'azur ou lapis lazuli. Voy. *Lazulite*.
— à brunir. Voy. *Hématites*.
— de Bologne. Voy. *Sulfate baritique*.
— calaminaire. Voy. *Calamine*.
— calcaire. Voy. *Terres calcaires*.
— à cautère. Voy. *Potasse*.
— à chaux. Voy. *Terres calcaires*.
— coquillaires. Voy. *Terres coquillaires*.
— de corne ou trap. Voy. *Pierres mélangées*.
— de croix. Voy. *Staurotite*.
— d'écrevisses, IX, 120, 124; X, 338, 356, 357. Voy. *Animaux*, à la comparaison et classification des matières animales. — Concrétions, etc.; nommées improprement *yeux d'écrevisses*; opinion sur leur origine et leur fonction; leur nature calcaire, etc.; leurs propriétés médicinales se bornent à être un absorbant, etc. 356, 357.
— d'étain ou timberg, VI, 11. Voy. *Oxides d'étain natif*.
— de foudre. Voy. *Ophites*.
— à fusil ou caillou blond. Voy. *Silex*.
— gemmes. Voy. *Quartz*.
— infernale, VI, 326, 327. Voy. *Nitrate d'argent*.

Pierre de Labrador. Voy. *Feld-Spath.*
— de lard. Voy. *Talc.*
— magnésiennes, II, 168. Voy. *Magnésie* et *Asbeste.*
— ou terres mélangées, II, 321, 322. Voy. Terres (*en général*) et *Pierres ou terres* (*combinées*). — Comprennent les argiles communes et colorées, les schistes, les cornéennes, etc. les grès, granits, porphyres, etc.; sont divisées en trois ordres par le citoyen Haüy; 1°. et 2°, les agrégats de formation ancienne ou primitive et ceux d'une origine plus récente; 3°. les agrégats formés par les débris de substances pierreuses anciennes collées par un ciment, 321, 322.
— de miel. Voy. *Mellite.*
— meulière ou quartz carié. Voy. *Silex.*
— ollaires. Voy. *Serpentin* et *Serpentine.*
— de Périgueux, V, 171. Voy. *Mines de manganèse.*
— à plâtre. Voy. *Sulfate de chaux.*
— pesante. Voy. *Tungstène.*
— précieuses, vitreuses. Voy. *Quartz.*
— puante. Voy. *Lapis Suillus.*
— siliceuses. Voy. *Quartz.*
— de touche, VI, 372.
— vitreuses. Voy. *Quartz.*
— volcaniques. Voy. *Produits volcaniques.*
Pinchebeck, VI, 258, 259. Voy. *Cuivre jaune* et *Cuivre, à ses alliages avec le zinc.*
Pissasphalte. Voy. *Bitume liquide* ou *Pétrole,* etc.
Plantes. Voy. *Végétaux.*
Platine, V, 13, 14, 16, 17, 18, 19, 22; VI, 402 et suiv. Voy. *Métaux.*
— Son histoire; son nom signifie en espagnol *petit argent;* n'est connu des chimistes que depuis 1748, par Antoine Ulloa; savans qui se sont occupés de ce métal depuis cette époque, 402 et suiv. — Ses propriétés physiques, son blanc gris, etc. etc. 404 et suiv. — Est le plus dense et le plus pesant de tous les corps naturels; sa pesanteur; sa dureté; son élasticité, ductilité, etc. 404, 405. — Est très-bon conducteur du calorique, etc. 405. — Est le plus intraitable au feu, et le plus difficile à fondre de tous les métaux, 405 et suiv. — Est très-bon conducteur du fluide électrique et du galvanisme, 407. — Son histoire naturelle et métallurgique, 407. et suiv. Voy. *Mines de platine.* — Est le métal le moins connu dans son état naturel; n'a encore été trouvé que dans un seul état et dans un seul pays, 408. Voy. *Mines de platine.* — Son inaltérabilité à l'air, 413, 414. — Son inflammation et combustion par la commotion électrique, et la décomposition de l'eau, 414, 415, 425. Voy. *Oxides de platine.* — Son union avec les substances combustibles, 415 et suiv. Voy. *Phosphure de platine.* — Son affinage par le phosphore, 416, 417. Voy. *Phosphure de platine.* — Sa dissolution dans les sulfures alcalins, 417. — Ses alliages, 417 et suiv. Voy. *Alliages* et *Mines de platine.* — Ne peut être oxidé et dissous que par les acides muriatique oxigéné et nitro-muriatique, ou *Eau régale,* 425, 426 et suiv. Voy. *Muriate de platine.* — Procédés pour obtenir le plus pur et le plus malléable, etc. 410 et suiv. Voy. *Muriate de platine.* — Son altération et oxidation par le nitrate de potasse et par le muriate suroxigéné de potasse, 433 et suiv. — Moyens de reconnaître son alliage avec l'or, par le muriate d'ammoniaque, ajouté à la dissolution muriatique d'or, ou par le sulfate de fer, ajouté à la dissolution muriatique de platine; le platine est précipité, dans le premier cas, et l'or dans le second, 435, Voy. *Muriate d'or* et *Muriate de platine.* — Utilité que les arts retireront de l'indestructibilité, et grande densité de ce métal, quand il sera moins rare; principalement pour les ustensiles de chimie, de cuisine, etc. les poids et mesures, etc. les miroirs de télescope, les machines d'horlogerie, etc. 421, 423, 435 et suiv. Voy. *ci-dessus, à ses alliages.*
Plâtre. Voy. *Sulfate de chaux.*
Plomb, V, 13, 15, 16, 17, 18, 19, 22, 24; VI, 50 et suiv. Voy. *Métaux.*

— Son histoire ; l'époque de son premier usage se perd dans la nuit des premiers âges ; travaux et idées chimériques des alchimistes et des pharmacologistes sur ce métal, et noms d s chimistes qui ont décrit ses propriétés, *etc.* 5o et suiv.—Ses propriétés physiques ; sa couleur livide et comme annonçant ses qualités dangereuses ; sa pesanteur, *etc. etc.* ; son peu de ténacité, *etc. etc.* ; sa cristallisation, que Mongez a obtenue le premier ; sa saveur âcre, *etc.* paraît être la cause de son action assoupissante et paralysante, 53, 54. — Son histoire naturelle, 54 et suiv. Voy. *Mines de plomb.* — Son oxidabilité par l'air et le calorique, et ses divers degrés d'oxidation, 68 et suiv. Voy. *Oxides de plomb.* — Sa volatilisation et danger de sa vapeur, 69. — Son augmentation de poids, par son oxidation, dont la cause a été devinée par J. Rey, et déterminée par Lavoisier, est un des plus beaux faits de la doctrine pneumatique, et un de ceux qui ont servi à en poser les premiers fondemens, 72, 73. Voy. *Oxigène, Oxidation,* etc. — Son union avec les corps combustibles, 73 et suiv. Voy. *Phosphure* et *Sulfure de plomb.* — Ses alliages, 75 et suiv. 265, 266, 318, 319, 369. 421, 422, 423. Voy. *Alliages.* — Fusibilité que le bismuth donne à son amalgame, 79, 8o. Voy. *cette amalgame.* — Son alliage avec l'étain constitue la soudure, *etc.* 81 et suiv. Voy. *Etain.* — Fusibilité et liquéfaction de son alliage avec l'étain et le bismuth, 83. Voy. *Alliage fusible.* — Son altération par l'eau aérée, et dangers de son emploi pour les canaux, et sur-tout pour les réservoirs, *etc.* 84 — Son partage et équilibre d'oxidation, avec quelques oxides métalliques, 75, 76, 85. — Action entre ce métal et les acides, 85 et suiv. Voy. *Oxides de plomb.* — Son oxidation par l'air et par l'eau aérée est favorisée par les matières alcalines, 95. — Union de ses oxides avec les terres et les substances alcalines, 95 et suiv Voy. *Oxides de plomb.* — Action entre ce métal et les sels, 97 et suiv. Voy. *Oxides de plomb.* — Son inflammation, fulmination, *etc.* avec le muriate suroxigéné de potasse, 101. — Dangers extrêmes de ses usages économiques ; maladies qu'il produit et leurs antidotes ; son utilité et celles de ses préparations pour les arts, et pour les expériences de chimie, 101 et suiv. Voy. *Liquation* et *Coupellation.* — Son action sur les substances métalliques, autres que les métaux, 339, 392. — Action ou combinaisons entre ce métal et les substances végétales, VII, 145, 218, 228, 229, 230 ; VIII, 202, 203. Voy. *Oxides de plomb* et *Métaux,* à cette action. — Action et union entre ce métal et les substances animales, IX, 74, 412 ; X, 349.

PLOMB corné. Voy. *Muriate de plomb.*
— jaune. Voy. *Tungstène.*
— spathique. Voy. *Carbonate de plomb* et *Phosphate de plomb.*
PLOMBAGINE. Voy *Carbure de fer.*
PLUMES DES OISEAUX, IX, 120, 123 ; X, 305 et suiv. 310, 311. Voy. *Animaux,* à la comparaison et classification des matières animales, *Tissu corné,* etc. — Leur structure, *etc.* 310. — Leur nature chimique, analogue à celle de la corne, *etc.* ; leur distillation, *etc.* 311.
POIRÉE. Voy. *Cidre*
POIX, VIII, 24. Voy. *Résine.*
— minérale. Voy. *Bitume ; Liquide* ou *Pétrole,* etc.
— résine, VIII, 24. Voy. *Galipot.*
POILS, des animaux. Voy. *Cheveux,* etc.
POMPHOLIX ou FLEURS DE ZINC. Voy. *Oxide de zinc sublimé.*
PORPHYRE. Voy. *Pierres mélangées.*
PORPHYRISATION, I, 90.

POTASSE, II, 184, 197 et suiv. Voy. *Alcalis (en général).*— Tire ce nom de deux mots allemands qui signifient *Cendre de pots,* parce qu'on l'a long-temps calcinée dans des pots ; ses différens noms et son histoire ; n'est bien connue que depuis quelques années, d'après la découverte de Black sur les deux états des substances alcalines, et sur-tout depuis qu'on connaît le procédé que le citoyen Berthollet a donné le premier, en 1787, pour l'obtenir bien pure, 197 et suiv. — Existe abondamment dans la nature,

mais n'y est jamais pure ; s'obtient le plus généralement de la combustion et incinération des végétaux, principalement des bois tendres et des herbes molles, et spécialement des enveloppes des fruits; a été découverte par M. Klaproth et le citoyen Vauquelin, dans des productions volcaniques, 198, 199. Voy. *Leucite, le Salin, Acidule tortareux* et *Cendres gravelées.* Procédés pour l'obtenir pure, 199, 200 ; IV, 33. Voy. *le Salin* et *Alcool.* — Sa cristallisation; sa déliquescence ; son extrême causticité qui lui fait dissoudre la peau, *etc.* et ouvrir des cautères, même dans un état mitigé, d'où on la nomme *Pierre à cautère*, et ses autres propriétés apparentes, II, 200. Voy. *Alcool.* — Sa fusion, liquéfaction et même volatilisation au feu dans des vaisseaux fermés, sans autre altération qu'une légère coloration verdâtre, 200, 201. — Son altération et liquéfaction à l'air, par l'absorption de l'humidité et de l'acide carbonique de l'atmosphère, qui la rend effervescente avec les acides, 201. — Chauffée avec du phosphore et de l'eau, elle favorise la décomposition de ce liquide, par sa tendance à s'unir au phosphore acidifié, et il se produit du gaz hidrogène phosphoré et du phosphate de potasse, 202, 203. — Sa combinaison avec le soufre et les trois principaux états de cette combinaison, 203 et suiv. Voy. *Sulfure de potasse, Hidro-sulfure de potasse* et *Sulfure de potasse hidrogéné.* — N'agit sur quelques métaux qu'à l'aide de l'eau, en favorisant la décomposition de ce fluide, par l'attraction disposante à leur oxidation, et en s'unissant alors avec leurs oxides, 207. — Sa grande attraction pour l'eau, et phénomène de sa dissolution, soit avec la glace qu'elle fond en produisant du froid, soit avec l'eau liquide qu'elle condense en dégageant du calorique, qui entraîne en vapeur une partie de cette dissolution, 207 et suiv. — Sa dissolution concentrée attaque et brise les vaisseaux de verre, 208, 209, 210. — Son union dans l'état liquide avec les oxides métalliques, rend les uns dissolubles dans l'eau, et fait perdre ou absorber à d'autres une portion d'oxigène, 209. — Sa combinaison et l'ordre de ses attractions avec les acides, 209; III, 21, 25 et suiv. 28 et suiv. 72, 78 et suiv. 102, 105 et suiv. 157, 158, 166, 171 et suiv. 219, 220 et suiv. 235, 251 et suiv. 278, 285, 286, 297, 304, 305, 317, 323 et suiv.; IV, 9, 29 et suiv. 119, 120, 275, 278, 281. Voy; *Sels.* — Ses attractions avec les acides, comparativement aux autres bases, soit terreuses, soit alcalines, II, 185, 209, 220, 230, 240, 252 ; III, 33, 35, 39, 42, 46, 49, 51, 53, 61, 66, 67, 83, 86, 88, 89, 90, 93, 130, 133, 137, 141, 143, 146, 148, 151, 152, 186, 190, 194, 201, 205, 208, 209, 210, 212, 250, 258, 262, 267, 270, 272, 273, 278, 291, 293, 310, 334; IV, 41, 48, 56, 59, 60, 64. — Sa combinaison et fusion, par la voie sèche avec la silice, II, 210, 211. Voy. *Potasse silicée* et *Verre.* — Sa combinaison, par la voie sèche et par la voie humide, avec l'alumine, 211. — Est un réactif très-utile pour séparer l'alumine et la silice de la zircone, la glucine, la magnésie et la chaux, avec lesquelles elle ne s'unit pas, 211. — Expérience que l'auteur rapporte pour engager les chimistes à des travaux tendans à confirmer ou à infirmer l'opinion qu'elle lui a fait naître sur la composition de cet alcali par la chaux et l'azote ; 211, 212. Voy. *Alcalis* (*en général*). — Sa grande utilité pour la chimie, la médecine et les arts, et précautions que l'auteur engage à prendre, principalement dans les manufactures, pour ménager cette substance, et la retrouver, sans altération, après l'usage auquel on l'a destinée, 212, 213. Voy. *Réactifs.* — Ses différences et ses analogies avec la soude, 217, 218, 222. — Son union avec l'alumine et l'acide sulfurique. Voy. *Alun.* — Son mélange avec le nitrate de potasse et le soufre. Voy. *Poudre fulminante.* — Sa combinaison, en sel triple, avec la silice et l'acide fluorique. Voy. *Fluate de potasse silicé, Fluate d'alumine, Fluate silicé* et *Trisules.* — Son action sur les substances métalliques, V, 57 et suiv. 85, 100, 101, 124, 133, 134, 164, 165, 240, 330, 339, 340, 378 ; VI, 32, 42, 91, 95 et suiv. 99, 100, 103, 203, 215, 217, 218, 270, 271, 273, 275, 276, 279 et suiv. 329, 332, 385, 429 et suiv. Voy. *Alcalis, à cette action, Métaux et leurs combinaisons.* — Ses combinaisons avec les acides métalliques; V,

84, 95, 103, 104, 106, 112, 113. — Son action et ses combinaisons avec les substances végétales, VII, 87 et suiv. 145, 147, 177, 183, 192, 193, 194, 200, 207, 208, 210, 211 et suiv. 225, 226, 227, 228, 244, 246, 257, 258, 259, 331; VIII, 12, 22, 23, 91, 104, 105, 148 et suiv. 157, 196 et suiv. 211, 253, 255. Voy. *Alcalis*, *Végétaux et leurs composés*, etc.
— Son action ou union avec les substances animales, IX, 69 et suiv. 81 et suiv. 144, 152, 153, 158, 159, 186, 188, 189, 191, 223, 408, 411, 412, 419; X, 9, 43, 56, 71, 120, 161, 221, 222, 224, 241, 251, 254 et suiv. 269, 277 et suiv. 290, 324, 343, 348, 349.

POTASSE ANTIMONIÉE, sorte d'antimonite de potasse, V, 249, 250.
— nitratée. Voy. *Nitrate de potasse.*
— silicée, II, 210, 211. — Fusion vitreuse de potasse et de silice : sa déliquescence et décomposition par les acides ; ne diffère du verre que par sa plus petite proportion de silice, 210. — Est décomposée par l'alumine, 211.

POTÉE d'étain. Voy. *Oxide d'étain blanc.*
POTELOT. Voy. *Sulfure de molybdène.*
POUDDINGS. Voy. *Pierres mélangées.*
POUDRE d'Algaroth, oxide blanc d'antimoine, V, 256, 346. Voy. *Oxides d'antimoine.* — Est purgative et émétique, 346.
— d'argent ou d'or, etc. Voy. *Mica.*
— à canon ou à tirer, III, 120 et suiv. — Mélange de soixante-seize parties de nitrate de potasse (connu sous le nom de *Nitre*), quinze de charbon et neuf de soufre, 120. — Procédés, ancien et nouveau, pour sa fabrication, dont le dernier, perfectionné par le citoyen Champy, est le plus simple, le plus prompt et le moins dangereux, 121, 122. — Ses effets terribles sont dus à l'inflammation rapide du soufre et du carbone par le nitre qui les enveloppe, au dégagement subit de gaz azote, de gaz ammoniaque, à la grande dilatation de l'eau, etc. 122. — Manière de faire son analyse, 122.
— des chartreux, V, 241. Voy. *Oxide d'antimoine hidro-sulfuré* ou *Kermès minéral.*
— de la Chevalleraye, V, 257.
— du comte de Palme de Sentinelli, poudre laxative polycreste. Voy. *Carbonate de magnésie.*
— fulminante, III, 122, 123. — Mélange de trois parties de nitrate de potasse (nitre), deux parties de potasse, et d'une de soufre, 122. — Phénomènes et théorie de sa détonation; formation et inflammation rapide de sulfure hidrogéné, etc. 123.
— de fusion, III, 123, 124. — Mélange de trois parties de nitrate de potasse (nitre), d'une partie de soufre, et d'une grande partie de sciure de bois fine, 123.
— d'or. Voy. *Mica.*
POUMONS, BRANCHIES ou TRACHÉES, IX, 9, 10. Voy. *Animaux* et *Physiologie animale*, etc.
POUZZOLANE. Voy. *Produits des volcans.*
PRASE. Voy. *Quartz.*
PRÉCIPITATION, PRÉCIPITÉS et PRÉCIPITANT, I, 76, 77, 91. — Abus qu'on a fait de ces mots et des différentes espèces qu'on en avoit distinguées, 76 et 77.
PRÉCIPITÉ blanc. Voy. *Muriate mercurio-ammoniacal insoluble*, et *Muriate de mercure doux.*
— jaune. Voy. *Turbith minéral.*
— per se. Voy. *Oxide de mercure rouge.*
— pourpre de Cassius, ou d'oxide d'or pourpre par l'étain, VI, 392, 393. Voy. *Muriate d'or et d'étain*, et *Oxides d'or.* — Théorie et fixation de sa préparation, d'après les découvertes du citoyen Pelletier sur les différens états du muriate d'étain, qui, quand il n'est pas suroxigéné, désoxide en partie l'oxide d'or, etc. 393. Voy. *Muriate d'étain.*

PRÉCIPITÉ rose, X, 128, 129. Voy. *Nitrate de mercure* et *Urine*. — Sa phosphorescence, *etc.* 128, 129.

— rouge, ou oxide de mercure rouge, par l'acide nitrique, V, 327, 328. Voy. *Oxides de mercure*.

PREHNITE, 11, 287, 311, 312. Voy. *Pierres (combinées)*. — Du nom du colonel Prehn, qui l'a rapportée du Cap; a été trouvée dans le ci devant Dauphiné; est un peu nacrée, verdâtre, *etc.* 311. — Diffère de la zéolite par beaucoup moins d'eau, 312. Voy. *Zéolite*. — Son analyse par différens chimistes, 312; 344.

PRÉSURE, IX, 402. Voy. *Petit-lait* et *Fromage*.

PRINCIPES DES CORPS OU ELÉMENS, 1, 50 et suiv. Voy. *Corps simples ou indécomposés*. — Opinions erronées des anciens à ce sujet, 50 et suiv. — Leurs distinctions en principes primitifs, secondaires, prochains, éloignés, principiés, principians, 51 et 52 — Division aussi erronée de Macquer en principes du 1er, 2e. et 3e. ordre, 52. — Comme premières molécules constituantes des corps, sont entièrement inconnus, 53. — Comme corps simples ou indécomposés, il en est beaucoup plus qu'on n'en admettait avant la révolution chimique, et dans ceux qu'on regardait comme tels, ou les quatre prétendus élémens, il en est trois au moins qui présentent une décomposition plus ou moins facile, ou des variétés plus ou moins nombreuses, 53. Voy. *Corps simples ou indécomposés*.

— alcaligène ou alcalifiant. Voy. *Alcaligène*.

— astringent. Voy. *Acide gallique* et *Matières astringentes*.

— charbonneux. Voy. *Carbone*.

— doux des huiles, découvert par Schéele, VII, 323, 334, 335. — Sa conversion en acide oxalique, *etc.*; son analogie avec les mucilages, *id.* Voy. *le Muqueux*.

— (soi-disant mercuriel de Beccher.) Voy. *Terre inflammable ou mercurielle*.

— oxigyne. Voy. *Oxigène*.

— sorbile, employé par quelques Anglais, comme synonyme d'oxigène. Voy. *Oxigène*.

PRODUITS d'une analyse, I, 55. Voy. *Analyse*.

— des volcans ou produits volcaniques, 11, 322. Voy. *Pierres ou terres mélangées*.

PROPOLIS, X, 342.

PRUSSIATES, combinaisons de l'acide prussique, IX, 81 et suiv. 93. Voy. *cet acide et les différens Prussiates*.

— alcalins, IX, 81 et suiv. 88; I, Disc. pr. lxxxj. Voy. *Prussiates de fer*, ou *Bleu de Prusse*, et *Acide prussique*, ou *Matière colorante du bleu de Prusse*.

— calcaire, ou eau de chaux prussienne, IX, 87. Voy. *Prussiates et Acide prussique*, etc.

— de fer, ou bleu de Prusse, VI, 140, 141; IX, 81 et suiv. Voy. *Fer*, *Oxides* et *Sulfates de fer*, *Acide prussique* et *Prussiates*.

— de fer natif, VI, 140, 141; IX, 95. Voy. *Mines de fer*.

— de fer artificiel, 81 et suiv. Voy. *Acide prussique et Prussiates*. — Sa découverte, et son histoire et ses préparations, 81 et suiv. — Ses différentes nuances, et états d'oxigénation, 94. Voy. *Prussiates métalliques suroxigénés*.

— de mercure, IX, 88. Voy. *Prussiates métalliques*.

— de potasse, de soude, *etc.* Voy. *Prussiates alcalins et Acide prussique*, etc.

— métalliques, IX, 81 et suiv. 88 et suiv. 93, 94. Voy. *Acide prussique et les différens prussiates*. — Leur distillation, *etc.* 89. — Leur différent état d'oxigénation, 94. Voy. *Prussiates métalliques suroxigénés, et Prussiates de fer*, etc.

— métalliques suroxigénés, IX, 88, 89, 94. Voy. *Prussiates métalliques (simples)* et *Acide prussique oxigéné*.

— oxigéné de fer, IX, 88, 89. Voy. *Prussiates métalliques suroxigénés*.

PULPE CÉRÉBRALE. Voy. *Cerveau*.

PULVÉRISATION, I, 90.

PURIFICATION, I, 90.

PUTRÉFACTION des matières animales, ou leur décomposition spontanée, IX, 45, 57, 96 et suiv. Voy. *Animaux*, etc. — Notice et époques des travaux et des découvertes de divers chimistes sur ce phénomène, 96 et suiv. — Conditions qui y sont nécessaires; l'absence de la vie en général, l'humidité; une certaine élévation de température, *etc.*; l'air n'y est qu'un accident qui la hâte, en servant de récipient, *etc. etc.* 99 et suiv. 103. — Ses phénomènes généraux; sa durée présente quatre temps bien distincts, *etc. etc.* 99, 101, 102. — Variabilité de ses phénomènes, suivant les diverses matières animales, *etc.* 99, 102, 135. — Influence qu'ont sur elle les divers milieux, 99, 102, 103. — Ses divers produits, 99, 103 et suiv. — Son dernier résidu, appelé improprement *Terre* ou *Terreau animal*, 99, 105, 106. Voy. *Terreau animal.* — Ses causes et sa nature, *etc.*; consiste dans un changement opéré par une somme de forces attractives supérieures à celles qui tiennent réunis les principes multipliés de la substance putrescente, *etc.*; produit des compositions nouvelles moins complexes que le composé primitif, *etc.* 99, 106 et suiv. 112, 113. — Ses effets dangereux sur les animaux vivans, 99, 108, 109. — Moyens de remédier à ses effets; utilité du gaz acide muriatique oxigéné, comme antiseptique extérieur, *etc.* 99, 109, 110. — Moyens de la prévenir ou de l'arrêter, et des principaux antiseptiques, 99, 110 et suiv. — Applications principales que ses phénomènes offrent à la médecine, et produit que les hommes en ont tiré pour leurs besoins, 99, 112 et suiv.

PUTRÉFACTION des matières végétales. Voy. *Fermentation putride*, etc.

PYRITES. Voy. *Sulfures métalliques.*

— arsenicale. Voy. *Mispikel.*

— de cuivre. Voy. *Cuivre pyriteux*, *Sulfure de cuivre natif* et *Mines de cuivre.*

— martiales. Voy. *Sulfure de fer.*

PYRO-LIGNITES, sels formés par l'acide pyro-ligneux, VIII, 91.

PYROMÈTRES et PYROMÉTRIE, I, 123.

— de Wedgwood. Voy. *Thermomètre de Wedgwood.*

PYRO-MUCITES, sels formés par l'acide pyro-muqueux. Voy. *cet acide.*

— de chaux, VII, 145. Voy. *Acide pyro-muqueux.*

PYROPHORE, I, 200; II, 145; III, 18, 59, 60; X, 69. — Produit de la décomposition de l'alun par le carbone, III, 59. — Contient un sulfure hidrogéné de potasse et d'alumine, mêlé de carbone très-divisé, s'enflamme spontanément plus à l'air humide qu'à l'air sec; convertit le gaz oxigène en partie en acide carbonique; une autre partie de l'oxigène reforme de l'acide sulfurique avec le soufre du sulfure, et donne pour résidu du sulfate d'alumine et de potasse, mais qui (ayant perdu l'excès d'acide qui le constituoit alun), est ce qu'on nommoit *Alun saturé de sa terre*, 59, 60. Voy. *Sulfate saturé d'alumine*, etc. — Est enflammé par les vapeurs nitreuses, *etc.*; la potasse est nécessaire à sa formation, 60.

PYROPHORE de Homberg. Voy. *Pyrophore.*

PYRO-TARTRITES, sels formés par l'acide pyro-tartareux, VII, 255. Voy. *cet acide.*

PYROTECHNIE, I, 3.

PYROXÈNE, II, 287, 305, 306. Voy. *Pierres (combinées.)* — Signifie *être étranger au feu*, parce que cette pierre n'est point un produit de volcan, quoiqu'elle se trouve fréquemment parmi les matières volcanisées, 305. — A été nommée *Schorl noir*, *Schorl volcanique*, 305. Voy. *Schorls.* — Son analyse par différens chimistes, 305, 306, 340.

Q

QUARTZ, II, 286, 287, 288. Voy. *Pierres (combinées.*) — Est nommé *Cristal de roche*, quand il est sous forme régulière ; comprend dans ses variétés l'*Hyacinthe de Compostelle*, le *Rubis de Bohême*, le *Sinople*, l'*Améthiste*, le *Saphir d'eau*, la *Topase occidentale*, la *Prase*, etc. sous les dénominations de *Quartz rouge, violet, bleu*, etc. 287. — Les grès, *etc.* n'y sont plus compris, 288. Voy. *Pierres mélangées.* — Son analyse, 288, 330.
— Carié, ou pierre meulière. Voy. *Silex.*
— cubique. Voy. *Borate magnésio-calcaire.*
QUERCITRON, VIII, 74, 77. Voy. *Matières colorantes (des végétaux).*

R

RACINES des végétaux, VII, 6 et suiv. 22, 23. Voy. *Végétaux, leurs vaisseaux* et *végétation*, etc. — Destinées à pomper les sucs de la terre, etc. ; leurs formes diverses, 7, 22, 23. Voy. *Végétation*, etc. et *Transpiration des végétaux.* — Leur direction. Voy. *végétation* à ce phénomène.
— et écorce de noyer, VIII, 77, 78, 79. Voy. *Matières astringentes* et *Matières colorantes*, etc.
RACK (liqueur du riz) VIII, 133, 134. Voy. *Fermentation vineuse* et *Vin.*
RAFFINAGE (du salpêtre), III, 113. Voy. *Nitrate de potasse.*
RAPPORTS. Voy. *Affinités.*
RARÉFACTION. Voy. *Dilatation.*
RATAFIAS. Voy. *Liqueurs.*
RÉACTIFS, IV, 307 et suiv. Voy. *Eaux minérales* ou *médicinales.* — Leur utilité pour l'analyse des eaux, et moyens d'éviter les incertitudes dans leur usage, 307, 308. — Examen de ceux qu'on emploie, 309 et suiv.
RÉALGAR ou RÉALGAL, ou Oxide d'arsenic sulfuré rouge, V, 65, 66, 70. Voy. *Sulfure d'arsenic.*
RECTIFICATION, I, 93.
RÉDUCTION ou révivification, ou désoxidation, I, 95. Voy. *Désoxidation.*
REFRACTION, I, 116, 117, 119. — Annonce une attraction chimique, 119. Voy. *Lumière, Diamant* et *Pierres, à leurs caractères physiques.*
RÉFRIGÉRENT. Voy. *Alambic.*
RÈGNES (de la nature) I, 97. Voy. *Classification chimique des corps.* — Inconvénient de cette ancienne division, pour les corps chimiques, 97.
RÉGULE, nom impropre des métaux dans leur état métallique. Voyez *Métaux.*
— d'antimoine. Voy. *Antimoine.*
— d'arsenic. Voy. *Arsenic.*
— martial, VI, 176. Voy. *Sulfure d'antimoine à son action avec les substances métalliques.*
— médicinal (nom très-impropre) d'une sorte de foie, ou verre d'antimoine, V, 255. Voy. *Verre d'antimoine.*
— de Vénus, alliage de cuivre et d'antimoine, VI, 256.
RÉSINE (12e. genre des matériaux immédiats des végétaux), VII, 126 ; VIII, 15 et suiv. Voy. *Végétaux, Huile volatile* et *Végétation*, etc. — Son siège, etc. ; tire son origine de l'épaississement des huiles volatiles, qui paroît être dû à la perte d'une grande partie de leur hidrogène, et à l'absorption d'une petite partie d'oxigène, etc. 15 et suiv. 21. — Est à l'huile volatile ce que la cire végétale est à l'huile fixe, etc. 17. — Son extraction, 17 et suiv. — Ses propriétés physiques, 19. 20. — Ses propriétés chimiques, 20, 21. — Donne de l'huile volatile par la distillation ; se décompose davantage, et ses autres produits, à un feu

plus fort ; son inflammation, sa fumée noire, *etc.* chauffée avec le contact de l'air, VIII, 20. — Son union avec le soufre ; s'unit difficilement au phosphore, *etc.* 20. — Quand elle est enflammée, elle décompose l'eau, *etc.* 21. — N'est point altérée par les acides, ni par les alcalis, *etc.* ; ce qui la rapproche des oxides huileux, *etc.* 21. — Ses principales espèces et propriétés médicamenteuses et économiques, *etc.* 21 et suiv. Voy. *Lacque*, etc. — Ses usages, soit pour la médecine, comme antiseptique ; *etc.* soit dans les arts, comme combustible, vernis, *etc.* 26, 179. — Son union avec les autres substances végétales, 43 et suiv. 151, 153, 154, 167, 179, 240. — Son union et action avec les substances animales, IX, 78, 111, 134, 146, 187, 249, 427 ; X, 289, 290.

RÉSINE élastique. Voy. *Caoutchouc.*

— lacque. Voy. *Lacque.*

RESPIRATION des animaux, IX, 15, 16, 17 ; X, 370 et suiv. 405 et suiv. Voy. *Animaux, Physiologie animale,* etc. *circulation du sang.* — Genres d'animaux chez lesquels elle existe, *etc.* ; explication et but physique de cette fonction ; contribue à maintenir la circulation du sang, IX, 16, 17. — Ses phénomènes chimiques ; recherches et expériences de divers savans, et principalement celles de Lavoisier et Séguin, sur ce qui se passe sur le sang, sur l'air, *etc.* dans l'exercice de cette fonction, X, 370 et suiv. — Une de ses principales utilités et un des usages les plus remarquables de l'air reçu dans les poumons, c'est la production de la chaleur animale, *etc.* 373, 374. Voy. *Circulation du sang.* — L'explication chimique de ses effets est contenue dans l'énoncé suivant : *L'attraction de l'hidrogène carbonné du sang, et du sang tout entier pour l'oxigène, est plus forte que les attractions réunies du calorique pour l'oxigène, et de l'hidrogène carboné pour le sang ; le gaz oxigène atmosphérique est décomposé ; sa base s'unit à l'hidrogène et au carbone, ou se condense dans le sang, tandis que son calorique dégagé se combine avec ce liquide,* 373. — Variations de ses phénomènes, suivant les différens genres d'animaux ; principalement entre ceux qui vivent dans l'air, ou cachés dans la terre ou dans l'eau, *etc.* 405 et suiv. Voy. *Physiologie,* etc.

RÉVIVIFICATION. Voy. *Réduction.*

RHUM ou Tafia, *etc.* (eau-de-vie de la canne à sucre), VIII, 133. Voy. *Fermentation vineuse* et *Vin.*

ROCHES. Voy. *Pierres mélangées.*

ROCOU ou Roucou, VIII, 64, 74, 75, 76. Voy. *Matières colorantes (des végétaux).* Ses préparations ; odeur forte de sa décoction, *etc.* ; ses diverses nuances, et ses mordans, *etc.* 75, 76.

ROSÉE de vitriol, VI, 191. Voy. *Sulfate de fer* et *Acide sulfurique.*

ROUILLE de cuivre ou vert de gris. Voy. *Oxides de cuivre.*

— de fer, VI, 157 et suiv. 214, 215. Voy. *Carbonate de fer.*

ROUISSAGE du chanvre, du lin, *etc.* VIII, 222, 223 Voy. *Fermentation putride des végétaux.* — L'eau courante est préférable à l'eau stagnante pour cette opération, *etc.* ; de l'eau légèrement alcaline peut remplacer le rouissage, *etc.* ; toute tige rouie est une sorte de squelette fibreux, *etc.* 222, 223.

RUBINE d'antimoine, ou *Magnesia opalina,* sorte de verre d'antimoine, V, 255. Voy. *Verre d'antimoine.*

— d'arsenic. Voy. *Réalgar.*

RUBIS de Bohême. Voy. *Quartz.*

— du Brésil, ou Balai des lapidaires. Voy. *Topase.*

— oriental. Voy. *Télésie.*

— Spinelle et balai pâle, II, 286, 292, 293. Voy. *Pierres (combinées).* — Contient du chromate, d'après le citoyen Vauquelin, 293. — Son analyse par différens chimistes, 293, 333.

S

Sables. Voy. *Pierres et Terres (combinées)*.
Safran bâtard. Voy. *Carthame*.
— de mars antimonié apéritif de Stahl , VI , 177. Voy. *Oxide de fer*.
— de mars apéritif , VI, 158 , 159 , 214 , 215. Voy. *Oxides de fer et Carbonate de fer*.
— de mars apéritif, de Stahl, VI , 204. Voy. *Oxides de fer*.
— de mars astringent, VI , 160 , 161. Voy. *Oxide brun de fer*.
— de mars de Zwelfer , VI , 220. Voy. *Oxide rouge de fer , par le nitre*.
— des métaux , V , 253.
Safre du commerce, V , 142. Voy. *Oxide de Cobalt*. — Ses usages pour les poteries, *etc.* ; et sa fusion, *etc.* pour en obtenir l'Azur, 149.
Sagenite ou Schorl rouge , V , 115. Voy. *Oxide de Titane*.
Salin (le) , VII , 47 ; VIII, 104 , 105 , 139 , 140. Voy. *Potasse et Cendres*.
Salino-terreuses (substances). Voy. *Terres alcalines*.
Salive (2ᵉ. classe des matières animales), IX , 119 , 122 , 319 et suiv. Voy. *Animaux , à la comparaison et classification des matières animales*.
— Son siége ; sa formation *etc.* ; son analyse et ses propriétés , et notice des savans qui s'en sont occupés , 319 et suiv. — Sa distillation et ses produits , 365. — Son action sur le mercure et autres substances métalliques , *etc.* 366 , 367. — Est formée d'une quantité d'eau, d'un mucilage aéré , mousseux , presque indissoluble , d'un peu d'albumine et de matières salines , *etc.* 367.
Salpêtre. Voy. *Nitrate de potasse*.
— magnésien. Voy. *Nitrate de magnésie*.
— terreux. Voy. *Nitrate de chaux*.
Sandaraque , VIII , 25. Voy. *Résine*.
Sang (1ʳᵉ. classe des matières animales liquides) , IX , 118 , 121 , 125 et suiv. Voy. *Animaux à la comparaison et classification des substances animales , Physiologie*, etc. *Respiration*, etc. *Circulation*, etc. — Histoire de son analyse , et savans qui s'en sont occupés , 125 et suiv. — Ses différens états et propriétés , 129 et suiv. — Sa coagulation , *etc.* ; sa propriété magnétique , *etc.* ; ses distillations , décompositions , *etc.* et ses produits , 130 et suiv. 148. Voy. *Caillot*, etc. — Sa séparation spontanée en deux parties , et les diverses matières qui en résultent , 132 , 135 et suiv. Voy. *Caillot et Serum du sang*. — Action des divers agens chimiques sur ce corps ; les sels s'opposent à sa putréfaction et à sa coagulation , *etc.* 132 et suiv. 148. — Sa putréfaction , ses produits et son résidu gras , *etc.* 135. Voy. *Putréfaction des matières animales*. — Séparation et classification de ses matériaux immédiats , *etc.* 135 et suiv. Voy. *Effluve odorant du sang , Serum du sang , Caillot , matière colorante du sang, et Fibrine , ou partie fibreuse du sang*. — Ses matériaux immédiats une fois séparés, ne peuvent plus être réunis, *etc.* 136. — Ses principales différences , suivant les lieux qu'il occupe dans le corps ; suivant les âges et le sexe ; suivant les divers ordres d'animaux auxquels il appartient , 160 et suiv. Voy. *Foie et Bile, Circulation, Respiration*, etc. — Altérations dont il est susceptible , 164 et suiv. X , 411 et suiv. Voy. *Physiologie*, etc. — Son union et action sur les autres matières animales , IX , 396 ; X , 130. Voy. *Physiologie*, etc.
Sang-dragon , VIII , 25. Voy. *Résine*.
Sanguine. Voy. *Hématites*.
Santal (bois de), VIII , 78 , 80. Voy. *Matières astringentes et Matières colorantes*. — Son union avec les autres matières colorantes, astringentes , le rend dissoluble , *etc.* 80.
Saphir. Voy. *Télésie*.
— du Brésil. Voy. *Topase*.
— d'eau. Voy. *Quartz*.

Sappare. Voy. *Cyanite.*

Sarrète, VIII, 74, 76. Voy. *Matières colorantes (végétales).*

Saturation, I, 80, 81.

Saturne. Voy. *Plomb.*

Saveur des sels, IV, 66 et suiv. Voy. *Sels.*

— métallique, V, 24. Voy. *Métaux.*

Savon, VII, 331 et suiv. Voy. *Huile à ses combinaisons avec les alcalis,* et *Savon animal.* — Ses décompositions, *etc.* 331 et suiv. IX, 87. — Son oxidation, *etc.* VII, 332. — Ses combinaisons avec les oxides métalliques, 333. Voy. *Savons métalliques.* Sa formation avec l'huile concrète, ou Cire, *etc.* 345, X, 343. Voy. *Cire,* etc. — Son action sur les calculs biliaires, 59.

— animal, IX, 71, 105, 107, 186, 249, 255, 268, 298, 375, 418, 419, 427; X, 28, 29, 33, 35 et suiv. 83, 287, 288, 300. Voy. *Huile, Graisse animale,* etc. et *Savon (en général).* — Proposé par le citoyen Chaptal, pour les manufactures de laine, IX, 71; X, 287. Voy. *Laine.*

— médicinal, VII, 331. Voy. *Savon.*

— métalliques, VII, 333. Voy. *Savon* et *Beurre.* — Proposés pour la peinture, *id.*

— de Starkey, VII, 366, VIII, 22, 23. Voy. *Savonules* et *Térébenthine.* — Ses préparations, 22, 23.

— du verre. Voy. *Manganèse.*

Savonules, VII, 366; VIII, 22, 23. Voy. *Huile volatile* et *Savon de Starkey.*

Scammonée, VIII, 31, 32. Voy. *Gommes résines.*

Scinque, IX, 120, 124; X, 314, 316, 317. Voy. *Animaux à la comparaison et classification des matières animales* et *Lézards.* — N'est que nourrissant comme les lézards ordinaires, 316, 317.

Schites ou Schistes. Voy. *Argiles* et *Pierres mélangées.*

Schlot qu'on retire des salines, dans l'extraction du muriate de soude, ou Sel de cuisine, III, 180 et suiv. Voy. *Muriate de soude.*

Schorls. Voy. *Ceylanite, Axinite, Tourmaline, Amphibole, Actinote, Pyroxène, Staurotite, Thallite, Gisanite, Sommite, Cyanite, Leucolite, Oxide de titane* et *Titane.*

Scories, VI, 160, 176.

— succinées, 176.

Sébates, sels formés par l'acide sébacique, IX, 191, 192. Voy. *Acide sébacique, à ses combinaisons,* etc. *Beurre* et *Graisse.*

Secrétion, animale, IX, 15, 19, 20; X, 382 et suiv. 407 et suiv. Voy. *Glandes, Physiologie,* etc. *Transpiration, Bile, Graisse, Urine,* etc. — Est exercée par les glandes, *etc* ; sa généralité, son étendue et ses variétés, selon les différens genres d'animaux, *etc.* IX, 18, 19; X, 382, 383. — Ses phénomènes chimiques, 382 et suiv. — Consiste dans tout changement de nature que le sang subit dans chaque organe glanduleux et secrétoire, *etc.* ; d'où résultent la formation et la séparation d'une matière animale liquide ou solide, *etc.* 383 et suiv. — Admet toujours dans son exercice, une modification quelconque dans la matière qui en est le produit, *etc.* 385, 386. — Variation de ses phénomènes, suivant les différens genres d'animaux, *etc.*, 407 et suiv. Voy. *Transpiration, Respiration, Physiologie,* etc.

— végétales et écoulement des sucs, *etc.*, VIII, 288, 291, 292, 296 et suiv. Voy. *Sève, Végétation,* etc. et *Transpiration des végétaux.*

Sels à bases salifiables alcalines ou terreuses, I, 99; III, 3, et suiv. Voy. *Acides et bases salifiables.* — Ce nom doit être réservé aux composés des acides et des bases salifiables, sans y ajouter les dénominations anciennes et vicieuses de *neutres, moyens, etc.* 3, 4. — La combinaison et l'analyse de leurs principes se fait, sans altération réciproque, 4 et 5. — Les connoissances acquises, depuis trente ans, sur ces corps, ont fait tellement augmenter leur nombre, qu'au lieu de vingt à trente espèces de sels que l'on connoissoit, on en compte aujourd'hui cent

trente-quatre, en n'y comprenant que ceux formés par l'union des principaux acides avec les bases salifiables ; et qu'en y comprenant ceux qui résultent de l'union de ces mêmes bases, et de celle des oxides métalliques considérés comme bases avec tous les acides minéraux, végétaux et animaux, le nombre de ces composés montera à près de mille, 5. — Utilité et explication de la nouvelle nomenclature, pour leur classification et dénomination, 7 et suiv. — Portent une espèce de double nom, ou double mot, dont le premier indique l'acide, et le second la base alcaline ou terreuse ; la terminaison du premier mot varie suivant l'état de l'acide ; savoir, en *ate* ou en *ite*, selon que l'acide est saturé ou non d'oxigène. Voy. *Acides* : ainsi on dit, *Sulfate* ou *Sulfite* de potasse, de soude, *etc. etc.* 8 et suiv. — portent le nom d'*Acidules*, ou de sursaturés de base, selon que le composant acide ou terreux domine, 9. Voy. *Acidules*. Division méthodique de leur classification, par genres et espèces, d'après la force d'attraction des acides en général pour les bases, 10 et suiv. — Résumé sur leurs propriétés générales, IV, 66 et suiv. — 1°. *Leur saveur* 66 et suiv. — Ne doit plus être placée à la tête des caractères salins, *etc.* 67, 68. — Les sels doivent au contraire en avoir très-peu, comme des composés dont la saturation ou la tendance à la combinaison est satisfaite, 68, 69. — Les saveurs sont souvent analogues dans les espèces formées d'un même acide ou d'une même base, telles que la fraîcheur des nitrates, la saveur salée des muriates ; celle acerbe des sels alumineux, *etc. etc.* 69. Voy. *les différens sels*. — Les sels les plus sapides sont les plus dissolubles, et les plus insipides sont les plus indissolubles, 69, 70. — La saveur fournit quelques propriétés médicamenteuses, telles celle qu'a tout sel amer, âcre, d'être purgatif et fondant, *etc.* 70. — 2°. *Leur cristallisation* ou forme régulière, 66, 70 et suiv. — Les circonstances qui la favorisent, se réduisent à deux, la division, *etc.* des molécules des sels par un fluide, et la suppression de ce fluide, afin que les molécules puissent se rapprocher par les faces qui ont le plus de rapport entre elles, 70 et suiv. — Difficultés que la cristallisation artificielle présente, soit par l'indissolubilité des sels, soit par leur trop grande solubilité, 72. — Chaque sel a une manière propre et particulière de se cristalliser, *etc.* 73. — Trois moyens employés par les chimistes pour faire cristalliser les sels, l'*évaporation artificielle*, le *refroidissement* et l'*évaporation spontanée*, 73 et suiv. — Le dernier moyen fournit les cristaux les plus gros et les plus purs, 75. — On doit chercher à connoître l'état de concentration où doivent être les diverses dissolutions salines, pour pouvoir fournir des cristaux ; on se sert avec succès à cet effet d'un aréomètre, pour déterminer la pesanteur spécifique et le point de la cristallisabilité des liqueurs salines, 76. — Différentes causes secondaires qui influent sur la cristallisation, 76, 77, 79. — Les différens sels retiennent tous, suivant leur nature, dans leur cristallisation, une plus ou moins grande quantité d'eau, qu'on appele *Eau de cristallisation*, 77, 78. — Les différentes lois de cristallisation des divers sels servent à les séparer, lorsqu'ils se trouvent confondus ensemble dans des dissolutions salines, 78, 79. — 3°. *Leur fusibilité* et autres effets produits par le feu sur les substances salines ; ces effets sont généralement de six sortes : *la fusion aqueuse ; la fusion ignée ; la décrépitation ; la volatilisation simple ; la volatilisation avec altération*, et la *décomposition*, 80 et suiv. — *La fusion aqueuse* n'est qu'une liquéfaction due à l'eau de cristallisation, mise dans l'état d'ébullition ; le sel ensuite se dessèche, *etc.* 80, 81. Voy. *Les Sulfates de soude, de magnésie, triple d'alumine, etc.* — *La fusion ignée* est celle que les sels éprouvent, lorsqu'en les tenant fondus, ils restent constamment liquides, *etc.* ; tels les phosphates, les borates, 81. — *La décrépitation* ou le brisement éclatant d'un sel, provient de la volatilisation rapide de l'eau insuffisante pour le fondre, *etc.* ; donc un sel décrépité est dans le même état que celui desséché après sa fusion aqueuse, 81, 82. (Voy. *Les Sulfates de barite, de chaux, etc. Mu-*

riates de potasse et de soude, etc.) — *La volatilisation simple*, et sans que le sel éprouve d'altération intime, est très-rare, 82. (Voy. *Muriate et Carbonate d'ammoniaque.*) — *La volatilisation avec altération* a lieu fréquemment, et principalement parmi les sels ammoniacaux qui, en laissant dégager plus ou moins de leur base, deviennent plus ou moins acides, 82, 83. (Voy. *Sulfate ammoniacal*, etc.) — *La décomposition* des sels, par le calorique, peut se rapporter à quatre effets généraux, ou quatre genres de décomposition ; *a*, lorsque l'acide se dégage et se recueille seul, en laissant la base seule, l'un et l'autre sans décomposition, tels beaucoup de muriates et de carbonates ; *b*, lorsque la base se dégage totalement et laisse l'acide isolé, tels le phosphate et le borate d'ammoniaque ; *c*, les sels dont les acides seulement se décomposent, tels les nitrates et les muriates suroxigénés ; *d*, enfin lorsque l'acide et la base se décomposent tout à la fois et réciproquement, tel le nitrate ammoniacal, 83, 84. — 4°. *Leur altération par l'air*; parmi les sels qui sont altérables à l'air, les uns s'y fondent eu perdant leur forme, etc. ; c'est ce qu'on nomme *déliquescence*; les autres au contraire, deviennent pulvérulens, ce qui s'appelle l'*efflorescence*, 84 et suiv. — *La déliquescence* dépend de ce que les sels attirent l'humidité de l'air ; dans l'*efflorescence*, au contraire, c'est l'atmosphère qui dessèche et détruit les cristaux salins, en s'emparant de leur eau de cristallisation, 85, 86. — Les sels efflorescens sont les plus dissolubles, etc. , 86. — 5°. *Leur dissolubilité*, ou leurs rapports avec l'eau, 66, 87 et suiv. Voy. *Dissolution*. — S'opère sans mouvement sensible, ni effervescence, parce qu'elle ne change ni la nature intime des sels, ni celle de l'eau, 87, 88. — Attraction chimique entre les molécules du sel et celles de l'eau, etc. 88. — Utilité de déterminer le changement de température, ou le dégagement de calorique qui a lieu dans chaque dissolution, ainsi que la pesanteur spécifique donnée à l'eau, etc. 89. — Proportions et dénominations de leurs différens degrés de dissolubilité, soit dans l'eau portée à la température moyenne, soit par rapport à la chaleur de l'eau, pour les sels qui sont plus dissolubles à chaud qu'à froid, 89, 90. — Tableau abrégé des sels disposés d'après leurs attractions, et distingués par des caractères spécifiques, 90 et suiv. — Considérés d'après leurs bases formant 10 genres ; et principaux caractères que présentent chacuns de ces genres terreux ou alcalins, 119 et suiv. — Leurs actions et décompositions réciproques, 123 et suiv. Voy. *Attractions électives*. — Tableau de leurs doubles décompositions réciproques, 129, 130 et suiv. — Tableau de la proportion de leurs principes constituans, 250 et suiv. — Récapitulation sur ceux qu'on trouve fossiles et sur leur classification dans les méthodes minéralogiques, 270 et suiv. — Leur classification d'après Daubenton, 271 et suiv. — Leur classification (adoptée par l'école des mines) par le citoyen Haüy, d'après leurs bases, et sous la dénomination de *Substances acidifères*, etc. 274 et suiv. — Leur classification et principaux caractères, d'après l'auteur 282 et suiv. — De ceux qui se trouvent dissous dans les eaux naturelles, et de leur analyse, 288 et suiv. Voy. *Eaux minérales*. — Leur action sur les substances métalliques. Voy. *Chaque genre de Sels, à cette action.* — Leur action avec les substances végétales, VII, 101 et suiv. 131, 218, 247, 259, 260, 283, 304 ; VIII, 70 et suiv. 104, 105, 150, 177, 196 et suiv. I, Disc. pr. clj, clij. Voy. *Végétaux et leurs composés*, etc. — Leur action avec les substances animales, IX, 45, 52, 71, 72 et suiv. 111, 134, 145, 148, 186, 214, 223, 249, 287, 400, 419, 420 ; X, 28, 43, 84, 117, 127, 128, 162 et suiv. 183, 184, 188, 239, 256, 274, 278, 354, 355, 402, 403, 413, 414 ; I, Disc. pr. lxxxj.

Sels à base d'alumine, IV, 119, 120, 122, 123. Voy. *Alumine et Sels à leur division*, etc.

— à base de barite, IV, 119, 120. Voy. *Barite et Sels, à leur division*, etc.

— à base de glucine, IV, 119, 120, 122. Voy. *Glucine et Sels, à leur division*, etc.

Sᴇʟs à base de potasse, IV, 119, 120. Voy. *Potasse* et *Sels*, *à leur division*, etc.

— à base de Soude, IV, 119, 120, 121. Voy. *Soude* et *Sels*, *à leur division*, etc.

— à base de zircone, IV, 119, 120, 123. Voy. *Zircone* et *Sels*, *à leur division*, etc.

— admirable perlé. Voy. *Phosphate de soude*, *dans son état acidule*.

— alembroth. Voy. *Muriate ammoniaco-mercuriel soluble*.

— ammoniac. Voy. *Muriate ammoniacal*.

— ammoniacal crayeux. Voy. *Carbonate ammoniacal*.

— ammoniacal fixe. Voy. *Muriate calcaire*.

— ammoniacal nitreux. Voy. *Nitrate d'ammoniaque*.

— ammoniacal secret de Glauber. Voy. *Sulfate d'ammoniaque*.

— ammoniacal sédatif. Voy. *Borate ammoniacal*.

— ammoniacal spathique. Voy. *Fluate ammoniacal*.

— ammoniacal vitriolique. Voy. *Sulfate d'ammoniaque*.

— ammoniacaux, IV, 119, 120, 121, 122. Voy. *Ammoniaque* et *Sels*.

— animaux. Voy. *Acides animaux*.

— ou fleurs de benjoin. Voy. *Acide benzoïque*.

— calcaires, IV, 119, 120, 121. Voy. *Chaux* et *Sels*, *à leur division*.

— de canal. Voy. *Sulfate de magnésie*.

— catarctique amer. Voy. *Sulfate de magnésie ou Sel d'Epsom*.

— de Colcothar ou Sel fixe de vitriol. Voy. *Sulfate de fer*.

— commun ou de cuisine. Voy. *Muriate de soude*.

— de duobus. Voy. *Sulfate de potasse*.

— d'epsom. Voy. *Sulfate de magnésie*.

— d'epsom de Lorraine. Voy. *Schlot*.

— essentiels des végétaux. Voy. *Acides végétaux*.

— d'Egra. Voy. *Sulfate de magnésie*.

— fébrifuge de Sylvius. Voy. *Muriate de soude*.

— fixes de Takenius, ou Sels retirés de la combustion des végétaux, VII, 47. Voy. *Salin* (*le*).

— fixe ou alcali du tartre, VII, 238, 239. Voy. *Acidule tartareux* et *Potasse*.

— fixe de vitriol, ou Sel de colcothar. Voy. *Sulfate de fer*.

— fixes des végétaux. Voy. *Salin* (*le*).

— fossiles, IV, 270 et suiv. Voy. *Sels*, *à la récapitulation sur ceux qu'on trouve fossiles*, etc. — Sont pour la plupart les principaux minéralisateurs des eaux, 295. Voy. *Eaux minérales*.

— fusible, à base de natrum. Voy. *Phosphate de soude*.

— fusibles de l'urine. Voy. *Phosphates alcalins* et *terreux*, et *urine*.

— de gabelle. Voy. *Muriate de soude*.

— gemme. Voy. *Muriate de soude*.

— de glauber. Voy. *Sulfate de soude*.

— de lait. Voy. *Sucre de lait*.

— magnésiens, IV, 119, 120, 122. Voy. *Magnésie* et *Sels*, *à leur division*.

— marin ou Sel commun. Voy. *Muriate de Soude*.

— marin à base de terre pesante. Voy. *Muriate de barite*.

— marin argileux. Voy. *Muriate alumineux*.

— marin calcaire. Voy. *Muriate de chaux*.

— marin magnésien. Voy. *Muriate magnésien*.

— métalliques, V, 28, 51 et suiv. Voy. *Métaux*, *Oxides métalliques*, *chaque métal*, *à sa combinaison avec les acides et chaque acide*. — Sont toujours avec excès d'acide âcres, corrosifs et vénéneux pour la plupart, 52. — Examen général de leurs propriétés, 52, 53. — Action réciproque entre leurs dissolutions et les métaux; et leur précipitation ou revivification de leur métal, par l'action d'un autre métal, qui en même temps s'oxide et se dissout, etc. 53. — Leurs décompositions par les substances alcalines, 58, 59. — Leur union en sel triple avec les bases salifiables,

59. Voy. *Trisules métalliques.* —. Formés par les métaux oxidés, et faisant les fonctions d'acides, avec les bases salifiables, 57, 58, 60 et suiv. Voy. *Acides métalliques.*
— natif de l'urine. Voy. *Sels fusibles.*
— neutre arsenical. Voy. *Arséniate acidule de potasse.*
— neutres, minéraux, Sels moyens, ou Sels secondaires, *etc.* Voy. *Sels.*
— d'oseille. Voy. *Acidule oxalique.*
— polychreste de Glaser. Voy. *Sulfate de potasse.*
— régalin d'étain. Voy. *Muriate d'étain.*
— régalin d'or. Voy. *Muriate d'or.*
— ou Sucre de Saturne. Voy. *Acétite de plomb.*
— sédatif. Voy. *Acide boracique.*
— sédatif mercuriel. Voy. *Borate mercuriel.*
— sédatif sublimé.
— de Sedlitz. Voy. *Sulfate de magnésie.*
— de Seignette. Voy. *Tartrite de soude.*
— simples ou primitifs. Voy. *Acides*, *Alcalis*, etc. et *Sels.*
— de soude. Voy. *Carbonate de soude.*
— Stanno-nitreux. Voy. *Nitrate d'étain.*
— de strontiane, IV, 119, 120, 121. Voy. *Strontiane* et *Sels.*
— sulfureux de Stahl. Voy. *Sulfite de potasse.*
— triples. Voy. *Trisules.*
— végétal. Voy. *Tartrite de potasse.*
— végétaux. Voy. *Acides végétaux.*
— volatil d'Angleterre. Voy. *Carbonate ammoniacal.*
— volatil narcotique de vitriol. Voy. *Acide boracique.*
— volatil du succin. Voy. *Acide succinique.*
— de vinaigre, VIII, 215. Voy. *Acide acétique.*
SÉLÉNITE. Voy. *Sulfate de chaux.*
SEMENCE ou graines des végétaux, VII, 7, 15, 16, 25. Voy. *Végétaux et leurs vaisseaux*, *Germination* et *Fruits*, etc. — Partie la plus incompréhensible des végétaux, qui les contient tout formés, *etc.* 15, 25. — Ses différentes substances et formes, *etc.* 15, 16.
SENSIBILITÉ des animaux, IX, 15, 16, 22, 23; X, 397 et suiv. 408 et suiv. Voy. *Nerfs*, *Cerveau*, etc. *Physiologie*, etc. *Irritabilité*, etc. *Galvanisme*, etc. — Ses phénomènes chimiques; opinions sur ces phénomènes; 397 et suiv. — Variations de ses phénomènes, suivant les différens genres d'animaux, *etc.* 408 et suiv. Voy. *Physiologie*, etc.
SEPTON, nom proposé pour l'azote, I, 162; IX, 109. Voy. *Azote.*
SERPENTIN, Serpentine dure, et Serpentines. Voy *Pierres mélangées.*
SERUM du sang, IX, 132, 136, 138 et suiv. Voy. *Sang et la séparation*, etc. de ses matériaux immédiats, *Caillot*, *Physiologie*, etc. — Ses propriétés; sa couleur, saveur, *etc.*: variabilité de ses proportions et opinions de divers savans à ce sujet; sa pesanteur, *etc.* 138, 139. Voy. *Caillot.* — Sa coagulation, *etc.* au feu; sa distillation au feu et ses produits, *etc.* 139 et suiv. Voy. *Albumine.* — Sa nature alcaline, *etc.*; contient de la soude, *etc.* 139, 140, 143, 145, 147. — Sa séparation par le refroidissement en deux substances, l'une albumineuse, et l'autre gélatineuse, découverte dans ce fluide, en 1790, par l'auteur, 140, 142. Voy. *Albumine* et *Gélatine.* — On en sépare quelquefois du soufre, *etc.* 141. — Absorbe l'oxigène de l'air; y exhale du carbone, qui y forme du gaz acide carbonique; devient plus concrescible, *etc.* par l'oxigène; sa décomposition spontanée et putréfaction est accélérée à l'air; *etc.*, 141, 142, 143. — Sa dissolution dans l'eau imite le lait, *etc.*; peut solidifier l'eau, *etc.*; donne par le refroidissement une gelée, *etc.* 142. Voy. *Gélatine.* — Réduit ou rapproche plus ou moins de l'état métallique, les oxides auxquels adhère peu l'oxigène, tels que l'oxide rouge de mercure, *etc.*; en même temps la partie albumineuse s'épaissit, se concrète, *etc.* 142, 143. Voy. *Albumine.* — Sa coagulation, *etc.* par les acides; cet effet empêché par une dissolution de carbonate alcalin, *etc.*;

ses décompositions, *etc.* par les acides forts, *etc.* 143, 144. — Les bases
terreuses en précipitent des phosphates, *etc.*; les lessives alcalines le
rendent plus liquide, dissolvent son coagulum, fournissent de l'acide
prussique, *etc.* 144, 145. — Union et action entre cette substance et les
sels, soit alcalins, soit métalliques; sa coagulation; ses précipités rosés,
sur-tout celui de mercure, *etc.* 145, 146. — Son union et action avec
les substances végétales; sa coagulation, *etc.* par l'alcool; sa précipitation
fauve, *etc.* par le tannin, *etc.*; les huiles volatiles et les résines, *etc.*
le préservent de la putridité *etc. etc.* 146. — Sa nature mucilagineuse
et variée, *etc.* 146, 147. — Ses altérations. Voy. *Celles du sang* et
Lymphe.
— du lait. Voy. *Petit-lait.*
SÈVE (premier des matériaux immédiats des végétaux) VII, 125, 127 et
suiv. Voy. *Végétaux et végétation*, etc. — Son siège, 127, 128. Voy.
vaisseaux, etc. *des végétaux.* — Son extraction, 128. — Ses propriétés
physiques; est très-légère et bien liquide, *etc.* 128, 129. — Ses propriétés chimiques, son acidité, sa matière sucrée, *etc.* 129 et suiv. —
Subit, à l'air, les trois fermentations, vineuse, acide et ammoniacale
ou putride, *etc.*; sa dissolubilité, *etc.* 130. — Sa décomposition, *etc.*
par les acides; conversion de ses extraits en acides muqueux et oxalique,
par l'acide nitrique, *etc.* 130. — Précipite les dissolutions métalliques, *etc.*
131. — Son analyse et ses variétés, d'après les citoyens Deyeux et
Vauquelin, et sa nature très-composée, *etc.*, 131 et suiv. — Ses usages;
est la principale source des différens matériaux immédiats des plantes, *etc.*;
son utilité médicinale et économique, 133, 134. — Son analogie et ses
différences avec ce qu'on nomme *sucs des plantes*, et procédés pour les
extraire, 134 et suiv. — Son mouvement , *etc.*; mécanisme et force de
son ascension, *etc.* VIII, 288 et suiv. Voy. *Végétation*, etc. — Sa séparation et conversion en différens sucs, *etc.* 291, 292. Voy. *Secrétions*,
Nutrition végétale, et *Transpiration des végétaux.*
SIDÉRITE. Voy. *Syderite.*
SILEX, II, 286, 288, 289. Voy. *Pierres (combinées)*, et *Pierres mélangées.*
— Comprend, comme variétés, les *Agates*, le *Jaspe*, les *cailloux*,
tant les communs que le blond, ou *Pierre à fusil*; la *Pierre meulière*
ou *Quartz carié*, la *Calcédoine*, l'*Opale*, l'*Hidrophane*, le *Cacholong*,
la *Carnéole*, la *Sardoine*, la *Chrisoprase*, l'*Agate onyx*; le *Caillou* et
l'*Agate œillés*, *herborisés*, *nuancés*, *veinés*, *mousseux*, le *Jaspe hélio-
trope*, l'*Enydre*, le *Pechstein* ou *Silex résiniforme*, la *Mélinite* ou le
Pechstein de Ménil-Montant, les *Jaspes rouge*, *vert*, *sanguinal*, *versi-
color*, 288. — Son analyse par différens chimistes, 288, 330, 331.
SILICE, terre siliceuse ou terre vitrifiable, terre quartzeuse, *etc.* II,
132, 134, 135 et suiv. Voy. *Terres (en général.*) — Ces noms lui ont
été donnés à différentes époques, soit par rapport aux substances dont
on la retire, soit par sa propriété de se fondre en verre à l'aide des
alcalis, 132, 135, 136, 141, 210. — Fait la base des pierres les plus
dures, telles que le cristal de roche, les quartz, les silex, *etc. etc.*;
ce qui lui avoit fait accorder le prétendu privilège de terre primitive,
élémentaire, *etc.* 132, 136. — N'est jamais parfaitement pure dans la
nature, 136. — Procédés pour l'obtenir, 136, 137, 323 et suiv. Voy.
Pierres combinées et *Pierres mélangées.* — Sa sécheresse, rudesse, *etc.*
et autres propriétés apparentes, 137, 138. — Un de ses principaux caractères est son inaltérabilité par le calorique, pour lequel sa capacité
est très-faible, 137. — Sa dissolution dans l'eau par la nature est prouvée
par les cristaux et dépôts siliceux; au moyen de l'extrême atténuation
dans laquelle l'art chimique peut la réduire, on parvient à lui faire
former une gelée transparente, et contracter une assez forte adhérence
avec ce liquide, 138, 139. Voy. *Eaux minérales.* — Son union avec les
oxides métalliques, à l'aide du calorique et des alcalis, forme les émaux,
139. — Sa combinaison avec le gaz acide fluorique (Voy. *cet acide*),
et son union avec les autres acides, 139, 140, 195; III, 166, 213,

235, 273, 297, 310 et suiv. = Ses usages multipliés, tant dans la nature, que dans les arts, II, 140 et suiv. — Sa fusion par son union avec les autres bases terreuses ou alcalines, 148, 149, 150, 154, 166, 167, 178, 179, 185, 194, 195, 210, 211, 220, 221, 230, 231. — Ses attractions avec les acides, comparativement aux autres bases terreuses ou alcalines, 146, 154, 159, 166, 194, 209, 220; III, 33, 152, 250, 262. — Son union avec la chaux, à l'aide de l'eau, constitue le mortier, II, 177, 178. Voy. Mortier. — Son action, sur les nitrates, III, 101, 126, 127, 133, 156, 157. — Son action sur les muriates, 165, 173, 194. — Son union et vitrification avec les phosphates, 234, 235, 257, 258, 262. — Sa combinaison vitreuse et pierreuse avec l'acide phosphorique, 235, 273. — Sa combinaison, soit par la fusion et vitrification, soit par la voie humide, et en sels triples avec les fluates, 296, 297, 305, 306, 307, 308, 309, 310, 311. Voy. Fluates et Trisules. — Sa combinaison et vitrification avec les borates, 334, 337, 338. — Sa combinaison vitreuse avec l'acide boracique, 317, 337, 338. — Son action sur les carbonates, par le moyen de la fusion, IV, 28, 33, 34, 41, 42. — Son action et fusion vitreuse avec les substances métalliques, V, 84, 85, 148, 149, 207; VI, 95, 96. Voy. Métaux et Oxides métalliques. — Son union avec les substances végétales, VIII, 104. Voy. Végétaux, Végétation, etc. — Son union avec les substances animales, IX, 192; X, 220, 231, 232.

Silicé et siliceux. Voy. Silice.

Similor, VI, 258, 259. Voy. Cuivre jaune et Cuivre, à ses alliages avec le zinc.

Sinople. Voy. Quartz.

Sirop, VII, 165. Voy. Sucre.

— de karabé (Opium et Acide succinique), VIII, 254.

Smalt (verre de cobalt), V, 149, Voy. Oxide de cobalt.

Smaragdite, II, 287, 307, 308. Voy. Pierres (combinées.) — Le citoyen Vauquelin y a trouvé de l'oxide de chrôme, 308. Voy. Ce mot. — Son analyse, 308.

Smectites. Voy. Stéatites.

Soie (3°. classe des matières animales), IX, 120, 124; X, 338, 351 et suiv. Voy. Animaux, à la comparaison et classification des matières animales. — Son siége; sa préparation; ses propriétés physiques et chimiques, etc.; son analogie avec le tissu des poils, etc. 351, 352.

Soleil. Voy. Or.

Solution, synonyme de dissolution. Voy. Dissolution.

Sommite, II, 287, 313, 314. Voy. Pierres (combinées.) — Se trouve sur la Somma montagne du Vésuve, et avoit été confondue avec l'hyacinte, dont elle s'éloigne beaucoup par son analyse, et nommée aussi improprement Basalte blanc et Schorl blanc, 313, 314. Voy. Hyacinte, Basaltes et Schorls. — Son analyse, 314, 344.

Soude, II, 184, 213 et suiv. Voy. Alcalis (en général.) — Tire ce nom de la plante marine appelée Kali, ou Soude en français, d'où on l'extrait le plus communément, 213. — Ses différens noms et son histoire; n'est bien connue que depuis le milieu du dix-huitième siècle et les recherches de Bergman, 213, 214. — Existe abondamment dans la nature, mais jamais pure et isolée, elle est toujours combinée avec quelqu'acide, 214. — Celle du commerce est très-impure, et ne doit son effervescence (attribuée long-temps par erreur comme caractère des alcalis) qu'à la présence de l'acide carbonique, 213 et suiv. 223; III, 185, 186. Voy. Carbonate de soude. — S'obtient le plus généralement de l'incinération des plantes marines, II, 215. — Procédés pour l'obtenir pure, 216; III, 33; IV, 41; VIII, 149, 150. Voy. Alcool. — Sa cristallisation, sans consistance; son extrême causticité et autres propriétés apparentes, II, 216, 217; VIII, 149. Voy. Alcool. — Sa fusion, liquéfaction et même volatilisation par le calorique, dans des vaisseaux fermés, sans autre altération qu'une coloration verdâtre, II, 217. — Se ramollit à l'air, en en absorbant l'hu-

midité et l'acide carbonique, mais ne s'y liquéfie pas comme la potasse ; et après quelques jours d'exposition , si l'air devient sec, elle se cristallise et s'effleurit, ayant besoin de beaucoup moins d'acide carbonique pour en être saturée, que la potasse ; l'exposition à l'air de ces deux alcalis suffit donc pour les distinguer, 217, 218, 222. — Chauffée avec de l'eau et du phosphore , elle produit du gaz hidrogène phosphoré, 218, Voy. *Ce phénomène à l'article de la potasse.* — Son union avec le soufre et les différens états de cette combinaison, 218, 219. Voy. *les Sulfures, hidro-sulfures et sulfures hidrogénés de barite, de potasse et de soude.* — N'agit sur quelques métaux qu'à l'aide de l'eau, dont elle favorise alors la décomposition pour s'unir à l'oxide métallique, 219. Voy. *Ce phénomène à l'article de la potasse.* — Sa grande attraction pour l'eau qu'elle absorbe et solidifie, et dans laquelle elle se dissout, lorsqu'il y a assez de ce liquide, en en dégageant beaucoup de calorique, et une odeur lixivielle due à une portion de soude et d'eau volatilisée ; cette dissolution attaque et fend les vaisseaux de verre, 219, 220. — Sa combinaison avec quelques oxides métalliques, 220. Voy. *Ce phénomène à l'article de la potasse.* — Sa combinaison et l'ordre de ses attractions avec les acides, 220. (Voy. *Ce phénomène à l'article de la potasse,*) III, 21, 30 et suiv. 72, 82 et suiv. 102, 128 et suiv. 157, 159, 166, 174 et suiv. 219, 227, 235, 253 et suiv. 278, 286 et suiv. 297, 305, 307, 317, 325 et suiv. IV, 9, 36 et suiv. 119, 120, 121, 275, 278, 281 (Voy. *Sels*). — Ses attractions avec les acides, comparativement aux autres bases, soit terreuses, soit alcalines, II, 184, 220, 230, 246, 252 ; III, 35, 39, 42, 46, 49, 51, 53, 61, 66, 67, 86, 88, 89, 90, 93, 133, 137, 141, 143, 146, 148, 151, 152, 190, 194, 201, 204, 208, 209, 210, 212, 250, 253, 262, 267, 270, 272, 273, 278, 291, 293, 310 ; IV, 48, 56, 59, 60, 64. — Sa combinaison et fusion avec la silice, II, 220, 221. Voy. *Verre.* — Son attraction pour l'alumine, tandis qu'elle ne s'unit pas aux autres terres, la fait servir à l'analyse des pierres, ainsi que le fait la potasse, 221. Voy. *Ce phénomène à l'article potasse.* — Ses analogies avec la potasse, 222. — Sa nature inconnue et motifs de l'opinion de l'auteur, mais qu'il présente seulement comme une hypothèse, sur la formation de cet alcali par la magnésie saturée d'azote , 222. — Sa grande utilité en chimie, en médecine et dans les arts, pour lesquels, ainsi que pour les médicamens, on la préfère à la potasse, parce qu'elle est moins âcre, *etc.* 223, 224. — Son union en sel triple ou trisile, avec le phosphate d'ammoniaque, III, 235, 263 et suiv. Voy. *Trisiles.* — Sa combinaison en sel triple avec la silice et l'acide fluorique. Voy. *Fluate de soude silicé, Fluate d'alumine, Fluate de silice et Trisiles.* — Son action sur les substances métalliques, V, 57 et suiv. 85, 100, 101, 133, 134, 164, 165, 207, 240, 339, 340, 378 ; VI, 35, 42, 91, 95 et suiv. ; 99, 100, 193, 215, 217, 218, 385, 429, 430. Voy. *Alcalis à cette action, Métaux et leurs combinaisons.* — Son action et ses combinaisons avec les substances végétales, VII, 87 et suiv. ; 145, 147, 183, 192, 193, 200, 208, 210, 217, 226, 227, 228, 245, 246, 257, 258, 259, 331 et suiv. 345 ; VIII, 72, 149, 150, 198 et suiv. 211, 253. Voy. *Alcalis, végétaux et leurs composés,* etc. — Son action ou union avec les substances animales, IX, 69 et suiv. 82 et suiv. 139, 140, 143 et suiv. 151 et suiv. 158, 159, 185, 190, 191, 408, 411, 412, 419, 427 ; X, 35, 56, 161, 221, 222, 224, 277, et suiv. 343, 349, 376, 377.

SOUDE boratée. Voy. *Borate sursaturé de soude ou Borax.*

— carbonatée. Voy. *Carbonate de soude.*

— du commerce. Voy. *Carbonate de soude.*

— crayeuse. Voy. *Carbonate de soude.*

— muriatée. Voy. *Muriate de soude.*

— nitrée. Voy. *Nitrate de soude.*

— sulfatée. Voy. *Sulfate de soude.*

Soude spathique. Voy. *Fluate de soude.*

Soudure *des plombiers*, VI, 81. Voy. *Etain* et *Plomb.*

Soufre, I, 113, 114, 115, 195 et suiv. Voy. *Corps simples*, etc. — Erreurs des anciens sur sa nature, et en particulier celle de Stahl, 195, 196. — Est une substance simple ou indécomposée, 196. — Sa grande abondance dans la nature, et manière dont on l'obtient, 196, 197, 204. — Sa cristallisation octaédrique formant quatre variétés ; sa pesanteur et autres propriétés physiques, 197, 198. — Sa fusion dans le calorique et sa sublimation appelée improprement *fleurs de soufre*, 198. — Sa combinaison avec l'oxigène en différentes proportions, et ses deux combustions rapides ou lentes, 199, 200. Voy. *Oxide de soufre*, *Acide sulfurique* et *Acide sulfureux.* — Son union avec l'azote, 200, 201. — Ses combinaisons avec l'hidrogène, 201, 202. Voy. *Hidrogène sulfuré*, *Gaz hidrogène sulfuré*, *Hidro-sulfures*, *Soufre hidrogéné.* — Son union avec le carbone, 202. Voy. *Pyrophore.* — Ses combinaisons et différentes proportions avec le phosphore, forment le *Phosphore sulfuré* et le *Soufre phosphoré*, 202 et suiv.; remarque sur cette latitude de proportions dans les combinaisons réciproques des corps combustibles, 204. Voy. *Combustibles.* — Acquiert dans cette union plus d'attraction pour l'oxigène, décompose l'eau, et forme les bougies et les briquets phosphoriques, 203, 204. — La multiplicité de ses usages, 204, 205. — Action réciproque entre ce corps et les acides, II, 64, 83, 96, 111, 115. — Son action et inflammation à une haute température sur l'oxide d'azote ou gaz nitreux, 91. — Son union avec les bases terreuses ou alcalines, 145, 165, 172, 173, 174, 184, 191 et suiv. 203 et suiv. 218, 219, 228, 229, 238, 247. Voy. les *différens sulfures et hidro-sulfures.* — Sa dissolution dans l'eau de chaux, 177. — Son action sur les sels, III, 30, 98, 99, 120 et suiv. 130, 132, 136, 140, 143, 217, 224, 225, 226, 332 ; IV, 27, 32, 40. — Son mélange avec le nitrate de potasse (connu sous le nom de nitre) et le charbon, 120 et suiv. (Voy. *Poudre à canon.*) — Avec la potasse et le nitrate de potasse, 122, 123. (Voy. *Poudre fulminante.*) — Avec le nitrate de potasse et la sciure de bois, 123, 124. (Voy. *Poudre de fusion.*) — Son action et union avec les substances métalliques, I, 214 ; V, 46, 47, 70, 77, 82, 94, 97 et suiv. 104, 105, 144, 162, 179, 191, 201, 225, 226, 253, 298 et suiv. ; VI, 21, 22, 74, 75, 2, 170 et suiv. 252 et suiv. 314, 315, 323, 328, 329, 373, 384, 391. Voy. *Métaux*, *Sulfures métalliques* et *Oxides sulfurés*, etc. — Son action ou union avec les substances végétales, VII, 194, 329, 344, 365 ; VIII, 20, 102, 147, 238, 240, 254. Voy. *Végétaux et leurs composés*, etc. — Existe dans les matières animales, IX, 40 et suiv. Voy. *Animaux.* — Son union et action avec les substances animales, 182 ; X, 300.

— doré. Voy. *Oxide d'antimoine hidro-sulfuré.*

— hidrogéné, I, 202.

— phosphoré, I, 202 et suiv.

— vil (nom impropre.) Voy. *Soufre.*

Spagyrique (art), I, 3. Voy. *Chimie.*

Spath adamantin. Voy. *Corindon.*

— ammoniacal. Voy. *Fluate ammoniacal.*

— calcaire. Voy. *Carbonate de chaux.*

— cubique. Voy. *Fluate calcaire.*

— étincelant ou Feld-spath. Voy. *Feld-spath.*

— fluor. Voy. *Fluate calcaire.*

— fusible. Voy. *Fluate calcaire.*

— pesant. Voy. *Sulfate baritique.*

— phosphorique. Voy. *Fluate calcaire.*

— séléniteux. Voy. *Sulfate de chaux.*

— vitreux. Voy. *Fluate calcaire.*

— de zinc. Voy. *Carbonate de zinc.*

Speiss, sorte de produit de fourneaux, alliage de nickel, *etc.* V, 134, 163. Voy. *Mines de nickel.*

SPERME ou liqueur séminale, IX, 119, 123 ; X, 271, 272 et suiv. Voy.
Animaux, à la comparaison et classification des matières animales. —
Son siége, ses fonctions, etc. 272, 273. — Ses propriétés physiques et
chimiques ; est alcalin, etc. ; extrait des expériences du citoyen Vauquelin
sur cette substance, 273 et suiv. — Sa cristallisation à l'air, etc. ; ses
altérations et décompositions, etc. 275 et suiv. — Son analyse, à feu
ouvert ; contient du phosphate de chaux non acide, etc. 276, 277. —
Sa dissolubilité dans les acides, même les plus faibles, etc. 277, 278. —
Son action avec l'acide muriatique oxigéné, dont il absorbe l'oxigène,
en se colorant et se coagulant, etc. 278. — Résumé de ses propriétés
et caractères spécifiques, et proportions de ses matériaux constituans,
278, 279.
SPONTANÉE (analyse), I, 56. Voy. *Analyse.*
STALACTITES. Voy. *Carbonate de chaux.*
STAUROTIDE, II, 287, 306. Voy. *Pierres (combinées.)* — Signifie *croisette*,
ou *Pierre de croix*, déja connue sous ce dernier nom et sous celui de
Schorl cruciforme, 306. Voy. *Schorls.* — Comprend la granatite, 306. —
Son analyse, par divers chimistes, 306, 340, 341.
STÉATITES. Voy. *Argiles et Pierres mélangées.*
STILBITE, II, 287, 311. Voy. *Pierres (combinées.)* — Exprime son luisant
semblable à la nacre ; a été confondue avec la zéolite, dont elle se rap-
proche entr'autres par ses bulles d'eau, 311. Voy. *Zéolite.* — Son analyse,
311, 343 344.
STORAX, calamite, VIII, 49. Voy. *Baumes.*
STRATIFICATION, I, 91.
STRONTIANE, II, 184, 224 et suiv. Voy. *Alcalis (en général.)* — Appelée
ainsi, parce qu'on la retire d'une pierre saline nommée Strontianite, par
Sulzer, et trouvée à Strontian en Écosse, 224. — Sa découverte en
1793, et son histoire, 225. — Procédés pour l'obtenir, 225, 226, III ;
131 ; IV, 17, 18. — Sa pesanteur, sa saveur chaude, urineuse, etc.
et autres propriétés apparentes et alcalines, II, 226, 227. — N'éprouve
d'autre altération par le calorique, qu'une couleur verdâtre, quoiqu'il
paroisse y avoir entr'elle et la lumière une attraction particulière, telle
que, traitée au chalumeau, elle se pénètre de lumière, et s'entoure
d'une flamme blanche si éclatante, que l'œil en est blessé comme par
l'aspect du soleil, 227. — Son extinction et effleurissement par l'absorption de l'humidité de l'air, et l'état effervescent où elle passe ensuite,
en en absorbant l'acide carbonique, caractères qui la rapprochent de la
barite, II, 227, 228. — Son union avec le phosphore, ainsi que celle avec
le soufre et les trois états de cette dernière combinaison, 228, 229.
Voy. *Phosphure de Strontiane, Sulfure de Strontiane, Hidro-sulfure de
Strontiane et Sulfure de Strontiane hidrogéné.* — Sa grande attraction
pour l'eau et analogie avec la barite, des effets de leur union avec ce
fluide, dont il faut cependant une bien plus grande quantité pour dissoudre la strontiane, et dont la dissolution de ce dernier alcali donne
une cristallisation différente et n'est pas vénéneuse comme celle de barite,
229, 230. Voy. *Ces phénomènes à l'article de la barite.* — Ses attractions
avec les acides, comparativement aux autres bases, soit terreuses, soit
alcalines, 184, 209, 230, 240, 252 ; III, 33, 34, 42, 46, 49, 51, 53,
61, 66, 67, 88, 90, 93, 137, 141, 143, 146, 148, 151, 152, 194,
201, 205, 208, 209, 210, 212, 247, 250, 253, 258, 262, 267, 270,
272, 273, 278, 286, 291, 292, 293, 296, 310, 324, 334 ; IV, 28, 33,
41, 48, 56, 59, 60, 64. — Décompose le sulfure de potasse, et s'empare du soufre, II, 205. — Sa combinaison et fusion avec la silice et
avec l'alumine, 230, 231. — Comparaison entre ses propriétés et celles
de la barite, dont une des plus spéciales est l'ordre de ses attractions
beaucoup plus faibles, 224, 228, 230, 231, 232. — Sa nature intime
inconnue, 232. — Ses combinaisons avec les acides, III, 21, 34 et suiv.
72, 84, 102, 130 et suiv. 157, 159, 166, 188 et suiv. 219, 227, 235,
238 et suiv. 278, 282, 283, 297, 303, 317, 319 ; IV, 9, 15 et suiv.

119, 120, 121 (Voy. *Sels*), 275, 277, 281. — Action entre cet alcali et les substances métalliques , V, 57, 58, 59, 84, 240 ; VI, 218. Voy. *Alcalis* et *Métaux*. — Son action et combinaison avec les substances végétales, VII, 89, 183, 210, 225, 227, 246, 257, 258, 259, 332 ; VIII, 198 et suiv. ; I, Disc. pr. clj. Voy. *Alcalis*, à cette action. — Son action ou union avec les substances animales, IX, 70, 144, 158, 186, 191, 214, 223, 233, 310, 314, 408, 427 ; X, 28, 127, 162.

STRONTIANE carbonatée. Voy. *Carbonate de strontiane*.
— sulfatée. Voy. *Sulfate de strontiane*.
STRONTIANITE. Voy. *Carbonate de strontiane*.
STRONTITE. Voy. *Carbonate de strontiane*.
STYRAX, VIII, 49. Voy. *Baumes*.
SUBER (le) (20e. genre des matériaux immédiats des végétaux), VII, 125 ; VIII, 98 et suiv. Voy. *Végétaux* et *Végétation*, etc. — Épiderme des arbres ; membrane sèche, cassante, indissoluble, *etc. etc.* analogue au liège, 98 et suiv. 100, 101. — Acide qu'il forme par la distillation du nitre, 98 et suiv. Voy. *Acide subérique*.
SUBÉRATES, Sels formés avec l'acide subérique , VIII , 100. Voy. *Acide subérique*.
SUBLIMATION , I , 91. Voy. *Volatilisation*.
SUBLIMÉ corrosif. Voy. *Muriate mercuriel corrosif*.
— doux. Voy. *Muriate mercuriel doux*.
SUBSTANCES acidifères , etc. (nom donné aux matières salines , dans la méthode minéralogique du citoyen Haüy), IV, 274 et suiv. Voy. *Sels*.
SUC des amigdales, IX, 119, 122, 318, 319. Voy. *Animaux*, à la comparaison et classification des matières animales.
— gastrique (2e. classe des matières animales), IX, 119, 123 ; X, 3 et suiv. Voy. *Animaux*, à la comparaison et classification des matières animales, *Physiologie*, etc. membrane stomachale des oiseaux, *Digestion*, etc. — Notice des recherches et des opinions des savans sur cette matière, dont la nature générale chimique est encore peu connue , 3 et suiv. — Est le principal agent de la digestion, *etc* ; sa propriété antiseptique, *etc.* 6 et suiv. — Hunter a remarqué que la force dissolvante de ce suc, agissant sur les parois même de l'estomac , les dissout, au défaut d'alimens dans ce viscère, *etc.* 8. — Expériences modernes qui prouvent que sa propriété antiseptique perd au moins beaucoup de son énergie hors de l'estomac, *etc.* 8 et suiv.
— (ou humeur) intestinal, IX, 119, 123 ; X, 60 et suiv. Voy. *Animaux*, à la comparaison et classification des matières animales. — Son origine ; son siége ; observations et opinions des physiologistes sur sa nature, *etc.* 60 et suiv. — Ses usages, 63.
— pancréatique, IX, 119, 123 ; X, 3, 11 et suiv. Voy. *Animaux*, à la comparaison et classification des matières animales, *Pancréas*, *Suc gastrique* et *Physiologie*, etc. — Opinions et expériences de divers savans sur ce suc peu connu ; son analogie avec la salive, *etc.* 11 et suiv.
SUCCIN , ambre jaune , ou karabé , VIII , 235, 247 et suiv. Voy. *Bitumes*.
— *Electrum* des anciens, d'où est venu le nom d'électricité, été. 247.
— Son histoire naturelle ; ses variétés ; sa transparence, *etc.* et fraude qu'on peut y introduire ; celui couleur d'or n'est point falsifié, *etc.* 247 et suiv. — Opinions sur son origine, 249. — Son ramollissement, *etc.* ; sa combustion et résidu terreux, *etc.* 250. — Sa distillation , ses produits et leur rectification, 251, 252. Voy. *Acide succinique* et *Huile de succin*. — Ses usages et ceux de ses préparations pour la médecine et pour les arts, 254, 255. — Réunion de ses morceaux par le moyen de la potasse , *etc.* 255.
SUCCINATES, sels formés par l'acide succinique , VIII, 253. Voy. *Acide succinique*.
SUCRE ou corps muqueux sucré (3e. genre des matériaux immédiats des plantes), VII , 125, 156 et suiv. Voy. *Végétaux*, le muqueux ; *Fermentation saccharine* et *Végétation*, etc. — Son siége ; sa grande abondance

dans les végétaux, *etc.* 156 et suiv. 168 et suiv. — Son extraction, 159
et suiv. — Ses propriétés physiques ; sa cristallisation, sa phosphorescence,
variétés de sa fragilité et de sa densité, *etc.* 162 et suiv. 105. — Ses
propriétés chimiques ; ses analogies et ses différences d'avec le muqueux ;
donne plus d'acide pyro-muqueux, *etc.* 164 et suiv. Voy. *le Muqueux* et
ci-dessous à son analyse. — Sa délquescence ; sa dissolubilité ; sa fermentation, *etc.* ; diverses proportions et densité de ses dissolutions
aqueuses, *etc.* 165. Voy. *Fermentation vineuse et ses produits.* — Ses décompositions par les acides ; ne donne point d'acide muqueux intermédiaire entre les acides malique et oxalique, qui produit l'acide nitrique, *etc.* ;
cette propriété paraît dépendre de sa grande quantité d'oxigène, *etc.* 165,
166. Voy. *le Muqueux.* — Analogie de ses décompositions, *etc.* par les
alcalis, les sels, *etc.* avec celles du muqueux, 166, 167. Voy. *le
Muqueux.* — Est le seul corps capable d'éprouver la fermentation vineuse, 167. Voy. *Fermentation vineuse.* — Son analyse ; contient plus
d'oxigène que la gomme, ou le corps muqueux, 167, 168 Voy. *le Muqueux.* — Ses espèces ou variétés ; forme, d'après ses mélanges, quatre
principales espèces ; *le Sucre,* proprement dit, ou celui de la canne à
sucre ; *le sucre de l'érable, le Miel* et *la Manne,* 168 et suiv. — Essais
que l'on fait en France sur les avantages que l'on annonce pouvoir
obtenir du sucre extrait de la betterave, d'après les expériences modernes de M. Achard, 172. — Ses usages ; est très-recherché par beaucoup d'animaux, sur-tout des insectes ; son utilité économique et médicinale ; son emploi dans les arts, 172, 173. — Son action ou union avec
les autres matières végétales, 283, 366, 367 ; VIII, 13, 30, 171, 172.
Voy. *Végétation,* etc. — Son action avec les matières animales, IX, 78,
111, 134, 400, 420, 427 ; X, 164.
Sucre ou sel de lait, IX, 404 et suiv. Voy. *Petit-lait* ou *Sérum du lait,* et
Lait et ses différentes espèces, Sucré, etc. — Son histoire ; sa préparation, *etc.* ; ses variétés, 404, 405 — Ses propriétés physiques et chimiques, 405 et suiv. — Son peu de saveur et de dissolubilité, *etc.* ; sa
propriété de former de l'acide muqueux, *etc.* ; est regardé par l'auteur
comme une sorte d'être moyen entre le corps gommeux et le sucre ; est
le produit du travail de la digestion, *etc.* 406, 407. Voy. *Sucre,* etc.
— de Saturne. Voy. *Acétite de plomb.*
— des plantes, VII, 134 et suiv. Voy. *Sève.* — Leur action sur le tartrite
d'antimoine et de potasse, ou tartre émétique, *etc.* 249.
Sueur. Voy. *Transpiration.*
Suie, VIII, 78, 80. Voy. *Matières astringentes* et *Matières colorantes*
(*des végétaux*). — Son corps huileux, 80.
Sulfates, sels formés par l'acide sulfurique. Voy. *cet acide et les différens sulfates.*
Sulfates alcalins et terreux (en général), genre 1er., III, 14 et suiv.
Voy. *Sels à bases salifiables alcalines,* etc. *et chaque Sulfate alcalin ou
terreux.* — Composés d'acide sulfurique et de bases salifiables, nommés
autrefois *Vitriols,* 14. Formes sous lesquelles la nature les offre, et procédés pour les obtenir, soit tout formés, soit en les fabriquant par l'art,
14, 15. — Leurs propriétés physiques ; cristallisent ; renferment les sels
les plus pesans, 15. — Sont inaltérables par la lumière, et la plupart de
même par le calorique, au moins dans leur nature intime, 15, 16. — Sont
déliquescens ou efflorescens selon les espèces, 16. — Leur altérabilité à
chaud par les substances combustibles qui les font passer à l'état de sulfures ou de sulfites, est le plus constant et le plus tranchant de leurs
caractères génériques, 16 et suiv. Voy. *Sulfures,* et *ci-dessous à l'action
avec les Métaux.* — Sont moins dissolubles que les autres genres de sels,
18. — Ne sont altérés que par les oxides non saturés d'oxigène, ou contenant du carbone ou de l'hidrogène, 18, 19. Voy. *Pirophore.* — Leur
décomposition par quelques acides, et causes de cette décomposition,
19, 20. — Leur décomposition par les bases salifiables en raison inverse
de l'attraction de ces bases ; et l'action réciproque que les différens sul-

fates peuvent exercer les uns sur les autres, 20. — Leur utilité en histoire naturelle, en agriculture, en médecine et dans les arts, 20, 21. —
Forment quatorze espèces rangées en raison du plus fort degré d'attraction des bases pour l'acide sulfurique, 21 et suiv. — Résumé de leurs
caractères, IV, 92 et suiv. — Action réciproque entre ces sels et les autres sels, 130 et suiv. Voy. *Sels, à leurs actions et décompositions réciproques*. — Leurs principaux caractères considérés minéralogiquement,
et leur division en six espèces fossiles, 283, 284. Voy. *Sels fossiles*. —
Considérés comme minéralisateurs des eaux, 295, 296. Voy. *Eaux minérales*. — Action entre ces sels et les substances métalliques, V, 60, 86,
95, 106, 190, 191, 248, 330, 386; VI, 43, 88, 97, 125, 219, 220, 271,
277, 288, 289, 332, 384, 429; 430, 433. Voy. *Métaux et leurs combinaisons*. — Action ou union entre ces sels et les substances végétales,
VII, 101 et suiv., 151, 218, 313; VIII, 71 et suiv. 104, 105, 135, 136,
150; I, Disc. pr. clij. Voy. *Sels, à cette action*. — Action entre ces sels
et les substances animales, IX, 73, 82, 148, 249; X, 354, 355. Voyez
Sels, à cette action.

Sᴜʟꜰᴀᴛᴇ acide d'alumine et de potasse ou d'ammoniaque, alun, III, 21, 54 et
suiv. Voy. *Sulfates alcalins*, etc. (*en général*), *et les différens Sulfates
d'alumine*. — Sel à plusieurs bases; sa synonymie et son histoire jusqu'aux expériences du citoyen Vauquelin, qui a prouvé qu'il n'y avait pas
d'alun sans potasse ou sans ammoniaque, 54, 55 et suiv. IV, 279, 282,
584; VI, 430. — Ses propriétés physiques; son histoire naturelle; sa
cristallisation en octaèdres; ses variétés; sa saveur, *etc.* III, 55 et suiv.
58, 59, 63; IV, 279, 282, 284, 296. Voy. *Eaux minérales*. — Deux sortes
de mines d'alun; les unes qui contiennent de la potasse et de l'alun tout
formé; les autres ne donnant de l'alun que par l'addition de la potasse
ou de matière ammoniacale, III, 57. — Son extraction, préparation,
purification, 57. — Sa fusion aqueuse, ensuite son desséchement, gonflement, *etc.* dans l'état d'alun calciné, et ses différens degrés de décomposition par l'action du calorique, plus ou moins accumulé, 57, 58. — Sa
légère efflorescence, ses différens degrés de dissolubilité selon ses variétés, 58, 59. — Ses décompositions, 59 et suiv. — Sa décomposition
par le carbone fournit un moyen de connaître celle de ses variétés qui
contient de l'ammoniaque sans potasse, et qui ne peut donner de pyrophore sans le secours des matières végétales qui fournissent de la potasse, 59. Voy. *Pyrophore*. — Ses décompositions par les différentes
bases terreuses ou alcalines présentent divers phénomènes, et fournissent différens moyens de faire son analyse et celle de ses variétés, 60
et suiv. — Son analyse et ses variétés considérées chimiquement, 62,
63; IV, 254. — Sa propriété de dissoudre de la terre alumineuse et de
s'en saturer, que n'a point le sulfate d'alumine, qui ne contient pas de
potasse ou d'ammoniaque, III, 62. Voyez *Sulfate saturé d'alumine triple*, etc. — Sa grande utilité et ses usages multipliés dans la médecine
et dans les arts, principalement pour la teinture, 63. — Garantit les
bois de l'incendie, 63. — Résumé de ses caractères spécifiques, IV, 94.
— Action réciproque entre ce sel et les autres sels, 173 et suiv. 180. —
— Considéré minéralogiquement ou comme fossile, 279, 282, 284. Voy.
Sels fossiles. — Action entre ce sel et les substances métalliques, V,
95, 386; VI, 288, 289, 384. Voy. *Sulfates, à cette action*. — Action
entre ce sel et les substances végétales, VII, 102, 103, 313, 314; VIII,
71 et suiv. 135, 136; I, Disc. pr. clij. Voy. *Sulfates, à cette action*.
— Action entre ce sel et les substances animales, IX, 73, 82, 249; X,
354, 355.

— d'alumine (saturé au acide), III, 21, 51 et suiv. Voy. *Sulfates alcalins*
(*en général*) *et les autres Sulfates d'alumine*. — N'est connu que depuis
les recherches du citoyen Vauquelin, an 5e., sur les combinaisons de
l'acide sulfurique avec l'alumine, qui forment trois espèces distinctes et
un grand nombre de variétés : les épithètes données à cette première espèce indiquent qu'elle peut être dans deux états ou former deux variétés

principales ; son caractère spécifique est de ne contenir que de l'acide sulfurique et de l'alumine, 51 et suiv.

SULFATE d'alumine saturé ; sa cristallisation, préparation, infusibilité, dissolubilité, décomposition, etc. et son union avec l'acide sulfurique qui forme la seconde variété, 52, 53.

— d'alumine acide ; cristallise plus difficilement que le saturé, rougit les couleurs bleues végétales, etc. 53. — Le saturé ou l'acide ne forment point de pyrophore avec le carbone. Voy. *Pyrophore.* — Forment de l'alun avec la potasse et l'ammoniaque ; mais il faut ajouter du sulfate de potasse ou d'ammoniaque à celui qui est saturé, etc. ; leurs décompositions, 53, 93. — Analyse de celui qui est saturé, d'après Bergman, 53, 66 ; IV, 253. Voy. *Sulfate saturé d'alumine triple,* etc. — Résumé de ses caractères spécifiques, 94. — Action réciproque entre ce sel et les autres sels, 173 et suiv. 180.

— d'alumine saturé triple, etc. III, 21, 64 et suiv. Voyez *Sulfates alcalins,* etc. (en général) et les autres *Sulfates d'alumine.* — Qu'on nommait *Alun saturé de sa terre,* 64. (Voy. *Sulfate acide d'alumine,* etc. *Alun.*) — Ses propriétés physiques ; sa préparation, 64, 65. — Est infusible au feu, et n'est altérable qu'à une température extrême ; est indissoluble, etc. 65. — Ses décompositions, 65, 66. — Redevient de l'alun en se dissolvant dans l'acide sulfurique, 66. — Son analyse, 53, 66. Voy. *Sulfate d'alumine (saturé ou acide.)* — Résumé de ses caractères spécifiques, IV, 94.

— ammoniaco-magnésien, III, 21, 47 et suiv. Voy. *Sulfates alcalins,* etc. (en général). — Trisule ou sel à deux bases qui sont unies chacune à une portion différente et particulière d'acide, découvert par Bergman ; sa cristallisation ; sa saveur amère, etc. ; sa préparation, 47, 48. — Sa fusion aqueuse et ensuite décomposition par le calorique ; est inaltérable à l'air ; est moins dissoluble que chacun des sels qui le forment, 48. — Ses décompositions, 49. — Son analyse et son usage chimiques, 49 ; IV, 253. — Action réciproque entre ce sel et les autres sels, III, 105, 137, 170, 194 ; IV, 159 et suiv. — Résumé de ses caractères spécifiques, 93, 94.

— ammoniaco-mercuriel, V, 318 et suiv. Voy. *Trisules et les différens Sulfates de mercure.* — Découvert par l'auteur, 318. — Sa cristallisation, saveur, décrépitation, décompositions, etc. ; sa solubilité dans l'ammoniaque dont il se surcharge, etc. ; son analyse, etc. 319 et suiv.

— d'ammoniaque, III, 21, 40 et suiv. Voy. *Sulfates alcalins,* etc. (en général.) — Sel ammoniacal secret de Glauber, etc. ; sa synonymie et son histoire, 40, 201. — Sa cristallisation et sa préparation, 40, 41. — Sa fusion, son acidification, en perdant une portion de son ammoniaque qui se volatilise, et sa sublimation par l'action du calorique, 41. — Est légèrement déliquescent ; est très-dissoluble, 41. — Ses décompositions, 41, 42. — Se volatilise dans l'état de sulfite, par l'action des corps combustibles, 42. — Est décomposé par les bases terreuses et alcalines, mais ne l'est, à froid, qu'en partie par quelques-unes (comme la magnésie) avec lesquelles il forme un sel à deux bases ou un trisule, 42, 47. Voy. *Sulfate ammoniaco-magnésien.* — Son analyse et ses usages, 42, 43 ; IV, 253. — Action réciproque entre ce sel et les autres sels, III, 81, 83, 90, 105, 106, 137, 170, 186, 194, 302, 303 ; IV, 146 et suiv. — Résumé de ses caractères spécifiques, 93. — Action entre ce sel et les substances métalliques, VI, 43.

— d'argent, VI, 322, 323. Voy. *Sulfates* et *Argent.* — Sa causticité, etc. 322. — Sa cristallisation, 322, 323, etc. — Ses décompositions, et réduction de ses précipités, etc. 323, 340, 341 ; IX, 192.

— de barite, III, 21, 22 et suiv. Voy. *Sulfates alcalins,* etc. (en général.) — Spath pesant, barite sulfatée, etc. ; ses différens noms et son histoire, 22 ; IV, 276, 277, 280. — Est le plus pesant des sels ; ses cristallisations et autres propriétés physiques, et ses variétés, III, 22 et suiv. ; IV, 276, 277. — Son extraction, préparation, purification, III, 24. — Sa décrépitation et sa fusion par le calorique ; est inaltérable par

l'air ; n'est point dissoluble dans l'eau par l'art, quoiqu'il soit cristallisé dans l'eau par la nature, 24. — Ses décompositions, 24, 25. Voyez *les Sulfures de barite.* — Son analyse et son usage, 25 ; IV., 252. — Est vénéneuse, III, 25. — Action réciproque entre ce sel et les autres sels, 170, 194 ; IV, 130. — Résumé de ses caractères spécifiques, 92. — Consideré minéralogiquement ou comme fossile, 276, 277, 280, 283. Voy. *Sels fossiles.* — Action entre ce sel et les substances métalliques, V, 95.

Sᴜʟꜰᴀᴛᴇ de bismuth, 203, 204, 207. Voy. *Sulfates métalliques, Bismuth* et *Oxide de bismuth.*

— de chaux, III, 21, 36 et suiv. Voy. *Sulfates alcalins,* etc. (*en général.*) — Sélénite, gypse, chaux sulfatée, *etc.* ; sa synonymie et son histoire, 36 ; IV, 276. — Son histoire naturelle ; sa grande abondance dans la nature ; ses variétés et propriétés physiques, III, 36, 37 ; IV, 276, 280, 295. Voy. *Eaux minérales.* — Son extraction et sa préparation artificielle, III, 38. — Décrépite, se calcine et forme le plâtre cuit par l'action du calorique ; sa phosphorescence, fusion et vitrification par le même agent accumulé ; est inaltérable à l'air ; son peu de dissolubilité, et la pâte cassante qu'il forme avec l'eau, 38. — Ses décompositions, 39. — Son analyse et ses usages, 39, 40 ; IV, 253. — Action réciproque entre ce sel et les autres sels, III, 81, 83, 86, 89, 93, 105, 106, 170 ; IV, 140 et suiv. — Résumé de ses propriétés spécifiques, 93. — Considéré minéralogiquement ou comme fossile, 276 ; 280, 283. Voy. *Sels fossiles.* — Action entre ce sel et les substances métalliques, V, 95. Voy. *Sulfates,* à cette action. — Action ou union entre ce sel et les substances végétales, VII, 102, 218 ; VIII, 75, 76, 104, 105 ; I, Disc. pr. clij.

— ou vitriol de cobalt, V, 145. Voy. *Sulfates métalliques* et *Cobalt.*

— de cuivre, ou vitriol bleu, vitriol de Chypre, couperose bleue, *etc.* VI, 238, 239, 243, 268 et suiv. Voy. *Sulfates métalliques, Cuivre* et *Oxide de cuivre.*

— de cuivre natif, 238, 239, 243, Voy. *Mines de cuivre,* et ci-dessous à *l'Artificiel.*

— de cuivre artificiel, 268 et suiv. — Sa préparation en grand par l'évaporation des dissolutions du natif, ou par la sulfatisation des sulfures, *etc.* 269, 292. — Sa couleur bleue, *etc.* 238, 239, 269. — Sa cristallisation en rhomboïdes dont la forme primitive est un parallélépipède obliqu'angle, *etc.* 238, 269, 270. — Sa fusion, *etc.* et décomposition par le calorique ; son analyse ; son efflorescence ; sa dissolubilité, *etc.* ; sa décomposition, et réduction de son oxide par le phosphore et les gaz hidrogène phosphoré et sulfuré ; ses décompositions par les terres et les alcalis, *etc.* 270, 271. — Son *minimum* d'acide ou décomposition partielle par une petite quantité de potasse, *etc.* ; sa décomposition totale en oxide bleu par le même alcali employé en excès, *etc.* 271. Voy. *Cendre bleue* ou *Hydrate de cuivre.* — Son union en sel triple avec les sulfates, 271. — Action entre ce sel et les autres sels, 271, 272, 285. — Action entre ce sel et les substances métalliques, et réduction de son oxide, 272, 285. — Action entre ce sel et les substances végétales, VII, 230 ; VIII, 80, 205.

— d'étain, V, 28 et suiv. Voyez *Sulfates métalliques* et *Etain.* — Est peu permanent, *etc.* ; l'est plus ou moins selon la concentration de l'acide employé pour le former, *etc.* ; sa précipitation ou non par l'eau ; celle par les matières alcalines et les terres en un oxide blanc très-réfractaire ; celle par les hidro-sulfures, *etc.* 29, 30. Voyez *Oxide d'étain hidrosulfuré.*

— de fer ou vitriol martial, couperose verte, *etc.* VI, 135, 136, 141, 146, 147, 187 et suiv. Voyez *Sulfates métalliques, Fer, Sulfures* et *Oxides de fer.*

— de fer natif, VI, 135, 136, 141, 146, 147. Voy. *Mines de fer, Sulfures de fer,* et ci-dessous à celui qui est artificiel.

— de fer artificiel, VI, 187 et suiv. — Sa belle couleur d'émeraude ; sa cristallisation rhomboïdale, *etc.* ; sa saveur âcre, *etc.* 189 et suiv. — Sa préparation en grand, 189, 190. — Sa fusion aqueuse ; sa calcination et suroxigénation, *etc.* 190, 191. Voy. *Colcothar* et *Sulfate de fer suroxigéné.* — Sa

décomposition par la distillation, VI, 191, 192. Voy. *Acide sulfurique concret*, etc. *Colcothar* et *Sulfate de fer suroxigéné*. — Son altération et suroxigénation par l'air; le même effet par l'acide nitrique, 192, 193. Voy.
Sulfate de fer suroxigéné. — Ses décompositions et précipités par les substances alcalines, etc. 193. — Action réciproque entre ce sel et les autres
sels, 193 et suiv. 212, 213, 216, 217. — Phénomènes de sa distillation
avec le nitrate de potasse, 193 et suiv. — Son oxide est dans l'état d'oxide
noir, 196. Voy. *Oxides de fer*. — N'est précipité en noir par la noix de
galle, et en bleu par les prussiates alcalins, que par son exposition à
l'air, c'est-à-dire en se suroxigénant, 198, 199; VII, 184, 185; VIII,
81, 82. Voy. *Acide gallique*, *Acide prussique* et *Sulfate suroxigéné de
fer*. — Sa précipitation par l'acide tunstique, VI, 216. Voy. *Tunstate de
fer*. — Ses usages, 227, 373, 384, 394, 435. Voy. *Fer*, à ses usages. —
Action entre ce sel et les substances végétales, VII, 184, 260; VIII, 13,
67, 75, 80 et suiv. Voy. *Oxides métalliques*, à cette action, et *Sulfate
suroxigéné de fer*. — Action entre ce sel et les substances animales, IX,
81 et suiv.

SULFATE de fer rouge ou suroxigéné, autrefois *Eau-mère du vitriol*, VI, 191,
192, 193, 195, 196 et suiv. Voy. *Sulfate de fer*. — Sa préparation; sa
couleur rouge; sa dissolubilité; son etat d'oxigénation, etc. 196, 197. —Ses
précipités par les alcalis comparés avec ceux du sulfate simple ou vert,
197. — Sa conversion en sulfate simple par le fer, et plusieurs autres
métaux et par l'eau hidro-sulfurée, 197, 198. — Sa précipitation en noir
par la noix de galle, et en bleu par les prussiates alcalins; phénomènes
que ne produit point le sulfate simple sans son exposition à l'air, et par
conséquent sans sa suroxigénation, 198, 199; VII, 184; VIII, 81, 82.
Voy. *Acide gallique*, *Acide prussique* et *Sulfate de fer*. — Action entre
ce sel et les autres sels, VI, 217. — Action entre ce sel et les substances
végétales, 198, 199; VII, 184, 230; VIII, 81, 82, 96, 97, 150. Voyez
Oxides métalliques et *Sulfate de fer*. — Action entre ce sel et les substances
animales, IX, 81 et suiv.

— de glucine, III, 21, 49 et suiv. Voy. *Sulfates alcalins*, etc. (*en général.*) — N'a été connu et décrit qu'en floréal de l'an 6 par le citoyen
Vauquelin, 49. — Cristallise difficilement; sa saveur sucrée, etc.; sa
préparation; sa fusion, etc. et par suite sa décomposition entière par le
calorique qui vaporise l'acide sulfurique; sa dissolubilité, 49, 50. — Ses
décompositions, 50, 51, 93. — L'infusion de noix de galle forme dans
sa dissolution un précipité blanc jaunâtre, 51. — Action réciproque entre
ce sel et les autres sels, 165, 137, 170, 194; IV, 165 et suiv. —Résumé
de ses caractères spécifiques, 94.

— de magnésie, III, 21, 43 et suiv. Voy. *Sulfates alcalins*, etc. (*en général.*) — Sel d'Epsom, sel de Sedlitz, magnésie sulfatée, etc.; sa synonymie et son histoire, 43; IV, 277, 281. —Sa cristallisation à quatre
pans, etc.; ses variétés, sa saveur amère, etc.; son histoire naturelle; sa
purification, III, 44, 45, 46; IV, 277, 295. Voy. *Eaux minérales*. —Sa
fusion aqueuse par le calorique, et difficulté de lui communiquer la véritable fusion ignée, etc. III, 45. — Est très-peu et superficiellement efflorescent; est un des sels les plus dissolubles, 45, 46. — Ses décompositions, 46, 47. — Sa décomposition partielle par l'ammoniaque avec laquelle s'unit sa portion non décomposée, constitue un sel à double base;
son union entière avec le sulfate d'ammoniaque produit le même sel, 46,
47. Voy. *Sulfate ammoniaco-magnésien*. — Son analyse; son utilité en
médecine et dans la chimie, 47; IV, 253. —Action réciproque entre ce sel
et les autres sels, III, 81, 83, 86, 90, 93, 105, 106, 137, 170, 194; IV, 153
et suiv. Voy. *Sulfates*, à cette action. — Résumé de ses caractères spécifiques, 93. — Considéré minéralogiquement ou comme fossile, 277, 281,
284. Voy. *Sels fossiles*. — Action entre ce sel et les substances métalliques,
V, 95.

— de manganèse, V, 181 et suiv. Voy. *Sulfates métalliques* et *Oxide de
manganèse*. — Ne peut se former avec l'oxide noir de manganèse qu'en

le désoxidant en partie, *etc.* V, 182, 183. — Existe dans deux états différens d'oxigénation, selon le plus ou moins d'oxidation de sa base, *etc.* ; le moins oxigéné est blanc et le suroxigéné est coloré en rouge ou en violet, 183, 184. — Ses précipités, 188.

Sulfate acide de mercure, V, 310 et suiv. Voy. *Sulfates métalliques*, *Sulfate* (*neutre*) *de mercure*, *Sulfate jaune ou avec excès d'oxide de mercure*, *ou Turbith minéral et Mercure*. — Peut contenir plus ou moins d'acide, et est d'autant plus dissoluble qu'il est plus acide, *etc.* lavé avec moins d'eau que pour le dissoudre et à petites doses, *etc.* il se change en sulfate neutre ; 312. Voy. *ce Sulfate*. — Phénomène des différentes proportions de sa dissolubilité, selon que les doses d'eau sont fractionnées, *etc.* 313, 314, 317. — Ses précipités orangés par les alcalis, et son union en sel triple par l'ammoniaque, 317, 320. Voy. *Sulfate ammoniaco-magnésien*.

— jaune ou avec excès d'oxide, de mercure, ou turbith minéral, V, 311, 312, 314 et suiv. Voy. *Sulfates métalliques*, *Sulfate acide de mercure*, *Sulfate* (*neutre*) *de mercure* et *Mercure*. — Conditions nécessaires à sa formation, *etc.* 314, 315. — Preuves de la présence d'acide sulfurique, 315. — Le mercure y est plus oxidé, *etc.* que dans les autres sulfates, 315 et suiv. — Son peu de solubilité ; son analyse ; son partage d'oxigène avec le mercure qu'il oxide en noir, *etc.* ; sa solubilité dans l'acide sulfurique, *etc.* 316, 317. — Est décomposé par l'acide nitrique, et converti en muriate suroxigéné par l'acide muriatique, 315, 317, 332, 333. Voy. *Muriate suroxigéné de mercure ou sublimé corrosif.* — Ses précipités gris, 317. — Son union en partie avec l'ammoniaque, 317, 320. Voy. *Sulfate ammoniaco-mercuriel*.

— neutre de mercure, V, 312 et suiv. Voy. *Sulfates métalliques*, *Sulfate acide de mercure*, *Sulfate jaune ou avec excès d'oxide de mercure*, *ou Turbith minéral et Mercure.*—Découvert par l'auteur, 312.—Sa cristallisation, son analyse, ses précipités gris, *etc.* ; est rendu plus dissoluble en proportion qu'on l'acidifie, *etc.* 313, 317. — Sa décomposition partielle, et réduction par l'ammoniaque qui s'unit en sel triple à la partie restante, *etc.* 317, 318 et suiv. Voy. *Sulfate ammoniaco-mercuriel*.

— métalliques ou vitriols métalliques, V, 54. Voy. *Acide sulfurique* et *chaque Sulfate métallique.*

— de nickel, V, 164. Voy. *Sulfates métalliques* et *Nickel*.

— de plomb, VI, 56, 57, 85, 86. Voy. *Sulfates métalliques* et *Plomb*.

— de plomb natif, 56, 57. Voy. *Mines de plomb*.

— de plomb artificiel, 85, 86. — Ne peut être obtenu qu'à l'aide d'un excès d'acide, 86. — Ses décompositions, *etc.* ; son analyse, 86. — Son excès d'oxide, 100.

— de potasse, III, 21, 25 et suiv. Voy. *Sulfates alcalins*, *etc.* (*en général.*) — Ses différens noms et son histoire, 25. — Sa cristallisation à six faces comme le cristal de roche, et autres propriétés physiques et naturelles, 25, 26, 27. — Son extraction, préparation, purification, 26, 120. — Sa décrépitation, fusion et vitrification par le calorique, 26. — Son inaltération à l'air ; sa dissolubilité plus grande dans l'eau bouillante, 27. — Ses décompositions, 27, 28. — Son analyse, 28 ; IV, 252. — Son utilité en médecine et pour les manufactures de salpêtre et d'alun, III, 28. — Action réciproque entre ce sel et les autres sels, 105, 106, 137, 141, 170, 194 ; IV, 130 et suiv. Voy. *Sulfates, à cette action.* — Résumé de ses caractères spécifiques, 92. — Action réciproque entre ce sel et les substances métalliques, V, 106, 248 ; VI, 43, 219, 220, 429, 430. Voy. *Sulfates, à cette action.* — Son action ou union avec les substances végétales, VIII, 105. Voy. *Sulfates, à cette action.*

— acide de potasse, III, 21, 28 et suiv. Voy. *Sulfates alcalins*, *etc.* (*en général.*) — Découvert par Rouelle l'aîné sous le nom de *Tartre-vitriolé avec excès d'acide*, 28. — Ses propriétés physiques, cristallisation, saveur, *etc.* 28, 29, 30. — Est un produit de l'art ; sa préparation et purification, 29. — Sa fusibilité par le calorique qui accumulé en volatilise l'excès d'acide, 29. — Plus dissoluble que le sulfate de potasse, *etc.* 30.

Ses décompositions, III, 30, 105, 106, 137, 141, 170, 194.—Son analyse,
30; IV, 252. — Résumé de ses caractères spécifiques, 92. — Action réciproque entre ce sel et les autres sels, 132, 133.

SULFATE de soude, III, 21, 30 et suiv. Voy. *Sulfates alcalins*, etc. (*en général.*) — Sel de Glauber, *etc.* ; sa synonymie et son histoire, 30, 31. —
Sa cristallisation à six pans cannelés, *etc.* et autres propriétés physiques
et naturelles, 31, 32, 33 ; IV, 284, 295. Voy. *Eaux minérales.* — Sa
préparation et purification, III, 31, 181. — Ses deux fusions par le calorique, dont la première n'est qu'une dissolution aqueuse, 31, 32. —
Son efflorescence à l'air, 32. — Est très-dissoluble à froid, et est un des
sels qui produisent le plus de froid avec la glace, 32, 33. — Ses décompositions, 33. —Son analyse, 33 ; IV, 252. — Son grand usage dans la
médecine, et son utilité pour la chimie et pour les arts, III, 33, 34. —
Action réciproque entre ce sel et les autres sels, 81, 105, 106, 137,
141, 170, 194; IV, 133 et suiv. Voy. *Sulfates*, à cette action. — Résumé
de ses caractères spécifiques, 92. — Considéré minéralogiquement ou comme
fossile, 284 Voy. *Sels fossiles.* — Son action ou union avec les substances végétales, VIII, 105. Voy. *Sulfates*, à cette action. — Son union
et action avec les substances animales, IX, 148. Voy. *Sulfates*, à cette action.

— de strontiane, III, 21, 34 et suiv. Voy. *Sulfates alcalins*, etc. (*en général*) et *Strontiane.* — Sa découverte, en 1793, par M. Klaproth, 34.
— Vient d'être découvert en France, à Montmartre, *etc.* ; sa grande pesanteur, *etc.* et autres propriétés physiques et naturelles, 34; IV, 277,
281. — Sa préparation ; sa fusion à une haute température, et phosphorescence au chalumeau ; est inaltérable à l'air et indissoluble dans
l'eau, III, 35 ; IV, 277. — Ses décompositions, III, 35, 36, 105, 106,
137, 170, 194.—Son analyse, 36 ; IV, 252. — Son utilité pour la chimie,
III, 36. — Résumé de ses caractères spécifiques, IV, 93. — Action réciproque entre ce sel et les autres sels, 136 et suiv. — Considéré minéralogiquement ou comme fossile, 277, 281, 283. Voy. *Sels fossiles.*
— de tellure, V, 254, 255. Voy. *Sulfates métalliques* et *Tellure.*
— de titane, V, 120, 122, 123, 124. Voy. *Sulfates métalliques*, *Carbonate
de titane* et *Titane.* — Ses décompositions, 123, 124.
— d'urane, V, 133, 134. Voy. *Sulfates métalliques* et *Oxide d'urane.*
— d'yttria, I, Disc. pr. lxxxj. Voy. *Yttria* et *Sulfates alcalins ou terreux*
(*en général*).
— de zinc, V, 364, 367, 377 et suiv. Voy. *Sulfates métalliques* et *Zinc.*
— de zinc natif, 364, 367. Voy. *Mines de zinc.*
— de zinc artificiel, 377 et suiv. — Sa cristallisation ; sa saveur âcre, *etc.* ;
sa fusion aqueuse, et dégagement d'acide sulfureux, *etc.* ; son efflorescence, *etc.* 378. — Ses décompositions ; ses précipités blancs propres à
la peinture, *etc.* ; dissolution de ses précipités, *etc.* 378, 379, 384. — Du
commerce, nommé *Couperose blanche*, *Vitriol de zinc*, etc. ; est préparé
en grand à Goslard ; est moins pur, *etc.* ; moyen de le purifier, 379,
380. — Son usage, 389. Voy. *ceux du Zinc.*
— triple de zinc et d'alumine, V, 386. Voy. *Trisulés métalliques.*
— de zircone, III, 21, 66, 67. Voy. *Sulfates alcalins*, etc. (*en général.*)
— Découvert depuis peu par M. Klaproth, et examiné par le citoyen
Vauquelin, 66. Voy. *Zircone.* — Se cristallise en petites aiguilles ; est le
plus souvent pulvérulent, *etc.* ; sa préparation, 65, 67. — Sa décomposition par le calorique ; son indissolubilité dans l'eau à moins qu'elle ne
contienne quelque acide, sur-tout le sulfurique, 67. — Ses décompositions, 67, 93, 105, 106, 137, 170, 194. —Son caractère spécial est d'être
décomposé par toutes les bases salifiables, excepté la silice, 67. — Résumé
de ses caractères spécifiques, IV, 94. — Action réciproque entre ce sel
et les autres sels, 181 et suiv.

SULFATISATION (spontanée) autrefois *Vitriolisation*, III, 56. Voy. *Sulfate
acide d'alumine*, etc. ou *Alun*, et *Sulfure de fer ou Pyrites martiales* et
les *Sulfites.*

Sulfites, sels formés par l'acide sulfureux. Voy. *cet acide et les différens Sulfites.*

— alcalins et terreux (en général), genre 2°., III, 10, 68 et suiv. Voyez *Sels à bases salifiables alcalines,* etc. *et chaque Sulfite alcalin ou terreux.*

— Composés de l'acide sulfureux et des bases salifiables, et qui étaient nommés auparavant *Sels sulfureux* ; leur histoire ; ne sont bien connus dans leur généralité que depuis les recherches approfondies du citoyen Vauquelin et de l'auteur sur ces sels, 68. — Leur préparation, 69. — Leurs propriétés physiques ; ont une saveur âpre, désagréable, analogue à celle du soufre chauffé, etc. 69, 70. — Leur fusion, sublimation, etc. et altérations diverses par le calorique qui décompose les uns en laissant leur base pure isolée, ou convertit les autres en sulfates par la volatilisation d'une partie du soufre qui constitue l'acide sulfureux, 70. — S'unissent à l'oxigène de l'air ou au gaz oxigène en se convertissant en sulfates, 70.

— Leur conversion en sulfures, excepté le sulfite d'ammoniaque, spécialement par l'hidrogène et le carbone, 70, 71. — Variété de leur dissolubilité, 71. — Plusieurs oxides métalliques les font passer à l'état de sulfates, en leur abandonnant de l'oxigène, et d'autres en leur enlevant du soufre, 71. — Leur altération par les acides, dont les uns, le nitrique, etc. les changent en sulfates en se désoxigénant, et les autres, le sulfurique, etc. en dégagent l'acide sulfureux en s'emparant de leurs bases, 71. — Forment onze espèces rangées selon l'ordre du plus fort degré d'attraction des bases pour l'acide sulfureux, 72 et suiv. — Leur sulfatisation par les muriates suroxigénés, 218, 226. — Leur saveur, IV, 69. Voy. *Sels,* etc. *à leur saveur.* — Résumé de leurs caractères, 95 et suiv. — Action réciproque entre ces sels et les autres sels, 183 et suiv. Voy. *Sels, à leurs actions et décompositions réciproques.* — Action entre ces sels et les substances métalliques, V, 60 ; VI, 87, 324, 332.

— d'alumine, III, 72, 91 et suiv. Voy. *Sulfites alcalins,* etc. (*en général.*)

— Peu connu ; probabilités de différens états de ce sel, ou composés triples, etc. analogues aux sels alumineux découverts par le citoyen Vauquelin, 91. Voy. *les Sulfates d'alumine.* — Ses propriétés physiques ; sa préparation ; sa décomposition par le calorique, 91, 92. — Se sulfatise à la longue par le contact de l'air, mais beaucoup plus promptement lorsqu'il est dissous dans un excès de son acide ; son indissolubilité dans l'eau, etc. 92. — Ses décompositions, 93. — Action réciproque entre ce sel et les autres sels, 93, 105, 106, 218, 226 ; IV, 181, 199 et suiv. — Son analyse, III, 93 ; IV, 255. — Résumé de ses caractères spécifiques, 97.

— ammoniaco-d'argent, VI, 324. Voy. *Sulfite d'argent* et *Trisules.*

— ammoniaco - magnésien, III, 72, 89, 90. Voy. *Sulfites alcalins,* etc. (*en général*). — Sa cristallisation ; sa préparation ; sa décomposition et sublimation par le calorique ; sa sulfatisation plus lente à l'air que celle de sa dissolution, 90. — Ses décompositions, 90. — Action réciproque entre ce sel et les autres sels, 105, 106, 218, 226 ; IV, 173, 174, 181, 195 et suiv. — Résumé de ses caractères spécifiques, 96.

— d'ammoniaque, III, 72, 84 et suiv. Voy. *Sulfites alcalins,* etc. (*en général.*) — N'est connu que depuis les recherches du citoyen Vauquelin et de l'auteur, 84. — Sa cristallisation ; sa saveur fraîche et piquante, etc. ; sa préparation, 84, 85. — Sa décrépitation ; sa sublimation et son état de sulfite acide par le calorique, etc. ; sa déliquescence et sa sulfatisation prompte à l'air, 85, 86. — Sa dissolubilité ; froid et sulfatisation de sa dissolution, 85. — Ses décompositions, 86. — Son analyse, 85 ; IV, 255. — Action réciproque entre ce sel et les autres sels, III, 85, 90, 105, 106, 218, 226 ; IV, 153, 173, 181, 192 et suiv. — Résumé de ses caractères spécifiques, 96. — Son union en sel triple avec l'oxide d'argent, VI, 324. Voy. *Sulfite ammoniaco-d'argent.*

— d'antimoine V, 231, 233, 237. Voy. *Sulfites métalliques* et *Antimoine.*

— d'antimoine sulfuré, V, 231. Voy. *Sulfites métalliques* et *Sulfure d'antimoine.*

— d'argent, IV, 323, 324. Voy. *Sulfites métalliques* et *Oxide d'argent.*

Sa formation en sel triple avec les alcalis, *etc.* 324. Voy. *Sulfite ammoniaco-d'argent.* — Sa saveur âcre, *etc.* ; ses décompositions, sa réduction, *etc.* 324.

SULFITE de barite, III, 72, 73 et suiv. Voy. *Sulfites alcalins,* etc. (*en général*) — N'est connu que depuis les travaux du citoyen Vauquelin et de l'auteur, 73. — Variétés de sa cristallisation ; son peu de saveur, *etc.* ; sa grande pesanteur, 73, 75. — Sa préparation, 73, 74. — Se convertit en sulfate par le calorique, qui en dégage du soufre, et à la longue par l'air, en en absorbant de l'oxigène, 74. — N'est dissoluble dans l'eau que par le moyen de l'acide sulfureux, 74, 75. — Ses décompositions ; est le plus difficile des sulfites à décomposer, 74, 75. Voy. *Sulfites alcalins* (*en général*). — Son analyse, 75 ; IV, 254. — Employé par l'auteur pour connaître la pureté de l'acide sulfureux, III, 75. — Action réciproque entre ce sel et les autres sels, 218, 226 ; IV, 130, 133, 136, 140, 146, 153, 159, 165, 173, 181, 183 et suiv. — Résumé de ses caractères spécifiques, 95.

— de bismuth, V, 203, 204, 207. Voy. *Sulfites métalliques* et *Oxide de bismuth.*

— de chaux, III, 72, 76 et suiv. Voy. *Sulfites alcalins,* etc. (*en général*). — Inconnu avant les travaux des citoyens Berthollet, Vauquelin et ceux de l'auteur, 76. — Ses propriétés physiques ; sa cristallisation en prismes à six pans, *etc.* ; son peu de saveur, *etc.* 76. — Sa préparation, 76. — Sa conversion en sulfate par le calorique, en perdant du soufre, et par l'air à la longue, en absorbant de l'oxigène ; son peu de solubilité, 77. — Ses décompositions, 77, 105, 106. (Voy. *Sulfites alcalins,* etc. (*en général*). — Son analyse, 78 ; IV, 254. — Action réciproque entre ce sel et les autres sels, III, 105, 106, 218, 226 ; IV, 185 et suiv. — Résumé de ses caractères spécifiques, 95.

— de cuivre, VI, 272, 273. Voy. *Sulfites métalliques* et *Oxide de cuivre.* — Partage inégal d'oxigène dans la formation de ce sel, dont la portion la plus oxigénée forme des cristaux verdâtres, tandis que l'autre portion, contenant plus d'oxide, se précipite en jaune, *etc.* 272. — Sa fusion, décomposition, sulfatisation, *etc.* 272, 273.

— d'étain, VI, 30, 31. Voy. *Sulfites métalliques* et *Etain.*

— d'éta insulfuré, *id.*

— de fer, VI, 199 et suiv. Voy. *Sulfites métalliques* et *Fer.*

— de fer sulfuré, ou avec excès de soufre ; sa désulfuration et précipitation de soufre par les acides et par l'air, *etc.* 199 et suiv.

— de fer simple se sulfatise à l'air ; ne donne que de l'acide sulfureux, au lieu de soufre, par les acides, *etc.* ; peut s'obtenir en combinant immédiatement l'oxide de fer et l'acide sulfureux, *etc.* 200.

— de glucine, III, 72, 91. Voy. *Sulfites alcalins,* etc. (*en général*). — Action réciproque entre ce sel et les autres sels, IV, 173, 174, 181, 197 et suiv.

— de magnésie, III, 72, 87 et suiv. Voy. *Sulfites alcalins,* etc. (*en général*). — Etait inconnu avant les travaux du citoyen Vauquelin et de l'auteur, 87. — Sa cristallisation tétraèdre, *etc.* sa saveur douceâtre, *etc.* ; sa préparation et purification, 87, 88. — Son ramollissement, *etc.* calcination, *etc.* boursouflement, et ensuite décomposition complète dans ses principes (non altérés) par le calorique, 87, 88. — Sa légère efflorescence ; lenteur de sa sulfatisation par l'oxigène de l'air, tandis que sa dissolution dans l'eau présente très-rapidement ce phénomène ; est rendu plus dissoluble par l'acide sulfureux, *etc.* 88. — Ses décompositions, 88, 89. — Son union avec l'ammoniaque, 89. Voy. *Sulfite ammoniaco-magnésien.* — Son analyse, 89 ; IV, 255. — Action réciproque entre ce sel et les autres sels, 89 ; III, 90, 105, 106, 218, 226 ; IV, 146, 173, 174, 181, 194 et suiv. — Résumé de ses caractères spécifiques, 96.

— de manganèse, V, 184, 185, 188. Voy. *Sulfites métalliques,* et *Oxide de manganèse.* — Ne peut se former avec l'oxide noir, qui, en rendant l'acide sulfureux sulfurique, ne donne qu'un sulfate, 184, 185.

Sulfites métalliques, V, 53, 54. Voy. *Acide sulfureux*, *Métaux et chaque sulfite métallique.*
— sulfurés métalliques, V, 54. — Voy. *Métaux et chaque sulfite sulfuré.*
— de plomb, VI, 86, 87. Voy. *Sulfites métalliques et Plomb.* — Ses décompositions, *etc.* 87. — Sa sulfatisation par l'acide nitrique, 87.
— de potasse, III, 72, 78 et suiv. Voy. *Sulfites alcalins, etc. (en général).* — Sel sulfureux de Stahl, son histoire ; peu connu jusqu'aux recherches des citoyens Berthollet, Vauquelin, et de l'auteur, 78. — Ses cristallisations variées, sa saveur piquante, *etc.* et autres propriétés physiques, 78, 79. — Sa préparation, 79. — Sa décrépitation et sa décomposition par le calorique qui lui enlève une portion d'acide sulfureux, un peu de soufre, et le convertit en sulfate avec un peu d'alcali en excès, 79. — S'effleurit et absorbe promptement l'oxigène de l'air, ou le gaz oxigène pur ; c'est de tous les sulfites celui qui est changé le plus rapidement en sulfate, à l'air, 80. — Sa dissolubilité, et sulfatisation de sa dissolution à l'air et par le gaz acide muriatique oxigéné, 80. — Ses décompositions, 8c. — Action réciproque entre ce sel et les autres sels, 81, 105, 106, 218, 226 ; IV, 133, 136, 137, 140, 146, 153, 159, 165, 173, 181, 186 et suiv. — Son analyse ; son utilité en chimie, et celle dont il paraît devoir être pour les arts et pour la médecine, III, 81. — Résumé de ses caractères spécifiques, IV, 95.
— de soude, III, 72, 82 et suiv. Voy. *Sulfites alcalins, etc. (en général).* — Inconnu avant les recherches des citoyens Berthollet, Vauquelin et de l'auteur, 82. — Sa cristallisation, sa saveur fraîche, *etc.* 82. — Sa préparation, sa purification, 82. — Sa fusion aqueuse par le calorique qui le sulfatise en lui enlevant du soufre, 82. — Est le plus efflorescent des sulfites ; sa sulfatisation par l'oxigène de l'air ; sa grande dissolubilité et sulfatisation de sa dissolution à l'air et par le gaz muriatique oxigéné, 82, 83, 84. — Ses décompositions, 83, 84. — Son analyse, 84 ; IV, 254. — Action réciproque entre ce sel et les autres sels, III, 105, 106, 218, 226 ; IV, 136, 137, 140, 146, 153, 165, 165, 173, 181, 188 et suiv. — Résumé de ses caractères spécifiques, 96. — Sa sulfatisation par l'oxide rouge de plomb, VI, 87.
— hidro-sulfuré de soude, I, Disc. pr. civ, cv. Voy. *Sulfites et Hydrosulfures.*
— de strontiane, III, 72, 84. Voy. *Sulfites alcalins*, etc. *(en général).* — Action réciproque entre ce sel et les autres sels, IV, 146, 153, 159, 160, 165, 166, 173, 181, 190 et suiv.
— de zinc, V, 381, 382. Voy. *Sulfites métalliques, Zinc et Sulfite sulfuré de zinc.* — Est formé par l'union directe de l'oxide de zinc et de l'acide sulfureux, 381. — Ses caractères comparés avec ceux du sulfite sulfuré de zinc ; ne précipite point de soufre, *etc.* ; est indissoluble dans l'alcool, *etc.* ; se sulfatise promptement, *etc.* ; forme du sulfite sulfuré avec du soufre, *etc.* 381, 382.
— sulfuré de zinc, V, 380 et suiv. Voy. *Sulfites sulfurés métalliques, Zinc*, et *Sulfite de zinc (pur).* Sa saveur piquante, *etc.* ; sa cristallisation, *etc.* ses décompositions, *etc.* ; précipite du soufre, *etc.* ; sa lumière éclatante et ses ramifications, *etc.* à la chaleur du chalumeau ; est dissoluble en partie dans l'alcool, *etc.* ; dégage du gaz hidrogène sulfuré ; *etc. etc.* 380, 381.
— de zircone, III, 72, 93, 94, Voy. *Sulfites alcalins*, etc. *(en général).* — Action réciproque entre ce sel et les autres sels, IV, 200 et suiv.
Sulfures alcalins ou foies de soufre, II, 191 et suiv. Voy. *les différens Sulfures à base terreuse ou alcaline*, et *Soufre.* — Leur action avec les substances métalliques, V, 70, 77, 82, 94, 100, 101, 133, 144, 162, 228, 245, 247, 248, 265, 303, 379 ; VI, 30, 34, 61, 88, 90, 94, 172, 173, 193, 276, 277, 314, 323, 363, 377, 385, 417. Voy. *Métaux, Oxides métalliques*, etc. — Leur action avec les substances végétales, VII, 180, 249. Voy. *Végétaux et leurs composés*, etc. — Action entre ces composés et les substances animales, IX, 87.

Sulfures alcalins antimoniés, V, 238, 248. Voy. *Sulfures* et *Oxides d'antimoine hidro-sulfuré.*
— alcalins stannifères, VI, 43. Voy. *Sulfures alcalins* et *Etain.*
— alcalins avec oxide de zinc, V, 386. Voy. *Sulfures alcalins* et *Oxides de zinc.*
— d'ammoniaque ou ammoniacal, II, 238. Voy. *Sulfures alcalins*, etc. — Son action sur les substances métalliques, V, 124.
— d'ammoniaque hidrogéné (fumant), II, 238, 247, 248. Voy. *Sulfures hidrogénés.* — Nommé long-temps *Liqueur fumante de Boyle*, parce que ce physicien en a fait la découverte, 247. — Est décomposable par le feu, les acides et le gaz hidrogène sulfuré, 248. — Action entre ce sulfure et les substances métalliques, V, 303, 305, 342; VI, 34, 61, 94.
— ou mine d'antimoine (nommé improprement *Antimoine*), V, 214, 215 et suiv. Voy. *Sulfures métalliques*, *Mines d'antimoine* et *Antimoine.* — Sa couleur grise, *etc.*; sa cristallisation en prismes carrés, *etc.*; ses variétés, 215, 216. — Ses travaux docimastiques, 217, 218. — Ses travaux métallurgiques, ou purification en grand, 219, 220. — Sa fusion, oxidation, *etc.* 222 et suiv. Voy. *Oxide d'antimoine sulfuré gris*, etc. — Sa formation artificielle, 225, 226. — Est plus fusible que l'antimoine métal, *etc.* 225. — Son action et absorption d'oxigène avec l'eau et avec les oxides métalliques, 229, 230. — Action entre ce composé et les acides, 231 et suiv. — Son dégagement de gaz hidrogène par l'acide muriatique et par l'acide nitro-muriatique, 234, 235, 236. — Inflammation de son soufre par le gaz acide muriatique oxigéné; proposé pour en faire l'analyse, d'après l'acide sulfurique obtenu, 235, 236. — Action entre ce composé et les substances alcalines, 238 et suiv. Voy. *Oxides d'antimoine hidro-sulfurés*, ou *Kermès minéral* et *Soufre doré.* — Action entre ce composé et les sels, 249 et suiv. — Action entre ce composé et les substances métalliques, 345, 346; VI, 79, 176, 256, 316, 365, 369, 370.
— d'argent, VI, 299 et suiv. 304, 308, 310, 314, 315. Voy. *Sulfures métalliques* et *Argent.*
— d'argent natif ou mine d'argent vitreuse, 299 et suiv. 304, 308, 310. Voy. *Mines d'argent*, et ci-dessous à l'artificiel.
— d'argent artificiel, 314, 315, 329. Voy. ci-dessus au natif.
— d'oxide d'argent et d'antimoine, ou mine d'argent rouge, VI, 299, 301, 302, 304, 309, 310.
— d'arsenic, ou oxide d'arsenic sulfuré, V, 65, 66, 70, 77, 82. Voy. *Sulfures* et *Oxides métalliques.* — Action entre ce sulfure et les substances métalliques, 344, 345. — Action entre ce composé et les substances végétales, VIII, 67.
— de barite, II, 191 et suiv. Voy. *Sulfures alcalins*, etc. — Décompose l'eau en formant de l'hidro-sulfure de barite, 191, 192. Voy. *Hidro-sulfure de barite.* — Son caractère est de ne donner que du soufre sublimé sans gaz hidrogène sulfuré, 192, 193. Voy. *Hidro-sulfure de barite* et *Sulfure de barite hidrogéné.*
— baritique. Voy. *Sulfure de barite.*
— de barite hidrogéné, II, 191 et suiv. Voy. *Sulfures hidrogénés* et *Phosphore de Bologne.* — Sorte d'union intermédiaire du soufre et de la barite entre l'état de sulfure de barite et celui d'hidro-sulfure de barite, 193. Voy. ces mots. — Donne, dans sa décomposition par les acides, du gaz hidrogène sulfuré et du soufre, 193. Voy. *Sulfure et hidro-sulfure de barite*; voy. aussi *les Sulfures et l'Hidro-sulfure de potasse.*
— de bismuth, V, 196 et suiv. 201. Voy. *Sulfures métalliques* et *Bismuth.*
— de bismuth natif. Voy. *Mines de bismuth.*
— de bismuth artificiel, 201. — Est moins fusible, *etc.* que le bismuth et que le sulfure d'antimoine, *etc.* 201.
— calcaire. Voy. *Sulfure de chaux.*
— de chaux ou sulfure calcaire, II, 172, 173, 174. Voy. *Sulfures alcalins*, etc.

— Décompose l'eau en se formant par la voie humide, 173. Voy. *Sulfure de chaux hidrogéné* et *Hidro-sulfure de chaux.*

Sulfure de chaux hidrogéné, II, 173, 174. Voy. *Sulfure* et *Hidro-sulfure de barite et de potasse.* — Sert d'eudiomètre, en absorbant l'oxigène de l'air, 173. — Est décomposé par les acides, 173. — Son action sur les oxides et substances métalliques, 173. Voy. *Sulfures hidrogénés.* — Dissout le charbon, 174. — Expérience de l'auteur sur ce sulfure mêlé à de l'air atmosphérique, pour la formation de la potasse, 212.

— de cobalt, V, 144. Voy. *Sulfures métalliques* et *Cobalt.*

— de cuivre, VI, 234 et suiv. 241 et suiv. 244, 246, 252 et suiv. Voy. *Sulfures métalliques* et *Cuivre.*

— de cuivre natif ; ses variétés et ses mélanges ; trois espèces distinctes, 234 et suiv. 241 et suiv. 244, 246, 292. Voy. *Cuivre pyriteux*, etc. *Cuivre gris*, etc. *Cuivre sulfuré, Mines de cuivre*, et ci-dessous, à *l'artificiel*, à *sa sulfatisation*, etc.

— de cuivre artificiel, 252 et suiv. — Sa sulfatisation, 252, 253. Voy. *Sulfate de cuivre.* Expérience sur sa fusion, *etc.* et sorte d'inflammation dans un vaisseau fermé, *etc.* que l'auteur prouve être une simple phosphorescence, *etc.* ou conversion du calorique en lumière, et non une combustion, puisqu'il n'y point de sulfatisation, *etc.* 253, 254. — Ses usages dans les arts, 292. Voy. *Cuivre*, à *son utilité*, etc.

— d'étain ou stannique, VI, 21, 22. Voy. *Sulfures métalliques, Etain*, et *Oxides d'étain sulfuré*, et *hidro-sulfuré*, ou *Or mussif.* — Son analyse comparée à celle de l'oxide d'étain hidro-sulfuré ou or mussif, 45.

— de fer, VI, 124, 125 et suiv. 141, 142 et suiv. 170 et suiv. Voy. *Sulfures métalliques* et *Fer.*

— de fer natif, ou Pyrites martiales, 124, 125 et suiv. 141, 142 et suiv. Voy. *Mines de fer.* — Ses variétés, et diversité de ses formes, 125 et suiv. — Sa couleur dorée plus ou moins brillante, *etc.* 126, 127. — Sa fusibilité, inflammabilité, *etc.* ; sa conversion à l'air en sulfate, ou sulfatisation, nommée autrefois *Vitriolisation des pyrites ;* décomposition de l'eau par cette opération ; dégagement et inflammation de gaz hidrogène sulfuré, phénomène auquel on a attribué la formation des volcans, *etc.* ; ses décompositions par les acides et son inflammation et détonation par les nitrates, et sur-tout par le muriate suroxigéné de potasse, 127. — Ses mélanges avec des terres, *etc.* et variété de la nature et des proportions de ses composans, 128. — Son traitement docimastique et métallurgique, 142. et suiv. — Voy. *Mines de fer.*

— de fer artificiel, 170 et suiv. Voy. *Oxides de fer.* — Se sulfatise, *etc.* comme le sulfure natif, 171. (Voy. *ci-dessus*, à *ce phénomène.*) — Ne peut jamais imiter le brillant doré, ni la cristallisation du natif, *etc.* 172.

de fer arsenié, VI, 128, 141. Voy. *Mines de fer.*

— ferrugineux, VI, 172, 173. Voy. *Sulfures alcalins* et *Oxides de fer.* — Leur couleur verte, *etc.* 173.

— hidrogénés, II, 173, 174. Voy. *les différens Sulfures hidrogénés.* — Leur action sur les substances métalliques, V, 303, 305, 342. Voy. *Métaux et leurs Oxides*, etc. — Leur action sur les substances végétales, VIII, 205.

— Hidro-sulfurés d'antimoine. Voy. *Hidro-sulfures d'antimoine.*

— de magnésie, II, 165. Voy. *Sulfures alcalins.*

— de manganèse, V, 179. Voy. *Sulfures métalliques.*

— de mercure rouge. Voy. *Oxide de mercure sulfuré rouge*, etc.

— de mercure noir. Voy. *Oxide de mercure sulfuré noir*, etc.

— ou mine de molybdène, V, 96 et suiv. Voy. *Molybdène* et *Sulfures métalliques.* — Ses propriétés physiques et distinctives d'avec la plombagine ou carbure de fer, 98. — Ses caractères et ses essais au chalumeau, 99. — Sa calcination, son acidification, ses décompositions et autres propriétés chimiques, 99 et suiv. Voy. *Molybdène* et *Acide molybdique.*

— métalliques, I, 214 ; V, 27, 46, 47. Voy. *Soufre, Métaux, Mines* et *chaque sulfure métallique.* — Absorbent l'oxigène, et décomposent l'air et l'eau, I, 214. — Forment les filons de minerais, V, 27. Voy. *Mines.* —

Leur fusibilité en raison inverse de celle de leurs métaux, 46. — Leur sulfatisation à l'air, 46. Voy. *Sulfatisation.*

SULFURE de nickel natif, ou kupfernickel. Voy. *Mines de nickel.*
— de nickel artificiel, V, 162. Voy. *Sulfures métalliques et Nickel.* — Diffère du natif, *etc.* ; ses étincelles lumineuses , par le calorique à l'air, 162.
— de plomb, VI, 56, 57, 62 et suiv. 66, 67, 74, 75. Voy. *Sulfures métalliques et Plomb.*
— de plomb natif ou galène et ses variétés ; est la plus abondante des mines de plomb, 56, 57. — Son traitement docimastique et métallurgique, 62 et suiv. 66, 67. Voy. *Mines de plomb.*
— de plomb artificiel, 74, 75.
— de potasse, II, 203 et suiv. Voy. *Sulfures alcalins,* etc. — Sa préparation par la voie sèche, 203, 204. — Ses changemens de couleur à l'air, dont la première, sous laquelle on l'obtient, lui a fait donner autrefois le nom de *Foie de soufre*; sa saveur âcre et caustique, sa déliquescence et autres propriétés alcalines, 204. — Dissout le charbon, et s'y combine, 204. — Lorsqu'il est récent, solide et non altéré, les acides secs ou vitreux en séparent le soufre sans gaz hidrogène sulfuré, en s'unissant avec la potasse, 204. — Altération de ses propriétés et attractions, lorsqu'il est mis en contact avec l'eau qu'il décompose par son attraction disposante pour le soufre oxigéné, en répandant une odeur fétide d'œufs pourris, *etc.* et en donnant, par la distillation et par les acides liquides, du gaz hidrogène sulfuré, et du sulfure de potasse hidrogéné, 205. — Est décomposé par la barite, la chaux et la strontiane, qui s'emparent du soufre, 205. — Sa préparation par la voie humide, 206, 207. Voy. *Sulfure de potasse hidrogéné et Hidro-sulfure de potasse.* — Action entre ce sulfure et les substances métalliques, VI, 34. Voy. *Métaux et leurs composés.*
— de potasse antimonié, V, 238, 248. Voy. *Sulfures alcalins et Oxides d'antimoine hidro-sulfuré,* etc.
— de potasse hidrogéné, II, 205 et suiv. Voy. *Sulfures hidrogénés.* — Dégagé du gaz hidrogène sulfuré, dépose du soufre, et passe à l'état d'hidrosulfure, 206, 207. Voy. *Hidro-sulfure de potasse ;* voy. aussi les *Sulfures et Hidro-sulfures de barite.*
— de soude, II, 218, 219. Voy. *les Sulfures alcalins et ceux de barite et de potasse.*
— de soude hidrogéné, II, 218, 219. Voy. *les Sulfures hidrogénés et ceux de barite et de potasse hidrogénés.*
— de strontiane, II, 228, 229. Voy. *Sulfures alcalins,* etc. *et celui de barite.*
— de strontiane hidrogéné, II, 228, 229. Voy. *Sulfures hidrogénés et celui de barite hidrogéné.*
— de tellure, V, 263. Voy. *Sulfures métalliques et Tellure.*
— d'urane, pech-blende, *etc.* V, 129 et suiv. Voy. *Urane et Sulfures métalliques.*
— de zinc, V, 364, 366 et suiv. 374, 375. Voy. *Sulfures métalliques et Zinc.*
— de zinc natif ou Blende, *etc.* 364, 366 et suiv. — Sa cristallisation ; sa phosphorescence, *etc.*; ses variétés, 366, 367. — Ses essais docimastiques, 369. Voy. *Mines de zinc, et ci-dessous, celui qui est artificiel.*
— de zinc artificiel ; le zinc y est oxidé, *etc.* ; paraît ne différer du natif ou de la blende, que parce qu'on ne peut le préparer que par la voie sèche, *etc.* 374, 375.

SUMAC, VII, 179; VIII, 77, 79. Voy. *Matières astringentes, et Matières colorantes,* etc. — Grande fixité de sa couleur, *etc.* 79. — Son union avec les autres matières colorantes, astringentes, 80. — Contient du tannin, 93. Voy. *Tannin (le).*

SYDERITE OU FER D'EAU. Voy. *Phosphate et Phosphure de fer.*

SYNOVIE (1re. classe des matières animales liquides), IX, 7, 118, 121, 216 et suiv. Voy. *Animaux, à la comparaison et classification des matières animales, Physiologie,* etc. — Sa nature onctueuse ; son siége ; ses

fonctions, *etc.* 216 et suiv. — Son analyse et ses propriétés chimiques, d'après les expériences du citoyen Margueron ; incertitudes sur un de ses principes constituans, *etc.* ; utilité des recherches ultérieures sur cette substance, et ses affections morbifiques, *etc.* 220 et suiv.

SYNTHÈSE, ou combinaison, ou composition, I, 61 et suiv. — Opération inverse de l'analyse, 61, 62. — Est plus fréquente que l'analyse, 62. — A lieu dans l'analyse fausse ou compliquée, 62, 63.

T

TALC, II, 287, 318, 319. Voy. *Pierres (combinées)*. — Doit être distingué du mica, dont il diffère spécialemeut par son onctuosité au toucher, *etc.* 318. — Comprend le *talc de Venise*, la *craie de Briançon*, la *pierre de lard*, 318, 319. — Son analyse, 319, 347.

— ou verre de Moscovie. Voy. *Mica.*

— de Venise. Voy. *Talc.*

TANNIN (le) (19e. genre des matériaux immédiats des végétaux), VII, 126 ; VIII, 92 et suiv. Voy. *Végétaux, Matières astringentes,* et *Végétation,* etc. — Distingué d'avec l'acide gallique par le citoyen Seguin, le premier, *etc.* 92, 93. — Son siége ; se trouve dans une foule d'écorces, et en général dans tous les végétaux astringens ; son extraction et purification, 93 et suiv. — Ses propriétés, principalemeut celle de s'unir aux matières animales, et spécialement à l'albumine et à la gélatine, et de les rendre indissolubles, *etc.* ; sa saveur acerbe ; son odeur forte, *etc. etc.* 93 et suiv. Voy. *ci-dessous, à son union,* etc. *avec les matières animales.* — Son action et ses combinaisons, *etc.* avec les oxides suroxigénés d'étain et de fer, *etc.* 194 et suiv. — Ses analogies avec l'acide gallique, *etc.* sa propriété astringente et anti-septique, *etc.* 97. — Son union et action avec les matières animales, IX, 79, 112, 134, 146, 187, 234, 237, 249, 256 et suiv. 260, 269, 409, 420 ; X, 80, 126, 129, 146, 147, 148.

TARTRE. Voy. *Acidule tartareux.*

— ammoniacal. Voy. *Tartrite ammoniacal.*

— calcaire. Voy. *Tartrite calcaire.*

— chalybé. Voy. *Tartrite de fer.*

— crayeux. Voy. *Carbonate de potasse.*

— des dents (fausse dénomination), IX, 119, 122, 368, 369. Voy. *Animaux,* à la comparaison et classification des matières animales. — Est du phosphate de chaux, déposé par la salive, et non le résidu des alimens, *etc.* 368, 369. Voy. *Salive.*

— de magnésie. Voy. *Tartrite de magnésie.*

— méphitique. Voy. *Carbonate de potasse.*

— mercuriel. Voy. *Tartrite mercuriel.*

— de potasse, ou sel végétal. Voy. *Tartrite de potasse.*

— saturnin. Voy. *Tartrite de plomb.*

— soluble. Voy. *Tartrite de potasse.*

— de soude, ou sel de Seignette. Voy. *Tartrite de soude.*

— spathique. Voy. *Fluate de potasse.*

— stibié, ou émétique. Voy. *Tartrite d'antimoine et de potasse.*

— tartarisé. Voy. *Tartrite de potasse.*

— vitriolé. Voy. *Sulfate de potasse.*

TARTRITES, sels formés avec l'acide tartareux, 243 et suiv. 256 et suiv. Voy. *Acide* et *Acidule tartareux.* — Donnent tous de l'acide pyro tartareux, *etc.* ; forment beaucoup de tartrites triples, *etc.* 246, 261.

— acidule d'ammoniaque, VII, 257. Voy. *Tartrites.*

— acidule de potasse. Voy. *Acidule tartareux.*

— acidule de potasse et de magnésie, VII, 244. Voy. *Tartrites.*

— acidule de soude, VII, 257. Voy. *Tartrites.*

— d'alumine, VII, 256. Voy. *Tartrites.*

— ammoniacal. Voy. *Tartrite d'ammoniaque.*

Tartrite d'ammoniaque, ou ammoniacal, VII, 258, 259. Voy. *Tartrites.*
— d'antimoine, VII, 259. Voy. *Tartrites.*
— d'antimoine et de potasse, ou tartre stibié, ou antimonié, ou émétique, VII, 247 et suiv. Voy. *Tartrites.* — Ses diverses préparations, 247, 248. — Sa cristallisation; son efflorescence; sa solubilité, *etc.*; ses décompositions, 249. — Est un sel triple; son analyse, 249. — Le quinquina proposé pour détruire les mauvais effets de ce sel, pris inconsidérément, 249. — Sa différence d'avec le tartrite simple d'antimoine, 259.
— de barite, VII, 243, 256. Voy. *Tartrites.*
— de bismuth, VII. 259. Voy. *Tartrites.*
— calcaire. Voy. *Tartrite de chaux.*
— de chaux, VII, 243, 244, 256.
— de cuivre, VII, 260. Voy. *Tartrites.*
— d'étain, VII, 260. Voy. *Tartrites.*
— de fer, VII, 250, 251, 260. Voy. *Tartrites.*
— de magnésie, VII, 256. Voy. *Tartrites.*
— de manganèse, VII, 259. Voy. *Tartrites.*
— mercuriel, ou de mercure, VII, 250, 259, 260. Voy. *Tartrites.*
— de plomb, VII, 250, 260. Voy. *Tartrites.*
— de potasse, ou tartre soluble, ou sel végétal, *etc.* VII, 244, 257, 258. Voy. *Tartrites.* — Sa préparation; sa cristallisation, *etc.*; ses décompositions, 257, 258. — Reforme du tartrite acidule par l'addition de l'acide tartareux, 258. Voy. *Acidule tartareux.*
— de potasse et d'ammoniaque, VII, 246. Voy. *Tartrites.* — Sa cristallisation en prismes, *etc.*; sa saveur fraîche, *etc.*; ses décompositions, *etc* 246.
— de potasse et de cuivre, VII, 250. Voy. *Tartrites.*
— de potasse et de mercure, VII, 249, 250. Voy. *Tartrites.*
— de potasse et de soude, ou sel de Seignette, VII, 245, 246. Voy. *Tartrites.* — Sa préparation; sa cristallisation, *etc.* 245. — Son analyse; ses décompositions, 246.
— de soude, VII, 258. Voy. *Tartitres.* — Est moins dissoluble que le sel de Seignette, ou tartrite triple de potasse et de soude; sa conversion dans ce dernier sel, par l'addition du tartrite de potasse, 358. Voy. *Tartrite de potasse et de soude,* etc.
— de strontiane, VII, 257. Voy. *Tartrites.*
— de zinc, VII, 260. Voy. *Tartrites.*
Tégumens (les) ou tissus cutanés, ou peau, *etc.* (1re. classe des matières animales molles), IX, 10, 119, 121, 252 et suiv. Voy. *Animaux, à la comparaison et classification des matières animales, Physiologie,* etc. — Sont composés, dans l'homme, de trois membranes ou couches successives, *etc.* 252 et suiv. Voy. *Tissu dermoïde,* etc. *Tissu réticulaire,* etc. et *Tissu épidermoïque,* ou l'épiderme. — Leur diversité, selon les lieux du corps, et selon les divers genres d'animaux, constitue la principale différence apparente entre ces êtres, *etc.* 252, 253.
Teintures. Voy. *Matières colorantes.*
— (préparations alcooliques ou spiritueuses), élixirs, baumes, *etc.* VIII, 153, 154, 179. Voy. *Alcool et ses usages.* — Précipitent par l'eau; excepté celles formées avec ce qu'on nommait les *extracto-résineux,* etc. c'est-à-dire, les extractifs très-oxigénés, 153, 154.
— âcre de tartre, VIII, 148. 149. Voy. *Alcool et ses usages.*
— éthérées, VIII, 167. Voy. *Ether.*
— martiale alcaline de Sthal, VI, 203, 204.
— de mars tartarisée, VII, 250, 251. Voy. *Tartrites de fer.*
— mercurielle, V, 356. Voy. *Mercure et ses oxides.*
Télésie, II, 285, 290, 291. Voy. *Pierres (combinées).* — Tire ce nom de sa perfection, et comprend le Rubis, le Saphir et le Topase d'orient, 290. — Son analyse par différens chimistes, 290, 333.
Tellure, V, 12, 21, 258 et suiv. Voy. *Métaux.* — Découvert par M. Klaproth, l'an 6e. (1797) dans la *mine d'or blanche,* etc. 258, 259. —

Sa couleur blanche, tirant sur le gris de plomb, son éclat, *etc.* et autres propriétés physiques; sa grande fusibilité, et sa grande volatilité; ses globules brillans en se volatilisant, *etc.* à la manière du mercure, *etc.* 259. — Son histoire naturelle, 25, et suiv. Voy. *Mines de tellure.* — Son oxidabilité par l'air et le calorique; sa volatilisation en vapeur d'un gris blanchâtre, avec une odeur comparée à celle des raves, *etc.* 262, 263. Voy. *Oxide de tellure.* — Son union avec les corps combustibles; paraît former un sulfure, *etc.* 263. — Action entre ce metal et les acides, 264, 265. Voy. *Oxide de tellure.* — Importance de sa découverte, *etc.* et utilité qu'on peut espérer de sa grande fusibilité, de sa facile réduction, *etc.* 266, 267.

TEMPÉRATURE (des corps). Voy. *Thermométrie.*

TÉNACITÉ DES MÉTAUX, V, 14, 19. Voy. *Ductilité.*

TÉRÉBENTHINE et ses espèces, VIII, 22 et suiv.; X, 54. Voy. *Résine.* — Sa combinaison avec les alcalis, VIII, 22, 23. Voy. *Savonules* et *Savon de Starker.*

TERRES (en général), ou bases salifiables terreuses, I, 99; II, 131 et suiv. Voy. *Bases ou Corps salifiables,* et *Pierres ou terres (combinées) et Yttria (terre nouvelle).* — Opinions des anciens sur la nature de ces substances, d'après leurs propriétés apparentes, et fausseté d'une terre primitive élémentaire, 131 et suiv. — Accroissement du nombre de leurs espèces, depuis celui des connaissances minéralogiques, 133. — Six espèces, dont quatre, appelées *Terres proprement dites,* etc. présentant d'une manière plus énergique les caractères terreux, tels que l'aridité, l'insipidité; le peu d'altérabilité par le feu, et le peu de solubilité dans l'eau; et deux nommées *Terres alcalines,* comme se rapprochant des alcalis par leur sapidité, dissolubilité et propriété de verdir les couleurs bleues végétales, les quatre premières sont la *Silice,* l'*Alumine,* la *Zircone* et la *Glucine,* et les deux dernières, la *Magnésie* et la *Chaux,* 133, 134. Voy. *chacun de ces mots* et *Yttria (terre nouvelle).* — Leur ordre suit celles qui se rapprochent le plus des alcalis, en commençant par celles qui ont le plus les caractères terreux, 134, 135. — Ces six matières terreuses existent dans des composés naturels, le plus souvent pierreux ou salins, d'où on les extrait par l'art chimique; quoique leur nature intime soit inconnue, on ne les a pas rangées parmi les corps simples, parce que les chimistes ne leur en trouvent point les caractères, et qu'ils se flattent d'être sur le point d'en obtenir la décomposition, 135. — Leurs combinaisons avec les acides. Voy. *chaque terre,* *Sels* et *Sels métalliques.* — Leurs combinaisons avec le soufre. Voy. *Soufre.* — Leur adhérence avec quelques oxides métalliques, V, 59. Voy. *Oxides métalliques* et *Oxides de fer.*
— alcalines, II, 134. Voy. *Terres (en général) Magnésie* et *Chaux.*
— de l'alun, argile pure, ou terre alumineuse. Voy. *Alumine.*
— argileuse. Voy. *Argile* et *Alumine.*
— baritique. Voy. *Barite.*
— des cailloux. Voy. *Liqueur des cailloux.*
— calcaires. Voy. *Craie, chaux* et *Carbonate calcaire.*
— composées. Voy. *Pierres ou Terres (combinées)* et *Pierres mélangées.*
— coquillières. Voy. *Carbonate de chaux.*
— foliée cristallisable. Voy. *Acétite de soude.*
— foliée mercurielle. Voy. *Acétite mercuriel.*
— foliée de tartre. Voy. *Acétite de potasse.*
— à foulon. Voy. *Pierres ou terres mélangées.*
— inflammable ou mercurielle de Becher, I, 23, 51; V, 263. Voy. *Principes.*
— mélangées. Voy. *Pierres mélangées.*
— pesante. Voy. *Barite.*
— pesante aérée. Voy. *Carbonate baritique.*
— pesante vitriolée. Voy. *Sulfate baritique.*
— métalliques. Voy. *Oxides ou Chaux métalliques.*
— à porcelaine. Voy. *Terre argileuse.*
— quartzeuse. Voy. *Silice.*

TERRE silicée. Voy. *Silice*.
— siliceuse. Voy. *Silice*.
— simples. Voy. *Terre*.
— des végétaux. Voy. *Cendres des végétaux*.
— vitrifiable. Voy. *Silice*.
TERREAU, VII, 33 ; VIII, 110, 222, 226 et suiv. 280 et suiv. Voy. *Fermentation putride des végétaux*, *Fumier*, *Engrais* et *Terreau animal*. — Son analyse et sa nature très-compliquée et variée, *etc.* 227, 228. — Sa nature combustible et son absorption de l'oxigène de l'air, *etc.* ; proposé comme moyen eudiométrique, *etc.* 228, 284 et suiv. Voy. *Eudiomètre* et *Engrais*. — Est le dernier terme de la fermentation putride des végétaux, *etc.* ; sert d'aliment à de nouvelles végétations, *etc.* 226, 228, 280 et suiv. Voy. *Engrais*.
— animal ou Terre animale, IX, 102, 105, 106, 113, 114, 250. Voyez *Putréfaction*, *etc.* *Terreau*, *etc.* — Sa nature compliquée, *etc.* 105, 106, 250. — Son utilité, 113, 114. Voy. *Engrais*.
THALLITE, II, 287, 307. Voy. *Pierres* (*combinées*). — Signifie feuillage vert ; a été confondue avec les schorls et est la Delphinite de Saussure, 307. Voy. *Axinite* et *Schorls*. — Son analyse par différens chimistes, 307, 341.
THERMOMÈTRES, THERMOMÉTRIE, I, 123, 125, 138, 139 ; II, 11, 12, 148, 149, 150. Voy. *Calorique*.
— centigrade, suivi dans cet ouvrage, II, 11, 12.
— ou pyromètre de Wedgwood, par le retrait de l'alumine, 148, 149, 150.
TIGE des végétaux, VII, 6 et suiv., 19 et suiv. 23. Voy. *Végétaux et leurs vaisseaux*. — Ses différentes parties et son organisation, 23. Voy. *Vaisseaux des végétaux*.
TIMBERG. Voy. *Pierre d'étain*.
TINCKAL. Voy. *Borax*.
TISSU aponévrotique ou les Aponévroses (1ʳᵉ. classe des matières animales molles), IX, 119, 121, 225, 226, 229, 230 et suiv. 235 et suiv. Voy. *Animaux, à la comparaison et classification des matières animales, Physiologie*, etc. et *Gélatine* ou *Colle*.
— cartilagineux ou les cartilages (1ʳᵉ. classe des matières animales solides), IX, 119, 121, 270 et suiv. Voy. *Animaux, à la comparaison et classification des matières animales, Physiologie*, etc. — Son siége et sa structure, *etc.* 270, 271. — Sa nature chimique ; son ramollissement dans l'eau et sa conversion en gelée, *etc.* 271 et suiv. Voy. *Gélatine*. — Ne se régénèrent point comme les os, *etc.* 272. Voy. *Tissu osseux*. — Est formé par un gluten épaissi, *etc.* ; son ossification, *etc.* ; son analogie avec le tissu corné, et différences entre ces deux tissus, 272, 273.
— cellulaire ou muqueux (1ʳᵉ classe des matières animales molles), IX, 8, 9, 10, 118, 119, 121, 225, 226, 230 et suiv. 235 et suiv. Voy. *Vaisseaux lymphatiques*, *Animaux, à la comparaison et à la classification des matières animales, Physiologie*, etc. et *Gélatine*. — Son ramollissement et sa dissolubilité dans l'eau bouillante, *etc.* 231 et suiv. 236. Voy. *Gélatine* ou *Colle*.
— cellulaire des végétaux. Voy. *Tissu vésiculaire*, etc.
— muqueux des animaux. Voy. *Tissu cellulaire*.
— corné des poils, des cheveux et des ongles (1ʳᵉ. classe des matières animales solides), IX, 119, 121, 260 et suiv. Voy. *Animaux, à la comparaison et classification des matières animales, Physiologie*, etc. *Cheveux Poils et Ongles*. — Sa nature gélatineuse oxigénée unie à des sels concrescibles, *etc.* ; ces tissus sont des espèces de réservoirs où se porte l'excès de matière nutritive et de phosphate de chaux, *etc.* 269, 270.
— dermoïde, ou cutané, ou le derme, ou la peau proprement dite, IX, 119, 121, 252 et suiv. Voyez *Tégumens* ou *Tissus cutanés*, etc. — Ses propriétés ; son analyse ; sa décomposition et ses produits par les différens agens chimiques, *etc.* 254 et suiv. — Ses altérations, sa fusion, dissolution, *etc.* dans l'eau, et sa conversion en gélatine ou colle, *etc.* ; différences que ce tissu présente dans cette action selon les divers ordres

d'animaux, 255 et suiv. Voy. *Gélatine*, etc. — Opinion et expériences du citoyen Séguin sur la nature oxigénée d'une partie de ce tissu et sur l'espèce de débrûlement ou désoxigénation qu'il faut qu'il subisse pour s'unir au tannin, etc. 256 et suiv. Voy. *Tannin*, etc.

Tissu épidermoïde ou épiderme, IX, 119, 121, 252, 253, 259, 260. Voyez *Tégumens* ou *Tissus cutanés*. — Diffère beaucoup du derme, etc.; indissolubilité dans l'eau, etc.; sa dissolubilité, etc. dans les alcalis; autres propriétés chimiques, 259, 260. Voyez *Tissu dermoïde* ou *Derme*, etc.

— glanduleux (1re. classe des matières animales molles), IX, 119, 225, 226, 230 et suiv. 235 et suiv. 239. Voy. *Animaux*, à la comparaison et classification des matières animales, *Physiologie*, etc. et *Gélatine ou Colle*. — Son peu de solubilité, etc. 239.

— ligamenteux ou les ligamens (1re. classe des matières animales molles), IX, 119, 121, 225, 225, 229, 230 et suiv. 235 et suiv. Voy. *Animaux*, à la comparaison et classification des matières animales, *Physiologie*, etc. et *Gélatine ou Colle*. — Est de tous les organes blancs celui qui s'éloigne le plus de la nature gélatineuse, 238.

— membraneux ou membranes (1re. classe des matières animales molles), IX, 119, 121, 225, 226, 227, 228, 230 et suiv. 235 et suiv. Voy. *Animaux*, à la comparaison et classification des matières animales, *Physiologie*, etc. et *Gélatine ou Colle*.

— musculaire, ou charnu, ou les muscles (1re. classe des matières animales molles), IX, 7, 10, 119, 121, 240 et suiv. Voy. *Animaux*, à la comparaison et classification des matières animales, *Physiologie*, etc. — Ses fonctions, son siége, etc. 240 et suiv. — Son analyse et ses produits; fournit de l'acide zoonique, etc. 242 et suiv. Voy. *Acide zoonique*. — Est immédiatement formé par le sang, etc.; sa nutrition consiste dans la séparation de la fibrine, etc. 245. Voy. *Fibrine*. — Analyse et propriétés de sa décoction ou du bouillon; sa préparation en extrait, ou tablettes de bouillon, etc. 244, 245, 246 et suiv. — Action des divers agens chimiques sur cette substance et sur ses principes; sa dissolubilité dans les acides; son altération par les alcalis, etc. etc. 248 et suiv. — Matières qui le conservent, etc. 249. — Sa putréfaction et ses produits, 249, 250. Voyez *Adipocire*. — Ses altérations et différences qu'il présente selon l'âge ou les divers ordres d'animaux, 250, 251.

— osseux ou os des animaux (1re. classe des matières animales solides), IX, 7, 10, 21, 273 et suiv; X, 402 et suiv. 408 et suiv. Voy. *Animaux*, à la classification des matières animales, *Physiologie*, etc. *Ossification*, etc. — Sa formation, ses fonctions, etc. IX, 15, 21, 273, 274, 276; X, 402 et suiv. Voy. *Ossification*, etc. — Sa structure externe et interne, etc. IX, 274 et suiv. — Notice des savans qui s'en sont occupés, et de leurs découvertes sur cette substance, 276 et suiv. — Ses propriétés et sa nature chimiques, etc. 277 et suiv.; X, 402 et suiv. Voy. *Phosphates*, etc. — Sa calcination, phosphorescence, demi-fusion, etc.; action de l'eau et des acides, etc. sur les os calcinés, et leurs produits, etc. IX, 277, 278. — Son analyse à la cornue et ses produits, etc. 278, 279. — Son altération par l'air; son desséchement, etc.; sa conversion en Turquoise par l'oxide de cuivre, etc. 279, 287. — Sa décoction dans l'eau, et dissolution de sa gélatine, etc. 280, 281. — Son ramollissement et sa décomposition, etc. par les acides; produits qui en résultent; expériences et découvertes des chimistes, jusqu'à celles de l'auteur et du citoyen Vauquelin sur ces phénomènes, 281 et suiv. Voy. *Acide phosphorique* et *Phosphate acide ou Acidule de chaux*. — Action des alcalis, etc. sur sa partie gélatineuse dont ils favorisent l'extraction, 287. — Sa disposition à se teindre, et son adhérence aux matières colorantes, etc. 287, 288. — Est composé de deux substances principales, d'une base gélatineuse et d'un sel indissoluble, etc. 288, 402 et suiv. — Travaux qui restent à faire sur cette substance et sur ses différens états, etc. d'après les connaissances acquises sur sa nature chimique générale, IX, 288 et suiv.;

X, 402 et suiv. — Ses variations suivant les différens genres d'animaux, etc. 408 et suiv. Voy. *Physiologie*, etc.

Tissu réticulaire de Malpighi ou le réseau muqueux, IX, 252, 253, 258, 259. Voy. *Tégumens* ou *Tissus cutanés*, etc. — Paraît être le siége de la couleur des Nègres, etc. ; sa décoloration par l'acide muriatique oxigéné, etc. 259.

— tendineux ou les tendons (1ʳᵉ. classe des matières animales molles), IX, 119, 121, 225, 226, 229, 230 et suiv. 235 et suiv. Voyez *Animaux*, à la comparaison et classification des matières animales, *Physiologie*, etc. et *Gélatine* ou *Colle*.

— utriculaire des végétaux. Voy. *Utricules*.

— vésiculaire ou cellulaire des végétaux, VII, 19, 21, 22. Voy. *Vaisseaux des végétaux*.

Titane, V, 12, 19, 114 et suiv. Voy. *Métaux* et *Oxide de Titane*. — Son histoire depuis la découverte de son oxide natif dans le fossile connu sous le nom de *Schorl rouge*, en l'an 3 (1795) par M. Klaproth, jusqu'aux travaux chimiques, très-recherchés des citoyens Vauquelin et Hecht sur cette substance métallique, 114, 115. — Ses propriétés physiques ; est le métal dont la teinte, d'un jaune rougeâtre, se rapproche le plus de celle du cuivre, 115, 117. — Son histoire naturelle ; n'a encore été trouvé dans la nature que dans l'état d'oxide, 114 et suiv. Voy. *Oxide de Titane*. — Son extraction, 116, 117. Voyez *Oxide et Carbonate de titane*. — Son infusibilité, altération et oxigénation par le feu et l'air, 117, 125, 126. — Son alliage avec le fer, 119. — Action entre ce métal et les acides, 120 et suiv. Voy. *Carbonate de titane*. — Son action avec les bases et les sels, et son utilité. Voy. *Oxide de titane*.

Titanite. Voy. *Oxide de titane*.

Tombac, VI, 258, 259. Voy. *Cuivre jaune* et *Cuivre*, à ses alliages avec le zinc.

— blanc, VI, 254, 256. Voy. *Cuivre*, à ses alliages.

Tomelline ou matière tomelleuse, IX, 154. Voy. *Matière colorante du sang*. — Une des parties constituantes de la matière colorante du sang, et la cause de sa concrétion dans le boudin, etc. selon le citoyen Déyeux, 154.

Topaze, II, 286, 293, 294. Voy. *Pierres (combinées)*. — Nommée ainsi de l'île où on l'a trouvée, et renferme celles du Brésil, de Saxe et de Sibérie, 293. — Comprend dans ses variétés l'*Aigue-marine* de Daubenton et de Brisson, la *Chrysolite* de Saxe, le *Saphir* du Brésil, le *Rubis* du Brésil ou *Balai* des lapidaires, etc. 294. — Son analyse par différens chimistes, 294, 334.

— occidentale. Voy. *Quartz*.

— orientale. Voy. *Télésie*.

Torréfaction ou Grillage, I, 93, 94.

Toutenague, V, 359, 370. Voy. *Zinc* et *Mines de zinc*.

Tourmaline, II, 287, 303, 304. Voy. *Pierres (combinées.)* — Avait été confondue dans ses variétés avec les schrols, les émeraudes, les péridots et les saphirs, faute de savoir rapprocher tous ses caractères, 303. Voyez *Amphibole*, *Schorls* et *Actinote*. — Son électricité d'une manière contraire aux deux extrémités de ses cristaux, découverte en 1756 par OEpinus, 303, 304. — Son analyse par différens chimistes, 304, 339.

Tortue et son écaille, IX, 120, 124; X, 314, 315. Voy. *Animaux*, à la comparaison et classification des matières animales. — Constitue une nourriture douce et saine pour les navigateurs, etc. 314, 315. — Son écaille est très-analogue à la corne, etc. ; ses usages, 315. Voyez *Corne*.

Tourbe, VIII, 230, 232 et suiv. Voy. *Végétaux*, à leurs décompositions lentes, etc. — Son analyse ; sa nature très-mélangée ; son charbon souvent pyrophorique, etc. ; son inflammabilité par l'action combinée de l'eau et de l'air, etc. 233, 234. — Est un résidu de plantes ou herbes à demi-

décomposées, *etc.*; sels et huile analogue au goudron qu'on peut en retirer, *etc.* VIII, 233, 234.

Tournesol (couleur de), VIII, 66, 69. Voy. *Matières colorantes (des végétaux)*. — Mauvaise couleur bleue, *etc.*; contient de la soude, *etc.*; rougit par les acides les plus faibles, *etc.* 69.

Transpiration, sueur, *etc.* (1re. classe des matières animales liquides), IX, 118, 121, 196 et suiv.; X, 382, 386 et suiv. 407 et suiv. Voyez *Animaux*, à la comparaison et classification des matières animales, *Physiologie*, etc. *Secrétion*, *Urine*, etc. — Notice des savans qui s'en sont occupés, et de leurs expériences, IX, 196 et suiv.; X, 386, 387. — La transpiration ne peut avoir lieu sans le contact de l'air, *etc.*; plus il est sec, plus il l'excite et la dissout, *etc.*; sa trop grande abondance occasionne l'épaississement des humeurs et est la source des rhumes, *etc.* 205 et suiv.; X, 386 et suiv. — Ses rapports avec l'urine, IX, 209, 210; X, 389. Voy. *Urine* et *Urée*. — Opinions des anciens physiciens et des modernes sur ses usages, IX, 210 et suiv. — Variations de ses phénomènes suivant les différens genres d'animaux, *etc.* X, 407 et suiv. Voy. *Secrétion*, *Respiration*, *Physiologie*, etc.

— des végétaux, VIII, 288, 298 et suiv. Voy. *Végétation*, etc. — Résultats principaux des recherches des physiciens sur ce phénomène, *etc.*; sont d'accord avec la théorie de la chimie moderne qui en fournit une explication lumineuse, 298 et suiv. — Cette fonction n'a lieu que par les feuilles, *etc.*; utilité de leur multiplicité qui augmente les surfaces transpirantes, *etc.* 299, 300. Voy. *Feuilles*. — Son rapport avec la succion des racines, *etc.* 300. Voy. *Racines des végétaux*. — Nécessité de l'eau, de la lumière et de l'air chaud pour cette fonction, *etc.* 299 et suiv. — Nature mélangée de la vapeur qui sort de la surface des feuilles, *etc.* 301 et suiv. — Une partie de cette vapeur est formée par le gaz oxigène; *etc.*; renouvelle toujours l'atmosphère, *etc.* 302.

Trap ou Pierre de corne. Voy. *Pierres mélangées*.

Trachées des plantes, VII, 19, 20. Voy. *Vaisseaux des végétaux*.

Travaux des Mines. Voy. *Métallurgie* et *Mines*.

Trémolite, II, 287, 316, 317. Voy. *Pierres (combinées)*.

— ou pierre du Mont-Trémola, 316. — Son analyse, 317, 346.

Trempe (la). Voy. *Acier*.

Triage des Mines, V, 37. Voy. *Métallurgie*.

Trisules ou Sels triples, III, 7, 42, 46 et suiv. Voy. *Ammoniaque*, *Magnésie*, *Muriate ammoniaco-magnésien*, *Phosphate de soude et d'ammoniaque*, et *les Sels ammoniacaux*; voyez aussi *Phosphate de silice*, *les Fluates*, *les Borates*, *les Carbonates*, etc. *Trisules métalliques*, *Trisules végétaux*. — Sont l'union de deux sels neutres et non la combinaison de deux bases à la même portion d'acide, 207.

— métalliques, V, 59, 62, 79, 85, 317 et suiv. 330, 341 et suiv. 346, 355, 386; VI, 271, 288, 289, 324, 329, 331, 385, 429, 430, 432. Voy. *Trisules*, etc.

— végétaux, VII, 217, 226, 227, 243 et suiv. Voy. *Trisules*, etc.

— animaux, IX, 93.

Tunstates, sels formés par l'acide tunstique. Voy. *cet Acide et les différens Tunstates*.

— ammoniacal. Voy. *Tunstate d'ammoniaque*.

— d'ammoniaque, V, 95; VI, 36. Voy. *Tunstates*.

— d'argent, VI, 342. Voy. *Tunstates* et *Nitrate d'argent*.

— de barite, V, 95. Voy. *Tunstates*.

— de chaux, V, 87, 88, 92, 93, 95; VI, 36. Voyez *Tunstate* et *Acide tunstique*.

— de cuivre, VI, 285. Voy. *Tunstates* et *Oxides de cuivre*.

— de fer, V, 93; VI, 137 et suiv. 141, 216. Voy. *Tunstates* et *Fer*.

— de fer natif ou Wolfram, *id.* Voy. *Tungstène* et *Mines de fer*.

— de fer artificiel, 216. Voy. *ci-dessus au natif* et *Acide tunstique*.

— de magnésie, V, 95. Voy. *Tunstates*.

Tunstate de plomb, VI, 94, Voy. *Tunstates* et *Plomb.*
— de mercure, V, 353, 354. Voy. *Tunstates.*
— de potasse, V, 95. Voy. *Tunstates.*
— de zinc , V, 305. Voy. *Tunstates* et *Zinc.*
Tungstène ou Pierre pesante, V, 12, 16, 17, 18, 21, 87 et suiv. Voyez *Métaux.* — Son histoire et la découverte, d'abord par Schéele, d'une de ses combinaisons, *etc.* ensuite (en 1781) celle de ses propriétés metalliques, sous le nom de *Wolfram*, par MM. d'Elhuyar, *etc.* 87. — Ses propriétés physiques ; son peu de fusibilité, *etc.* 87. — Son histoire naturelle, et travaux sur ses mines pour en obtenir l'acide, 88, 89. Voyez *Acide tungstique.* — Son oxidabilité et acidification par l'air, 89. Voyez *Acide tungstique.* — Ses alliages, 89. — Son action avec les acides, connue seulement avec l'acide nitro-muriatique, 90.
Turbith minéral sulfurique. Voy. *Sulfate jaune ou avec excès d'oxide de mercure.*
— nitreux. Voy. *Nitrate avec excès d'oxide de mercure.*
Turquoise. Voy. *Carbonate de cuivre natif, Mines de cuivre* et *Tissu osseux.*
Tuthie ou Cadmie des fourneaux, V, 369. Voy. *Oxide de zinc* ou *Calamine.* — Son usage, 389. Voy. *ceux du Zinc.*

U

Urane, V, 12, 19, 126 et suiv. Voy. *Métaux.* — Sa découverte, en 1789, par M. Klaproth, dans la Pech-blende, *etc.* et analyse de la dissertation de ce chimiste à ce sujet, 126 et suiv. — Ses propriétés physiques ; sa rareté, son infusibilité, *etc.* ; son histoire naturelle, 129 et suiv. Voy. *Mines d'urane.* — Son extraction et réduction de son oxide, 131. Voyez *Oxide d'urane.* — Action entre ce métal et les acides, 131, 132. Voyez *Oxide d'urane.* — Ses dissolutions dans les carbonates alcalins, 134. — Son utilité. Voy. *celle de son Oxide.*
Uranite. Voy. *Urane.*
Uranochre. Voy. *Oxide d'urane.*
Urates, sels formés par l'acide urique, X, 221 et suiv. Voyez *Acide urique, Urate d'ammoniaque* et *Urate de soude.*
— d'ammoniaque, X, 132, 142, 152, 220, 222, 224, 225. Voyez *Urates, Urine* et *Calculs urinaires.* — Caractères qui le distinguent, 224, 225.
— de soude, 221, 267 et suiv. Voy. *Urates* et *Concrétions arthritiques*, etc.
— Sa forme, pesanteur, *etc.* ; son union avec une matière animale, *etc.* ; ses décompositions et précipitations, *etc.* 268 et suiv.
Urée ou substance urinaire, IX, 34, 151, 152, 153 et suiv. Voy. *Urine.*
— Donne à l'urine sa couleur, son odeur, une partie de sa saveur et en général toutes les propriétés qui caractérisent véritablement l'urine, *etc.* 151, 153 et suiv. — N'a été bien appréciée que dans ces derniers temps, en partie par Cruischanck, et particulièrement par l'auteur conjointement avec le citoyen Vauquelin, 154, 185. Voy. *Urine, aux derniers travaux faits sur cette substance*, etc. — Manière de l'extraire par sa dissolubilité dans l'alcool, *etc.* 155, 156, 164, 165. — Sa cristallisation, son odeur fétide, alliacée, *etc.* ; sa déliquescence, *etc.* ; sa saveur âcre, *etc.* 155. — Sa distillation et ses produits ; son odeur infecte, *etc.* ; donne de l'ammoniaque abondamment, *etc.* 156 et suiv. — Sa dissolubilité dans l'eau, et phénomènes de sa dissolution ; sa décomposition, *etc.* à la seule chaleur de l'ébullition, *etc.* 158 et suiv. — Ses altérations par les acides, principalement celles qu'y produisent l'acide nitrique, et particulièrement sa cristallisation par cet acide ; effet qui la caractérise et la distingue de toutes les autres matières, *etc.* 160, 161. — Sa dissolution, décomposition, *etc.* par les matières alcalines, 161, 162. — Une de ses plus singulières et de ses plus caractéristiques propriétés est son influence sur la cristallisation des muriates de soude et d'ammoniaque contenus dans l'urine, qu'elle

change réciproquement, en rendant le premier octaèdre et le second cubique ; expériences de l'auteur et du citoyen Vauquelin sur ce phénomène, *etc.* 162 et suiv. — Son union avec les matières végétales dissolubles, *etc.* 164, 165. — Est un composé où l'azote prédomine, et qui se montre comme le dernier terme de l'animalisation, *etc.* par son extrême tendance à la décomposition et à l'altération putride, *etc.* 158, 165, 166.

Urine (2e. classe des matières animales), IX, 119, 123 : X, 93 et suiv. Voy. *Animaux*, à la comparaison et classification des matières animales, *Secrétion*, *Transpiration*, etc. *Urée*, *Calculs urinaires*, etc. — Son histoire naturelle ou sa formation, 94 et suiv. — Ses différentes espèces suivant les temps où elle est rendue ; celle qui sort sept à huit heures après le repas, et sur-tout le matin, *etc.* nommée urine du sang ou de la coction, est la seule véritable urine, *etc.* 97, 98, 100, 167, 168. Voy. *ci-dessous, à ses variétés.* — Réciprocité entre la transpiration et la sortie de l'urine, *etc.* 98, 99. — Sympathie entre l'estomac, *etc.* et les organes destinés à la sécrétion de l'urine, 99, 100. — Ses propriétés physiques, 102 et suiv. — Son acrimonie alcaline n'a jamais lieu que par son altération, *etc.* ; elle est au contraire légèrement aigre lorsqu'elle est saine, *etc.* 105, 106. — Esquisse des découvertes chimiques faites sur l'urine, 107 et suiv. Voy. *Acide phosphorique*, *Phosphates*, *Acide urique*, *Urée*, etc. — Les derniers travaux sur cette substance et sur la matière particulière qui la caractérise sont dus à M. Cruischanck, ainsi qu'à l'auteur conjointement avec le citoyen Vauquelin, 114 et suiv. 154 et suiv. Voy. *Urée*. — Exposé de ses propriétés chimiques et de son analyse, 115 et suiv. — Action du feu sur ce liquide ; son évaporation ; son épaississement ; sa cristallisation, *etc.* ; sa distillation ; ses produits, *etc.* 115 et suiv. — Son altération spontanée ; cristallisation de l'acide urique, *etc. etc.* 123 et suiv. Voy. *cet Acide.* — Son union avec l'eau, 125. — Action des acides, des matières terreuses et alcalines, et celle entre les sels et l'urine, 126 et suiv. 162 et suiv. Voy. *Urée*, à son influence sur la cristallisation, etc. — Action entre l'urine et les substances métalliques ; corrode les barres de fer, *etc.* ; précipite plusieurs dissolutions, particulièrement les nitrates métalliques, *etc.* 128, 129. Voy. *Précipité rose*, etc. — Réactifs végétaux employés pour son analyse, particulièrement l'alcool, *etc.* 129. — Matières contenues dans l'urine humaine considérées en particulier, 132 et suiv. Voy. *les Phosphates*, etc. l'*Acide urique* et l'*Urée.* — Ses variétés suivant les âges, les heures de la journée, les saisons, les alimens, ou d'après les passions, ou dans les maladies, 97, 98, 100, 101, 166 et suiv. — Ses changemens morbifiques d'après les diverses maladies, *etc.* ; forment huit genres d'urines, *etc.* 171 et suiv. Voy. *Calculs urinaires*, etc. — Ses variétés dans les divers animaux, 181 et suiv. — Connaissances chimiques sur l'urine appliquées à la physique de l'homme, 192 et suiv. — Ses usages médicinaux chimiques et économiques, 198 et suiv. — Danger de son administration à l'intérieur du corps, *etc.* 199 et suiv. — Son action sur les autres matières animales, 277.

Utricules des plantes ou Tissu utriculaire, VII, 19, 21. Voy. *Vaisseaux des végétaux*, *Végétation*, etc. *Feuilles*, etc.

V

Vaisseaux absorbans. Voy. *Vaisseaux lymphatiques.*
— distillatoires et sublimatoires. Voy. *Alambic.*
— lactés, IX, 8. Voy. *Vaisseaux lymphatiques ou absorbans et Animaux.*
— lymphatiques ou absorbans, IX, 7, 8, 10. Voy. *Animaux*, *Vaisseaux lactés*, *Physiologie*, etc. *Lymphe*, etc.
— sanguins, IX, 7, 10. Voy. *Animaux*, *Sang*, *Physiologie*, etc. — Comprennent les artères et les veines, 7.
— ou organes des végétaux, VII, 19 et suiv. Voy. *Végétaux et leurs dif-*

férentes parties, et *Végétation*, etc. — Sont de cinq sortes ; 1°. *les vaisseaux communs ou séveux*, voy. *Sève* ; 2°. *les vaisseaux propres* ; 3°. *les
trachées* ; 4°. *les utricules* ; 5°. *le tissu vésiculaire*, 19 et suiv.
VANILLE (baume de), VIII, 47, 49, 5o. Voy. *Baumes*.
VAPEURS. Voy. *Gaz*.
VÉGÉTATION, ou *Physiologie végétale*, ou *Fonctions des végétaux*, et mécanisme par lequel se forment les composés ou matériaux qui constituent
les végétaux, VII, 5, 25 et suiv. ; VIII, 257 et suiv. 287 et suiv. Voy. *Végétaux
et leurs diverses matières*, etc. — Série de ces fonctions et leurs phénomènes, etc. ; A. *le mouvement de la sève et des liquides*, 288 et suiv. Voy.
Sève. — B. *La sécrétion*, 288, 291, 292. Voy. *Secrétions*. — C. *L'irritabilité ou le mouvement des solides*, 288, 292 et suiv. Voy. *Irritabilité végétale*, etc. — D. *La nutrition*, 288, 294 et suiv. Voy. *Nutrition végétale*.
— E. *L'écoulement des différens sucs*, 288, 296 et suiv. Voy. *Secrétions*, etc.
— F. *La transpiration*, 288, 298 et suiv. Voy. *Transpiration*. — G. *La
direction des parties des plantes*, 288, 303 et suiv. Voy. *Irritabilité*. —
H. *Le repos périodique ou le sommeil des plantes*, 288, 305 et suiv. —
I. *La germination des plantes*, 289, 307 et suiv. Voyez *Germination*. —
K. *La foliation*, 289, 313 et suiv. Voy. *Feuilles*, etc. — L. *La floraison*,
289, 315, 316. Voy. *Fleurs*, etc. — M. *La fructification*, 289, 316, 317.
Voy. *Fruits*, etc. — Les modifications que l'art fait naître dans les végétaux, leurs principaux changemens et maladies, etc. ; ont des causes et
des effets chimiques, etc. 318 et suiv.
VÉGÉTAUX ou matières végétales, I, 100 ; VII, 3 et suiv. Voyez *Corps
chimiques*. — Six ordres de faits à considérer sur ces composés, 3, 4 et
suiv. — 1er. Ordre : *Leur structure et leurs différences physiques d'avec
les corps inorganiques*, 4, 6 et suiv. — Leur structure externe ou apparente, et exposé des différentes parties qui la constituent, 6 et suiv. Voy.
Racine, Tige, Feuilles, Fleurs, Fruits et Semences. — Leur structure
interne ou leur anatomie, 17 et suiv. — Sont formés de cinq ordres de
vaisseaux, 19 et suiv. Voy. *Vaisseaux ou organes des végétaux*. — Phénomènes de la vie végétale ; l'absorption, le mouvement, la modification,
la séparation de liquides et de fluides ; développement ou accroissement
progressif des organes ; éjection de ce qui est superflu à la nourriture ; mouvement de quelques solides ; solidification ou formation du corps ligneux ;
réproduction de l'individu, 25, 26 et suiv. Voy. ci-dessous au 6e. ordre.
— Leur utilité et leur rôle dans l'économie de la nature ; 32 et suiv.
— Retiennent les eaux, etc. sur la surface de la terre, 33. — Renouvel-
lent et purifient l'air, etc. lorsqu'ils sont frappés par les rayons du soleil, 34, — Sont spécialement destinés à préparer la nourriture de toutes
les classes d'animaux, 34, 35. — Leurs usages innombrables dans les
arts, soit pour les besoins, soit pour les plaisirs de la société humaine,
35. — 2e. Ordre : *Leur nature ou composition chimique* en général, 4,
36 et suiv. — Histoire de l'analyse végétale, et succession des travaux
et des découvertes des différens chimistes sur la composition chimique
des végétaux, 36 et suiv. — Les différens modes d'analyse végétale peuvent se rapporter à huit méthodes générales ; savoir, L'ANALYSE, *mécanique naturelle, mécanique artificielle ; par la distillation, par la combustion, par l'eau, par les acides et les alcalis, par l'alcool et les huiles,
par la fermentation*, 44 et suiv. — Dans l'emploi de ces huit méthodes
on doit distinguer essentiellement deux genres d'analyse végétale ; 1°. les
analyses immédiates ou inaltérantes, et ne donnant que les *principes immédiats
prochains*, etc. ou matériaux entiers, etc. contenus dans les plantes ; 2°. les
analyses altérantes et décomposantes, etc. employées pour rechercher la
composition des matériaux immédiats, etc. 51 et suiv. — On trouve pour
leurs principes constituans l'hidrogène, le carbone et l'oxigène : l'union
de ces trois corps présente des espèces d'oxides à radicaux binaires, etc.
dont les différentes proportions et la variabilité d'attractions font varier
ces composés organiques, les modifie sans cesse et finit par donner, pour
derniers résultats de leur analyse, de l'eau et de l'acide carbonique, 53

et suiv. — Des résultats de leur analyse applicables à leur formation et à leur altération, etc. 57 et suiv. — 3ᵉ. Ordre : *Des propriétés chimiques et caractéristiques des substances végétales* en général, 4, 5, 61 et suiv. — Différens états ou modifications dans lesquels les font passer les altérations que leur font subir les différens agens chimiques, 62 et suiv. — De leurs propriétés chimiques, *traitées par le calorique*, 64 et suiv.— Quatre phénomènes ou genres d'altérations que produit l'action du calorique sur ces substances ; 1°. *l'épaississement ou desséchement ;* 2°. ce qu'on nomme *distillation au bain-marie ;* 3°. *la coction ou cuisson* ; 4°. *la dissolution totale des principes*, soit dans des vaisseaux fermés, soit dans des appareils ouverts, 64 et suiv. — *Leur épaississement ou desséchement*, n'est point une simple évaporation de l'eau, *etc.* ; l'équilibre de la composition végétale y subit quelques dérangemens, etc. ; la matière devient moins hidrogénée et un peu plus carbonée, etc. 65, 66. — *Leur distillation au bain-marie* produit, non seulement de l'eau toute formée, mais encore une portion plus ou moins grande qui s'y forme, *etc.* ; il se sublime une matière odorante, etc. 66. — Les phénomènes de *leur cuisson* annoncent qu'il y à formation d'eau et de matière sucrée par une nouvelle combinaison de leurs principes, et qu'elle est un de ces passages de composition qui se rapprochent de la maturation ou de la germination, etc. 67. Voy. *Germination*. — *Leur dissolution ou décomposition totale* présente des phénomènes et des produits differens selon les degrés d'accumulation du calorique ; à un degré peu supérieur à celui de l'eau bouillante, il se forme de l'eau, de l'huile, des acides végétaux et du charbon pour résidu ; mais lorsque la chaleur est beaucoup plus forte, les produits sont de l'acide carbonique et du gaz hidrogène carboné, etc. 68 et suiv. — *Traités par l'air*, présentent six phénomènes ; 1°. *l'absorption d'un principe de l'air par ces substances ;* 2°. *précipitation et concrétion dans leurs liquides ;* 3°. *leur coloration ;* 4°. *leur genre de combustion ;* 5°. *l'altération qu'ils font subir à l'air ;* 6°. *leur espèce de décomposition* plus ou moins lente, 71, 72 et suiv. — *Absorbent du gaz oxigène* de l'atmosphère, 73, 74. — *Leurs liquides se concrètent* ou laissent déposer des flocons concrets, etc. 74. — *Leur coloration par l'air* est due à la fixation de l'oxigène, dont les proportions font varier les nuances, depuis la couleur la plus foncée jusqu'à la plus claire ; la saturation de ce principe donne le jaune ou le fauve, la plus durable des couleurs végétales ; leur changement de couleur est suivi du changement de leur nature, etc. 74 et suiv. Voy. *Matières colorantes*. — *Leur hidrogène brûle peu à peu avec l'oxigène atmosphérique* et forme de l'eau, etc. 76, 77. — *Altèrent l'air* en le dépouillant d'oxigène et en y exhalant de l'acide carbonique, etc. 77, 78. — *Se décomposent plus ou moins lentement et complétement à l'air*, qui en sépare peu à peu tous les principes volatils, etc. 78, 79. — *Traités par l'eau*, dont l'action sur ces substances peut être réduite à huit phénomènes ou effets bien distincts et qui semblent se suivre ; 1°. *l'absorption et le ramollissement ;* 2°. *la séparation mécanique des parties ;* 3°. *la fusion ou l'isolement de quelques matériaux immédiats ;* 4°. *la dissolution de quelques autres ;* 5°. *l'union nouvelle ou le mélange de ceux de ces principes simultanément dissous ;* 6°. *l'atrération qu'ils éprouvent*, soit par l'action de l'eau, soit par celle qu'ils exercent les uns sur les autres ; 7°. *la cuisson ou l'effet compliqué de la coction dans l'eau ;* 8°. *la décomposition totale* : le calorique influe toujours plus ou moins sur ces phénomènes, 79, 80 et suiv. — *Traités par les terres et les alcalis*, 87 et suiv. — Sont desséchés par toutes les substances terreuses et alcalines, 87 et suiv. — Les alcalis fixes les dissolvent, etc. et les mettent dans une espèce d'état savonneux, etc. 89, 90. — *Traités par les acides*, 91 et suiv. — Leurs altérations par les acides à radicaux simples, qui tendent toujours à les décomposer plus ou moins rapidement et complétement, peuvent se rapporter à trois modes généraux ; 1°. tantôt ils sont dissous sans être d'abord sensiblement changés, lorsque les acides sont très-faibles, ou la matière végétale très-dense, etc. ; 2°. tantôt ils éprouvent

une altération sans que l'acide lui-même ait cédé de l'oxigène , comme avec les acides sulfurique et muriatique ; 3°. tantôt ils se convertissent en produits nouveaux, en même temps que l'acide décomposé leur donne une portion de son principe acidifiant, *etc.* comme avec les acides sulfureux, muriatique oxigéné, et sur-tout nitrique, qui y produit divers degrés d'acidification et de décomposition végétale, selon l'état où il est lui-même employé et désacidifié, *etc.* 92 et suiv. Voy. *Acides végétaux.* — *Traités par les sels,* 101 et suiv. — Utilité dont peut être le muriate suroxigéné de potasse pour leur analyse indiquée par l'auteur, 104, 105. — De la théorie des incrustations et prétendues pétrifications calcaires qui se forment par la précipitation du carbonate de chaux sur le végétal, et en prend la forme à mesure que celui-ci se détruit, *etc.* 105, 106. — *Traités par les substances métalliques,* 106 et suiv. — Les oxides métalliques les altèrent à la manière des acides, *etc.* ; action et attraction de ces oxides avec les parties colorantes des végétaux, 107, 108. — Effets variés et multipliés que produisent les dissolutions métalliques avec les matières végétales, 108 et suiv. — 4°. Ordre : *Des diverses matières végétales en particulier ou des matériaux immédiats des végétaux,* 5, 111 et suiv. — Le caractère distinctif des matériaux immédiats des végétaux est leur existence particulière dans les diverses parties des plantes, et sur-tout la possibilité de pouvoir en être séparés ou extraits sans éprouver d'altération, *etc.* ; sont eux-mêmes des composés : ainsi ne doivent pas être nommés principes, *etc.* 112, 113. — De l'extraction de leurs matériaux immédiats, 114 et suiv. — Du dénombrement et classification de leurs matériaux, 120 et suiv. — Quatre genres principaux de division ou classification de leurs matériaux immédiats, dont le quatrième, que l'auteur adopte, consiste à les disposer suivant l'ordre de leur formation successive dans les plantes, *etc.* ; sous ce rapport, autant que l'état actuel de la science le permet et d'après leurs diverses propriétés chimiques, on trouve vingt matières différentes ; savoir, *la sève, le muqueux, le sucre, l'albumine végétale, l'acide végétal ou les acides végétaux, l'extractif, le tannin, l'amidon, le glutineux, la matière colorante, l'huile fixe, la cire végétale, l'huile volatile, le camphre, la résine, la gomme-résine, le baume, le caoutchouc, le ligneux, le suber,* 123, 124 et suiv. Voy. *tous ces noms à leur article.* — Propriété qu'ont les matériaux de ces substances de se partager presque simultanément en deux, et quelquefois trois produits différens , 150, 166, 176. — Leur analogie avec les animaux par leur tissu indissoluble, *etc.* VIII, 101. Voy. *le Ligneux* et *le Suber.* — Des diverses matières plus ou moins analogues aux substances fossiles que l'on trouve mêlées ou combinées avec leurs matériaux, et qui en modifient ou altèrent les propriétés, 101 et suiv. — Formation de ces matériaux dans le végétal vivant. Voy. *Végétation,* etc. — 5°. Ordre : *De leurs altérations spontanées,* VII, 5 ; VIII, 107 et suiv. — Nature et causes générales de leurs altérations spontanées ; la nature compliquée de leur composition et les attractions qui existent entre leurs principes primitifs, les disposent à se séparer pour se réunir dans un autre ordre, *etc.* 107 et suiv. — Leurs mouvemens intestins et changemens spontanés, *etc.* produisent en général des composés moins compliqués, *etc.* ; ainsi l'hidrogène tend à s'unir à l'oxigène et à former de l'eau, *etc. etc.* 108. — Avant le dernier terme de leur décomposition, ils s'arrêtent à différentes époques ; divers états intermédiaires, *etc.* dans lesquels on peut les fixer, *etc.* 109 et suiv. — Leurs fermentations, *etc.* 110 et suiv. Voy. *Fermentations des végétaux,* etc. et leurs différentes espèces. — Décompositions lentes et altérations diverses qu'ils éprouvent dans le sein de la terre, *etc.* ; se manifestent sous quatre genres de produits, 229, 230 et suiv. Voyez *Bois fossiles, Tourbes, Bitumes* et *Végétaux pétrifiés.* — 6°. Ordre : *Phénomènes chimiques des végétaux vivans, ou leur physiologie expliquée par les forces chimiques,* VII, 5 ; VIII, 257 et suiv. — Considérés comme des espèces d'instrumens ou d'appareils chimiques, 257 et suiv. — Leur nutrition en général, 259 et suiv. Voyez *Nutrition végétale.* — Leurs

fonctions , ou phénomènes de la végétation, ou physiologie végétale , et mécanisme par lequel se forment les composés qui les constituent, 287 et suiv. Voy. *Végétation*, etc.

VÉGÉTAUX ou Matières végétales pétrifiées, VIII , 230 , 255 , 256. Voyez *Végétaux*, *à leurs décompositions lentes*, etc. — La plupart des échantillons qui portent ce nom dans les cabinets sont des espèces de jaspes veinés, *etc.* ; ceux même qu'on peut ranger dans ce genre , d'après la disposition apparente de fibres végétales , *etc.* ne sont point ces matières véritablement pétrifiées, mais seulement un bois, *etc.* remplacé par une matière silicée, *etc.* 255 , 256.

VEINES métalliques. Voy. *Filons*.

VÉNUS. Voy. *Cuivre*.

VERDET. Voy. *Acétite de cuivre*.

VERNIS, VIII , 181. Voy. *Alcool*.

VERMILLON. Voy. *Oxides de mercure sulfuré rouge*.

VERRE (commun), II , 210 , 220 , 221. — Fusion vitreuse de la silice , soit avec la potasse, soit avec la soude, 210 , 220 , 221. Voy. *Potasse silicée*. — Se fabrique de préférence avec la soude , 220 , 221. — Utilité d'un mélange de plomb dans sa fabrication , VI , 95, 96.

— d'antimoine. Voy. *Oxide d'antimoine sulfuré vitreux*.

— métalliques , V , 79. Voy. *Email* et *Flint-glass*, *et les différens Oxides métalliques*.

— de plomb , VI , 95, 96. Voy. *Flint-glass*.

VERT de gris , VI , 246 , 247. Voy. *Oxide de cuivre*, *Carbonate de cuivre et Acétite de cuivre*.

— de montagne ou chrysocolle verte , etc. Voy. *Carbonate de cuivre natif et Mines de cuivre*.

VÉSICULE du fiel , X , 16 , 17. Voy. *Foie* et *Bile*.

— de Moscovie ou Talc. Voy. *Mica*.

VIF-ARGENT. Voy. *Mercure*.

VIN, VIII , 120, 121 , 127 et suiv. 130 et suiv. Voy. *Fermentation vineuse*. — Ses principales sortes ; ses diverses qualités et différentes substances qui peuvent en former, 130 et suiv. 139. Voy. *Cidre* et *Bière*. — Celui du suc de raisin est le meilleur par l'intime combinaison de ses principes , *etc.* ; ses principales espèces et diverses qualités , 131 , 132. — Son analyse et ses produits , 134 et suiv. 135 et suiv. — Ses différentes combinaisons , 135 , 136. — Son union avec différentes substances , soit minérales , soit végétales, forme les vins médicinaux , 135. Voy. *Vins médicinaux*. — Sa couleur est avivée par les acides , et rendue foncée , tirant sur le violet , par les alcalis , qui, ainsi que la craie , *etc.* l'adoucissent , 135 , 136. — Son union dangereuse avec l'oxide de plomb qui lui donne une saveur sucrée ; et moyen proposé par l'auteur, le premier , de reconnaître cette perfide combinaison appelée *vin lithargiré*, en employant de l'eau chargée de gaz hidrogène sulfuré, *etc.* 136. — Sa distillation , 136 et suiv. Voy. *Eau-de-vie* et *Alcool*. — Ses usages ; sert spécialement à l'extraction de l'eau-de-vie , et celle-ci à la distillation de l'alcool , *etc.* 140 et suiv. Voy. *Eau-de-vie* et *Alcool*. — Sa fermentation , 186 et suiv. Voy. *Fermentation acide ou acéteuse*, *Vinaigre* et *Acide acéteux*. — Son utilité comme antiseptique, IX , 111.

— antimonié ou émétique, VIII , 135. Voy. *Vins médicinaux*.

— chalibé ou ferrugineux, VIII , 135. Voy. *Vins médicinaux*.

— médicinaux, VIII , 135. Voy. *Vin de chalibé*, *Vin émétique*, etc. et *Vin (en général.)*

VINAIGRE, VIII , 187 et suiv. 193 et suiv. Voy. *Vin*, *Fermentation acéteuse et Acide acéteux*. — Procédés pour le préparer , 187 et suiv. — Les vins les plus forts fournissent le meilleur , *etc.* 187 , 188. — Ses propriétés ; est une espèce d'acide acéteux impur, *etc.* ; varie suivant le vin employé, *etc.* 193 et suiv. — Moyens de le rendre plus fort et de le conserver par la gelée, *etc.* ; le plus simple , *etc.* est de le faire bouillir , 194. — Sa distillation et ses produits ; donne l'acide acéteux pur, *etc.*

III, 194, 195. Voy. *Acide acéteux.*—Ses combinaisons. Voy. *celles de l'Acide acéteux* et *Acétites.* — Ses différentes modifications, 206 et suiv. Voyez *Acide acéteux* et *Acide acétique.* — Ses usages nombreux, tant économiques que médicamenteux, 213 et suiv. ; IX, 111. Voy. *ceux de l'Acide acéteux,* etc. — Sa formation avec le lait, 398. — Son action sur les matières animales, X, 251, 261, 355.

Vinaigre de lait. Voy. *Lait.*

— radical. Voy. *Acide acétique.*

— de Saturne. Voy. *Extrait de Saturne* et *Acétite de plomb.*

— de Vénus. Voy. *Acide acétique.*

Vipère (3e. classe des matières animales), IX, 120, 124; X, 314, 318 et suiv. Voy. *Animaux,* à la comparaison et classification des matières animales. — Ses caractères naturels et ses prétendues vertus médicinales, etc. 318, 319. — Toutes ses qualités se bornent à sa nature alimentaire, et peut être un peu plus active et irritante que celle des autres animaux, 319. — Histoire de son venin; son siége, etc. 319 et suiv. — Sa salive et son humeur buccale ne sont pas vénéneuses, etc. 320. — Résultats des expériences nombreuses de Fontana sur son venin; ses caractères, etc. ; ses effets, etc. 320 et suiv. — Son venin, devenu sec à l'air, conserve long-temps sa propriété vénéneuse, etc.; n'a ni acidité ni âcreté saline, etc. ; ressemble à l'opium par son action ; coagule et noircit le sang, etc. 321 et suiv. — L'homme et les gros animaux ne meurent pas ordinairement de sa morsure, et il faut que ces serpens soient multipliés en proportion du poids de l'animal : il faudrait, d'après les calculs de Fontana, cumuler la morsure de vingt vipères pour faire périr un bœuf, et celle de six pour faire mourir un homme, etc. 322, 324. — Inutilité de la plupart des remèdes proposés contre ses dangereux effets; la pierre à cautère, le spécifique le plus constant et certain, etc. doit être administrée promptement, etc. 323 et suiv.

Vitrification, I, 94.

Vitriols. Voy. *Sulfates.*

— métalliques. Voy. *Sulfates métalliques.*

— ammoniacal. Voy. *Sulfate ammoniacal.*

— d'argent. Voy. *Sulfate d'argent.*

— d'argile. Voy. *Sulfate alumineux.*

— de bismuth. Voy. *Sulfate de bismuth.*

— blanc. Voy. *Sulfate de zinc.*

— bleu. Voy. *Sulfate de cuivre.*

— de chaux ou calcaire. Voy. *Sulfate de chaux.*

— de Chypre. Voy. *Sulfate de cuivre.*

— de cobalt. Voy. *Sulfate de cobalt.*

— de cuivre. Voy. *Sulfate de cuivre.*

— d'étain. Voy. *Sulfate d'étain.*

— magnésien. Voy. *Sulfate de magnésie.*

— de manganèse. Voy. *Sulfate de manganèse.*

— martial ou couperose verte. Voy. *Sulfate de fer.*

— de mercure. Voy. *Sulfate de mercure.*

— de nickel. Voy. *Sulfate de nickel.*

— de platine. Voy. *Sulfate de platine.*

— de plomb. Voy. *Sulfate de plomb.*

— de potasse. Voy. *Sulfate de potasse.*

— de régule d'antimoine. Voy. *Sulfate d'antimoine.*

— de soude. Voy. *Sulfate de soude,*

— de zinc ou couperose blanche. Voy. *Sulfate de zinc.*

Vitriolisation. Voy. *Sulfatisation.*

Volatilisation, Volatilité, I, 91. Voyez *Sublimation, Sels* et *Métaux.*

— simple, IV, 80, 82.

— avec altération, 80, 82 et suiv.

Voie humide, I, 77.

Voie sèche, I, 77, 78.
Volatils (corps). Voy. *Gaz.*

W

Witherite. Voy. *Carbonate de barite.*
Wolfram. Voy. *Tungstène* et *Tunstate de fer natif.*
Wurfelstein ou pierres cubiques. Voy. *Borate magnesio-calcaire.*

Y

Yeux d'écrevisse. Voy. *Pierres d'écrevisses.*
Ytterby ou Gadolinite, I, Disc. pr. lxxix et suiv. Voy. *Pierres et Terres,* etc.
— pierre nouvellement découverte par M. Gadolin ; ses propriétés ; son
    analyse par le citoyen Vauquelin, et examen de la terre qu'on en re-
    tire, nommée *Yttria.* Id. Voy. *Yttria.*
Yttria (nouvelle terre), I, Disc. pr. lxxix et suiv. Voyez *Ytterby ou*
    Gadolinite et *Terres* (*en général.*)—Ses propriétés ; ses combinaisons, etc.
    ce qui la distingue d'avec l'alumine et la glucine, Disc. pr. lxxx,

Z

Zéolite, II, 287, 310. Voy. *Pierres* (*combinées.*) —. A été confondue
    avec d'autres pierres, 310. Voy. *Stilbite, Prehnite, Chabasie, Analcime.*
    — A les deux électricités contraires, l'une à son sommet et l'autre à sa
    base ; forme une gelée avec les acides ; contient de l'eau qui lui donne
    la propriété de bouillonner en se fondant, 310. — Son analyse par divers
    chimistes, 310, 343.
Zinc, V, 12, 13, 15, 16, 17, 18, 21, 24, 359 et suiv. Voy. *Métaux.* —
    Son histoire et chimistes qui s'en sont occupés ; Paracelse est le premier
    qui en ait parlé ; n'est bien connu comme un métal particulier, *etc.* que
    depuis une cinquantaine d'années, 359, 360. — Son blanc bleuâtre ; ses
    lames ; sa pesanteur ; sa ductilité, *etc.* 360, 361. — Procédé pour le ré-
    duire en poudre, 361, 362. — Sa dilatabilité, fusibilité, *etc.* par le calo-
    rique ; sa cristallisation, *etc.* ; son énergie dans les expériences galvani-
    ques, *etc.* 362, 363. — Son histoire naturelle, 364 et suiv. Voy. *Mines*
    de zinc. — Son oxidation par l'air et le calorique ; ses couleurs irisées et
    diverses nuances, *etc.* à mesure qu'il s'oxide, *etc.* ; sa fusion en verre ;
    son inflammation subite brillante, *etc.* ; sa volatilisation en oxide su-
    blimé, *etc.* 371 et suiv. Voy. *Oxide de zinc.* — Son union avec les corps
    combustibles, 373 et suiv. Voy. *Phosphure* et *Sulfure de zinc.* — Sa dis-
    solution dans le gaz hidrogène, *etc.* 369, 373. — Ses alliages, 375, 376 ;
    VI, 26, 80, 81, 178, 254, 257 et suiv. 367, 368, 420, 423. Voy. *Alliages.*
    — Action entre ce métal et l'eau, qui, en se décomposant, donne du gaz
    hidrogène et oxide le zinc, *etc.* V, 376. — Cette action est favorisée par
    les acides, 377, 378, 381, 383, 385. — Cette même action avec les bases
    et avec les sels, 385 et suiv. — Son action, inflammation, *etc.* avec les
    oxides métalliques, qu'il décompose en s'oxidant, *etc.* 376, 377 ; VI, 268,
    272. — Action entre ce métal et les acides ou l'eau qui les accompagne,
    et ses combinaisons avec les acides, V, 377 et suiv. — Ses deux sortes
    de combinaisons avec l'acide sulfureux, lorsqu'on l'unit directement à cet
    acide, ou lorsque cette union est directe entre son oxide et cet acide,
    380 et suiv. Voy. *Sulfites sulfuré (ou simple) de zinc.* — Son inflammation
    par l'acide nitrique concentré et celle par l'acide muriatique oxigéné, 382,
    384. —. Action entre ce métal et les sels, 385 et suiv. — Décompose les
    sulfates en s'oxidant, *etc.* ; s'unit en sel triple avec une partie du sul-
    fate d'alumine, 386. — Son inflammation brillante, détonation et oxida-

tion, *etc.* avec le nitrate de potasse ; ce phénomène employé pour les bombes des artificiers, 386, 387. — Forme du muriate de zinc par la décomposition, *etc.* du muriate d'ammoniaque et par celle du muriate suroxigéné de mercure, 387, 388. — Sa fusion avec les phosphates et les borates, *etc.* 388. — Désoxide plus ou moins les métaux dans leurs dissolutions salines, *etc.* ; son utilité par cette propriété pour l'analyse des mines, 388 ; VI, 198, 281, 321 ; 339, 378, 392. — Ses usages et ceux de son oxide dans les arts et dans la médecine, 388, 389. — Utilité dont peut devenir pour la médecine sa propriété conductrice de l'électricité animale, 389. — Utilité et variétés de ses alliages avec le cuivre, VI, 257 et suiv. Voy. *Cuivre à ses alliages avec le zinc* et *Acétite de zinc.* — Action entre ce métal et les substances végétales, VII, 200, 209, 218, 228, 229, 260 ; VIII, 100, 201, 211. Voy. *Métaux* et *Oxide de zinc, à cette action.* — Action entre ce métal et les substances animales, IX, 74, 412 ; X, 349.

ZIRCON, II, 286, 289, 290. Voy. *Pierres (combinées.)* — Comprend l'hyacinte et le jargon, 289. — A donné seule jusqu'à présent la nouvelle terre appelée *Zircone*, 289. Voy. *cette terre.* — Son analyse par différens chimistes, 290, 431, 432.

ZIRCONE, II, 134, 151 et suiv. Voy. *Terres (en général.)* — Tire son nom de celui de zircon, donné au jargon de Ceylan ; découverte, en 1793, par M. Klaproth ; a été trouvée depuis dans les hyacinthes, tant par le même, que par les citoyens Guyton et Vauquelin, 151. — Procédés pour l'obtenir pure, 151, 152, 323 et suiv. 325, 326. Voy. *Pierres (combinées.)* — Sa sorte de douceur, *etc.* ; sa pesanteur spécifique ; sa lumière phosphorique au feu du chalumeau ; sa fusion pâteuse par le calorique lorsqu'on l'enveloppe de charbon, *etc.* ; resserrement et dureté qu'elle acquiert par cette fusion, *etc.* 152. — Son adhérence et gelée transparente qu'elle forme avec l'eau, quoiqu'elle y soit indissoluble, 153. — Son union et attraction avec les acides ; insolubilité de plusieurs de ces combinaisons, 153, 154 ; III, 21, 66, 67, 72, 93, 94, 102, 151 et suiv. 157, 161, 166, 211, 212, 219, 229, 230, 235, 273, 279, 293, 294, 297, 310, 317, 337 ; IV, 10, 62, 63, 119, 120, 123. Voy. *Sels.* — Ses attractions avec les acides comparativement aux autres bases, soit terreuses, soit alcalines, II, 154, 159, 166, 177, 184, 185, 194, 195, 209, 220, 240, 250, 262 ; IX, 191. — Sa fusion avec les autres bases terreuses ou alcalines, II, 154, 179, 194, 195. — Caractères qui la rapprochent et ceux qui l'éloignent de la silice et des autres terres, 154, 155, 211. — Son union et vitrification avec les phosphates, III, 234, 235, 257, 258, 262. — Son union et sorte de vitrification avec les borates de soude, 334, 335. — Sels triples qu'elle forme avec les carbonates alcalins, 63 et suiv. — Saveur âpre et métallique de ses composés, 69. Voy. *Sels, etc. à leur saveur.* — Son union avec l'acide acéteux, VIII, 200.

ZOOLOGIE. Voy. *Quadrupèdes.*

ZOONATES, sels formés par l'acide zoonique. Voy. *Acide zoonique* et *Zoonate d'ammoniaque.*

ZOONATE d'ammoniaque, IX, 107, 242, 248 ; X, 311. Voy. *Zoonates, etc.*

TABLE DES AUTEURS
CITÉS DANS CET OUVRAGE.

A

Abildgaard, I, Disc. pr. crv. clj.

Achard, II, 336 ; IV , 72 ; VI, 403, 417 ; VII, 172 ; VIII , 4, 308, X , 208. — Cristaux artificiels, IV , 72. — Sucre des betteraves, VII, 172.

Acoramboin, IX, 393.

Adanson, VI, 122 ; VIII, 308.

Adet, un des inventeurs des nouveaux caractères chimiques , I , 107. — Ses recherches sur les deux états du muriate d'étain, VI , 6, 36 et suiv. — Celles sur l'acide acétique, VIII, 208, 209.

Aepinus , VI , 117.

Afzelius , X , 347.

Agricola , I , 18 ; II , 58 ; V , 7, 193, 359 ; VIII, 249, 250.

Albert le grand, I, 18 ; V , 359.

Albinus , IX, 276.

Albucasis , I , 17. — A décrit les trois distillations , etc. 17.

Aldrovande , V , 7.

Algarothi , V , 346. Voy. *Poudre d'algaroth.*

Allen , IV , 292. — A trouvé la Sélénite ou Sulfate de chaux dans les eaux, 292.

Alonz. Barba , V , 7.

Allen , IX , 126.

Alston , X , 266.

Alyon , IX , 35 , 185.

André Baccius , IV , 291. — Le premier qui ait traité, en 1596, des eaux, 291.

Angelus-Sala , I , 19, 21 ; V , 7 ; VII , 233 ; VIII , 201.

Angulo , V , 87.

Antoine Shwab , V , 214. — Antimoine natif , 214.

Antonio de Ulloa , VI , 402. — Platine, *id.*

Arbuthnot, IX , 200.

Ardvisson , X , 349.

Aretée , IX , 126.

Arezula , VIII , 5 et suiv. I , 49 ; VIII , 5 et suiv.

Aristote , I , 14, 50, 51 ; V , 291, VI , 164 ; IX , 11. — Ses quatre élémens , I , 50, 51.

Arnaud de Villeneuve , I , 18 ; V , 6 ; VIII , 137. — Acides minéraux, I , 18. — Distillation en grand , pour obtenir l'eau-de-vie, VIII , 137.

Arwidsson , V , 151 ; VIII , 201 ; X , 347.

Asch , X , 64.

Asclépiade , IX , 210.

Astruc , VIII , 68.

Augurellus , V , 193.

Aumont , IX , 176.

B

Bacon , IX , 95, 210.

Bailleau , V , 348.

Bancroft , VIII , 77.

Barba , VI , 349.

Barbatus , IX , 128 ; X , 80.

Barchusen , V , 7 ; VIII , 251 , IX , 319 , 393 ; X , 20 , 68 , 121. — l'acide du succin, VIII , 251.

Barner , I , 22 ; VI , 52. — Chimie philosophique , I , 22.

Baron , I , 24 ; II , 124, 142 ; III , 326.

Bartholdi , III , 268 ; IX , 34, 404.

Bartholin , IX , 168, 170 ; X , 64, 65, 86.

Basile Valentin , I , 17, 19 ; II , 58 , 233 ; V , 6 , 210 ; VI , 387 , 392. — Fameux par l'antimoine, I , 19 ; V , 210.

Bauhin , X , 347.

Baumé , II , 143 ; III , 328 ; V , 194 , 347, 348, 360 ; VI , 5 , 18 , 22 , 29, 31, 34, 52, 75, 77, 78 , 79, 80 , 110 , 255 , 360, 366, 403, 406, 421, 433 ; VII , 355 ; VIII , 23, 122, 144, 159, 172, 173.

Baunach , VII , 214.

Bayen , I , 33, 34 ; IV , 5 , 293 ; V , 178 , 300 ; VI , 4, 5 , 16, 22 et suiv. 44, 48, 83, 110, 135, 140

265; VII, 218, 233; X, 89 et suiv. 191. — Réduction des chaux ou oxides métalliques, sans addition, I, 33; V, 178.

Beccari, VII, 39, 295, 301.

Beccher, I, 19, 23, 50, 51; III, 326; V, 64, 268; VI, 254, 263; VIII, 103, 121, 187, 220, 234; IX, 96, 97, 113. — Monde souterrain, I, 19; IX, 96, 97. — Prétendue terre inflammable (prétendue) mercurielle, etc. I, 23, 51; V, 268.

Beckmann, VIII, 70, 71.

Beddoës, IX, 175.

Béguin, I, 19, 21; V, 347, VII, 233.

Bellini, IX, 170, 202; X, 102, 109, 126, 145.

Berger, X, 64.

Bergman, I, 12, 33, 34, 76 et suiv. 106, 131, 205; II, 32, 44, 134, 138, 143, 147, 162, 164, 167, 187, 195, 214, 233, 267, 276, 284, 296, 304, 305, 307, 310, 314, 318, 330, 332, 333, 334, 336, 339, 340, 341, 343, 347; III, 22, 25, 31, 33, 36, 40, 43, 47, 53, 54, 65, 68, 103, 127, 142, 144, 153, 167, 173, 183, 187, 194, 196, 204, 206, 215, 254, 258, 304, 314, 319, 320, 326, 327, 334; IV, 4, 5, 10, 20, 28, 35, 44, 47, 48, 49, 50, 51, 55, 56, 57, 61, 62, 126, 251, 256, 258, 268, 289, 293, 294, 296, 299, 302, 318; V, 7, 9, 26, 64, 65, 66, 67, 68, 73, 81, 87, 92, 94, 97, 104, 128, 135, 136, 139, 141, 149, 151, 163 et suiv. 163 et suiv. 168 et suiv. 173 et suiv. 181 et suiv. 190, 194, 197, 198, 207, 211, 218, 222, 223, 226, 227, 229, 234, 236, 241, 246, 247, 251, 252, 253, 258, 270, 282, 284, 285, 286, 306, 323, 324, 329, 331, 335, 339, 341, 347, 348, 359, 360, 365, 358, 369, 385; VI, 5, 11, 13, 14, 55, 63 et suiv. 97, 109, 110, 111, 122, 135, 136, 139, 140, 142, 144 et suiv. 150 et suiv. 165, 167, 169, 173, 174, 175, 179, 180, 187, 204, 213, 235, 237, 242 et suiv. 276, 295, 300, 301, 307, 308, 309, 335, 337, 349, 354, 355, 356, 357, 379, 384, 387 et suiv. 403, 409, 418, 428 et suiv. VII, 41, 91, 161, 175, 191, 192, 193, 213, 220, 228, 233, 243, 244, 247, 248, 249, 254, 256; VIII, 64, 150, 205, 227, 253, 278, 321; IX, 83, 176, 191; X, 112. — Le meilleur historien chimique, I, 12. — Convertit le sucre en acide par l'acide nitrique, I, 34. Voy. *Acide oxalique.* — Attractions électives, 76 et suiv. IV, 126. — Noyau des cristaux, II, 267. — Acide *aérien* (acide carbonique) I, 33; II, 32; IV, 4, 293. — Carbonate de barite, 10. — Gaz hépatique (Gaz hidrogène sulfuré), 293, 294. — Nickel, V, 151 et suiv. Voy. *Nickel.* — Manganèse, 168 et suiv. Voy. *Manganèse.*

Berniard, III, 240; VII, 233; VIII, 41; IX, 30, 277, 284.

Bernouilli, V, 280, 292.

Berthollet, I, 34, 45 et suiv. 47, 161, 163, 173, 175, 201; II, 72, 74, 79, 109, 174, 192, 198, 205, 222, 233, 249, 251; III, 68, 69, 76, 78, 82, 95, 107, 138, 196, 214, 215, 220, 222, 225, 241; IV, 4, 29, 31, 73; V, 58, 189, 227, 245, 251, 331; VI, 96, 97, 110, 124, 150, 165, 167, 187, 199, 230, 288, 295, 330, 332, 349, 386, 389 et suiv.; VII, 42, 72, 74, 76, 77, 110, 217, 219, 233, 240, 249, 328, 333, 345; VIII, 56 et suiv. 64, 67, 70, 78, 81, 149, 155, 174, 175, 208, 271; IX, 31, 32, 33, 39, 40, 49, 52, 62, 65, 70, 71, 81, 87 et suiv. 97, 176, 203, 210, 265, 287; X, 113, 139, 176, 270, 287; I, Disc. pr. liij, lxxi, lxxij. — Découvrit la nature de l'acide marin, prétendu déphlogistiqué, c'est-à-dire oxigéné et l'alcali volatil ou ammoniaque, de l'or fulminant, etc. I, 45, 46; II, 109, 233, 249, 251; V, 58; VI, 288, 385 et suiv. Voy. *Ces différens corps, à leurs articles.* — Renonça le premier au phlogistique, I, 46. — Un des inventeurs de la nomenclature méthodique, 47. — Découvertes sur l'azote, 161, 163, 175. — Examen des hidro-sulfures alcalins, II, 192, 205. — Les sulfites, III, 68. Voy. *Sulfites alcalins, etc.* — Le muriate suroxigéné de potasse, 214, 215, 220 et suiv. — Expériences sur la fonte de fer, VI, 150. — Sulfite de fer, 199. — Argent fulminant, 329, 330 et suiv. — Théorie de la coloration

des végétaux, VIII, 56 et suiv.
Voy. *Matières colorantes (des végétaux)*. — Acide zoonique. Voy.
Cet acide.
Bertin, IX, 276.
Bertrandi, IX, 305.
Bewly, I, 33 ; II, 32.
Bianchi, X, 15, 17, 19, 54.
Bichat (Xav.), IX, 216 et suiv. 227.
Bicker, V, 273.
Bierkander, VIII, 308.
Bindheim, II, 155, 156, 296, 330, 335 ; V, 107 ; VI, 358.
Birch, VI, 389 ; X, 65.
Black, I, 28, 49 ; II, 32, 162, 169, 197, 198, 233 ; III, 43, 196, 204 ; IV, 4, 20, 29, 36, 44, 50, 292, 293, 294, 299. — Son air fixe (acide carbonique), I, 28 ; II, 32, 169 ; IV, 4, 293. — Magnésie, II, 162. — Découvertes sur la chaux, 169. — Les deux états des alcalis, 197, 198, 233 ; IV, 4, 29, 36, 44. — Sulfate de magnésie, III, 43 ; IV, 292. — Muriate de magnésie, III, 204. — Carbonate de chaux, IV, 20. — Carbonate de magnésie, 44.
Blaise de Vigenère, I, 19 ; VII, 186, 233. — Reconnu l'acide du Benjoin. Voy. *Acide benzoïque.*
Blasius, X, 87.
Blumenbach, IV, 16.
Boerhaave, I, 6, 23, 168 ; II, 31 ; III, 40 ; V, 270, 272, 278, 291, 292, 293, 295, 308 ; VI, 4, 52, 88, 222, 296, 327, 351 ; VII, 39, 213, 233, 357 ; VIII, 89, 111, 120, 121, 143, 144, 156, 157, 160, 189, 192 ; IX, 27, 37, 112, 128, 147, 205, 305, 319, 371, 392, 399, 403 ; X, 12, 19, 22, 23, 24, 54, 102, 110, 121, 122, 141, 145, 149, 154, 155, 205, 245, 247, 266, 411. — Travaux sur le mercure, V, 270, 278, 291, 292, 293, 295, 308. — Reconnut le premier l'acide du bois, VIII, 89. Voy. *Acide Pyro-ligneux.*
Bogues, VIII, 169.
Bohmer, VIII, 308.
Bohn, X, 12, 64, 65.
Bohnius, I, 22 ; IV, 29 ; VI, 52 ; IX, 128, 204 ; X, 105, 110. — Sa chimie raisonnée, I, 22.
Boissieu, IX, 97, 101, 111.
Bonhomme, X, 177, 247.
Bonnet, VIII, 27, 258, 268, 298, 304, 308 ; IX, 13, 202.

Bonvoisin, III, 241.
Borda, VI, 258, 405.
Bordenave, IX, 97, 111.
Bordeu, IX, 127, 138, 212, 226, 370, 371 ; X, 89 et suiv.
Borie, VIII, 144. — Son aéromètre, *id.*
Bormes (de), VIII, 173.
Born (de), II, 284, 313 ; V, 7, 139, 153, 216, 283, 284, 355 ; VI, 56, 123, 235, 237, 238, 300, 349, 356. — Système lithologique, II, 284.
Borrichius, V, 7 ; VI, 177, 349 ; IX, 175.
Boucherie (les frères), VIII, 124.
Bouchu, VI, 109.
Bouillon. Voy. *Lagrange.*
Boulduc, I, 23 ; IV, 291, 293 ; V, 336 ; VII, 38, 39, 245 ; VIII, 148, 251. — Analyse des eaux, IV, 291, 292 ; VIII, 148. — L'acide du succin, 251.
Bourdelin, VII, 38 ; VIII, 250, 252.
Bourdon, X, 64.
Boyle, I, 23, 27, 51, 153, 168, 185, 186 ; II, 247 ; IV, 291 ; V, 269, 271, 293, 355 ; VI, 6, 17, 115, 349, 360 ; VIII, 256 ; IX, 27, 138, 392 ; X, 105, 108. — Phosphore, I, 185, 186. — Liqueur fumante (sulfure d'ammoniaque hidrogéné), II, 247 ; IV, 291.
Brandt, I, 185, 186 ; V, 63, 135, 139 ; VI, 149, 208, 368, 378, 379 ; IX, 28 ; X, 108, 109. — Découverte du phosphore, I, 185, 186 ; IX, 28. — Du cobalt, V, 135, 139.
Brendelius, I, 21.
Brisson, VI, 7, 113, 370 ; VIII, 145 ; IX, 390, 402 ; X, 105.
Brown, VII, 248, IX, 82, X, 297.
Brownrigg, I, 29 ; X, 68.
Bruckman, IX, 308.
Brugnatelli, VII, 41 ; VIII, 93 ; IX, 320 ; X, 4, 6, 208, 247.
Brunner, X, 3, 9, 12, 13, 62, 64.
Brunsfeld, X, 347.
Bryan, X, 386.
Bucquet, I, 209 ; II, 32, 162 ; III, 40, 43 ; IV, 5 ; V, 254, 387 ; VI, 44, 171, 194, VII, 39, 122, 187, 233, 237, 246 ; VIII, 43, 60, 112, 122, 160, 172 ; IX, 29, 80, 128, 142, 143, 146, 150, 169.
Buffon, VI, 403, 424.
Bullion, III, 240 ; VI, 5, 45, 328 ; VIII, 122 ; IX, 284.

Buniva, X, 81, 83, 84.
Burlet, IV, 291. — Analyse des eaux, 291.

Burrhus, IX, 293, 296.
Butini, II, 162, 164, 165 ; IV, 47, 48, 49, 268.

C

Cadet, I, 206, 209 ; VIII, 159, 200 ; IX, 29 ; X, 20, 25, 27, 30, 40.
Capeller, VII, 215.
Cardan, VI, 263, 264 ; IX, 204.
Carminati, IX, 31 ; X, 4, 7.
Carrochez, VI, 404, 409, 423.
Cartheuser, I, 26 ; II, 275 ; IV, 294 ; V, 302 ; VI, 52 ; VII, 39, 179 ; VIII, 3, 34, 157, 187 ; IX, 83, 176, 393, 404 ; X, 290, 293, 336.
Cassebohm, IX, 370.
Cassebois, V, 277.
Casserius, X, 87.
Cassini, VI, 114.
Cassius, I, 19 ; V, 6 ; VI, 349, 351, 392.
Cat (le) IX, 370.
Cavendish, I, 30, 49 ; 161, 168 ; II, 32, 79, 80 ; III, 95, 107 ; IV, 4 ; V, 273. — Travaux importans sur les gaz, I, 30, 161, 168 ; II, 32, 80 ; IV, 4.
Chabanon, I, 49 ; VI, 404, 405, 409. — Traitement en grand du Platine, 404, 409.
Champeaux, VI, 58.
Champy ; III, 122 ; V, 168, 173. — Poudre à canon, III, 122. — Manganèse, V, 168, 173.
Chaptal, II, 156 ; III, 54 ; VII, 171 ; VIII, 56, 70, 128, 138, 204, 205, 209, 210, 246 ; IX, 71, 259, 260 ; X, 287, 355.
Charras, V, 7 ; VIII, 251 ; X, 319.
Charlard, VI, 5, 16, 83.
Chaulnes, I, 33 ; II, 32 ; III, 230, 259, 263 ; IV, 4, 29, 30, 50, 293 ; VII, 39 ; VIII, 128 ; X, 112, 118. — Cristallisation des alcalis avec l'acide carbonique, IV, 4, 29, 30, 50.
Chaussier, IX, 159 ; X, 352 ; I, Disc. pr. civ.
Cheselden, IX, 126.
Cheyne, IX, 128 ; X, 101, 265.

Chirac, IX, 262.
Christian Bernhard, VI, 191. — Acide sulfurique fumant de Nort-haausen, id.
Chrouet, IX, 305, 306, 307.
Claveus, VI, 349, 360.
Clopthon - Havers, IX, 216, 218, 276.
Clouet, II, 38, 74 ; V, 56. — Liquéfaction du gaz acide sulfureux, II, 74. — Fer converti en acier avec le carbonate de chaux, V, 56.
Collet Descotils, II, 302, 307, 338, 341.
Collins, X, 9, 10.
Condorcet, IX, 31.
Columbus, IX, 276 ; X, 54.
Comus, VI, 361. — l'oxidation de l'or par l'électricité, id.
Conringius, I, 19.
Corvinus, VII, 233, 237, 240, 254, 255.
Coste, V, 338.
Coulomb, VI, 117.
Courtanvaux, VIII, 173, 211.
Courtivron, VI, 109.
Cramer, I, 25 ; V, 7, 150, 197 ; VI, 12, 259, 295, 375.
Crawford, III, 171 ; IV, 15 ; IX, 31, 129 ; X, 370, 373, 376.
Crell, V, 168, 302 ; VI, 143 ; VII, 41, 270 ; VIII, 89 ; IX, 176, 181, 188, 190, 192.
Croharé, VI, 206.
Crollius, I, 17, 19, 20 ; V, 7, 347.
Cronstedt, I, 24 ; II, 233, 310 ; V, 139, 150, 153, 154, 167, 197 ; VI, 24, 55, 77, 140, 174, 235, 255, 256, 303, 351, 364.
Cruischanck, VII, 168 ; VIII, 119 ; X, 114, 154, 161. — Ses travaux sur l'urine, 114, ect. Voy. *Urine*, et *Urée*.
Cruger, VIII, 3.
Cullen, X, 178.
Cygna, IX, 128 ; X, 370.

D

Dambourney, VIII, 70, 77, 78.
Dandolo, I, 49.
Darcet, I, 205, 207, 208; II, 164; V, 193, 200; VI, 18, 83, 206, 298, 311; VII, 331; VIII, 133.
Darconville (Madame), IX, 97, 102; X, 20.
Daubenton, II, 282, 301; IV, 271 et suiv.; VI, 25; X, 87, 304. — Méthode lithologique, II, 282; IV, 271 et suiv.
Davies, X, 105.
Deerham, II, 186; IX, 376.
Dehaen, IX, 126, 128, 169, 170.
Dehne, V, 360, 374.
Deidier, X, 9, 12.
Delarbre, VI, 111, 129.
Deleurye, X, 89 et suiv.
Delisle, VI, 403, 430. — Réduction sans addition des sels triples, précipités du *Muriate de platine*, 430. Voy. *Muriate de platine*.
Délius, I, 25; V, 7; IX, 83.
Della Roca, X, 342.
Denis, X, 80, 206.
Desault, X, 206.
Descotils. Voy. *Collet-Descotils*.
Descroisilles, III, 54.
Desmarets, VII, 233, 234, 296.
Detharding, X, 206.
Déyeux, VI, 379; VII, 130, 131, 181, 212, 221, 222, 296, 306; VIII, 81, 87, 102, 171; IX, 33, 84, 129, 137, 141, 145, 152, 154, 164, 165, 391, 393, 401, 404, 407, 421, 425, 429, 431 et suiv. X, 349.
Deyman, I, 49.

Diemorbroeck, IX, 193.
Diéterich, V, 7.
Dickinson, VI, 349.
Didier, IV, 291. — Analyse des eaux, 291.
Diesbach, IX, 81.
Digby, I, 19; V, 7; VI, 190.
Dioscoride, VI, 74.
Dippel, IX, 51, 81; X, 12.
Dizé, VII, 204, 205.
Dobson, X, 208.
Dodart, I, 23; VII, 38; IX, 197, 200; X, 101, 386.
Dodun, IV, 24.
Dolfuz, III, 214, 215, 219, 220, 227, 228.
Dolomieu, VI, 57.
Dombey, VI, 238.
Dondonald, VIII, 244.
Doorschodt, IX, 393.
Dornaeus, II, 58; V, 6.
Dran, X, 65.
Drelincourt, IX, 126, 138, 170; 370; X, 12, 20, 122.
Driender, VIII, 47.
Dubuisson, VII, 202; VIII, 140.
Duchanoy, IV, 294. — Eaux minérales, artificielles, 294.
Duclos, I, 23; III, 36; IV, 291; 292; VII, 213.
Dufay, I, 186; II, 169; VI, 316; VIII, 71.
Duhamel, I, 23, 186; II, 169, 213; III, 162, 196; VII, 19, 233; VIII, 27, 49, 258, 266, 298, 304; IX, 276, 289, 305.
Duverney, IX, 126, 269, 370; X, 375.

E

Egeling, IX, 393.
Ekeberg, I, Disc. pr. lxxix.
Eloy Boursier, VIII, 91.
Elhuyar (MM. d'), V, 87, 90, 92, 94; VI, 138. — Wolfram. Voy. *Tungstène* et *Tunstate de fer natif*.
Emmerling, II, 291.

Encelius, I, 18.
Engestroem, V, 168, 370.
Erasistrate, IX, 126.
Erxleben, IV, 392.
Eschembach, VI, 349.
Etmuller, IX, 404; X, 347.
Eustache, X, 87.

F

Fabroni, II, 128, 300, 337; VI, 90. — Acide boracique, II, 128.
Faelix, X, 65.

Falconer, X, 208.
Fanton, X, 15, 80, 87.
Fash, I, 18.

Faujas, VIII, 244.
Ferber, II, 313 ; V, 7 ; VI, 349.
Ferguson, IX, 403.
Fickius. IX, 404.
Fizes, VII, 233, 234.
Floyer, X, 3.
Fontana I, 35 ; IV, 58, 239 ; IX, 84 ; X, 319 et suiv. 339, 347.

Formey, X, 296.
Forskals, VIII, 22.
Fougeroux, IX, 276, 239.
Franklin, VI, 116.
Freind, I, 24.
Fulham (Madame), VI, 251, 328, 384, 385.

G

Gadolin, III, 214, 215, 227, 228 ; Disc. pr. lxxix. — A découvert une nouvelle terre. Voy. *Yttria*, etc.
Gaertner, X, 141, 143, 153.
Gahn, I, 186 ; II, 44, 188, 195, III, 240 ; V, 168, 173 ; VI, 57 ; IX, 30, 277. — Acide phosphorique dans les os, I, 186 ; II, 44 ; IX, 30, 277. — Terre pesante (barite), 188. — Phosphate de chaux, III, 240 ; IX, 277. — Manganèse, V, 168, 173. — Phosphate de plomb, VI, 57.
Galien, IX, 126, 195, 197, 210 ; X, 375.
Galvani, IX, 22 ; X, 394. — Sa découverte. Voy. *Galvanisme*.
Garman, IX, 102, 268, 293.
Gaubius, I, 24 ; V, 360, 389 ; IX, 128 ; X, 20, 36, 41.
Geber, I, 17 ; II, 213 ; V, 6, 193. — Connut le sublimé corrosif, l'eau régale, *etc.* I, 17. — Indique la soude, II, 213.
Gengembre, II, 292. — Gaz hidrogène phosphoré, 202.
Genssane, VI, 55.
Geoffroy (les trois), I, 23, 24, 186 ; II, 124, 142 ; III, 196, 198, 326 ; IV, 292 ; V, 193, 199, 208, 211, 244, 251, 279 ; VI, 18, 44, 48, 110, 351 ; VII, 38, 186, 187, 245, 248 ; VIII, 3, 46 ; IX, 82, 242 ; X, 297, 350. L'aîné, fameux par les affinités chimiques, I, 24.
Georgius, VII, 201.
Gerhard, V, 6.
Geymuller, IX, 393.
Gibes, IX, 250.
Gillet, II, 317 ; V, 221 ; VI, 57, 408.
Gioanetti, IV, 293, 294 ; VII, 179.
Giobert, III, 218 ; IV, 294 ; VIII, 227, 278 ; IX, 97 ; X, 220. — Eaux sulfureuses, IV, 294.
Girtanner, I, 49 ; VIII, 249.
Glauber, I, 19, 20, 23 ; II, 102 ; III, 31, 40, 43, 185, 201 ; V, 7, 193, 241, 359 ; VI, 43 ; 349,

— Ses Sels. Voy. *Sulfate de soude* et *Sulfate d'ammoniaque.* — Découverte de l'acide muriatique ou marin, II, 102.
Glazer, I, 19, 23 ; III, 25, 120 ; VII, 233 ; VIII, 251. — Son Sel polychreste. Voy. *Sulfate de potasse.*
Glisson, IX, 175 ; X, 15, 54.
Gmelin, II, 331 ; V, 135 ; IX, 393.
Gobet, V, 7.
Godart, IX, 97, 111, 267.
Godefroi ou Godfried Hankwitz, I, 185, 186 ; IX, 28 ; X, 108. — Phosphore, 185, 186 ; IX, 28 ; X, 108.
Godwyn, IX, 128.
Goëlik, X, 65.
Goëtling, I, 49 ; V, 247 ; VIII, 89, 91 ; IX, 83.
Gorter, IX, 200, 202, 208 ; X, 101, 386.
Gosse, X, 4, 6.
Goulard, VIII, 203.
Gould, X, 65.
Gouraigne, IX, 393.
Graaf, X, 11, 12.
Grashuys, V, 309.
Gren, I, 49 ; V, 132 ; VI, 5, 52 ; VIII, 69, 152.
Grew, IV, 292 ; VII, 19 ; VIII, 27, 308 ; X, 54, 68.
Grim, X, 297.
Grosse, I, 24 ; VI, 87, 90 ; VII, 233.
Grutsmacher, IX, 176.
Gulliche, VIII, 70.
Guterman, IX, 404.
Guthrie, X, 250.
Guyton, I, 33, 46, 47, 209 ; II, 151, 156, 164, 167, 258 ; III, 151, 254, 257 ; IV, 4, 5, 16, 62, 63, 293 ; V, 21, 22, 64, 69, 87, 89, 95, 102, 129, 136, 143, 151, 152, 169, 173 et suiv. 189, 194, 199, 200, 213, 271, 360, 362, 374, 375 ; VI, 7, 32, 54, 55, 143, 165, 167, 230, 231, 257, 277,

278, 296, 297, 316, 319, 351,
352, 365, 403, 405, 406, 417,
420, 422, 434, 435; VII, 145,
188, 191, 192, 201; VIII, 150;
IX, 176, 189, 190, 191; I, Disc.

H

Hales, I, 28, 51, 153, 168; II, 31;
III, 106, 107; VI, 206, 207;
VII, 237; VIII, 258, 265, 290,
126, 298, 299, 300; IX, 27, 31, 51,
128, 179; X, 54, 206, 223. — Fluides
élastiques, I, 28, 153, 168; II,
31; III, 106, 107; VI, 207; VII,
237; IX, 51, 179; X, 223.
Hallé, IX, 371; X, 66, 125.
Haller, IX, 126, 130, 139, 147,
169, 175, 176, 187, 193, 197, 199,
201, 202, 204, 205, 212, 245,
262, 263, 266, 267, 271, 272,
273, 276, 281, 289, 308, 319,
320, 367, 370, 376, 385, 386,
390, 428, 430, 432, 433, 434,
437; X, 3, 9, 11, 12, 15, 16,
19, 20, 24, 54, 55, 61 et suiv.
65, 80, 86, 88, 101, 106, 143,
149, 167, 202, 375, 394.
Halley, VI, 351.
Hamberger, IX, 126, 138; X, 17,
105.
Hamilton, X, 370.
Hannemans, V, 6.
Happel, la Chenaye, VI, 8. — A
fait cristalliser l'étain en 1782. Id.
Harder, X, 87.
Harren, V, 135.
Hartenkeil, X, 208, 219.
Hartley, X, 206, 249, 250.
Hartman, VIII, 247; IX, 200; X,
18, 20, 54, 386.
Hartsoëker, IX, 128.
Harvey, IX, 126, 140, 160.
Hasselquist, X, 188.
Hassenfrats, I, 107; II, 312, 344;
VIII, 227. — Un des inventeurs
des nouveaux caractères chimiques,
I, 107.
Hauksbée, V, 280.
Haupt, III, 230, 254, 256, 257,
263; IX, 28; X, 111, 112,
118, 135, 138.
Haussmann, VIII, 56, 67.
Haüy, I, 207; II, 155, 156, 261,
266, 268 et suiv. 285, 289, 290,
291, 294, 296, 299, 301, 302,
304, 305, 306, 307, 308, 311,
312, 313, 317, 318, 321, 322;
III, 23, 44, 55, 107, 167, 196;

pr. lix. — Un des inventeurs de
la nomenclature méthodique, I, 47.
— Gravi-mètre, II, 258. — Tableau
pour mesurer la fusibilité des métaux, V, 21, 22.

221, 241, 298, 299, 320, 321;
IV, 20, 22, 23, 274; V, 66,
98, 138, 171, 196, 212, 213, 215,
283, 364, 365; VI, 9, 10, 55,
58, 60, 110, 117, 118, 123, 125,
126, 128 et suiv. 136, 139, 140,
190, 231, 233 et suiv. 269, 270,
299, 300 et suiv. 320; I, Disc.
pr. cl. — Cristallisation des pierres,
II, 266, 268 et suiv.; III, 298,
299. — Méthode de Minéralogie,
II, 186 et suiv. 321, 322; IV,
274 et suiv.
Hecquet d'Orval, VIII, 56.
Hecht, II, 209; V, 114. — Travaux sur le titane, nouveau métal (Schörl rouge), 114.
Hedwig, VIII, 302.
Heller, VI, 289.
Hellot, I, 23, 25, 186; II, 142;
V, 279, 360, 383, 387, 388; VI,
110, 295, 367, 375, 389; VIII,
56, 71; IX, 28; X, 109, 111,
354. — Alumine, II, 142.
Helvétius, VI, 349; IX, 126; X,
375.
Henckel, I, 23, 24; IV, 292; V,
7, 150, 306, 359; VI, 55, 125,
175, 295, 349; IX, 82; X, 195.
Henry, VIII, 116.
Hérissant, IX, 276, 281.
Hermann, V, 7; VII, 39.
Hermès, I, 5, 13. — Egyptien, a
passé pour l'inventeur de la chimie,
3.
Hermstadt, I, 49; VII, 41, 148,
191, 233, 255, 269, 270; VIII,
172; IX, 404. — A converti l'acide
tartareux en acide oxalique, VII,
256. Voy. Ces acides. — Formation
artificielle de l'acide tartareux, 270.
Hewson, IX, 128.
Heyde, X, 121.
Heyer, II, 304, 306, 314, 340; III,
320; VI, 59.
Hielm, V, 97, 173.
Hierne, Voy. Urbain Hierne.
Hill, IV, 20, 22.
Hippocrate, IV, 290; IX, 55, 363,
370.
Hoefer, II, 124; III, 326. — Acide

boracique dans les lacs de Toscane, II, 124; III, 326.

Hottman, I, 27, 186; II, 31, 162; III, 43; IV, 292; V, 7; VI, 205; VIII, 249, 251; IX, 126, 128, 180, 392, 430; X, 12, 20, 54, 109, 121, 206, 266, 347, 349.

Hoepfner, II, 319, 320, 348.

Holwell, X, 105.

Homberg, I, 23, 186; II, 124; III, 191, 326; V, 280, 359; VI, 196, 226, 295, 311, 333, 353, 363, 371; VIII, 308; IX, 139, 147; X, 68, 69, 109. — Acide boracique, II, 124; III, 326; VI, 196.

Home, IV, 292; X, 101. — Le nitrate calcaire dans les eaux, IV, 292.

Hoock, I, 186.

Hope, II, 188, 189, 225; III, 130, 188; IV, 10, 12, 16. — Sur la strontiane et ses composés, II, 225; III, 188; IV, 16. — Sur le Carbonate de barite, 10, 12.

Hudchius, V, 273.

Humboldt, I, 49, 157, 191, 192; II, 90, 91; VIII, 228, 262, 273, 285, 293, 309; X, 394, 395, 398. — Découvertes eudiométriques, I, 157, 191, 192; II, 90, 91; VIII, 228.

Hunter, IX, 272; X, 8, 380.

Hyggins, III, 220; VI, 277.

I

Ilseman, V, 168.

Ingenhousz, V, 110, 111; VI, 162, 206; VII, 41; VIII, 228, 265, 271, 273, 274, 284, 285, 308. — Inflammation du fer dans le gaz oxigène, VI, 162. — Découvertes sur les fluides élastiques et les végétaux, VII, 41; VIII, 228, 265, 271, 273, 274, 284, 285. — Absorption de l'oxigène de l'air, par le terreau, etc. 228, 284, 285.

Isaac, VI, 311.

J

Jacquin, I, 29, 30; II, 32; IV, 29; VII, 348. — Dissertation sur l'air fixe, I, 29, 30.

James, X, 319.

Jars, I, 25; V, 7; VI, 71.

Jeannety, VI, 404, 409 et suiv. 431. — Procédé pour obtenir le platine en barre et malléable, 409 et suiv. Voy. Mines de platine.

Jacobi, IX, 83.

Jenitz, V, 135.

Josse, VII, 305; VIII, 4.

Juan (G.), VI, 114.

Juncker, I, 26; V, 7, 254; VI, 28, 52, 74, 75, 81, 176, 177, 220, 311, 369; VII, 213, 237.

Jungius, V, 359.

Jurin, IX, 126, 139; X, 4, 7, 17.

Jussieu (Antoine) V, 289.

Jussieu (Bernard), VII, 13, 348; VIII, 241; X, 617.

Justi, I, 25; VI, 55, 259, 371.

K

Kaw, IX, 202.

Keil, IX, 126; X, 101.

Kempfer, VIII, 237, 238; IX, 404; X, 296.

Kerkringius, V, 210, 251; IX, 276.

Kessel-Meyer, VII, 39.

Keyer, VIII, 201, 214.

Kiel, IX, 200.

King, IX, 126.

Kirker, I, 19.

Kirwan, I, 49, 79, 163, 166, 187, 235, 284, 301, 304, 319, 338, 339, 347; III, 42, 127, 130, 174, 183, 331, 335; IV, 4, 10, 14, 15, 20, 127, 256, 259, 267; V, 98, 136, 141, 153, 170, 171, 181, 197, 282, 283, 370; VI, 10, 14, 55, 143, 239, 355. — Attractions quiescentes et divellentes, I, 79; IV, 127.

Klaproth, I, 49; II, 134, 136, 144, 151, 155, 156, 198, 199, 225, 229, 292, 296, 297, 298, 302, 303, 309, 310, 312, 314, 317, 330, 331, 332, 333, 335, 336, 338, 339, 342, 343, 344, 345, 346; III, 34, 66, 130,

151, 188, 211, 231, 241; IV, 16,
26; V, 102, 114, 115, 126 et suiv.
153, 158 et suiv.; VI, 10, 11, 13,
14, 32, 56, 57, 58, 59, 65, 95,
135, 236, 301, 302, 307, 356, 358;
X, 111, 135; I, Disc. pr. cl, clij.
— A découvert la zircone, II, 151.
— Potasse dans des productions
volcaniques, 198, 199.—Découverte
de la strontiane et du sulfate de
strontiane, 225, 229; III, 34; IV,
16. — La potasse dans la leucite
(autrefois *grenat blanc*), II, 298.
— Le muriate de zircone, III, 211.
— Titane (nouveau métal dans le
schrol rouge), V, 114 et suiv. —
Urane (nouveau métal dans la pech-
blende, *etc.*), 126 et suiv. — Le
tellure (nouveau métal dans la mine
d'or blanche), 258 et suiv. — Mo·

lybdate de plomb, VI, 58, 59. —
Mine d'argent rouge (sulfure d'oxi-
de d'argent et d'antimoine), 301,
302.
Klinghammer, VI, 259.
Knape, IX, 176.
Kosegarten, VII, 41; VIII, 12.
Krafft, I, 185, 186; VI, 318, 368;
VIII, 308; X, 109. — Phosphore,
I, 185, 186.
Kulmus, X, 65.
Kunckel, I, 19, 23, 24, 185, 186; V,
64, 79, 310, 336, 359; VI, 21,
28, 45, 263, 264, 269, 295, 349,
360; VIII, 3, 103, 143; IX, 28;
X, 108. — Un des premiers écri-
vains exacts sur les phénomènes chi-
miques, I, 19. —Phosphore, 185,
186; V, 28.
Kunrad, X, 69.

L

Laborie, I, 35; VIII, 144.
Lachenaye, IX, 319.
Lafolie, VI, 265.
Lagaraye, V, 356; VI, 183; VII,
39, 48. — Sa teinture mercurielle,
V, 356.
Lagrange (Bouillon), VIII, 10, 12,
98 et suiv.; X, 293.
Langham, X, 347.
Lampadius, II, 111. —Inflammation
du diamant par l'acide muriatique
oxigéné, 111.
Lamure, X, 17.
Lancisi, II, 162; IX, 126; X, 375.
Landriani, IX, 84.
Lâne, I, 31; II, 32; VI, 213. —
Découvrit la dissolution du fer dans
l'eau chargée du gaz qu'on appelait
air fixe, I, 31; VI, 213.
Langrish, IX, 128; X, 9, 121, 122.
Lapeyrouse, V, 169, 170, 172. — Le
manganèse en France, *id.*
Laplace, I, 41, 43, 127, 129, 173,
180, 189, 190; II, 175; III, 107.
— Inventeur du calorimètre, I, 41,
127.
Laplanche, VIII, 170, 174, 201, 212.
Lassonne, V, 360, 386; VII, 242;
VIII, 211; IX, 276.
Lassus, X, 220.
Launay, X, 206.
Lauraguais, VIII, 167, 212.—Ether
acétique, 212.
Lauwerenburg, I, 49.
Lavoisier, I, 36 et suiv. 47, 127,
129, 140, 152, 161, 162, 173, 179,

180, 189, 190, 206, 209; II, 32,
33, 52, 58, 72, 79, 88, 90, 94,
131, 175, 195; III, 95, 107, 214,
220, 231, 251, 259, 265, 274; IV,
4, 20, 29, 50; V, 9, 46, 295, 310,
311, 322, 328, 357, 376; VI, 6,
17, 73, 110, 163, 182, 184, 403,
406; VII, 40 et suiv. 72, 167, 327;
VIII, 122, 123, 126, 128, 156, 166,
182 et suiv. 271, 321; IX, 30, 31,
128, 198, 201, 205; X, 376, 373,
386, 387, 407. — Chef de la doctrine pneumatique, I, 36. —Enoncé
de ses travaux et de ses brillantes
découvertes sur la combustion, sur
celle du diamant, sur la calcination ou oxidation des métaux, l'a-
nalyse de l'air, la nature des acides, les dissolutions métalliques,
la composition et décomposition de
l'eau, l'analyse des végétaux, la
fermentation, la respiration, *etc.*
37 et suiv. Voy. *ces différens Phénomènes à leurs articles.* — Un des
inventeurs de la nomenclature méthodique, 47.
Lazare, Ercker, I, 18; V, 7.
Le Blanc, V, 164.
Ledermuller, VII, 215; VIII, 308;
IX, 262.
Lefebvre, I, 23; II, 59; III 25;
VII, 233, 242; VIII, 251.
Legivre, IV, 292.
Lehman, I, 24; V, 7, 135, 306; VI,
60, 295, 302; VIII, 238.
Leibnitz, I, 22, 23; V, 280.

Leidenfrost, X, 64.
Lelievre, II, 309, 317; VI, 58, 135.
Lemery (les deux), I, 23, 24; II, 59, 124; III, 326; V, 7, 48, 63, 211, 241, 242, 302, 303, 341, 350, 351, 359; VI, 5, 110, 171, 183, 184, 333; VII, 38, 186, 187, 233, 237, 242; VIII, 239; IX, 128; X, 68, 128, 298. — Volcan artificiel, I, 24; VI, 171.
Lemort, I, 23.
Léon Fuchsius, V, 7.
Lepileur, VIII, 56.
Le Roi, III, 191; IV, 292. — Le muriate de chaux dans les eaux, 292.
Lewenoœch, IX, 128, 203, 204.
Lewis, I, 24; V, 7; VI, 259, 295, 349, 351, 353, 369, 379, 387, 403, 419, 421, 422, 423, 428, 433, 434; VII, 179; VIII, 81.
Libavius, I, 19, 21; V, 6; VI, 5, 36; VII, 233.—Sa liqueur fumante. Voyez *Muriate suroxigéné fumant d'étain.*

Lichtenstein, VII, 186, 188, 191, 192; IX, 404, 405.
Liebknecht, V, 272.
Linings, IX, 197, 200; X, 386.
Link, X, 208, 219.
Linné ou Linneus, VI, 55; VII, 12, 13, 14. — Son système des plantes, 13, 14.
Lister, IV, 292; IX, 126, 202, 204; X, 64, 65. — La chaux dans les eaux, IV, 292.
Lobb, IX, 126; X, 206.
Lobel, VII, 170.
Lœlius, III, 320.
Longfield, X, 80.
Lorry, X, 32.
Lower, IX, 126, 139; X, 64, 375.
Ludemann, V, 389.
Ludolf, VIII, 173.
Ludwig, VIII, 308; IX, 269; X, 54.
Ludovic, VIII, 3.
Luzuriaga, VI, 84. — Expériences sur les effets de l'eau à l'air sur le plomb, *id.*

— M —

Macbride, I, 29; II, 32; VII, 40; IX, 70, 97, 112, 365.
Macquart, VI, 59; X, 4, 6, 8, 10.
Macquer (I, 6, 24, 26, 35, 52, 54, 131, 206, 207, 208; II, 142, 162, 164, 169; III, 36, 40, 43, 209; IV, 49; V, 63, 64, 80, 84, 135, 211, 302, 323, 356, 360, 361, 387; VI, 5, 18, 29, 32, 34, 37, 40, 52, 72, 110, 181, 258, 295, 311, 314, 353, 361, 375, 403, 406, 413, 421, 428, 432; VII, 179, 246, 299, 304; VIII, 23, 40, 56, 60, 81, 121, 122, 150, 157, 159; IX, 30, 74, 82, 195, 277, 282, 392; X, 68, 69, 99.—Sel neutre arsenical, V, 63, 64, 84.
Machy, VII, 233, 240; IX, 182.
Mahrerr, X, 20, 24, 27, 32.
Malouin, V, 360, 374, 375, 388; VI, 178, 350.
Malpighi, VII, 19; VIII, 27, 308; IX, 174, 175, 252, 262; X, 15.
Manget, V, 211.
Maret, IX, 176.
Margraf, I, 24, 25, 26, 186; II, 44, 142, 162, 187, 213, 309, 342; III, 22, 36, 162, 230, 253, 254, 256, 263; IV, 292; V, 77, 207, 332, 359, 373; VI, 4, 10, 18, 20, 22, 23, 48, 122, 262, 309, 338,

403, 413, 415, 429, 432, 434; VII, 156, 172, 213, 217, 233, 241; VIII, 103, 151; IX, 23; X, 111, 118, 135, 138, 154, 206, 347. — Sels phosphoriques de l'urine et phosphore, I, 25, 26; II, 44. Voyez *Phosphates* et *Phosphures.* — Alumine, 142. — Phosphates, III, 230, 253, 254. Voy. ces *Sels* et *Urine.* — Muriate de magnésie dans les eaux, IV, 292.
Margueron, IX, 33, 219 et suiv.— Sur la synovie, 219 et suiv.
Mariotte, X, 106.
Martine, IX, 126, 139.
Mascagni, IX, 168.
Mattei, X, 65.
Mauchart, IX, 306.
Maupin, VIII, 122.
Mauriceau, X, 80.
Maussion, X, 220.
Mayow, I, 27, 153; IV, 206, 207; IX, 27, 31, 126; X, 375.
Mazéas, VIII, 56.
Méad, X, 319, 340.
Mender, V, 211, 302.
Menghini, IX, 29, 128, 152; X, 65.
Menon, IX, 82.
Menziez, IX, 128.
Meyer, I, 29; II, 179, 300, 310, 338, 343; VI, 191; VII, 295. —

Son principe *causticum* ou *acidum pingue*, I, 29 ; II, 179 ; VI, 191.
Mezué, I, 17. — L'évangéliste des pharmaciens, 17.
Michel du Tennetar, IX, 319, 366.
Micheli, VIII, 71.
Michelotti, IX, 126 ; X, 64, 375.
Milly, VI, 403.
Milner, V, 190. — Gaz nitreux obtenu du gaz ammoniac avec l'oxide de manganèse, 190.
Mitouart, I, 206, 209 ; VIII, 170.
Model, IX, 83.
Modest Fachsius, V, 7.
Monch, X, 4.
Monge, I, 131 et suiv. ; II, 74 ; VI, 110, 124, 150, 165, 182 ; IX, 263. — Analogie entre le calorique et la lumière, I, 131 et suiv. — Liquéfaction du gaz acide sulfureux, II, 74. — Expériences sur la fonte de fer, VI, 150. — Sur la nature de l'eau, 182.
Mongez (l'aîné), V, 362 ; VI, 54, 60, 297, 353 ; X, 163. — Cristallisation du zinc, V, 362. — Cristallisation du plomb, VI, 54. — Cristallisation de l'argent, 297. — Cristallisation de l'or, 353.
Monnet, II, 185 ; III, 54 ; IV, 293, 294 ; V, 63, 151, 163, 194, 234, 248, 254, 284, 310, 328, 337, 352,

360, 368 ; VI, 23, 29, 34, 55, 57, 85, 110, 184, 196, 336 ; VII, 179, 247, 249 ; VIII, 81, 201, 202. — Borate de mercure, V, 352. — Sulfure de plomb natif, 57.
Monro, IX, 170, 276 ; X, 64.
Montet, IV, 29 ; VII, 233, 234 ; VIII, 204. — Cristallisation du carbonate de potasse, IV, 29.
Monthey, I, Disc. pr. clj.
Moor, IX, 126.
Morand, X, 206, 262.
Morell, II, 300, 337.
Morgani, IX, 175 ; X, 86, 87.
Morien, V, 6.
Morin, VI, 403.
Morley, I, 23.
Mortimer, VI, 114, 231, 297, 352.
Moseder, X, 54.
Muller, V, 258.
Murray, VIII, 47 ; X, 265.
Muschenbroëch, V, 194, 271, 282, 338, 350 ; VI, 7, 77, 78, 80, 81, 112 et suiv. 175, 179, 181, 256, 257, 260, 296, 318, 349, 351, 370, 371 ; IX, 139, 402 ; X, 17, 105.
Musgrave, X, 65.
Mynsicht, V, 7 ; VII, 247. — A fait connaître le premier, en 1631, le tartre émétique, 247. Voy. *Tartrite d'antimoine et de potasse.*

N

Naplon, VI, 237.
Navier, VI, 49 ; VIII, 167 ; IX, 430.
Neumann, I, 24 ; V, 347, 350 ; VII, 233 ; VIII, 49, 250 ; IX, 82, 130, 265 ; X, 105, 290, 293, 297.
Newton, I, 22, 23, 117, 205 ; II, 10, 45, 261 ; VI, 320, 350 ; VIII, 51. — A deviné la combustibilité du diamant par sa grande réfraction, 117, 205. — A deviné de même le

principe combustible de l'eau, II, 10.
Nichols, X, 319.
Nicolilson, II, 49 ; II, 258. — Pèse-liqueur, 258.
Nicolas, I, 187 ; III, 181, 240 ; IX, 30, 277, 283.
Nicolas, Prévost, I, 17.
Niewentuit, I, 186 ; X, 109.
Nollet, VI, 349 ; X, 69.
Nuck, IX, 319, 320.

O

OEhrn, X, 347, 349.
OEpinus, II, 303. — Les deux électricités contraires de la Tourmaline, 303.

Orschall, V, 6 ; VI, 349.
Ortellius, I, 19.

P

Packen, VII, 229, 231, 233, 260.
Pajot-Descharmes, VIII, 285.
Pallas, V, 273 ; VI, 122.

Palucci, X, 206.
Pamard, X, 220.
Papin, IX, 276, 280.

Paracelse, I, 17, 19, 50, 153 ; II, 31, 58 ; IV, 292 ; V, 7, 63, 359 ; VII, 232 ; X, 205. — Ses cinq principes, I, 50.
Parker, II, 164.
Parmentier, VII, 294 ; VIII, 241 ; IX, 33, 84, 129, 137, 152, 164, 165, 391, 393, 401, 404, 407, 421, 425, 429, 431 et suiv.
Pascal, I, 151. — Pesanteur de l'air, 151.
Payen, X, 18.
Péarson, I, 49 ; II, 32 ; III, 241, 254 ; IV, 5 ; X, 208, 219, 221, 222.
Pechlin, IX, 371 ; X, 12, 62.
Pecquet, X, 64.
Pelletan, X, 220.
Pelletier, I, 187, 202 ; II, 188, 225, 310, 343 ; III, 130, 188, 196, 231, 240, , 242, 254 ; IV, 4, 10, 12, 15, 16, 17, 18, 19, 29, 31, 267, 268 ; V, 46, 81, 85, 96 et suiv. 143, 163, 179, 180, 200, 224, 274, 297, 298, 360, 365, 373 ; VI, 5, 6, 20, 21, 33, 35, 36, 39, 41, 44, 45, 46, 61, 73, 74, 169, 239, 251, 252, 263, 267, 275, 277, 313, 314, 364, 376, 392, 393, 403, 415 et suiv., VII, 329, 331 ; VIII, 40, 174, 175 ; IX, 285 ; X, 201. — Phosphures métalliques, V, 46, *etc.* Voy. *les différens Phosphures métalliques.* — Molybdène et son acide, 96 et suiv. — Or mussif ou oxide d'étain hidro-sulfuré, et dissolution muriatique d'étain, 21, 33, 35, 36, 39, 45 et suiv.
Percival, X, 208.
Perès, VIII, 208.
Perner, V, 7.
Perraut, X, 87.
Petit, IX, 71, 204, 305, 306, 308.
Peyer, X, 9, 87.
Philémon, VIII, 249.
Picard, V, 279, 280.
Pinelli, X, 68, 266.

Pitcarn, IX, 126 ; X, 375.
Plenck, V, 292 ; X, 28, 29, 33, 38.
Pline, III, 325 ; IV, 290 ; VI, 3, 50, 164 ; VIII, 246, 249.
Pœrner, VIII, 56, 70, 75, 212 ; IX, 182.
Poli, V, 345. — Propose aux peintres une poudre, résidu de la distillation du muriate de bismuth, *id.*
Pomet, III, 198 ; X, 295.
Poterie (la). Voy. *Poterius.*
Poterius ou la Poterie, I, 19 ; VI, 4, 49.
Pott, I, 24 ; II, 142, 213 ; III, 36, 230, 263 ; V, 96, 167, 193, 199, 204, 207, 208, 306, 360, 375, 386, 387 ; VI, 72, 316 ; VII, 241 ; VIII, 173 ; IX, 28, 319 ; X, 112, 118, 135, 138, 140, 154. — Alumine, II, 142. — Phosphates, III, 230, 263 ; IX, 28. Voy. *ces sels* et *Urine.*
Pouget, V, 195.
Poulletier de la Salle, I, 26 ; V, 7, 331 ; VII, 244, 299 ; IX, 29, 30, 71, 277, 282 ; X, 20, 42, 55.
Preussler, V, 135.
Priestlet, I, 31, 32, 34, 35, 140, 168 ; II, 32, 72, 74, 79, 88, 94, 118, 233, 236 ; III, 95, 107, IV, 20, 26, 293 ; V, 295 ; VI, 170, 207 ; VII, 39 ; VIII, 128 ; X, 370. — Grands travaux sur les gaz. Voy. *Gaz.* — Air déphlogistiqué (le gaz oxigène), I, 140 ; V, 295. Voy. *Gaz oxigène.*
Primerose, IX, 126.
Pringle, I, 33 ; IX, 73, 97, 365.
Proust, I, 49 ; II, 44 ; III, 230, 241, 254, 257, 263 ; VI ; 88, 91, 196 et suiv. 230, 249, 270, 271, 277 et suiv. 282, 283, 284, 311 ; VII, 184, 222 ; VIII, 3, 5 et suiv. 10, 15, 81, 94, 95, 97 ; IX, 80, 94 ; X, 112. — Sulfate suroxigéné de fer, VI, 196 et suiv. Voy. *ce Sulfate* et *Acide gallique.*
Psingsten, V, 7.
Puymaurin, VI, 41.

Q

Quercetan, V, 7, 347.
Quesnay, IX, 126, 139, 147, 170.

Quist, V, 96 ; VI, 9.

R

Raimond, II, 172.
Ramsay, X, 18.
Rast, X, 3, 9, 11.
Ray, VIII, 308.
Raymond Lulle, I, 18, 19 ; V, 6 ; IX, 204. —

Réaumur, V, 218 ; VI, 109 ; 164, 165, 239, 351 ; VII, 340 ; IX, 31 ; X, 3, 5, 9 ; X, 342, 379.
Régis, IV, 291. — Analyse des eaux, 291.
Rédi, X, 319.

Reil, V, 209; IX, 197.
Respour, V, 387.
Retzius, VII, 233, 252, 260.
Rey (J.), I, 27; VI, 6, 17, 73; VIII, 308.—Devina, en 1630, la fixation de l'air dans les métaux, *id.*
Rhades, IX, 176.
Rhazez, I, 17.
Ribaucourt, VI, 349.
Richter, I, 49; V, 132, 133.
Rinman, V, 153, 168, 170; VI, 109, 110, 146, 166, 167, 259.
Riolan, IX, 276.
Rivin, VII, 11.
Robinson, IX, 139, 197, 200, 208; X, 101, 105, 386.
Rochefoucauld (La), IV, 26.
Rochon, VI, 423.
Roëderer, X, 80.
Ræring, X, 266.
Roger Bacon, I, 18. — Poudre à canon, 18.
Rollo, VII, 168; VIII, 119; X, 114, 178.
Rolfinck, I, 21.
Romé de l'Isle, II, 306, 307, 314, 317; III, 196; IV, 20, 23, 51; V, 139, 195; VI, 123, 128, 129, 130, 235, 236, 238, 300; VII, 215.

Romieu, VIII, 152.
Rondelet, VII, 170.
Roth, X, 68, 69.
Rotrou, V, 250.
Rouelle (les deux), I, 24. — L'aîné, I, 186; III, 25, 28; IV, 4, 20; 76, 293; V, 193, 211, 229, 310, 315, 323, 351; VI, 5, 31, 88, 183, 213; VII, 39, 122, 307, 315, 317; VIII, 23, 35, 83, 85, 111, 121, 122, 143, 251; IX, 28, 38, 41, 143, 152; X, 284. — Le cadet, 26, 32, 206, 208; II, 32; III, 25, 230, 254, 259, 263; VI, 5, 37, 140, 214; VII, 233, 241, 243, 244, 250, 295, 296, 303, 305; IX, 29, 30, 128, 163, 213, 277, 282, 284, 393, 395, 404, 406, 407, 408, 421; X, 112, 114, 117 et suiv. 133 et suiv. 138, 140, 145, 148; 152, 154, 155, 164, 182 et suiv. 186 et suiv.
Roux, I, 206, 280; VIII, 122; X, 36, 50, 170.
Rozenstiel, VII, 233.
Rozier, VIII, 122, 169, 187.
Rudbeck, IX, 168.
Ruysch, IX, 128, 175, 193; X, 80.
Rye, IX, 197, 199, 202, 208; X, 101, 386.

S.

Sabatier, X, 88, 218, 220.
Sage, V, 151, 283, 290, 360; VI, 26, 86, 328, 349, 375, 379; IX, 152.
Saint-Martin, VIII, 298.
Salchow, VI, 349.
Saluces, I, 28, 29.
Samuel Fischer, X, 347.
Sanctorius, IX, 197, 198, 200, 201, 210; X, 101, 386.
Saussure, II, 301, 304, 307, 316, 345; V, 115; VIII, 302.
Savaresi, VI, 237.
Savary, VI, 261, 266; VII, 213, 214.
Schaper, IX, 308.
Scheele, I, 34, 131, 133, 134, 163, 171, 175, 186, 187; II, 44, 109, 118, 123, 134, 136, 143, 188, 233; III, 22, 103, 167, 196, 215, 230, 240, 248, 294, 298, 301, 302, 304, 305, 306, 307, 308, 310; IV, 10; V, 64, 80, 85, 87, 92, 96, 97, 98, 100 et suiv. 168 et suiv. 181 et suiv. 188 et suiv. 211, 229, 256, 347, 350, 353; VI, 94, 95, 109, 110, 124, 135, 192, 213, 215, 216, 221, 284, 285, 341, 342, 349; VII, 41, 91, 142, 146, 148, 175, 180; 186 et suiv. 197 et suiv. 202 et suiv. 213, 215, 220, 225, 226, 233, 252, 253, 269, 323, 334, 336; VIII, 81, 103, 166, 194, 212; IX, 30, 40, 84 et suiv. 89, 277, 281, 282, 393, 398, 400, 404, 406, 407, 410 et suiv. 418; X, 113, 136, 139, 140, 154, 174, 207, 209, 219, 221, 224. — Ses brillantes découvertes sur les acides végétaux. Voy. *Végétaux*, *Acides végétaux* et *Acide oxalique.* — Son acide marin déphlogistiqué; acide muriatique oxigéné, I, 34; II, 109. — Sa théorie générale de chimie, I, 34. — Chaleur rayonnante, 133, 134.—Découverte pour obtenir le gaz azote pur, 163. — Acide phosphorique et phosphate de chaux dans les os, 185, 187; II, 44; III, 230, 240; IX, 38, 277, 281, 282. — Acide fluorique, II, 118, 123. — Terre pesante (barite), 188. — Découverte des fluates, 294, 298, 301, 302, 304, 305, 306, 307, 308, 310. — Carbonate de barite, IV, 10. — Molybdène, V, 96 et

suiv. Voy. *Molybdène.* — Manganèse, 168 et suiv. Voy. *Manganèse.* — Bleu de Prusse ou acide prussique, IX, 84 et suiv. Voy. *cet acide.* — Acide urique, X, 139, 140. Voy. *cet acide* et *Urine.*

Scheffer, V, 141; VI, 13, 379, 403, 419; VIII, 70, 76.

Schenckius, X, 266.

Scherer, I, 4; IX, 368; X, 141.

Schindler, I, 25; VI, 375.

Schlosser, I, 25, 26; III, 230, 259, 263; IX, 28; X, 111, 112, 118, 121, 135, 154. — Sels phosphoriques de l'urine, phosphore et phosphates, I, 25, 26; III, 230, 259, 263.

Schlutter, I, 23, 25; V, 7, 359; VI, 375.

Schmeisser, I, 49; IV, 16.

Schockwitz, X, 112.

Schros, X, 65.

Schreiber, V, 214; VI, 9; IX, 126; X, 345.

Schrœder, I, 17; V, 7, 63; IX, 370; X, 20, 32.

Schultz, VI, 4, 49.

Schuyl, X, 11, 12.

Scopoli, II, 300, 337; IX, 83, 84; X, 4, 9 et suiv.

Sédillot, VIII, 215.

Seguer, IX, 176, 181.

Séguin, I, 192; III, 223; V, 377; VIII, 92; IX, 31, 80, 198, 201, 205, 256, 257; X, 146, 147, 370, 385, 387, 407. — Procédé eudiométrique, I, 192. — A distingué le tannin du principe astringent, VIII, 92. Voy. *Tannin.* — A reconnu dans le gallin la propriété désoxigénante des matières animales, IX, 80. Voy. *Gallin.*

Seignette, VII, 245. — Son sel. Voy. *Tartrite de potasse et de soude.*

Seip, IV, 293.

Sénac, I, 6, 26; IX, 147, 170; X, 15.

Sennebier, I, 168; VII, 41; VIII, 274, 298, 300, 301, 304, 308.

Severini, IX, 126.

Severinus, X, 266, 375.

S'Gravessnde, V, 280.

Shaw, I, 24, 26; V, 7; VI, 52.

Sickingen, VI, 403, 405, 430, 431.

Siébold, IX, 33, 319, 320, 365.

Siégel, IX, 126.

Silberling, X, 17, 104.

Simon, V, 241. — Poudre des Chartreux (kermès minéral), id.

Slare, I, 23; VIII, 3; X, 64, 206.

Slevogt, II, 162.

Smith, I, 31.

Sœmmering, IX, 292.

Spallanzani, I, 49; IX, 31; X, 4 et suiv. 379.

Sparman, VII, 157.

Spielman, I, 27; V, 7, VI, 52; VII, 188, 233, 237, 240, 254, 255; IX, 83, 393; X, 54, 105.

Springsfeld, IV, 293.

Sthal, I, 23, 51, 131, 168, 196; II, 44, 58, 71, 103, 169, 177; III, 25, 40, 68, 78, 95, 230; V, 251, 252; VI, 52, 110, 176, 177, 202, 203, 204, 276, 363; VII, 203, VIII, 115, 157, 160; IX, 27, 28; 97; X, 110, 133, 194. — Son phlogistique ou prétendu feu fixé, I, 23, 61, 131, 196.

Starkey, I, 22, 23; VII, 366.

Stephens (Mademoiselle), X, 249, 250.

Stenon, IX, 170, 370.

Strabon, VIII, 246.

Strohlen, X, 54.

Struve, II, 316, 346.

Sulzer, II, 224; IV, 16.

Strontianite (carbonate de strontiane), I, 224; IV, 16.

Swab, V, 154, 359.

Swammerdam, IX, 126; X, 375.

Swedenborg, V, 7; VI, 113, 115, 255, 259, 260, 263.

Swediaur, V, 358; X, 296.

Swencke, IX, 128, 138, 139, 147; X, 375.

Sydenham, X, 265.

Sylvius, I, 20, 23; III, 171; V, 7; IX, 27; X, 11, 12, 13, 73, 86. — Son sel digestif (muriate de potasse), I, 20; III, 171.

T

Tabernae Montanus, ou Jean Théodose; IV, 291. — Eaux minérales, 291.

Tackenius, I, 19; V, 341; VII, 47; IX, 27, 202, 204; X, 105.

Taconi, X, 54.

Tassaert, V, 108.

Tauvry, X, 80.

Techmeyer, I, 186; X, 109.

Tennant I, 49; II, 32, 44; III, 241; IV, 5; VI, 57; X, 267, 270.

Tenon, X, 206.
Tessari, VI, 259.
Tessier, VIII, 262.
Testi, IX, 404.
Thadaeus, I, 17.
Thénars, V, 221, 224, 232, 236,
  245, 249, 252; I, Disc. pr. civ.
  — Oxides d'antimoine, 221, 222,
  224, 232, 233, 236, 245, 249, 252.
Théophraste, V, 63.
Thouret, IX, 293, 296.
Thouvenel, IX, 243; X, 293, 294,
  299, 301, 344, 345, 347, 348.
Tillet, I, 25; VI, 112, 242, 295,
  297, 349, 353, 375, 379, 408,
  423; VIII, 266.

Tingry, II, 164.
Tison, X, 87.
Titius, X, 208.
Toggia, X, 4, 7.
Torricelli, I, 151. — Pesanteur de
  l'air, 151.
Tournefort, VII, 12, 170, 171. —
  Son système des plantes, 12.
Tragus, X, 347.
Troja, IX, 231, 289.
Tromsdorf, VII, 192 et suiv.
Tuckert, V, 302, 303.
Turner, IX, 320.
Turquais, X, 177, 247.
Tychsen, X, 208.

U

Urbain Hierne, IV, 291, 292; V,
  150, 152; VII, 233; VIII, 172.
  — Eaux minérales, IV, 291. —

Y découvrit la soude, 292. — Le
kupfer nickel, V, 150 et suiv.

V

Valcarenghi, X, 19.
Valentini, II, 162.
Valerius Cordus, I, 17; V, 7. —
  Première pharmacopée I, 17.
Valisnieri, X, 54, 87.
Valmont de Bomare, V, 364.
Valsalva, IX, 370; X, 87.
Van-Bochaute, X, 20, 22 et suiv.
  27 et suiv. 35, 36, 38 et suiv.
  57.
Vandermonde, VI, 110, 124, 150,
  165. — Expériences sur la fonte
  de fer, 150.
Van-Helmont, I, 19, 21, 26, 27,
  153; II, 31; V, 193; VI, 17;
  VII, 232; VIII, 239, 266; X,
  105, 107, 108, 122, 141, 205,
  206.
Van-Marum, II, 89, 236; VI, 111,
  161, 295, 312, 349, 362, 414. —
  Décomposition du gaz nitreux par
  l'étincelle électrique, II, 89. —
  Celle du gaz ammoniac de même,
  236. — L'inflammation, etc. des
  fils de fer, par le même agent,
  VI, 161. — Celle de l'argent, 295,
  312. — Celle de l'or, 362. — Celle
  du platine, 414.
Van-Mons, II, 251; III, 214, 220;
  VIII, 176.
Vanswieten, IX, 279; X, 55, 245.
Vantroostwyck, I, 49.
Vauquelin, II, 72, 134, 144, 151,
  155 et suiv. 188, 189, 199, 209,

215, 222, 225, 239, 251, 291,
293, 294, 298, 299, 300, 305,
308, 309, 311, 314, 315, 316,
317, 319, 320, 331, 332, 333,
334, 335, 336, 338, 339, 340,
341, 342, 343, 344, 345, 346,
347; III, 36, 49, 51 et suiv. 55.
et suiv. 66, 68, 69, 73 et suiv. 103,
104, 130, 131, 132, 147, 149,
151, 188, 190, 208, 211, 214,
220, 223, 226, 231, 236, 238,
239, 241, 244 et suiv. 248, 251,
254, 259, 265, 268, 271, 275,
288, 333; IV, 16, 37, 56, 59,
60, 62, 63, 64, 65; V, 26, 107
et suiv. 114 et suiv. 354, 367, 369,
377, 381; VI, 30, 58, 59, 60,
66, 71, 86, 88, 91, 98 et suiv.
111, 128, 135, 144, 145, 161,
166, 167, 184, 187, 199, 205,
210, 211, 259, 272, 285, 300,
301, 302, 307, 309, 337, 338,
394; VII, 45, 94, 100, 104,
130, 131, 133, 137, 148, 166,
187, 205 et suiv. 224, 225, 245,
253, 256, 261, 296, 311 et suiv.
361, 366; VIII, 87, 100, 105,
155, 159, 161, 196, 199, 325;
IX, 33, 62, 63, 92, 152, 154,
155, 204, 210, 267, 277, 284,
287, 308, 313, 372, 373, 375;
X, 4, 6, 8, 10, 45, 46, 70,
81, 83, 84, 114, 119, 128, 136,
141, 144, 154, 162, 182, 188,

189, 192, 196, 202, 205, 207 et suiv. 219 et suiv. 262, 264, 274 et suiv. 312, 403, 414; I, Disc. pr. lxxix, civ, cxxxix, cl, clij. — Découverte de la glucine, l'an 6 de la R. II, 155 et suiv. — Trouvé la potasse dans le feld-spath, 300. — Recherches sur les aluns, III, 51 et suiv. 55 et suiv. Voy. *Les différens sulfates d'alumine.* — Recherches sur les sulfites, 68 et suiv. Voy. *les différens Sulfites et le Sulfite de fer.* — Le phosphate de barite, 236 et suiv. — Le phosphate de strontiane, 238 et suiv. — Prouva en l'an 6 que la chrysolite étoit du phosphate calcaire, 241. — Phosphate acide de chaux, 248. Voy. *Phosphate de chaux.* — Recherches sur les phosphites, 275 et suiv. — Carbonate de glucine, IV, 59 et suiv. — Carbonate de zircone, 62, 63. — Carbonates ammoniaco-zirconien et ammoniaco-glucinien, 64, 65. — Découverte du chrôme (nouveau métal) et de son acide, V, 107 et suiv. 354. Voy. *Chromate de plomb (Plomb rouge) et chrôme.* — Travaux sur le Titane, nouveau métal (schorl rouge), 114 et suiv. — Sur la mine d'argent rouge, Sulfure d'oxide d'argent et d'antimoine, VI, 301, 302.

Veau, X, 267, 268.

Venel, I, 28; II, 32; IV, 293. — Eau minérale gazeuse artificielle, en 1757, II, 32; IV, 293.

Venette, X, 206.

Venturi, I, 49; VIII, 9, 10.

Verduc, IX, 393; X, 122.

Verheyen, IX, 126, 319, 393; X, 20, 22, 27, 39, 122, 375.

Vesale, IX, 276.

Vicq-d'Azyr, IX, 292; X, 54, 57, 58, 192.

Viganus, I, 22.

Viridet, X, 3, 9, 65.

Vogel, I, 26; V, 301, IX, 181.

Volta, I, 35, 49, 173; IV, 168, 173; V, 23; X, 395. — Sur l'air inflammable des marais, I, 35, 168. — Son eudiomètre, 173.

Vulgamoz, IX, 404, 406.

W

Wallerius, I, 24, 25; II, 170, 282; IV, 214; V, 7, 139, 299, 306, 307, 308, 335, 354; VI, 17, 28, 29, 52, 55, 71, 74, 75, 77, 78, 80, 173, 176, 177, 178, 179, 231, 237, 254, 258, 259, 260, 289, 304, 319, 349, 351, 364, 366, 368; VIII, 236, 240, 242, 248, 249, 255, 321; IX, 404, X, 295.

Walson, X, 267.

Walther, X, 54, 57, 58, 208, 219.

Wasserberg, VI, 5, 31, 52, 71, 77, 255, 287, 386, 387.

Wath, VIII, 70.

Wedel, V, 6.

Wédélius, X, 109.

Wedgwood, I, 129; II, 148, 149, 150; V, 171. — Son thermomètre, ou pyromètre, par le retrait de l'alumine, II, 148, 149, 150.

Weidler, V, 280.

Weigel, VI, 173.

Weisman, IX, 83.

Welther, X, 43.

Wenzel, VII, 191, 213, 216.

Wepfer, IX, 170; X, 3, 64.

Werloschnigg, IX, 404.

Werner, II, 282, 291, 298, 315; III, 241, 242; I, Disc. pr. cl. — Méthode lithologique, II, 282.

Werreyen, IX, 170.

Westendorf, V, 354.

Westfeld, V, 167.

Westrumb, II, 300, 337; III, 230, 240, 254, 256, 263, 320, 321; VII, 41; X, 135.

Wiegleb, II, 317, 318, 331, 332, 334, 336, 346, 347; VII, 213, 216, 217, 233, 237.

Wieussens, IX, 27, 128, 139, 147, 319; X, 54, 106.

Willis, IX, 27, 126, 128; X, 110, 121, 375.

Wilson, I, 23.

Winslow, IX, 202.

Wintringham, IX, 306.

Wirsungus, X, 11.

Wischer, X, 17, 20.

Withering, II, 225; IV, 5, 10, 12; VI, 57. — Withérite (Carbonate de barite, II, 225; IV, 10, 12.

Withof, IX, 262.

Wogler, VIII, 70, 80.

Wolf, IX, 173.

Wood (Charles), VI, 402.
Woodward, VIII, 298, IX, 81.
Woulfe, I, 31; II, 113,; III, 202;
  V, 283; VI, 9, 303; VII, 151,
  VIII, 168. — Ses appareils, I,
31; II, 113; III, 202. — Muriate
  de mercure natif, V, 283. — Etain
  natif, VI, 9.
Wulfen, VI, 59.
Wyth, X, 206, 249, 250, 266.

Y

Yonna, IX, 430.

Young, IX, 393.

Z

Zinn, IX, 306.

Zwelfer, I, 19; V, 7; VII, 233.

SUPPLÉMENT A L'ERRATA

DES CINQ DERNIERS VOLUMES.

VOLUME VI.

Pag. 405, lig. 4; et pag. 409, lig. 32, *Chabaneau*, lisez, *Chabanon.*

VOLUME VII.

Page 84, lignes 2 et 3, ôtez *premier.*
64 —— 12, ôtez *et.*
102 —— 6, *l'hidro-sulfure*, lisez *hidro-sulfure.*
103 —— 33, *saturé*, lisez, *saturée.*
126 —— 7, *huile végétale*, lisez, *huile volatile.*
144 —— 16, *ce qui*, lisez, *ce que.*
147 —— 22, *par sa*, lisez, *par la.*
148 —— 32, *je me propose*, lisez, *je me proposais.*
170 —— 33, *sur les*, lisez, *sur ces.*
219 —— 14, *de ce métal*, lisez, *de fer.*
242 —— 12, *Bernard*, lisez, *Berniard.*
283 —— 10, *qui l'enflamme*, lisez, *qui la brûle.*
352 —— 3, *les*, lisez, *ces.*

VOLUME VIII.

24 —— 11, *le*, lisez, *la.*
25 —— 27, *sang de dragon*, lisez, *sang-dragon.*
47 —— 8, *des acides*, ajoutez, *végétaux.*
56 —— 20, *qu'elles l'enlèvent*, lisez, *qu'elles les enlèvent.*
63 —— 18, *Carthane*, lisez, *Carthame.*
65 —— 12, *sang de dragon*, lisez, *sang-dragon.*
80 —— 10, *Vogler*, lisez, *Wogler.*
89 —— 2, *combiné*, lisez, *combinée.*
150 —— 16, *le*, lisez, *ce.*
162 —— 24, ôtez *et.*
171 —— 17, *toujours peu*, lisez, *un peu.*
190 —— 21, *une partie*, lisez, *à une partie.*
209 —— 3, *l'acide nitrique*, lisez, *l'acide acétique.*
210 —— 22, *que de soude*, lisez, *que d'oxigène.*
215 —— 1, *ces oxides et ces sels*, lisez, *les oxides et les sels.*
240 —— 22, *il n'est plus*, lisez, *il n'est pas plus.*
265, est numérotée 165, lisez, 265.
268 —— 7, *exclue*, lisez, *exclut.*
273 —— 8, ôtez *un.*
274 —— 34, *élémens constituant*, lisez, *élémens constituans.*
295 —— 1, *feuille*, lisez, *fécule.*
308 —— 16 et 17, *ne s'opère que dans le vide*, lisez, *ne s'opère pas dans le vide.*
323 —— 33, *les maladies*, lisez, *ces maladies.*

VOLUME IX.

24 —— 5, *de bourgeons*, lisez, *des bourgeons.*
24 —— 26, *de l'engendrer*, lisez, *d'engendrer.*
52 —— 24, *les incinérer*, lisez, *l'incinérer.*
100 —— 32, *en se servant*, ôtez *se.*
118 —— 34, *de la sinovie*, lisez, *et la sinovie.*
142 —— 9, *âcrée*, lisez, *aérée.*
143 —— 1, *n°. 18*, lisez, *n°. 21.*
143 —— 7 et 8, *remarquer cet effet*, lisez, *remarquer que cet effet.*

Page 155, lignes 30, *prussite*, lisez, *prussiate.*

169 —— 9, *lympathique*, lisez, *lymphatique.*

180 —— 12 et 13, *entre ce corps et l'eau comme l'acide*, lisez, *entre ce corps, l'eau et l'acide.*

197 —— 17, *ôtez en 1668.*

203 —— 13, *peut-être est-ce*, ajoutez *ce.*

204 —— 34, *qu'ils*, lisez, *qu'elles.*

230 —— 19, *ces dix tissus*, lisez, *ces six tissus.*

230 —— 22, *assez semblables*, *assez rapprochés*, lisez, *trop semblables, trop rapprochés.*

259 —— 8, *dans le tissu*, lisez, *dans ce tissu.*

308 —— 11, *supéricure*, lisez, *supérieur.*

308 —— 22, *qu'elle avait*, lisez, *qu'elles avaient.*

Après la page 320, il se trouve une faute de pagination qui l'avance de 44 pages ; mais elle se continue jusqu'à la fin du volume.

367 —— 19, *de ce mucilage*, lisez, *d'un mucilage.*

411 —— 31, *uni aux trois*, ôtez *trois.*

416 —— 31, *forte*, lisez, *sorte.*

V O L U M E X.

47 —— 22 et 23, *que des problèmes*, lisez, *que de problèmes.*

48 —— 27, *mêlée*, lisez, *mêlé.*

54 —— 25, *Halès*, lisez, *Hales.*

87 —— 31, *diminuant*, lisez, *diminuent.*

102 —— 23, *carcatéristique*, lisez, *caractéristique.*

103 —— 9, *putrifiée*, lisez, *putréfiée.*

118 —— 22, *le phosphore d'ammoniaque*, lisez, *le phosphate d'ammoniaque.*

126 —— 12, *nuisible*, lisez, *miscible.*

138 —— 24, *ainsi décomposé*, lisez, *composé.*

142 —— 29, *y est plus libre*, lisez, *n'y est plus libre.*

232 —— 14, *sur sa nature*, lisez, *sur leur nature.*

261 —— 32, *aux calcus*, lisez, *aux calculs.*

311 —— 10, *zooanate*, lisez, *zoonate.*

320 —— 4, *connexe*, lisez, *convexe.*

329 —— 8, *et elle contient*, lisez, *et elle en contient.*

322 —— 8, *elle coagule*, lisez, *elle altère.*

353 —— 1, *avec ces bases*, lisez, *avec les bases.*

369 —— 9, *ces liquides*, lisez, *les liquides.*

376 —— 12, 13 et 14, *il acquérait et perdait son hidrogène carboné*, etc. lisez, *il acquérait la propriété d'absorber plus facilement la matière de la chaleur, et perdait son hidrogène carboné.*

380 —— 34, *par le mécanisme*, lisez, *par ce mécanisme.*

383 —— 20, *que l'air froid*, lisez, *que l'air chaud.*

404 —— 24, lisez la première phrase du n°. 5 de cette manière.
5. Si, par une cause quelconque, le trop plein de phosphate calcaire ne s'évacue point dans la proportion convenable par son couloir naturel, ce corps se dispose, etc.

413 —— 11, *mais il est permis*, lisez, *mais est-il permis.*